建筑安装工程施工工艺标准系列丛书

建筑地面工程施工工艺

山西建设投资集团有限公司 组织编写

张太清 霍瑞琴 主编

U0345316

中国建筑工业出版社

图书在版编目(CIP)数据

建筑地面工程施工工艺/山西建设投资集团有限公
司主编. —北京：中国建筑工业出版社，2018.12
（建筑安装工程施工工艺标准系列丛书）
ISBN 978-7-112-22892-8

Ⅰ.①地…　Ⅱ.①山…　Ⅲ.①地面工程-工程施工
Ⅳ.①TU767

中国版本图书馆 CIP 数据核字(2018)第 249749 号

　　本书是《建筑安装工程施工工艺标准系列丛书》之一。该标准经广泛调查研究，认真总结工程实践经验，参考有关国家、行业及地方标准规范编写而成。

　　该书编制过程中主要参考了《建筑工程施工质量验收统一标准》GB 50300—2013、《建筑地面工程施工质量验收规范》GB 50209—2010 等标准规范。每项标准按引用标准、术语、施工准备、操作工艺、质量标准、成品保护、注意事项、质量记录八个方面进行编写。

　　本书可作为地面工程施工生产操作的技术依据，也可作为编制施工方案和技术交底的蓝本。在实施工艺标准过程中，若国家标准或行业标准有更新版本时，应按国家或行业现行标准执行。

责任编辑：张　磊
责任校对：芦欣甜

建筑安装工程施工工艺标准系列丛书
建筑地面工程施工工艺
山西建设投资集团有限公司　组织编写
张太清　霍瑞琴　主编

＊

中国建筑工业出版社出版、发行（北京海淀三里河路9号）
各地新华书店、建筑书店经销
北京科地亚盟排版公司制版
北京建筑工业印刷厂印刷

＊

开本：787×960 毫米　1/16　印张：11¾　字数：200 千字
2019 年 3 月第一版　2020 年 9 月第三次印刷
定价：**35.00** 元
ISBN 978－7－112－22892－8
（32997）

发 布 令

为进一步提高山西建设投资集团有限公司的施工技术水平，保证工程质量和安全，规范施工工艺，由集团公司统一策划组织，系统内所有骨干企业共同参与编制，形成了新版《建筑安装工程施工工艺标准》（简称"施工工艺标准"）。

本施工工艺标准是集团公司各企业施工过程中操作工艺的高度凝练，也是多年来施工技术经验的总结和升华，更是集团实现"强基固本，精益求精"管理理念的重要举措。

本施工工艺标准经集团科技专家委员会专家审查通过，现予以发布，自2019年1月1日起执行，集团公司所有工程施工工艺均应严格执行本"施工工艺标准"。

山西建设投资集团有限公司

党委书记：

董事长：

2018 年 8 月 1 日

丛书编委会

顾　　　问：孙　波　　李卫平　　寇振林　　贺代将　　郝登朝　　吴辰先
　　　　　　温　刚　　乔建峰　　李宇敏　　耿鹏鹏　　高本礼　　贾慕晟
　　　　　　杨雷平　　哈成德
主 任 委 员：张太清
副主任委员：霍瑞琴　　张循当
委　　　员：（按姓氏笔画排列）
　　　　　　王宇清　　王宏业　　平玲玲　　白少华　　白艳琴　　邢根保
　　　　　　朱永清　　朱忠厚　　刘　晖　　闫永茂　　李卫俊　　李玉屏
　　　　　　杨印旺　　吴晓兵　　张文杰　　张　志　　庞俊霞　　赵宝玉
　　　　　　要明明　　贾景琦　　郭　铃　　梁　波　　董红霞
审查人员：董跃文　　王凤英　　梁福中　　宋　军　　张泽平　　哈成德
　　　　　　冯高磊　　周英才　　张吉人　　贾定祎　　张兰香　　李逢春
　　　　　　郭育宏　　谢亚斌　　赵海生　　崔　峻　　王永利

本书编委会

主　　　编：张太清　　霍瑞琴
副　主　编：董红霞　　赵宝玉
主要编写人员：胡成海　　李文燕　　任安安　　苗爱青　　李东驰　　宋红旗

4

序

　　企业技术标准是企业发展的源泉，也是企业生产、经营、管理的技术依据。随着国家标准体系改革步伐日益加快，企业技术标准在市场竞争中会发挥越来越重要的作用，并将成为其进入市场参与竞争的通行证。

　　山西建设投资集团有限公司前身为山西建筑工程（集团）总公司，2017年经改制后更名为山西建设投资集团有限公司。集团公司自成立以来，十分重视企业标准化工作。20世纪70年代就曾编制了《建筑安装工程施工工艺标准》；2001年国家质量验收规范修订后，集团公司遵循"验评分离，强化验收，完善手段，过程控制"的十六字方针，于2004年编制出版了《建筑安装工程施工工艺标准》（土建、安装分册）；2007年组织修订出版了《地基与基础工程施工工艺标准》、《主体结构工程施工工艺标准》、《建筑装饰装修施工工艺标准》、《建筑屋面工程施工工艺标准》、《建筑电气工程施工工艺标准》、《通风与空调工程施工工艺标准》、《电梯与智能建筑工程施工工艺标准》、《建筑给水排水及采暖工程施工工艺标准》共8本标准。

　　为加强推动企业标准管理体系的实施和持续改进，充分发挥标准化工作在促进企业长远发展中的重要作用，集团公司在2004年版及2007年版的基础上，组织编制了新版的施工工艺标准，修订后的标准增加到18个分册，不仅增加了许多新的施工工艺，而且内容涵盖范围也更加广泛，不仅从多方面对企业施工活动做出了规范性指导，同时也是企业施工活动的重要依据和实施标准。

　　新版施工工艺标准是集团公司多年来实践经验的总结，凝结了若干代山西建投人的心血，是集团公司技术系统全体员工精心编制、认真总结的成果。在此，我代表集团公司对在本次编制过程中辛勤付出的编著者致以诚挚的谢意。本标准的出版，必将为集团工程标准化体系的建设起到重要推动作用。今后，我们要抓住契机，坚持不懈地开展技术标准体系研究。这既是企业提升管理水平和技术优势的重要载体，也是保证工程质量和安全的工具，更是提高企业经济效益和社会效益的手段。

在本标准编制过程中，得到了住建厅有关领导的大力支持，许多专家也对该标准进行了精心的审定，在此，对以上领导、专家以及编辑、出版人员所付出的辛勤劳动，表示衷心的感谢。

在实施本标准过程中，若有低于国家标准和行业标准之处，应按国家和行业现行标准规范执行。由于编者水平有限，本标准如有不妥之处，恳请大家提出宝贵意见，以便今后修订。

山西建设投资集团有限公司

总经理：

2018 年 8 月 1 日

前　　言

　　本书是山西建设投资集团有限公司《建筑安装工程施工工艺标准系列丛书》之一。该标准经广泛调查研究，认真总结工程实践经验，参考有关国家、行业及地方标准规范，在 2007 版基础上经广泛征求意见修订而成。

　　该书编制过程中主要参考了《建筑工程施工质量验收统一标准》GB 50300—2013、《建筑地面工程施工质量验收规范》GB 50209—2010 等标准规范。每项标准按引用标准、术语、施工准备、操作工艺、质量标准、成品保护、注意事项、质量记录八个方面进行编写。

　　本标准修订的主要内容是：

　　1　地面工程垫层部分增加了灰土垫层、砂垫层和砂石垫层、碎石垫层和碎砖垫层、三合土垫层和四合土垫层，增加了找平层和卷材类隔离层。

　　2　面层部分增加了硬化耐磨面层、防油渗面层、不发火（防爆）面层、环氧树脂或聚氨酯自流平面层、水泥基自流平面层、块材防腐蚀面层、地毯面层、玻璃地板面层。

　　3　将预制水磨石地面和预制水磨石楼梯踏步板安装合并为预制板块面层。

　　本书可作为地面工程施工生产操作的技术依据，也可作为编制施工方案和技术交底的蓝本。在实施工艺标准过程中，若国家标准或行业标准有更新版本时，应按国家或行业现行标准执行。

　　本书在编制过程中，限于技术水平，有不妥之处，恳请提出宝贵意见，以便今后修订完善。随时可将意见反馈至山西建设投资集团总公司技术中心（太原市新建路 9 号，邮政编码 030002）。

目　　录

第1章 灰土垫层

本工艺标准适用于工业与民用建筑地面灰土垫层工程的施工。

1 引用标准

《建筑地面工程施工质量验收规范》GB 50209—2010
《建筑工程施工质量验收统一标准》GB 50300—2013
《建筑装饰装修工程施工质量验收标准》GB 50210—2018
《建筑地面设计规范》GB 50037—2013

2 术语 (略)

3 施工准备

3.1 作业条件

3.1.1 应编制灰土垫层施工方案，并进行详细的技术交底，交至施工操作人员。

3.1.2 垫层下有沟槽、暗管等工程的，要在其完工后，经检验合格并做好隐蔽记录，方可进行灰土垫层工程的施工。

3.1.3 灰土垫层下的基土（层）应已按设计要求施工并验收合格。

3.1.4 预埋在垫层内的各种管线已安装完，并按设计要求予以稳固，验收合格。

3.1.5 填土前应取土样；虚铺厚度、压实遍数等参数应通过压实试验确定；通过配合比试验或根据设计要求确定灰土配合比和土的最佳含水量。

3.1.6 施工前，应做好水平标志，以控制填土的高度和厚度，可采用立桩、竖尺、拉线、弹线等方法。

3.1.7 打夯机操作人员、司机、机运工、电工等施工人员应经过理论和实际施工操作的培训，并持上岗证。

3.1.8 灰土垫层不宜在冬期施工。当必须在冬期施工时，应采取可靠措施。作业时的环境如天气、温度、湿度等状况应满足施工质量可达到标准的要求。

3.1.9 当地下水位高于基底时，施工前应采取排水或降低地下水位的措施，使地下水位保持在基底以下，防止地下水浸泡。

3.2 材料及机具

3.2.1 灰土垫层应采用熟化石灰与黏土（或粉质黏土、粉土）的拌合料铺设。

3.2.2 黏土（或粉质黏土、粉土）：黏土（或粉质黏土、粉土）内不得含有有机杂物，使用前应先过筛，颗粒粒径不应大 16mm，并严格按照试验结果控制含水量；冬期施工不得采用冻土或夹有冻土块的土料。

3.2.3 熟化石灰：熟化石灰可采用磨细生石灰，使用前应充分熟化过筛，颗粒粒径不应大于 5mm，亦可采用粉煤灰代替。

3.2.4 机具：灰土搅拌机、蛙式打夯机、柴油式打夯机、手推车、铲土机、自卸汽车、推土机、装载机、翻斗车、筛子、铁耙、铁锹、钢尺、胶皮管、粉线、木夯、环刀、容重检测仪、水准仪等。

4 操作工艺

4.1 工艺流程

灰土拌合 → 基底清理、夯实 → 设标桩、找标高、挂线 →

分层铺灰土、耙平、夯实 → 修整找平

4.2 灰土拌合

4.2.1 灰土的配合比应用体积比，应按照试验确定的参数或设计要求控制配合比，设计无要求时，一般为熟石灰：黏土＝2：8或3：7。

4.2.2 灰土拌合时应依据试验结果严格控制含水量，如土料水分过大或不足时，应提前采取晾晒或洒水等措施。

4.2.3 灰土拌合料应拌合均匀，颜色一致，至少翻拌两次。采用灰土搅拌机拌合时，根据搅拌机操作要求，控制搅拌时间。

4.3 基底清理、夯实

4.3.1 铺设灰土前应将基土上的杂物、松散土、积水、污泥、杂质清理干净。

4.3.2 打底夯两遍，使表土密实。

4.4 设标桩、找标高、挂线

在墙面弹线，在地面设标桩，找好标高、挂线，作控制铺填灰土垫层厚度的标准。

4.5 分层铺灰土、耙平、夯实

4.5.1 灰土垫层应分层摊铺。每层铺土厚度应根据土质、密实度要求和机具性能通过压实试验确定。作业时，应严格按照试验所确定的参数进行。一般为150～200mm，不宜超过300mm，每层摊铺后，随之耙平。

4.5.2 灰土垫层应分层夯实。每层的夯压遍数，根据压实试验确定。作业时，应严格按照试验所确定的参数进行。打夯应一夯压半夯，夯夯相接，行行相连，纵横交叉，全面夯实。灰土垫层厚度不应小于100mm。

4.5.3 灰土垫层分段施工时，接槎处应做成阶梯形，每层接槎处的水平距离应错开0.5～1.0m，并充分压（夯）实。接槎处不应设在地面荷载较大的部位。

4.6 修整找平

垫层全部完成后，应进行表面拉线找平，凡超过标准高程的地方，及时依线铲平；凡低于标准高程的地方，应及时补打灰土夯实。

5 质量标准

5.1 主控项目

5.1.1 灰土体积比应符合设计要求。

5.2 一般项目

5.2.1 熟化石灰颗粒粒径应符合本工艺标准第3.2.3条的规定；黏土（或粉质黏土、粉土）应符合第3.2.2条的规定。

5.2.2 灰土垫层表面平整度的允许偏差为10mm；标高的允许偏差为±10mm；坡度的允许偏差为不大于房间相应尺寸的2/1000，且不大于30mm；厚度的允许偏差为在个别的地方不大于设计厚度的1/10，且不大于20mm。

6 成品保护

6.0.1 施工时应注意对定位定高的标准桩、尺、线的保护，不得触动、移位。

6.0.2 对所覆盖的隐蔽工程要有可靠保护措施，不得因填、夯、压造成管道、基础等的破坏或降低强度等级。

6.0.3 垫层铺设完毕，应尽快进行上层基层施工，防止长期暴晒或受冻。

6.0.4 已铺好的垫层应进行遮盖和拦挡，不得随意挖掘，不得在其上行驶车辆或堆放重物，避免受侵害。

7 注意事项

7.1 应注意的质量问题

7.1.1 灰土垫层下土层不应被扰动，或扰动后未进行夯实处理的，应清除被扰动层。

7.1.2 作业应连续进行，尽快完成。

7.1.3 应注意控制配合比、虚铺厚度、夯压遍数等施工控制要点，严格按工艺要求和交底作业。

7.1.4 做好垫层周围排水措施，刚施工完的垫层，雨季应有防雨措施，临时覆盖，防止遭到雨水浸泡；冬季应有保温防冻措施，防止土层受冻。在雨、雪、低温、强风条件下，在室外或露天不宜进行灰土作业。

7.1.5 避免不均匀夯填及漏夯现象的发生，禁止采用"水夯"法进行夯填。

7.1.6 凡检验不合格的部位，均应返工纠正，并制定纠正措施，防止再次发生，对返修部位应重新进行验收。

7.2 应注意的安全问题

7.2.1 灰土铺设、粉化石灰和石灰过筛，操作人员应戴口罩、风镜、手套、套袖等劳动保护用品，并站在上风头作业。

7.2.2 施工机械用电必须采用三级配电两级保护，使用三相五线制，严禁乱拉乱接；临时照明及动力配电线路敷设绝缘良好，并符合有关规定；夯填灰土前，应先检查打夯机电线绝缘是否完好，接地线、开关是否符合要求；打夯机操作人员，必须戴绝缘手套和穿绝缘鞋，防止漏电伤人。

7.3 应注意的绿色施工问题

7.3.1 配备洒水车，对干土、石灰粉等洒水或覆盖，防止扬尘。

7.3.2 运输车辆应加以覆盖，防止遗撒。

7.3.3 现场噪声控制应符合国家和地方的有关规定。

8　质量记录

8.0.1　材质质量合格证明文件及检测报告。

8.0.2　配合比试验报告。

8.0.3　土工击实试验报告。

8.0.4　回填土干密度（压实系数）试验报告。

8.0.5　隐蔽工程检查验收记录。

8.0.6　地面灰土垫层工程检验批质量验收记录表。

8.0.7　其他技术文件。

第 2 章　砂垫层和砂石垫层

本工艺标准适用于工业与民用建筑地面砂垫层和砂石垫层工程的施工。

1　引用标准

《建筑地面工程施工质量验收规范》GB 50209—2010
《建筑工程施工质量验收统一标准》GB 50300—2013
《建筑装饰装修工程施工质量验收标准》GB 50210—2018
《建筑地面设计规范》GB 50037—2013

2　术语（略）

3　施工准备

3.1　作业条件

3.1.1　应编制垫层施工方案，并进行详细的技术交底，交至施工操作人员。

3.1.2　垫层下有沟槽、暗管等工程的，应在其完工后，经检验合格并做隐蔽记录，方可进行砂垫层或砂石垫层工程的施工。

3.1.3　砂垫层或砂石垫层下的基土（层）应已按设计要求施工并验收合格。

3.1.4　预埋在垫层内的各种管线已安装完，并按设计要求予以稳固，验收合格。

3.1.5　虚铺厚度、压实遍数等参数应通过压实试验确定。

3.1.6　施工前，应做好水平标志，以控制铺设的高度和厚度，可采用立桩、竖尺、拉线、弹线等方法。

3.1.7　打夯机操作人员、司机、机运工、电工等施工人员应经过理论和实际施工操作的培训，并持上岗证。

3.1.8　作业时的环境如天气、温度、湿度等状况应满足施工质量可达到标准的要求。

3.1.9　当地下水位高于基底时，施工前应采取排水或降低地下水位的措施，使地下水位保持在基底以下，防止地下水浸泡。

3.2　材料及机具

3.2.1　砂石应选用天然级配材料。颗粒级配应良好，铺设时不应有粗细颗粒分离现象，压（夯）至不松动为止。

3.2.2　砂、砂石：砂和砂石不应含有草根等有机杂质；砂应采用中砂；石子最大粒径不应大于垫层厚度的 2/3。

3.2.3　机具：平板振动器、振动式压路机、振动式打夯机、木夯、手推车、铲土机、自卸汽车、推土机、装载机、翻斗车、筛子、铁耙、铁锹、钢尺、胶皮管、粉线、环刀、容重检测仪、水准仪等。

4　操作工艺

4.1　工艺流程

```
┌──────────────┐   ┌────────────────────┐   ┌────────────────────────────┐
│基底清理、夯实│ → │设标桩、找标高、挂线│ → │分层铺筑砂（或砂石）、耙平│ →
└──────────────┘   └────────────────────┘   └────────────────────────────┘
┌────┐   ┌──────────┐   ┌──────────┐
│洒水│ → │碾压或夯实│ → │修整找平│
└────┘   └──────────┘   └──────────┘
```

4.2　基底清理、夯实

4.2.1　铺设垫层前应将基土上的杂物、松散土、积水、污泥、杂质清理干净。

4.2.2　打底夯两遍，使表土密实。

4.3　设标桩、找标高、挂线

在墙面弹线，在地面设标桩，找好标高、挂线，作控制铺填砂或砂石垫层厚度的标准。

4.4　分层铺筑砂（或砂石）、耙平

4.4.1　铺筑砂石应分层摊铺，每层铺筑厚度应通过压实试验确定，一般为 150～200mm，不宜超过 300mm，分层厚度可用样桩控制。视不同条件，可选用夯实或压实的方法。大面积的砂垫层，铺填厚度可达 350mm，宜采用 6～10t 的压路机碾压。作业时，应严格按照试验所确定的参数进行。每层摊铺后，随之耙平。砂垫层厚度不应小于 60mm；砂石垫层厚度不应小于 100mm。

4.4.2　砂和砂石宜铺设在同一标高的基土上，如深度不同时，基土底面应

挖成踏步和斜坡形，接槎处应压（夯）实。施工应按先深后浅的顺序进行。

4.4.3 砂垫层或砂石垫层分段施工时，接槎处应做成阶梯形，每层接槎处的水平距离应错开 0.5～1.0m，并充分压（夯）实。接槎处不应设在地面荷载较大的部位。

4.5 洒水

铺筑级配砂石在碾压夯实前，应根据其干湿程度和气候条件，适当洒水湿润，以保持砂石的最佳含水量，一般为 8％～12％。

4.6 碾压或夯实

4.6.1 垫层应分层夯实，每层砂石碾压或夯实的遍数，由现场压实试验确定，作业时，应严格按照试验所确定的参数进行。用打夯机夯实时，一般不少于 3 遍，木夯应保持落距为 400～500mm，要一夯压半夯，夯夯相接，行行相连，纵横交叉，全面夯实。采用压路机碾压，一般不少于 4 遍，其轮距搭接不小于 500mm。边缘和转角处应用人工或蛙式打夯机补夯密实，振实后的密实度应符合设计要求。

4.6.2 当基土为非湿陷性土层时，砂垫层施工可随浇水随压（夯）实。每层虚铺厚度不应大于 200mm。

4.6.3 设置纯砂检查点，用环刀取样，测定干砂的质量密度。下层合格后，方可进行上层施工。当用贯入法测定质量时，用贯入仪、钢筋或钢叉等进行试验，贯入值小于规定值为合格。

4.7 修整找平

垫层全部完成后，应进行表面拉线找平，凡超过标准高程的地方，及时依线铲平；凡低于标准高程的地方，应及时补打砂石夯实。

5 质量标准

5.1 主控项目

5.1.1 砂和砂石应符合本工艺标准第 3.2.2 条的规定。

5.1.2 砂垫层和砂石垫层的干密度（或贯入度）应符合设计要求。

5.2 一般项目

5.2.1 表面不应有砂窝、石堆现象。

5.2.2 砂垫层和砂石垫层表面平整度的允许偏差为 15mm；标高的允许偏

差为±20mm；坡度的允许偏差为不大于房间相应尺寸的 2/1000，且不大于 30mm；厚度的允许偏差为在个别的地方不大于设计厚度的 1/10，且不大于 20mm。

6　成品保护

6.0.1　施工时应注意对定位定高的标准桩、尺、线的保护，不得触动、移位。

6.0.2　对所覆盖的隐蔽工程要有可靠保护措施，不得因填、夯、压造成管道、基础等的破坏或降低强度等级。

6.0.3　垫层铺设完毕，应尽快进行上层基层施工，防止长期暴露。

6.0.4　已铺好的垫层应进行遮盖和拦挡，并经常洒水湿润，不得随意挖掘，不得在其上行驶车辆或堆放重物，避免受侵害。

7　注意事项

7.1　应注意的质量问题

7.1.1　砂垫层和砂石垫层下土层不应被扰动，或扰动后未进行夯实处理的，应清除被扰动层。

7.1.2　作业应连续进行，尽快完成。

7.1.3　应注意控制砂石级配、虚铺厚度、夯压遍数、洒水等施工控制要点，严格按工艺要求和交底作业。

7.1.4　做好垫层周围排水措施，刚施工完的垫层，雨季应有防雨措施，临时覆盖，防止遭到雨水浸泡，刚铺筑完或尚未夯实的砂，如遭受雨淋浸泡，应将积水排走，晾干后再夯打密实；砂石垫层冬期不宜施工，不得在基土受冻的状态下铺设砂，砂中不得含有冻块，夯完的砂表面应用塑料薄膜或草袋覆盖保温，防止受冻。

7.1.5　避免不均匀夯填及漏夯现象的发生。

7.1.6　凡检验不合格的部位，均应返工纠正，并制定纠正措施，防止再次发生。

7.2　应注意的安全问题

7.2.1　砂过筛时，操作人员应戴口罩、风镜、手套、套袖等劳动保护用品，并站在上风头作业。

7.2.2 施工机械用电必须采用三级配电两级保护，使用三相五线制，严禁乱拉乱接；临时照明及动力配电线路敷设绝缘良好，并符合有关规定；夯填砂石前，应先检查打夯机电线绝缘是否完好，接地线、开关是否符合要求；打夯机操作人员，必须戴绝缘手套和穿绝缘鞋，防止漏电伤人。

7.3 应注意的绿色施工问题

7.3.1 配备洒水车，对干砂、石等洒水或覆盖，防止扬尘。

7.3.2 运输车辆应加以覆盖，防止遗洒。

7.3.3 现场噪声控制应符合国家和地方的有关规定。

8 质量记录

8.0.1 材质质量合格证明文件及检测报告。

8.0.2 砂垫层和砂石垫层干密度（压实系数）试验报告。

8.0.3 隐蔽工程检查验收记录。

8.0.4 地面砂垫层和砂石垫层工程检验批质量验收记录表。

8.0.5 其他技术文件。

第3章 混凝土垫层和陶粒混凝土垫层

本工艺标准适用于工业与民用建筑地面混凝土垫层和陶粒混凝土垫层工程的施工。

1 引用标准

《建筑地面工程施工质量验收规范》GB 50209—2010

《建筑工程施工质量验收统一标准》GB 50300—2013

《建筑装饰装修工程施工质量验收标准》GB 50210—2018

《建筑地面设计规范》GB 50037—2013

《轻骨料混凝土技术规程》JGJ 51—2002

2 术语（略）

3 施工准备

3.1 作业条件

3.1.1 应编制垫层施工方案，并进行详细的技术交底，交至施工操作人员。

3.1.2 垫层下有沟槽、暗管等工程的，应在其完工后，经检验合格并做隐蔽记录，方可进行水泥混凝土垫层和陶粒混凝土垫层工程的施工。

3.1.3 混凝土垫层和陶粒混凝土垫层下的基土（层）或结构工程应已按设计要求施工并验收合格。

3.1.4 预埋在垫层内的各种管线已安装完，并用细石混凝土等固定牢固。

3.1.5 铺设前应通过试验或根据设计要求确定配合比。

3.1.6 施工前，应做好水平标志，以控制铺设的高度和厚度，可采用立桩、竖尺、拉线、弹线等方法。

3.1.7 机运工、电工等施工人员应经过理论和实际施工操作的培训，并持

11

上岗证。

3.1.8 作业时的环境如天气、温度、湿度等状况应满足施工质量可达到标准的要求。

3.2 材料及机具

3.2.1 水泥：宜采用硅酸盐水泥、普通硅酸盐水泥和矿渣硅酸盐水泥，其强度等级应在 32.5 级以上。

3.2.2 砂：应采用中粗砂，含泥量不应大于 3.0%。

3.2.3 石子：采用碎石或卵石，其最大粒径不应大于垫层厚度的 2/3，含泥量不应大于 3%。

3.2.4 陶粒：陶粒中粒径小于 5mm 的颗粒含量应小于 10%；粉煤灰陶粒中大于 15mm 的颗粒含量不应大于 5%；陶粒中不得混夹杂物或黏土块。陶粒宜选用粉煤灰陶粒、页岩陶粒等。陶粒混凝土的密度应在 $800\sim1400kg/m^3$ 之间。

3.2.5 膨胀珍珠岩：应符合国家现行标准《膨胀珍珠岩》JC/T 209 的要求；膨胀珍珠岩的堆积密度应大于 $80kg/m^3$。

3.2.6 轻骨料混凝土矿物掺和料应符合国家现行标准《用于水泥和混凝土中的粉煤灰》GB/T 1596、《粉煤灰混凝土应用技术规范》GB/T 50146 和《用于水泥和混凝土中的粒化高炉矿渣粉》GB/T 18046 的要求。

3.2.7 水：宜选用符合饮用标准的水。

3.2.8 外加剂：混凝土中掺用外加剂的质量应符合现行国家标准《混凝土外加剂》GB 8076 的规定。

3.2.9 机具：搅拌机、压滚、手推车、装载机、翻斗车、计量器、平板振动器、筛子、铁耙、铁锹、钢尺、胶皮管、粉线、大杠尺、木拍板、水准仪、水准尺、计量器及各种孔径筛、扫帚、铁錾子、手锤、钢丝刷、喷壶、浆壶、计量斗、1.5～2mm 铁板等。

4 操作工艺

4.1 工艺流程

基层处理 → 弹线、做找平墩 → 拌合物拌制 → 铺设、振捣或滚压 → 养护

4.2 基层处理

将基层上的浮土、落地灰等杂物清理干净，将粘结在基层上的砂浆、混凝土

等污垢，先用铁锹清除、铁錾子剔凿、钢丝刷擦刷，再用笤帚清扫干净，洒水湿润。

4.3　弹线、做找平墩

4.3.1　根据墙上+0.5m 标高线及设计规定的垫层厚度，量测出垫层的上平标高，并在四周墙上做出标志，然后拉水平线抹找平墩，与垫层成活面同高，用水泥砂浆或细石混凝土制作，60mm×60mm 见方，间距双向不大于 2m。

4.3.2　有坡度要求的房间，应按设计坡度要求拉线，找出各控制点标高，抹出坡度墩。

4.4　拌合物拌制

4.4.1　为了清除陶粒中的杂物和细粉末，陶粒进场后要过两遍筛。第一遍用大孔径筛（筛孔为 30mm），第二遍过小孔径筛（筛孔为 5mm），使 5mm 粒径含量控制在不大于 5% 的要求。在浇筑垫层前应将陶粒浇水闷透，水闷时间应不少于 5d。

4.4.2　轻骨料混凝土生产时，砂轻混凝土拌合物中的各组分材料应以质量计量；全轻混凝土拌合物中轻骨料组分可采用体积计量，但宜按质量进行校核。

轻粗、细骨料和掺和料的质量计量允许偏差为±3%；水、水泥和外加剂的质量计量允许偏差为±2%。由于陶粒预先进行水闷处理，因此搅拌前根据抽测陶粒的含水率，调整配合比的用水量。

4.4.3　轻骨料混凝土拌合物必须采用强制式搅拌机搅拌。

4.4.4　在轻骨料混凝土搅拌时，使用预湿处理的轻粗骨料，宜采用图 3-1 的投料顺序；使用未预湿处理的轻粗骨料，宜采用图 3-2 的投料顺序。

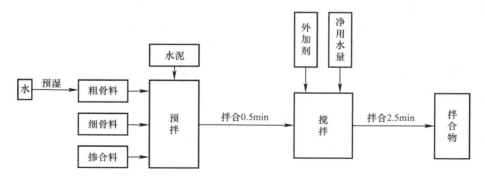

图 3-1　使用预湿处理的轻粗骨料时的投料顺序

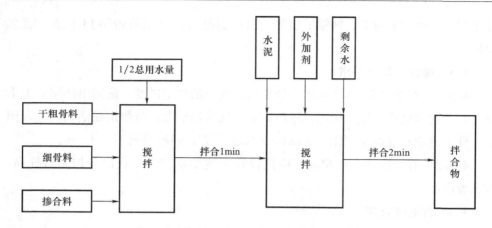

图 3-2 使用未预湿处理的轻粗骨料时的投料顺序

4.4.5 轻骨料混凝土全部加料完毕后的搅拌时间，在不采用搅拌运输车运送混凝土拌合物时，砂轻混凝土不宜少于 3min；全轻或干硬性砂轻混凝土宜为 3～4min。对强度低而易破碎的轻骨料，应严格控制混凝土的搅拌时间。

4.4.6 外加剂应在轻骨料吸水后加入。当用预湿处理的轻粗骨料时，液体外加剂可按图 3-1 所示加入；当用未预湿处理的轻粗骨料时，液体外加剂可按图 3-2 所示加入。采用粉状外加剂，可与水泥同时加入。

4.5 铺设、振捣或滚压

4.5.1 水泥混凝土垫层的厚度不应小于 60mm；陶粒混凝土垫层的厚度不应小于 80mm。

4.5.2 垫层铺设前，当为水泥类基层时，其下一层表面应湿润，刷一层素水泥浆（水灰比为 0.4～0.5），然后顺房间开间方向由里往外退着铺设。

4.5.3 水泥混凝土垫层和陶粒混凝土垫层应铺设在基土上，当气温长期处于 0℃以下，设计无要求时，垫层应设置伸缩缝。

室内地面的水泥混凝土垫层和陶粒混凝土垫层，应设置纵向缩缝和横向缩缝；纵向缩缝、横向缩缝的间距均不得大于 6m。

垫层的纵向缩缝应做平头缝或加肋板平头缝。当垫层厚度大于 150mm 时，可做企口缝。横向缩缝应做假缝。平头缝和企口缝的缝间不得放置隔离材料，浇筑时应互相紧贴。企口缝尺寸应符合设计要求，假缝宽度宜为 5～20mm，深度宜为垫层厚度的 1/3，填缝材料应与地面变形缝的填缝材料相一致。

4.5.4 用铁锹将混凝土铺在基层上，以做好的找平墩为标准铺平，略高于找平墩 3mm，随机用平板振捣器振实找平。如厚度较薄时，可随铺随用铁锹和特制木拍板密实，并随即用大杠找平，用木抹子搓平或用铁滚滚压密实，全部操作过程要在 2h 内完成。

4.5.5 工业厂房、礼堂、门厅等大面积垫层应分区段浇筑。分区段应结合变形缝位置、不同类型的建筑地面连接处和设备基础的位置进行划分，并应与设置的纵向、横向缩缝的间距相一致。

4.6 养护

4.6.1 浇筑成型后应及时覆盖和洒水养护。

4.6.2 采用自然养护时，用普通硅酸盐水泥、硅酸盐水泥、矿渣水泥拌制的轻骨料混凝土，湿养护时间不应少于 7d；用粉煤灰水泥、火山灰水泥拌制的轻骨料混凝土及在施工中掺缓凝型外加剂的混凝土，湿养护时间不应少于 14d。

5 质量标准

5.1 主控项目

5.1.1 水泥混凝土垫层和陶粒混凝土垫层采用的粗骨料应符合本工艺标准第 3.2.3 条的规定；砂应符合第 3.2.2 条的规定；陶粒应符合第 3.2.4 条的规定。

5.1.2 水泥混凝土和陶粒混凝土的强度等级应符合设计要求。

5.2 一般项目

5.2.1 水泥混凝土垫层和陶粒混凝土垫层表面平整度的允许偏差为 10mm；标高的允许偏差为 ±10mm；坡度的允许偏差为不大于房间相应尺寸的 2/1000，且不大于 30mm；厚度的允许偏差为在个别的地方不大于设计厚度的 1/10，且不大于 20mm。

6 成品保护

6.0.1 施工时应注意对定位定高的标准桩、尺、线的保护，不得触动、移位。

6.0.2 对所覆盖的隐蔽工程要有可靠保护措施，不得因铺设垫层造成管道漏水、堵塞、破坏或降低等级。

6.0.3 运输、铺设和滚压（振捣）拌合料时，避免碰撞门框、墙面及抹灰层等。

6.0.4 垫层铺设完毕，应加以保护，不得随意挖掘，不得在其上行驶车辆或堆放重物，避免受侵害。不得直接在垫层上堆放材料和拌合砂浆等，以免污染而影响与面层的粘结力。如较长时间不进行上部作业，应进行遮盖和拦挡，并经常洒水湿润。

6.0.5 垫层强度达到 1.2MPa 后，方准许上人进行下道工序施工。

7 注意事项

7.1 应注意的质量问题

7.1.1 基层上土、灰、杂物应清理干净，铺拌合料前应认真洒水湿润刷素水泥浆，以保证垫层与基层间的粘结。

7.1.2 陶粒应浇水闷透，水泥、砂、石、轻骨料材料应符合标准的要求，配合比应准确，严格控制加水量和搅拌时间。

7.1.3 做好垫层周围排水措施，刚施工完的垫层，雨季应有防雨措施，临时覆盖，防止遭到雨水浸泡；在气温高于或等于 5℃ 的季节施工时，根据工程需要，预湿时间可按外界气温和来料的自然含水状态确定，应提前半天或一天对轻粗骨料进行淋水或泡水预湿，然后滤干水分进行投料。在气温低于 5℃ 时，不宜进行预湿处理。冬季应有保温防冻措施，防止受冻。在雨、雪、低温、强风条件下，在室外或露天不宜进行垫层作业。

7.1.4 凡检验不合格的部位，均应返工纠正，并制定纠正措施，防止再次发生。

7.2 应注意的安全问题

7.2.1 轻骨料过筛、拌合料拌合和垫层铺设时，操作人员应戴口罩、风镜、手套、套袖等劳动保护用品，并站在上风头作业。

7.2.2 施工机械用电必须采用三级配电两级保护，使用三相五线制，严禁乱拉乱接；临时照明及动力配电线路敷设绝缘良好，并符合有关规定。

7.2.3 楼层孔洞、电梯井口、楼梯口、楼层边处，安全防护设施应齐全。

7.3 应注意的绿色施工问题

7.3.1 轻骨料应按不同品种分批运输和堆放，不得混杂。轻粗骨料运输和堆放应保持颗粒混合均匀，减少离析。

7.3.2 配备洒水车，对水泥、砂、石、轻骨料等洒水或覆盖，防止扬尘。

7.3.3 运输车辆应加以覆盖，防止遗洒；废弃物要及时清理，运至指定地点。

7.3.4 现场噪声控制应符合国家和地方的有关规定。

8　质量记录

8.0.1 材质质量合格证明文件及检测报告。

8.0.2 砂、石、轻骨料试验报告。

8.0.3 混凝土试件强度试验报告。

8.0.4 配合比试验报告、配合比设计文件或通知单。

8.0.5 隐蔽工程检查验收记录。

8.0.6 地面水泥混凝土垫层和陶粒混凝土垫层工程检验批质量验收记录表。

8.0.7 其他技术文件。

第4章　碎石垫层和碎砖垫层

本工艺标准适用于工业与民用建筑地面碎石垫层和碎砖垫层工程的施工。

1　引用标准

《建筑地面工程施工质量验收规范》GB 50209—2010

《建筑工程施工质量验收统一标准》GB 50300—2013

《建筑装饰装修工程施工质量验收标准》GB 50210—2018

《建筑地面设计规范》GB 50037—2013

2　术语（略）

3　施工准备

3.1　作业条件

3.1.1　应编制垫层施工方案，并进行详细的技术交底，交至施工操作人员。

3.1.2　垫层下有沟槽、暗管等工程的，应在其完工后，经检验合格并做隐蔽记录，方可进行碎石垫层或碎砖垫层工程的施工。

3.1.3　碎石垫层或碎砖垫层下的基土（层）应已按设计要求施工并验收合格。

3.1.4　预埋在垫层内的各种管线已安装完，并按设计要求予以稳固，验收合格。

3.1.5　虚铺厚度、压实遍数等参数应通过压实试验确定。

3.1.6　施工前，应做好水平标志，以控制铺设的高度和厚度，可采用立桩、竖尺、拉线、弹线等方法。

3.1.7　打夯机操作人员、司机、机运工、电工等施工人员应经过理论和实际施工操作的培训，并持上岗证。

3.1.8　作业时的环境如天气、温度、湿度等状况应满足施工质量可达到标

18

准的要求。

3.1.9　当地下水位高于基底时，施工前应采取排水或降低地下水位的措施，使地下水位保持在基底以下，防止地下水浸泡。

3.2　材料及机具

3.2.1　碎石：碎石应采用质地坚硬、强度均匀、级配适当的未风化石料，最大粒径不应大于垫层厚度的 2/3。

3.2.2　碎砖：碎砖不应采用风化、疏松、夹有有机杂质的砖料，颗粒粒径不应大于 60mm。

3.2.3　机具：振动式压路机、打夯机、小型机动翻斗车、手推车、铲土机、自卸汽车、推土机、装载机、铁锤、筛子、铁耙、铁锹、钢尺、胶皮管、粉线、木夯、环刀、容重检测仪、水准仪等。

4　操作工艺

4.1　工艺流程

基底清理、夯实 → 设标桩、找标高、挂线 → 分层铺设、夯（压）实 →

修整找平

4.2　基底清理、夯实

铺设碎石、碎砖前先检验基土土质，清除松散土、积水、污泥、杂质，并打底夯两遍，使表土密实。

4.3　设标桩、找标高、挂线

在墙面弹线，在地面设标桩，找好标高、挂线，作控制铺填厚度的标准。

4.4　分层铺设、夯（压）实

4.4.1　基土表面与碎石、碎砖之间应先铺一层 5～25mm 碎石、粗砂层，以防局部土下陷或软弱土层挤入碎石或碎砖空隙中使垫层破坏。

4.4.2　碎石和碎砖垫层的厚度不应小于 100mm，垫层应分层压（夯）实，达到表面坚实、平整。

4.4.3　碎石铺设时按线由一端向另一端铺设，摊铺均匀，不得有粗细颗粒分离现象，表面空隙应以粒径为 5～25mm 的细碎石填补。铺完一段，压实前洒水使表面湿润。小面积房间采用木夯或蛙式打夯机夯实，不少于三遍，应

19

一夯压半夯，夯夯相接，行行相连，纵横交叉；大面积宜采用小型振动压路机压实，不少于四遍，轮距搭接不小于0.5m，边缘和转角应用人工或打夯机补夯密实，均夯（压）至表面平整不松动为止。夯实后的厚度不应大于虚铺厚度的3/4。

4.4.4 碎砖垫层按碎石的铺设方法铺设，每层虚铺厚度不大于200mm，洒水湿润后，采用人工或机械夯实，并达到表面平整、无松动为止，高低差不大于20mm，夯实后的厚度不应大于虚铺厚度的3/4。

4.4.5 碎砖、石垫层分段施工时，接槎处应做成阶梯形，每层接槎处的水平距离应错开0.5～1.0m，并应充分压实。接槎处不应设在地面荷载较大的部位。

4.4.6 分层夯（压）时，密实度检测符合设计要求后方可进行上一层铺设。

4.5 修整找平

垫层全部完成后，应进行表面拉线找平，凡超过标准高程的地方，及时依线铲平；凡低于标准高程的地方，应补碎砖、碎石夯实。

5 质量标准

5.1 主控项目

5.1.1 碎石应符合本工艺标准第3.2.1条的规定；碎砖应符合第3.2.2条的规定。

5.1.2 碎石、碎砖垫层的密实度应符合设计要求。

5.2 一般项目

5.2.1 碎石、碎砖垫层表面平整度的允许偏差为15mm；标高的允许偏差为±20mm；坡度的允许偏差为不大于房间相应尺寸的2/1000，且不大于30mm；厚度的允许偏差为在个别的地方不大于设计厚度的1/10，且不大于20mm。

6 成品保护

6.0.1 施工时应注意对定位定高的标准桩、尺、线的保护，不得触动、移位。

6.0.2 对所覆盖的隐蔽工程要有可靠保护措施，不得因填、夯、压造成管道、基础等的破坏或降低强度等级。

6.0.3 垫层铺设完毕，应及时施工其上基层或面层，否则应进行遮盖和拦挡，不得随意挖掘，不得在其上行驶车辆或堆放重物，避免受侵害。在已铺设的垫层上，不得用锤击的方法进行石料和砖料加工。

7 注意事项

7.1 应注意的质量问题

7.1.1 碎砖、碎石垫层下土层不应被扰动，或扰动后未进行夯实处理的，应清除被扰动层。

7.1.2 作业应连续进行，尽快完成。

7.1.3 应注意控制砖、石粒径、级配、虚铺厚度、夯压遍数等施工控制要点，严格按工艺要求和交底作业。砂石或碎砖铺设时不应有粗细颗粒分离现象。

7.1.4 做好垫层周围排水措施，刚施工完的垫层，雨季应有防雨措施，临时覆盖，防止遭到雨水浸泡；采用砂、石材、碎砖料铺设时，不应低于0℃；当低于所规定的温度施工时，应采取相应的保温措施，防止受冻。冻结的砖、石料不得使用。

7.1.5 避免不均匀夯填及漏夯现象的发生。

7.1.6 凡检验不合格的部位，均应返工纠正，并制定纠正措施，防止再次发生。

7.2 应注意的安全问题

7.2.1 碎砖和碎石尽量使用成品，当必须现场加工时，操作人员应戴口罩、风镜、手套、套袖等劳动保护用品，并站在上风头作业。

7.2.2 施工机械用电必须采用三级配电两级保护，使用三相五线制，严禁乱拉乱接；临时照明及动力配电线路敷设绝缘良好，并符合有关规定；夯填碎砖、碎石前，应先检查打夯机电线绝缘是否完好，接地线、开关是否符合要求；打夯机操作人员，必须戴绝缘手套和穿绝缘鞋，防止漏电伤人。

7.3 应注意的绿色施工问题

7.3.1 配备洒水车，对干碎砖、碎石等洒水或覆盖，防止扬尘。

7.3.2 运输车辆应加以覆盖，防止遗撒；废弃物要及时清理，运至指定地点。

7.3.3 现场噪声控制应符合国家和地方的有关规定。

8 质量记录

8.0.1 材质质量合格证明文件及检测报告。

8.0.2 碎石、碎砖密实度试验报告。

8.0.3 隐蔽工程检查验收记录。

8.0.4 地面碎石垫层和碎砖垫层工程检验批质量验收记录表。

8.0.5 其他技术文件。

第5章　三合土垫层和四合土垫层

本工艺标准适用于工业与民用建筑地面三合土垫层和四合土垫层工程的施工。

1　引用标准

《建筑地面工程施工质量验收规范》GB 50209—2010
《建筑工程施工质量验收统一标准》GB 50300—2013
《建筑装饰装修工程施工质量验收标准》GB 50210—2018
《建筑地面设计规范》GB 50037—2013

2　术语（略）

3　施工准备

3.1　作业条件

3.1.1　应编制垫层施工方案，并进行详细的技术交底，交至施工操作人员。

3.1.2　垫层下有沟槽、暗管等工程的，应在其完工后，经检验合格并做隐蔽记录，方可进行垫层工程的施工。

3.1.3　三合土垫层和四合土垫层下的基土（层）应已按设计要求施工并验收合格。

3.1.4　预埋在垫层内的各种管线已安装完，并按设计要求予以稳固，验收合格。

3.1.5　铺筑前应通过配合比试验或根据设计要求确定石灰、砂、碎砖或水泥、石灰、砂、碎砖的配合比。虚铺厚度、压实遍数等参数应通过压实试验确定。

3.1.6　施工前，应做好水平标志，以控制填土的高度和厚度，可采用立桩、竖尺、拉线、弹线等方法。

3.1.7 搅拌机、打夯机操作人员、司机、机运工、电工等施工人员应经过理论和实际施工操作的培训，并持上岗证。

3.1.8 作业时的环境如天气、温度、湿度等状况应满足施工质量可达到标准的要求。

3.1.9 当地下水位高于基底时，施工前应采取排水或降低地下水位的措施，使地下水位保持在基底以下，防止地下水浸泡。

3.2 材料及机具

3.2.1 三合土垫层应采用石灰、砂（可掺入少量黏土）与碎砖的拌合料铺设；四合土垫层应采用水泥、石灰、砂（可掺入少量黏土）与碎砖的拌合料铺设。

3.2.2 水泥：宜采用硅酸盐水泥、普通硅酸盐水泥。

3.2.3 熟化石灰：应用块灰，使用前应充分熟化过筛，颗粒粒径不应大于5mm，不得含有生石灰块，也不得含有过多的水分。也可采用磨细生石灰，亦可用粉煤灰或电石渣代替。当采用粉煤灰或电石渣代替熟化石灰做垫层时，其粒径不得大于5mm。

3.2.4 砂：应用中砂，并不得含有草根等有机物质。

3.2.5 碎砖：用废砖、断砖加工而成，不应采用风化、酥松、夹有有机杂质的砖料，颗粒粒径不应大于60mm。

3.2.6 黏土：宜优先选用黏土、粉质黏土或粉土，不得含有有机杂物，使用前应先过筛，其粒径不大于15mm。

3.2.7 机具：搅拌机、平板振动器、蛙式打夯机、柴油式打夯机、手扶式振动压路机、机动翻斗车、手推车、铲土机、自卸汽车、推土机、装载机、筛子、铁耙、铁锹、钢尺、胶皮管、粉线、木夯、环刀、容重检测仪、水准仪等。

4 操作工艺

4.1 工艺流程

基底清理、夯实 → 设标桩、找标高、挂线 → 拌合 →

分层铺设、夯（压）实 → 修整找平

4.2 基底清理、夯实

铺设前先检验基土土质，清除松散土、积水、污泥、杂质，并打底夯两遍，使表土密实。

4.3　设标桩、找标高、挂线

在墙面弹线，在地面设标桩，找好标高、挂线，作控制铺填厚度的标准。

4.4　拌合

4.4.1　三合土或四合土配合比应用体积比，应按照试验确定的参数或设计要求控制配合比。

4.4.2　按体积配合比进行配料，加水后拌合至均匀一致，拌合好的熟料颜色应一致。

4.5　分层铺设、夯（压）实

4.5.1　三合土垫层厚度不应小于 100mm；四合土垫层厚度不应小于 80mm。

4.5.2　三合土垫层和四合土垫层均应分层摊铺、夯实。作业时，铺填厚度、夯压遍数应严格按照试验所确定的参数进行。打夯应一夯压半夯，夯夯相接，行行相连，纵横交叉。

4.5.3　垫层分段施工时，接槎处应做成阶梯形，每层接槎处的水平距离应错开 0.5～1.0m，并应充分压实。接槎处不应设在地面荷载较大的部位。

4.5.4　铺至设计标高后，最后一遍夯打时，须加浇浓浆一层，待表面略晾干后，再在上面铺层砂子或炉渣，进行最后整平夯实，至表面泛浆为止。

4.6　修整找平

垫层全部完成后，应进行表面拉线找平，凡超过标准高程的地方，及时依线铲平；凡低于标准高程的地方，应及时填土夯实。

5　质量标准

5.1　主控项目

5.1.1　水泥宜采用硅酸盐水泥、普通硅酸盐水泥；熟化石灰颗粒粒径应符合本工艺标准第 3.2.3 条的规定；砂应符合第 3.2.4 条的规定；碎砖应符合第 3.2.5 条的规定。

5.1.2　三合土、四合土的体积比应符合设计要求。

5.2　一般项目

5.2.1　三合土垫层和四合土垫层表面平整度的允许偏差为 10mm；标高的允许偏差为 ±10mm；坡度的允许偏差为不大于房间相应尺寸的 2/1000，且不大于 30mm；厚度的允许偏差为在个别的地方不大于设计厚度的 1/10，且不大于 20mm。

6 成品保护

6.0.1 施工时应注意对定位定高的标准桩、尺、线的保护，不得触动、移位。

6.0.2 对所覆盖的隐蔽工程要有可靠保护措施，不得因填、夯、压造成管道、基础等的破坏或降低强度等级。

6.0.3 垫层铺设完毕，应及时施工其上基层或面层，否则应进行遮盖和拦挡，不得随意挖掘，不得在其上行驶车辆或堆放重物，避免受侵害。

7 注意事项

7.1 应注意的质量问题

7.1.1 垫层下土层不应被扰动，或扰动后未进行夯实处理的，应清除被扰动层。

7.1.2 作业应连续进行，尽快完成。

7.1.3 应注意控制配合比、虚铺厚度、夯压遍数等施工控制要点，严格按工艺要求和交底作业。

7.1.4 做好垫层周围排水措施，刚施工完的垫层，雨季应有防雨措施，临时覆盖，防止遭到雨水浸泡；在雨季应有防雨措施，防止遭到雨水浸泡；冬季应有保温防冻措施，防止受冻。在雨、雪、低温、强风条件下，在室外或露天不宜进行三合土垫层或四合土垫层作业。垫层工程施工采用掺有水泥、石灰的拌合料铺设时，各层环境温度的控制不应低于 5℃。

7.1.5 避免不均匀夯填及漏夯现象的发生。

7.1.6 凡检验不合格的部位，均应返工纠正，并制定纠正措施，防止再次发生。

7.2 应注意的安全问题

7.2.1 粉化石灰和黏土过筛、垫层铺设时，操作人员应戴口罩、风镜、手套、套袖等劳动保护用品，并站在上风头作业。

7.2.2 施工机械用电必须采用三级配电两级保护，使用三相五线制，严禁乱拉乱接；临时照明及动力配电线路敷设绝缘良好，并符合有关规定；夯填垫层前，应先检查打夯机电线绝缘是否完好，接地线、开关是否符合要求；打夯机操作人员，必须戴绝缘手套和穿绝缘鞋，防止漏电伤人。

7.3　应注意的环境问题

7.3.1　配备洒水车，对干砂、石灰等洒水或覆盖，防止扬尘。

7.3.2　运输车辆应加以覆盖，防止遗洒；废弃物要及时清理，运至指定地点。

7.3.3　现场噪声控制应符合国家和地方的有关规定。

8　质量记录

8.0.1　材质质量合格证明文件及检测报告。

8.0.2　配合比试验报告。

8.0.3　回填土干密度（压实系数）试验报告。

8.0.4　隐蔽工程检查验收记录。

8.0.5　地面三合土/四合土垫层工程检验批质量验收记录表。

8.0.6　其他技术文件。

第6章 炉 渣 垫 层

本工艺标准适用于工业与民用建筑地面炉渣垫层工程的施工。

1 引用标准

《建筑地面工程施工质量验收规范》GB 50209—2010

《建筑工程施工质量验收统一标准》GB 50300—2013

《建筑装饰装修工程施工质量验收标准》GB 50210—2018

《建筑地面设计规范》GB 50037—2013

2 术语（略）

3 施工准备

3.1 作业条件

3.1.1 应编制垫层施工方案，并进行详细的技术交底，交至施工操作人员。

3.1.2 垫层下有沟槽、暗管等工程的，应在其完工后，经检验合格并做隐蔽记录，方可进行炉渣垫层工程的施工。

3.1.3 炉渣垫层下的基土（层）应已按设计要求施工并验收合格。

3.1.4 预埋在垫层内的各种管线已安装完，并用细石混凝土等固定牢固。

3.1.5 铺设前应通过试验或根据设计要求确定配合比。

3.1.6 施工前，应做好水平标志，以控制铺设的高度和厚度，可采用立桩、竖尺、拉线、弹线等方法。

3.1.7 机运工、电工等施工人员应经过理论和实际施工操作的培训，并持上岗证。

3.1.8 作业时的环境如天气、温度、湿度等状况应满足施工质量可达到标准的要求。

3.1.9 当地下水位高于基底时，施工前应采取排水或降低地下水位的措施，使地下水位保持在基底以下，防止地下水浸泡。

3.2 材料及机具

3.2.1 炉渣垫层应采用炉渣或水泥与炉渣或水泥、石灰与炉渣的拌合料铺设，其厚度不应小于80mm。

3.2.2 炉渣：采用锅炉炉渣，密度在800kg/m³以下，堆积密度不宜大于1100kg/m³，烧失量不大于20%，炉渣内不应含有有机杂质和未燃尽的煤块，颗粒粒径不应大于40mm，且不大于垫层厚度的1/2；颗粒粒径在5mm及其以下的颗粒，不得超过总体积的40%。

3.2.3 水泥：宜采用硅酸盐水泥、普通硅酸盐水泥或矿渣硅酸盐水泥，其强度等级宜为32.5级以上。

3.2.4 熟化石灰：石灰选用块灰，块灰含量不小于70%，使用前3~4d洒水充分熟化并过筛，颗粒粒径不应大于5mm，也不得含有过多的水分。也可采用加工磨细的生石灰粉，其细度通过0.9mm筛筛余不大于1.5%，通过0.125mm筛筛余不大于18.0%，加水溶化后方可使用。也可采用粉煤灰、电石渣代替。

3.2.5 机具：搅拌机、压滚、手推车、装载机、翻斗车、平铁锹、平板振动器、木夯、钢尺、筛子、铁耙、粉线、大杠尺、胶皮管、木拍板、木槌、扫帚、铁錾子、手锤、钢丝刷、喷壶、浆壶、计量斗、1.5~2mm铁板、水准仪、水准尺、计量器及各种孔径筛等。

4 操作工艺

4.1 工艺流程

基层处理 → 炉渣过筛、水闷 → 弹线、做找平墩 → 炉渣拌合 → 铺设炉渣 → 刮平、滚压（振捣）→ 养护

4.2 基层处理

将基层上的浮土、落地灰等杂物清理干净，将粘结在基层上的砂浆、混凝土等污垢，先用铁锹清除、铁錾子剔凿、钢丝刷擦刷，再用笤帚清扫干净，洒水湿润。

4.3 炉渣过筛、水闷

4.3.1 炉渣在使用前必须过两遍筛，第一遍过 40mm 大孔径筛，筛除超过粒径部分，第二遍过 5mm 小孔径筛，主要筛去细粉末，使粒径在 5mm 以下的颗粒体积，不超过总体积的 40%，这样使炉渣具有粗细粒径搭配的合理级配，对促进垫层的成型和早期强度很有利。

4.3.2 炉渣或水泥炉渣垫层的炉渣，使用前应浇水闷透；水泥石灰炉渣垫层的炉渣，使用前应用石灰浆或熟化石灰浇水拌合和闷透；闷透时间均不得少于 5d。

4.4 弹线、做找平墩

4.4.1 根据墙上 +0.5m 标高线及设计规定的垫层厚度，量测出垫层的上平标高，并在四周墙上做出标志，然后拉水平线抹找平墩，用细石混凝土或水泥砂浆抹成 60mm×60mm 见方，与垫层成活面同高，间距双向不大于 2m。

4.4.2 有坡度要求的房间，应按设计坡度要求拉线，找出各控制点标高，抹出坡度墩。

4.5 炉渣拌合

4.5.1 水泥炉渣或水泥石灰炉渣的配合比应通过试验或根据设计要求确定。如设计无要求，水泥炉渣配合比通常为水泥：炉渣＝1：6；水泥石灰炉渣的配合比通常为水泥：石灰：炉渣＝1：1：8。

4.5.2 拌合时先将闷透的炉渣按体积比与水泥（和石灰）干拌均匀后，再加水拌合，要严格控制加水量，以试验所给定的加水量为准。机械搅拌时，应先干拌 1min，再加适量水湿拌 1.5～2min；人工搅拌时，应先在铁板上用铁锹翻拌均匀，再用喷壶徐徐加水湿拌。拌合料应拌合均匀、颜色一致，其干硬程度以经滚压或振捣密实后表面不出现泌水为度，坍落度一般控制在 30mm 以下。

4.6 铺设炉渣

4.6.1 拌合料铺设前，应再次将基层清理干净，用喷壶均匀洒水湿润，并将基层上明水清除净。

4.6.2 铺炉渣前应在基底上刷一道水灰比为 0.4～0.5 的素水泥浆或界面结合剂，随刷随铺。

4.6.3 小面积房间铺设时，将搅拌均匀的拌合料由里往外退着铺设；大面积房间或地坪铺设时，宜从一端向另一端分条推进铺设。

4.6.4　铺设厚度与压实厚度的比例宜控制在 1.3:1,如设计要求厚度为 80mm,拌合物虚铺厚度为 104mm。当垫层厚度大于 120mm 时,应分层铺设,每层压实后的厚度不应大于虚铺厚度的 3/4。

4.7　刮平、滚压(或振捣)

4.7.1　以找平墩为标志,控制好虚铺厚度,先用铁锹粗略找平,然后用木刮杠刮平,再用压滚往返滚压或用平板振捣器(厚度超过 120m 时,应用平板振捣器)往返振捣,直至表面平整出浆且无松散颗粒为止,并用 2m 靠尺检查平整度,高处部分铲掉,凹处填平。墙根、边角、管根及其他不易滚压或振捣部位,应用木拍板拍打密实。采用木拍压实时,应按拍平→拍实找平→轻拍逗浆→抹平等四道工序完成。

4.7.2　炉渣拌合料应随拌、随铺、随压实,全部操作过程应控制在 2h 内完成。

4.7.3　炉渣垫层施工过程中不宜留施工缝,如房间较大或房间与走道交接的门口必需留施工缝时,应用木方或木板挡好,留成直槎,并保证直槎密实。继续施工时,在接槎处刷水灰比为 0.4~0.5 的水泥浆,再继续铺炉渣拌合料。

4.8　养护

施工完后,应做好养护工作,常温条件下,水泥炉渣垫层至少养护 2d;水泥石灰炉渣垫层至少养护 7d,养护期内用喷壶洒水,保持表面湿润,严禁上人,待凝固后方可进行面层施工和其他作业。

5　质量标准

5.1　主控项目

5.1.1　炉渣应符合本工艺标准第 3.2.2 条的规定;熟化石灰颗粒粒径应符合第 3.2.4 条的规定。

5.1.2　炉渣垫层的体积比应符合设计要求。

5.2　一般项目

5.2.1　炉渣垫层与其下一层结合应牢固,不应有空鼓和松散炉渣颗粒。

5.2.2　炉渣垫层表面平整度的允许偏差为 10mm;标高的允许偏差为 ±10mm;坡度的允许偏差为不大于房间相应尺寸的 2/1000,且不大于 30mm;厚度的允许偏差为在个别的地方不大于设计厚度的 1/10,且不大于 20mm。

6 成品保护

6.0.1 施工时应注意对定位定高的标准桩、尺、线的保护，不得触动、移位。

6.0.2 对所覆盖的隐蔽工程要有可靠保护措施，不得因铺设垫层造成管道漏水、堵塞、破坏或降低等级。

6.0.3 运输、铺设和滚压（振捣）炉渣拌合料时，避免碰撞门框、墙面及抹灰层等。

6.0.4 垫层铺设完毕，应加以保护，不得随意挖掘，不得在其上行驶车辆或堆放重物，避免受侵害。不得直接在垫层上堆放材料和拌合砂浆等，以免污染而影响与面层的粘结力。若要施工面层，宜在垫层凝固后进行。如较长时间不进行上部作业，应进行遮盖和拦挡，并经常洒水湿润。

7 注意事项

7.1 应注意的质量问题

7.1.1 基层上土、灰、杂物应清理干净，铺拌合料前应认真洒水湿润刷素水泥浆，以保证垫层与基层间的粘结。

7.1.2 炉渣内未燃尽的煤焦的含量应在要求范围内，炉渣内粒径在 5mm 以下颗粒的含量应控制在 40% 以内。炉渣应浇水闷透。

7.1.3 炉渣铺设后，应按找平墩刮平、滚压（或振捣），并随时检查表面平整度。

7.1.4 水泥、石灰等材料应符合标准的要求，配合比应准确，施工过程应在初凝前完成；垫层铺设完后，应经养护达要求后方可上人操作。

7.1.5 做好垫层周围排水措施，刚施工完的垫层，雨季应有防雨措施，临时覆盖，防止遭到雨水浸泡；冬季应有保温防冻措施，施工时环境温度应保持在 5℃ 以上，防止受冻。在雨、雪、低温、强风条件下，在室外或露天不宜进行炉渣垫层作业。

7.1.6 凡检验不合格的部位，均应返工纠正，并制定纠正措施，防止再次发生。

7.2 应注意的安全问题

7.2.1 炉渣过筛、拌合料拌合和垫层铺设时，操作人员应戴口罩、风镜、手套、套袖等劳动保护用品，并站在上风头作业。筛灰时，应注意风向，戴上防护镜，扎好袖口和裤腿；淋灰时应穿好胶鞋，以防石灰烧脚。

7.2.2　施工机械用电必须采用三级配电两级保护，使用三相五线制，严禁乱拉乱接；临时照明及动力配电线路敷设绝缘良好，并符合有关规定。

7.2.3　楼层孔洞、电梯井口、楼梯口、楼层边处，安全防护设施应齐全。

7.3　**应注意的绿色施工问题**

7.3.1　配备洒水车，对干炉渣等洒水或覆盖，防止扬尘。

7.3.2　运输车辆应加以覆盖，防止遗洒；废弃物要及时清理，运至指定地点。

7.3.3　现场噪声控制应符合国家和地方的有关规定。

8　质量记录

8.0.1　材质质量合格证明文件及检测报告。

8.0.2　炉渣干密度及粒径试验记录。

8.0.3　石灰粒径检测记录。

8.0.4　配合比试验报告、配合比设计文件或通知单。

8.0.5　隐蔽工程检查验收记录。

8.0.6　地面炉渣垫层工程检验批质量验收记录表。

8.0.7　其他技术文件。

第7章 填 充 层

本工艺标准适用于工业与民用建筑地面填充层工程的施工。

1 引用标准

《建筑地面工程施工质量验收规范》GB 50209—2010

《建筑工程施工质量验收统一标准》GB 50300—2013

《建筑装饰装修工程施工质量验收标准》GB 50210—2018

《建筑地面设计规范》GB 50037—2013

2 术语

2.0.1 填充层：建筑地面中具有隔声、找坡等作用和暗敷管线的构造层。

2.0.2 松散保温材料：指用膨胀蛭石、膨胀珍珠岩、炉渣等散状颗粒材料组成的保温材料。

2.0.3 整体保温材料：指用松散保温材料和水泥（或沥青等）胶结材料按设计要求的配合比拌制、浇筑，经固化而形成的整体保温材料。

2.0.4 板状保温材料：指采用水泥、沥青或其他有机胶结材料与松散保温材料，按一定比例拌合加工而成的制品。如水泥膨胀珍珠岩板、水泥膨胀蛭石板、沥青膨胀珍珠岩板、沥青膨胀蛭石板、泡沫混凝土块、加气混凝土块等。另外还有化学合成聚酯与合成橡胶类材料，如泡沫塑料板、有机纤维板、聚苯板等。

3 施工准备

3.1 作业条件

3.1.1 应编制填充层施工方案，并进行详细的技术交底，交至施工操作人员。

3.1.2 所覆盖的隐蔽工程验收合格。

3.1.3 填充层的下一层表面应平整。当为水泥类时，尚应洁净、干燥，并不得有空鼓、裂缝和起砂等缺陷。

3.1.4 预埋在填充层内的各种管线已安装完，并用细石混凝土等固定牢固。

3.1.5 松散材料虚铺厚度、压实的程度应根据试验确定；整体材料配合比应按设计要求或通过试验确定；虚铺厚度应根据试验确定。

3.1.6 施工前，应做好水平标志，以控制铺设的高度和厚度，可采用立桩、竖尺、拉线、弹线等方法。

3.1.7 机运工、电工等施工人员应经过理论和实际施工操作的培训，并持上岗证。

3.1.8 作业时的环境如天气、温度、湿度等状况应满足施工质量可达到标准的要求。

3.2　材料及机具

3.2.1 水泥：强度等级不低于 42.5 级普硅水泥或矿渣硅酸盐水泥，应有出厂合格证及试验报告。

3.2.2 松散材料

炉渣，粒径一般为 6～10mm，不得含有石块、土块、重矿渣和未燃尽的煤块，堆积密度为 500～800kg/m³，导热系数为 0.165～0.25W/(m·K)。

膨胀珍珠岩，粒径宜大于 0.15mm，粒径小于 0.15mm 的含量不应大于 8%，导热系数应小于 0.07W/(m·K)。

膨胀蛭石，导热系数 0.14W/(m·K)，粒径宜为 3～15mm。

松散材料应干燥，含水率不得超过设计规定，否则应采取干燥措施。

3.2.3 板块状保温材料：产品应有出厂合格证，根据设计要求选用，厚度、规格一致，均匀整齐；密度、导热系数、强度应符合设计要求。

3.2.4 泡沫混凝土块：表观密度不大于 500kg/m³，抗压强度不低于 0.4MPa。

3.2.5 加气混凝土块：表观密度不大于 500～600kg/m³，抗压强度不低于 0.2MPa。

3.2.6 聚苯板：表观密度≤45kg/m³，抗压强度不低于 0.18MPa，导热系数 0.043W/(m·K)。

3.2.7 沥青：采用 10 号或 30 号建筑石油沥青。

3.2.8 机具：搅拌机、平板振捣器、手推车、计量器、木拍板、压滚、木夯、水平尺、铁抹子、铁锹、钢尺、刮杠、翻斗车、水准仪、靠尺、筛子、沥青锅、沥青桶、墨斗等。

4 操作工艺

4.1 工艺流程

基层处理 → 找标高、弹线 → 铺设

4.2 基层处理

将基层上的浮浆、落地灰等杂物清理，再用笤帚清扫干净。

4.3 找标高、弹线

4.3.1 根据墙上＋0.5m标高线及设计厚度，量测出填充层的上平标高控制线，并在四周墙上做出标志。

4.3.2 有坡度要求的房间，应按设计坡度要求拉线，找出各控制点标高。

4.4 铺设

4.4.1 松散材料铺设

1 松散材料铺设前，预埋间距800～1000mm木龙骨（防腐处理）、半砖矮隔断或抹水泥砂浆矮隔断一条，高度符合填充层的设计厚度要求，控制填充层的厚度。

2 松散材料铺设填充层应分层铺设，并适当拍平拍实，每层虚铺厚度不宜大于150mm。虚铺厚度和压实的程度应根据试验确定。压实采用压滚和木夯，压实后不得直接推车行走和堆积重物。

3 填充层施工完成后，应及时进行下道工序（抹找平层或做面层）。

4.4.2 板块填充层铺设

1 采用板、块状材料铺设填充层应分层错缝铺贴。

2 干铺板块填充层：直接铺设在结构层上，铺平、垫稳，分层铺设时上下两层板块缝错开，表面相邻的板边厚度一致。

3 粘接铺设板块填充层：将板块材料用粘接材料粘在基层上，使用的粘接材料根据设计要求确定。

用沥青胶结材料粘贴板块材料时，应边刷、边贴、边压实。务必使板状材料相互之间与基层之间满涂沥青胶结材料，以便互相粘牢，防止板块翘曲。

用水泥砂浆粘贴板块材料时，板间缝隙应用保温灰浆填实并勾缝。保温灰浆的配合比一般为 1∶1∶10（水泥∶石灰膏∶同类保温材料的碎粒，体积比）。

4　板块填充层应铺设牢固，表面平整。

4.4.3　整体填充层铺设

1　配合比应按设计要求或通过试验确定。水泥膨胀蛭石、水泥膨胀珍珠岩填充层的拌合宜采用人工拌制，将水泥、集料如炉渣、蛭石珍或珠岩粉等加水拌合均匀，随伴随铺。当以热沥青为胶结料，沥青膨胀珍珠岩、沥青膨胀蛭石宜采用机械拌制，色泽一致，无沥青团。

2　整体填充层铺设应分层铺平拍实。

3　水泥膨胀蛭石、水泥膨胀珍珠岩填充层的虚铺厚度应根据试验确定，铺后拍实至设计要求的厚度。拍实抹平后宜立即铺设找平层。

4　沥青膨胀蛭石、沥青膨胀珍珠岩填充层施工时，沥青加热温度不应高于240℃，使用温度不宜低于190℃；膨胀蛭石或珍珠岩的加热温度为100～120℃。

5　质量标准

5.1　主控项目

5.1.1　填充层材料应符合设计要求和国家现行有关标准规范的要求。

5.1.2　填充层的厚度、配合比应符合设计要求。

5.1.3　对填充材料接缝有密闭要求的应密封良好。

5.2　一般项目

5.2.1　松散材料填充层铺设应密实；板块状材料填充层应压实、无翘曲。

5.2.2　填充层的坡度应符合设计要求，不应有倒泛水和集水现象。

5.2.3　填充层为松散材料时，表面平整度的允许偏差为 7mm；填充层为板块状材料时，表面平整度的允许偏差为 5mm；标高的允许偏差为±4mm；坡度的允许偏差为不大于房间相应尺寸的 2/1000，且不大于 30mm；厚度的允许偏差为在个别的地方不大于设计厚度的 1/10，且不大于 20mm。

5.2.4　用作隔声层的填充层，其表面平整度的允许偏差为 3mm；标高的允许偏差为±4mm；坡度的允许偏差为不大于房间相应尺寸的 2/1000，且不大于 30mm；厚度的允许偏差为在个别的地方不大于设计厚度的 1/10，且不大于 20mm。

6 成品保护

6.0.1 施工时应注意对定位定高的标准桩、尺、线的保护，不得触动、移位。

6.0.2 对所覆盖的隐蔽工程要有可靠保护措施，不得因铺设填充层造成管道漏水、堵塞、破坏或降低等级。

6.0.3 松散保温材料铺设的填充层拍实后，不得在填充层上行车和堆放重物。

6.0.4 填充层验收合格后，应立即进行上部的找平层施工。

7 注意事项

7.1 应注意的质量问题

7.1.1 保证基层干燥，严禁雨淋或施工时有水浸入。

7.1.2 松散材料应干燥，含水率不得超过设计规定，否则应采取干燥措施。

7.1.3 整体保温材料表面应平整，厚度符合设计要求。

7.1.4 干铺板状保温材料，应紧靠基层表面铺平、垫稳。粘贴板状保温材料时，应铺砌平整、严实，铺贴用砂浆强度等级应达到要求。

7.1.5 保温层材料导热系数、粒径级配、含水量、铺实密度等达到设计要求的技术标准。

7.1.6 在雨季应有防雨措施，防止造成水灰比控制不准。冬季应有保温防冻措施，防止受冻。干铺保温材料时，环境温度不应低于−5℃。整体保温材料及粘贴板状保温材料时，环境温度应不低于5℃。五级风以上的天气及雨、雪天，不宜施工。

7.1.7 凡检验不合格的部位，均应返修或返工纠正，并制定纠正措施，防止再次发生。

7.2 应注意的安全问题

7.2.1 采用沥青类材料时，应尽量采用成品。如必须在现场熬制沥青时，锅灶应设置在远离建筑物和易燃材料30m以外地点，并禁止在屋顶、简易工棚和电气线路下熬制；严禁用汽油和煤油点火，现场应配置消防器材、用品。

7.2.2 拌制、铺设沥青膨胀珍珠岩、沥青膨胀蛭石的作业工人应按规定使用防护用品，并根据气候和作业条件安排适当的间歇时间。

7.2.3 装运热沥青时，不得用锡焊容器，盛油量不得超过其容量的 2/3。熔化桶装沥青，应先将桶盖和气眼全部打开，用铁条串通后，方准烘烤。严禁火焰与油直接接触。熬制沥青时，操作人员应站在上风方向。垂直吊运下方不得有人。

7.2.4 搅拌机械必须符合《建筑机械使用安全技术规程》JGJ 33 及《施工现场临时用电安全技术规范》JGJ 46 的有关规定，施工中应定期对其进行检查、维修，保证机械使用安全。

7.2.5 施工机械用电必须采用三级配电两级保护，使用三相五线制，严禁乱拉乱接；临时照明及动力配电线路敷设绝缘良好，并符合有关规定。

7.2.6 水泥、膨胀蛭石、膨胀珍珠岩、炉渣等散状颗粒的投料人员应配戴口罩，防止粉尘污染。

7.2.7 楼层孔洞、电梯井口、楼梯口、楼层边处，安全防护设施应齐全。

7.3 应注意的绿色施工问题

7.3.1 装卸、搬运沥青和含有沥青的制品应使用机械和工具，有散漏粉末时，应洒水，防止粉末飞扬。

7.3.2 原材料及拌合物在运输过程中，应避免扬尘、洒漏、沾带，必要时应采取遮盖、封闭、洒水、冲洗等措施。材料应统一堆放，并应有防尘措施。搅拌现场、使用现场及运输途中遗漏的填充层材料应及时回收处理。

7.3.3 因搅拌而产生的污水应经过滤后排入指定地点。

7.3.4 搅拌机的运行噪声应符合国家和地方的有关规定。

7.3.5 使用沥青胶结料时，室内应通风良好。

8 质量记录

8.0.1 材质质量合格证明文件及性能检测报告、复试报告。

8.0.2 整体填充层材料的配合比试验报告。

8.0.3 隐蔽工程检查验收记录。

8.0.4 填充层工程检验批质量验收记录表。

8.0.5 熬制沥青温度检测记录。

8.0.6 其他技术文件。

第8章 找 平 层

本工艺标准适用于工业与民用建筑地面找平层工程的施工。

1 引用标准

《建筑地面工程施工质量验收规范》GB 50209—2010

《建筑工程施工质量验收统一标准》GB 50300—2013

《建筑装饰装修工程施工质量验收标准》GB 50210—2018

《建筑地面设计规范》GB 50037—2013

《预拌砂浆应用技术规程》JGJ/T 223—2010

《预拌混凝土》GB/T 14902—2012

2 术语（略）

3 施工准备

3.1 作业条件

3.1.1 应编制找平层施工方案，并进行详细的技术交底，交至施工操作人员。

3.1.2 所覆盖的隐蔽工程验收合格。

3.1.3 有防水要求的建筑地面工程，铺设前必须对立管、套管和地漏与楼板节点之间进行密封处理，并应进行隐蔽验收；排水坡度应符合设计要求。

3.1.4 找平层下的基土（层）或结构工程应已按设计要求施工并验收合格。铺设找平层前，当其下一层有松散填充料时，应予铺平振实。

3.1.5 楼板孔洞均已进行可靠封堵。

3.1.6 铺设前应根据设计要求或通过试验确定配合比。

3.1.7 施工前，应做好水平标志，以控制铺设的高度和厚度，可采用立桩、竖尺、拉线、弹线等方法。

3.1.8 机运工、电工等施工人员应经过理论和实际施工操作的培训，并持上岗证。

3.1.9 作业时的环境如天气、温度、湿度等状况应满足施工质量可达到标准的要求。

3.2 材料及机具

3.2.1 预拌砂浆：应符合《预拌砂浆应用技术规程》JGJ/T 223 的相关要求，品种选用应根据设计、施工等的要求确定。不用品种、规格的预拌砂浆不应混合使用。进场时，供方应规定批次提供质量证明文件，包括产品型式检验报告和出厂检验报告等。

3.2.2 预拌混凝土：应符合《预拌混凝土》GB/T 14902 的相关要求，根据工程要求对设计配合比进行施工适应性调整后确定施工配合比。进场时，供应方应提供混凝土的出场合格证以及原材料试验报告等。

3.2.3 水：宜选用符合饮用标准的水。

3.2.4 外加剂：混凝土中掺用外加剂的质量应符合现行国家标准《混凝土外加剂》GB 8076 的规定。

3.2.5 机具：砂浆搅拌机、手推车、装载机、翻斗车、计量器、平板振动器、木拍板、筛子、木夯、铁耙、铁锹、钢尺、胶皮管、粉线、刮杠、铁抹子、木抹子、水准仪等。

4 操作工艺

4.1 工艺流程

基层处理 → 找标高、弹线、做找平墩 → 混凝土或砂浆搅拌、运输 → 混凝土或砂浆铺设 → 混凝土或砂浆振捣 → 混凝土或砂浆找平 → 养护

4.2 基层处理

将基层上的浮浆、落地灰等杂物清理干净，再用笤帚清扫干净。

4.3 找标高、弹线、做找平墩

4.3.1 根据墙上 +0.5m 标高线及设计厚度，量测出找平层的上平标高控制线，并在四周墙上做出标志。然后拉水平线抹找平墩，找平墩 60mm×60mm，与找平层成活面同高，用同种细石混凝土或同种砂浆制作，间距双向不大于 2m。

4.3.2 有坡度要求的房间，应按设计坡度要求拉线，找出各控制点标高，抹出坡度墩。

4.4 预拌混凝土或砂浆运输、拌制

4.4.1 在运输中，应保持其匀质性，做到不分层、不离析、不漏浆。运到浇灌地点时，混凝土应具有要求的坍落度，砂浆应满足施工要求的稠度。

4.4.2 混凝土搅拌运输车应符合《混凝土搅拌运输车》GB/T 26408 的规定。运输车在运输时应能保证混凝土拌合物均匀并不产生分层、离析。对于寒冷、严寒或炎热的天气情况，搅拌运输车的搅拌罐应有保温或隔热措施。

4.4.3 预拌砂浆进场时，根据设计要求或试验确定的配合比，地面砂浆的强度等级不应小于 M15，砂浆的稠度不应大于 35mm。湿拌砂浆应外观均匀，无离析、泌水现象；散装干混砂浆应外观均匀，无结块、受潮现象；袋装干混砂浆应包装完整，无受潮现象。

4.4.4 干混砂浆应严格控制用水量，搅拌要均匀，搅拌时间不得少于 120s。水泥砂浆一次拌制不得过多，应随用随拌。砂浆放置时间不得过长，应在初凝前用完。

4.5 混凝土或砂浆铺设

4.5.1 当找平层厚度小于 30mm 时，宜用水泥砂浆做找平层；当找平层厚度不小于 30mm 时，宜用细石混凝土做找平层。

4.5.2 铺设前，将基层湿润，并在基层上刷一道素水泥浆或界面结合剂，随刷随铺混凝土或砂浆。

4.5.3 混凝土或砂浆铺设应顺房间开间方向，从一端开始，由内向外退着连续铺设。混凝土应连续浇灌，间歇时间不得超过 2h。如间歇时间过长，应分块浇筑，接搓处按施工缝处理，接缝处混凝土应捣实压平，不出现接头槎。

4.5.4 工业厂房、礼堂、门厅等大面积水泥混凝土或砂浆找平层应分区段施工，分区段时应结合变形缝位置、不同类型的建筑地面连接处和设备基础的位置进行划分，并应与设置的纵向、横向缩缝的间距相一致。

4.5.5 室内地面的水泥混凝土找平层，应设置纵向缩缝和横向缩缝；纵向缩缝间距不得大于 6m，并应做成平头缝或加肋板平头缝，当找平层厚度大于 150mm 时，可做企口缝；横向缩缝间距不得大于 12m，横向缩缝应做假缝。

4.5.6 平头缝和企口缝的缝间不得放置隔离材料，浇筑时应互相紧贴，企口缝的尺寸应符合设计要求，假缝宽度为 5～20mm，深度为找平层厚度的 1/3，缝内填水泥砂浆。

4.5.7 在预制钢筋混凝土板上铺设找平层前，板缝填嵌的施工应符合下列要求：

1 预制钢筋混凝土板相邻缝底宽不应小于 20mm。

2 填嵌时，板缝内应清理干净，并保持湿润。

3 填缝应采用细石混凝土，其强度等级不得小于 C20。填缝高度应低于板面 10～20mm，且振捣密实；填缝后应养护；当填缝混凝土的强度等级达到 C15 后方可继续施工。

4 当板缝底宽大于 40mm 时，应按设计要求配置钢筋。

4.5.8 在预制钢筋混凝土板上铺设找平层时，其板端应按设计要求作防裂的构造措施。

4.6 混凝土或砂浆振捣

用铁锹摊铺混凝土或砂浆，用水平控制桩和找平墩控制标高，虚铺厚度略高于找平墩，然后用平板振捣器振捣。厚度超过 200mm 时，应采用插入式振捣器，其移动距离不应大于作用半径的 1.5 倍，做到不漏振，确保混凝土或砂浆密实。

4.7 混凝土或砂浆找平

4.7.1 混凝土振捣密实后，以墙柱上水平控制线和水平墩为标志，检查平整度，高出的地方铲平，凹的地方补平。

4.7.2 混凝土或砂浆先用水平刮杠刮平，然后表面用木抹子搓平，铁抹子抹平压光。

4.7.3 有坡度要求的，应按设计要求的坡度找平。

4.8 混凝土或砂浆养护

根据施工时期气温的不同采取相应的养护措施，一般应在 12h 左右覆盖和洒水养护，养护时间不得少于 7d。

5 质量标准

5.1 主控项目

5.1.1 采用的砂浆、混凝土应符合本工艺标准第 3.2.1 条和 3.2.2 条的规定。

5.1.2 水泥砂浆体积比、水泥混凝土强度等级应符合设计要求，且水泥砂浆体积不应小于 1：3（或相应强度等级）；水泥混凝土强度等级不应小于 C15。

5.1.3 有防水要求的建筑地面工程的立管、套管、地漏处不应渗漏，坡向应正确、无积水。

5.1.4 有防静电要求的整体面层的找平层施工前，其下敷设的导电地网系统应与接地引下线和地下接电体有可靠连接，经电性能检测且符合相关要求后进行隐蔽工程验收。

5.2 一般项目

5.2.1 找平层与其下一层结合应牢固，不应有空鼓。

5.2.2 找平层表面应密实，不应有起砂、蜂窝和裂缝等缺陷。

5.2.3 用胶结料做结合层铺设板块面层时，找平层表面平整度的允许偏差为 3mm；标高的允许偏差为 ±5mm；用水泥砂浆做结合层铺设板块面层时，找平层表面平整度的允许偏差为 5mm；标高的允许偏差为 ±8mm；用胶粘剂做结合层铺设拼花木板、浸渍纸层压木质地板、实木复合地板、竹地板、软木地板面层时，找平层表面平整度的允许偏差为 2mm；标高的允许偏差为 ±4mm；铺设金属板面层时，找平层表面平整度的允许偏差为 3mm；标高的允许偏差为 ±4mm；坡度的允许偏差均为不大于房间相应尺寸的 2/1000，且不大于 30mm；厚度的允许偏差均为在个别的地方不大于设计厚度的 1/10，且不大于 20mm。

6 成品保护

6.0.1 施工时应注意对定位定高的标准桩、尺、线的保护，不得触动、移位。

6.0.2 对所覆盖的隐蔽工程要有可靠保护措施，不得因铺设找平层造成管道漏水、堵塞、破坏或降低等级。

6.0.3 找平层浇筑完毕后应及时养护，混凝土强度达到 1.2MPa 以上时，方准施工人员在其上行走。养护过程中应进行遮盖和拦挡，避免受侵害。

7 注意事项

7.1 应注意的质量问题

7.1.1 找平层铺设前，其下一层表面应清理干净，并洒水湿润透，以保证找平层与基层间的粘结。

7.1.2 砂浆、混凝土等材料应符合标准的要求，配合比应准确。

7.1.3 捣实砂浆、混凝土宜采用平板振捣器，其移动间距应能保证振捣器的平板覆盖已振实部分的边缘，每一振处应使混凝土表面呈现浮浆和不再沉落。

7.1.4 面积较大时应分层分段进行浇筑。

7.1.5 冬期施工环境温度不得低于5℃。如在负温下施工时，混凝土中应掺加防冻剂，防冻剂应经检验合格后方准使用，防冻剂掺量应由试验确定。找平层施工完后，应及时覆盖塑料布和保温材料。

7.1.6 当水泥砂浆找平层采用预拌砂浆施工时，施工环境温度宜为5～35℃。当温度低于5℃或高于35℃施工时，应采取保证工程质量的措施。五级风及以上、雨天或雪天的露天环境条件下，不应进行预拌砂浆施工。

7.2 应注意的安全问题

7.2.1 混凝土及砂浆搅拌机械必须符合《建筑机械使用安全技术规程》JGJ 33及《施工现场临时用电安全技术规范》JGJ 46的有关规定，施工中应定期对其进行检查、维修，保证机械使用安全。

7.2.2 施工机械用电必须采用三级配电两级保护，使用三相五线制，严禁乱拉乱接；临时照明及动力配电线路敷设绝缘良好，并符合有关规定。

7.2.3 拌料人员应佩戴口罩，防止粉尘污染。

7.2.4 振动器的操作人员应穿胶鞋和佩戴胶皮手套。

7.2.5 楼层孔洞、电梯井口、楼梯口、楼层边处，安全防护设施应齐全。

7.3 应注意的绿色施工问题

7.3.1 预拌砂浆及混凝土在运输过程中，应避免扬尘、洒漏、沾带，必要时应采取遮盖、封闭、洒水、冲洗等措施。材料应统一堆放，并应有防尘措施。搅拌现场、使用现场及运输途中遗漏的落地砂浆、混凝土应在初凝前及时回收处理。

7.3.2 因砂浆、混凝土搅拌而产生的污水应经过滤后排入指定地点。

7.3.3 混凝土搅拌机、砂浆搅拌机的运行噪声应符合国家和地方的有关规定。

8 质量记录

8.0.1 材质质量合格证明文件及检测报告。

8.0.2 混凝土、砂浆配合比试验报告。

8.0.3 混凝土、砂浆强度等级检测报告。

8.0.4 混凝土、砂浆试块强度等级统计评定表。

8.0.5 有防水要求的地面蓄水试验记录。

8.0.6 隐蔽工程检查验收记录。

8.0.7 地面找平层工程检验批质量验收记录表。

8.0.8 其他技术文件。

第9章 卷材类隔离层

本工艺标准适用于工业与民用建筑室内地面隔离层（卷材类）工程的施工。

1 引用标准

《建筑地面工程施工质量验收规范》GB 50209—2010

《屋面工程质量验收规范》GB 50207—2012

《建筑工程施工质量验收统一标准》GB 50300—2013

《建筑装饰装修工程施工质量验收标准》GB 50210—2018

《建筑地面设计规范》GB 50037—2013

《屋面工程技术规范》GB 50345—2012

2 术语

2.0.1 隔离层：防止建筑地面上各种液体或地下水、潮气渗透地面等作用的构造层；当仅防止地下潮气透过地面时，可称作防潮层。

3 施工准备

3.1 作业条件

3.1.1 楼地面找平层已按设计要求施工完毕，验收合格，并作好记录。

3.1.2 对所覆盖的隐蔽工程进行验收且合格，并进行了专业隐检会签。

3.1.3 管根、墙根已按防水要求做好圆滑收头，找平层强度、干燥程度已达到施工要求的标准，同时做到清洁、平整、无起砂、空鼓、开裂。

3.1.4 铺设前其材质经有资质的检测单位检验合格。

3.1.5 墙上标出＋0.5m 标高控制线。

3.1.6 照明、通风和消防等措施已按相关规定落实到位，可满足安全健康环保施工的要求。

3.2 材料及机具

3.2.1 防水卷材：应根据设计要求选用。

3.2.2 机具：电动搅拌器、铁桶、磅秤、刷子、手套、口罩、滚筒刷、笤帚、拖把、刮板、铲刀、灭火器、钢尺、多用刀。

4 施工工艺

4.1 工艺流程

基层清理 → 涂刷基层处理剂 → 细部处理 → 卷材铺贴 → 蓄水检验

4.2 基层清理

铺设前将基层表面的浮灰、浆皮、杂物等清理干净，凸出部位用錾子剔除平整，保证表面平整、洁净、干燥，其含水率不应大于9%。

4.3 涂刷基层处理剂

4.3.1 喷、涂基层处理剂前首先将基层表面清扫干净，用毛刷对周边、拐角等部位先行涂刷处理。

4.3.2 基层处理剂应采用与卷材性能配套的材料或采用同类涂料的底子油。可采用喷涂、刷涂施工，喷刷应均匀，待干燥后，方可铺贴卷材。

4.4 细部处理

在墙面和地面相交的阴角处，出地管道根部和地漏周围，须增加附加层，附加层宜在基层处理剂做完后施工。附加层做法应符合设计要求。

4.5 卷材铺贴

4.5.1 管根、阴阳角部位的卷材应按设计要求先进行裁剪加工。铺贴顺序从低处向高处施工，坡度不大时，也可从里向外或从一侧向另一侧铺贴。

4.5.2 铺贴卷材采用搭接法，上下层卷材及相邻两幅卷材的搭接缝应错开。各种卷材的搭接宽度应符合《屋面工程质量验收规范》GB 50207 的规定。

4.5.3 卷材与基层的粘贴方法应为满粘法。

4.5.4 卷材的粘贴方法：根据卷材的种类不同，卷材的粘贴又分为冷粘法（用胶粘剂粘贴高聚物改性沥青卷材及合成高分子卷材）、热熔法（高聚物改性沥青卷材）、自粘法（自粘贴卷材）、焊接法（合成高分子卷材）等多种方法。施工时根据选用卷材的种类选用适当的粘贴方法，严格按照产品说明书的技术要求制定相应的粘贴施工工艺。

4.5.5　冷粘法铺贴卷材：采用与卷材配套的胶粘剂，胶粘剂应涂刷均匀，不露底，不堆积。根据胶粘剂的性能，应控制胶粘剂涂刷与卷材铺贴的间隔时间。卷材下面的空气应排尽，并滚压粘结牢固。铺贴卷材应平整顺直，搭接尺寸准确，不得扭曲、皱折。接缝口应用密封材料封严，宽度不应小于 10mm。

4.5.6　热熔法铺贴卷材：火焰加热器加热卷材要均匀，不得过分加热或烧穿卷材，厚度小于 3mm 的高聚物改性沥青防水卷材严禁采用热熔法施工。卷材表面热熔后应立即滚铺卷材，卷材下面的空气应排尽，并滚压粘结牢固，不得空鼓。卷材接缝部位必须溢出热熔的改性沥青胶。铺贴的卷材应平整顺直，搭接尺寸准确，不得扭曲、皱折。

4.5.7　卷材热风焊接：焊接前卷材的铺设应平整顺直，搭接尺寸准确，不得扭曲、皱折。卷材的焊接面应清扫干净，无水滴、油污及附着物。焊接时应先焊长边搭接缝，后焊短边搭接缝。控制热风加热温度和时间，焊接处不得有漏焊、跳焊、焊焦或焊接不牢现象。焊接时不得损伤非焊接部位的卷材。

4.6　蓄水检验

防水隔离层铺设完毕后，必须做蓄水检验。蓄水深度应为 20～30mm，最浅处不得小于 10mm，蓄水时间不少于 24h，无渗漏现象为合格，并应做好验收记录后，方可进行下道工序的施工。

5　质量标准

5.1　主控项目

5.1.1　隔离层材料应符合设计要求和国家现行有关标准的规定。

5.1.2　卷材类隔离层材料进入施工现场，应对材料的主要物理性能指标进行复验。

5.1.3　厕浴间和有防水要求的建筑地面必须设置防水隔离层。楼层结构必须采用现浇混凝土或整块预制混凝土板，混凝土强度等级不应小于 C20；房间的楼板四周除门洞外应做混凝土翻边，高度不应小于 200mm，宽同墙厚，混凝土强度等级不应小于 C20。施工时结构层标高和预留孔洞位置应准确，严禁乱凿洞。

5.1.4　防水隔离层严禁渗漏，排水的坡向应正确、排水通畅。

5.2　一般项目

5.2.1　隔离层厚度应符合设计要求。

5.2.2 隔离层与其下一层粘接牢固，不应有空鼓；防水涂层应平整、均匀、无脱皮、起壳、裂缝、鼓泡等缺陷。

5.2.3 隔离层的表面的允许偏差为：表面平整度 3mm；标高 ±4mm；坡度不大于房间相应尺寸的 2/1000，且不大于 30mm；厚度在个别地方不大于设计厚度的 1/10，且不大于 20mm。

6 成品保护

6.0.1 上一遍涂层未干透之前，不得上人做下一层。

6.0.2 铺设隔离层时，施工人员不得穿钉鞋，防止损伤防水卷材。

6.0.3 完工后在养护过程中应进行保护，并禁止施工人员在其上行走，造成隔离表面的损坏。

7 注意事项

7.1 应注意的质量问题

7.1.1 作业环境：应连续进行，尽快完成。施工环境温度应满足：热溶法和焊接法不宜低于 −10℃；冷粘法和热粘法不宜低于 5℃；自粘法不宜低于 10℃。

7.1.2 卷材空鼓、有气泡：主要是基层清理不干净，底胶涂刷不匀或者由于找平层含水率高于规定要求。铺贴之前基层必须清理干净，并做压粘试验。

7.1.3 闭水试验出现渗漏：应特别注意漏水点附近的地漏、管根、阴阳角等部位，应详细查找渗漏部位；如无法确定，应按不合格处理，修补漏点之后应再做 24h 的闭水试验。

7.1.4 冬季应有保温防冻措施，防止受冻。

7.1.5 施工场所应进行围护，防止灰尘及上人行走。

7.2 应注意的安全问题

7.2.1 防水材料大多属易燃品，在储藏、运输、使用时应严格执行消防要求。

7.2.2 对有毒性的材料必须采取防护措施。

7.2.3 清理楼地面时，不得从窗口向外扔杂物。

7.2.4 楼层孔洞、电梯井口、楼梯口、楼层边处，安全防护设施应齐全。

7.2.5 施工现场应有完善、安全、可靠的消防、通风、照明措施。临时照明及动力配电线路敷设，应绝缘良好，并符合规定。

7.3 应注意的绿色施工问题

7.3.1 施工现场剩余的防水卷材等应严格按环保要求及时处理，以防其污染环境。

7.3.2 合理安排清扫作业时间，适量洒水降尘，避免扬尘。

7.3.3 建筑垃圾排放按现场总平面布置要求设集中临时堆放点，定期排向业主或环保部门指定的排放地点。按地方环保要求排放前，必须先行处理的应按要求进行处理。

8 质量记录

8.0.1 防水卷材出厂合格证明证及性能检测报告。

8.0.2 防水卷材进场复试报告。

8.0.3 基层及防水层隐检记录及闭水试验检查记录。

8.0.4 地面隔离层工程检验批质量验收记录表。

8.0.5 地面隔离层分项工程质量验收记录。

8.0.6 其他技术文件。

第10章　涂料类隔离层

本工艺标准适用于工业与民用建筑室内地面隔离层（涂料类）工程的施工。

1　引用标准

《建筑地面工程施工质量验收规范》GB 50209—2010

《屋面工程质量验收规范》GB 50207—2012

《屋面工程技术规范》GB 50345—2012

《建筑工程施工质量验收统一标准》GB 50300—2013

《建筑装饰装修工程施工质量验收标准》GB 50210—2018

《建筑地面设计规范》GB 50037—2013

2　术语（略）

3　施工准备

3.1　作业条件

3.1.1　楼地面找平层已按设计要求施工完毕，验收合格，并作好记录。

3.1.2　对所覆盖的隐蔽工程进行验收且合格，并进行了专业隐检会签。

3.1.3　管根、墙根已按防水要求做好圆滑收头，找平层强度、干燥程度已达到施工要求的标准，同时做到清洁、平整、无起砂、空鼓、开裂。

3.1.4　铺设前其材质经有资质的检测单位检验合格。

3.1.5　隔离层墙上高度控制线已标出。

3.1.6　作业时的环境如天气、温度、湿度等状况应满足施工质量可达到标准的要求。

3.1.7　照明、通风和消防等措施已按相关规定落实到位，可满足安全健康环保施工的要求。

3.1.8 防水施工人员、机运工、电工能持证上岗，其他作业人员经安全、质量、技能培训，满足作业要求。

3.2　材料及机具

3.2.1 防水涂料：进场的防水涂料应进行抽样复验，不合格产品不得使用。质量按国家现行标准《屋面工程质量验收规范》GB 50207 中材料要求的规定执行。

3.2.2 机具：电动搅拌器、铁桶、磅秤、刷子、手套、口罩、滚筒刷、笤帚、拖把、刮板、铲刀、灭火器、钢尺、多用刀。

4　施工工艺

4.1　工艺流程

基层清理 → 涂刷底胶 → 涂膜料配制 → 涂刷附加涂膜层 →

涂层施工 → 蓄水检验

4.2　基层清理

涂刷前，先将基层表面的杂物、砂浆硬块等清扫干净，并用干净的湿布擦一遍，经检查基层无不平、空裂、起砂等缺陷，方可进行下道工序。在水泥类找平层上铺设防水涂料时，其表面应坚固、洁净、干燥。

4.3　涂刷底胶

将配好的底胶料，用长把滚刷均匀涂刷在基层表面。涂刷后至手感不粘时，即可进行下道工序。

4.4　涂膜料配制

根据要求的配合比将材料配合、搅拌至充分拌合均匀即可使用。拌好的混合料应在限定时间内用完。

4.5　附加涂膜层

对穿过墙、楼板的管根部、地漏、排水口、阴阳角、变形缝等薄弱部位，应在涂膜层大面积施工前，先做好上述部位的增强涂层（附加层）。做法为在附加层中铺设要求的纤维布，涂刷时用刮板刮涂料驱除气泡，将纤维布紧密粘贴在基层上，阴阳角部位一般为条形，管根部位为扇形。

4.6　涂层施工

4.6.1 涂刷第一道涂膜：在底胶及附加层部位的涂膜固化干燥后，先检查

53

附加层部位有无残留气泡或气孔，如没有即可涂刷第一层涂膜；如有则应用橡胶刮板将涂料用力压入气孔，局部再刷涂膜，然后进行第一层涂刷。涂刷时，用刮板均匀涂刮，力求厚度一致，达到规定厚度。

4.6.2 铺贴胎体增强材料（如设计要求时）涂刮第二道涂膜：第一道涂膜固化后，即可在其上均匀涂刮第二道涂膜，涂刮方向应与第一道相垂直。

4.6.3 有管道穿过楼板面四周，防水材料应向上铺涂，并超过套管的上口；在靠近墙面处，应高出面层 200～300mm 或按设计要求的高度铺涂。

4.7 蓄水检验

防水隔离层铺设完毕后，必须做蓄水检验。蓄水深度应为 20～30mm，最浅处不得小于 10mm，蓄水时间不少于 24h，无渗漏现象为合格，并应做好验收记录后，方可进行下道工序的施工。

5 质量标准

5.1 主控项目

5.1.1 隔离层材料应符合设计要求和国家现行有关标准的规定。

5.1.2 涂料类隔离层材料进入施工现场，应对材料的主要物理性能指标进行复验。

5.1.3 厕浴间和有防水要求的建筑地面必须设置防水隔离层。楼层结构必须采用现浇混凝土或整块预制混凝土板，混凝土强度等级不应小于 C20；房间的楼板四周除门洞外应做混凝土翻边，高度不应小于 200mm，宽同墙厚，混凝土强度等级不应小于 C20。施工时结构层标高和预留孔洞位置应准确，严禁乱凿洞。

5.1.4 防水隔离层严禁渗漏，排水的坡向应正确、排水通畅。

5.2 一般项目

5.2.1 隔离层厚度应符合设计要求。

5.2.2 隔离层与其下一层粘接牢固，不应有空鼓；防水涂层应平整、均匀，无脱皮、起壳、裂缝、鼓泡等缺陷。

5.2.3 隔离层的表面的允许偏差为：表面平整度 3mm；标高 ±4mm；坡度不大于房间相应尺寸的 2/1000，且不大于 30mm；厚度在个别地方不大于设计厚度的 1/10，且不大于 20mm。

6　成品保护

6.0.1　上一遍涂层未干透之前，不得上人做下一层。

6.0.2　铺设隔离层时，施工人员不得穿钉鞋，防止损伤防水卷材。

6.0.3　严禁在聚氨酯隔离层的施工中和施工完但未做保护之前，在该房间内以任何形式动火。

6.0.4　完工后在养护过程中应进行保护，并禁止施工人员在其上行走，造成隔离表面的损坏。

7　注意事项

7.1　应注意的质量问题

7.1.1　作业环境：应连续进行，尽快完成。施工环境温度应满足：水乳型及反应型涂料宜为 5～35℃；溶剂型涂料宜为 -5～35℃；热溶型涂料不宜低于 -10℃；聚合物水泥涂料宜为 5～35℃。

7.1.2　涂层空鼓、有气泡：主要是基层清理不干净，底胶涂刷不匀或者由于找平层含水率高于规定要求。涂刷之前基层必须清理干净，并做压粘试验。

7.1.3　闭水试验出现渗漏：应特别注意漏水点附近的地漏、管根、阴阳角等部位，应详细查找渗漏部位；如无法确定，应按不合格处理，修补漏点之后应再做 24h 的闭水试验。

7.1.4　冬季应有保温防冻措施，防止受冻。

7.1.5　施工场所应进行围护，防止灰尘及上人行走。

7.2　应注意的安全问题

7.2.1　防水材料大多属易燃品，在储藏、运输、使用时应严格执行消防要求。

7.2.2　对有毒性的材料必须采取防护措施。

7.2.3　清理楼地面时，不得从窗口向外扔杂物。

7.2.4　楼层孔洞、电梯井口、楼梯口、楼层边处，安全防护设施应齐全。

7.2.5　施工现场应有完善、安全、可靠的消防、通风、照明措施。临时照明及动力配电线路敷设，应绝缘良好，并符合规定。

7.3　应注意的绿色施工问题

7.3.1　防水涂料、处理剂不用时，应及时封盖，不得长期暴露。

7.3.2 施工现场剩余的防水涂料、处理剂等应严格按环保要求及时处理，以防其污染环境。

7.3.3 合理安排清扫作业时间，适量洒水降尘，避免扬尘。

7.3.4 建筑垃圾排放按现场总平面布置要求设集中临时堆放点，定期排向业主或环保部门指定的排放地点。按地方环保要求排放前，必须先行处理的应按要求进行处理。

8 质量记录

8.0.1 防水涂料出厂合格证明证及性能检测报告。

8.0.2 防水涂料进场复试报告。

8.0.3 基层及防水层隐检记录及闭水试验检查记录。

8.0.4 地面隔离层工程检验批质量验收记录表。

8.0.5 地面隔离层分项工程质量验收记录。

8.0.6 其他技术文件。

第 11 章　混凝土地面

本工艺标准适用于工业与民用建筑混凝土（细石混凝土）地面工程的施工。

1　引用标准

《建筑地面工程施工质量验收规范》GB 50209—2010
《建筑工程施工质量验收统一标准》GB 50300—2013
《建筑装饰装修工程施工质量验收标准》GB 50210—2018
《建筑地面设计规范》GB 50037—2013

2　术语（略）

3　施工准备

3.1　作业条件

3.1.1　地面下基土、垫层、填充层、隔离层等均施工完毕，经过隐蔽工程检查验收合格；铺设有防水隔离层的，须蓄水试验合格。

3.1.2　室内墙（柱）面上＋0.5m 标高线已弹好，门框已安装完。

3.1.3　预埋在垫层内的各种管线已安装完，并用细石混凝土等固定牢固。

3.1.4　水泥类基层的抗压强度不得小于 1.2MPa。

3.1.5　施工时环境温度不应低于 5℃。

3.2　材料及机具

3.2.1　水泥：水泥采用硅酸盐水泥、普通硅酸盐水泥或矿渣硅酸盐水泥，其强度等级不宜低于 42.5 级，有出厂合格证和复试报告。

3.2.2　砂：砂采用粗砂或中砂，含泥量不应大于 3%。

3.2.3　石子：采用碎石或卵石，其最大粒径不应大于面层厚度的 2/3，细石混凝土面层采用的石子粒径不应大于 16mm。含泥量不应大于 2%。

3.2.4 水：采用符合饮用标准的水。

3.2.5 机具：混凝土搅拌机、平板振捣器、插入式振捣器、混凝土振动梁、铁滚子（或电碾）、混凝土切缝机、手推车、装载机、翻斗车、磅秤、水桶、扫帚、2m靠尺、粉线、平锹、刮杠、木抹子、铁抹子、铁錾子、手锤、钢丝刷、水壶、浆壶、胶皮管、3mm筛孔筛、水准仪等。

4 操作工艺

4.1 工艺流程

基层清理 → 弹面层标高控制线 → 设标志墩、冲筋 → 混凝土铺设 →

抹面压光 → 混凝土养护 → 混凝土切缝

4.2 基层处理

清除基层上灰尘和浮散杂物，用铁錾子剔凿、钢丝刷清刷粘在基层上的浆皮、混凝土，用碱水洗掉油污，用清水将基层清洗干净，洒水保持湿润，并不得有积水。

4.3 弹面层标高控制线

根据墙上+0.5m标高线和设计厚度，在四周墙、柱上弹出面层的上平标高控制线。

4.4 设标志墩、冲筋

4.4.1 按面层标高控制线拉线抹标志墩，标志墩为70mm×70mm见方，采用与面层同配比混凝土，纵横向间距均不大于1.5m。有坡度要求的房间应按设计坡度要求拉线，抹出坡度墩。

4.4.2 面积较大的房间为保证房间地面平整度，还要做冲筋，以做好的标志墩为标准抹条形冲筋，高度与标志墩同高，形成控制标高的"田"字格，作为混凝土面层厚度控制的标准。

4.4.3 对于面积较大的地面，则应用经纬仪和粉线等弹出纵向缩缝和室外地面伸缝等位置线。当面层下有混凝土垫层时，面层留缝应与垫层留缝在同一位置。

4.4.4 混凝土标志墩、冲筋应予养护，在其强度达1.2MPa后，方可铺设混凝土面层。变形缝处应按设计要求预埋铁件、木砖或支设模型。

4.5 混凝土铺设

4.5.1 混凝土铺设前，应清除基层表面积水及杂物，基层表面刷一道水灰比为 0.4～0.5 的水泥浆，随刷随铺设混凝土。

4.5.2　混凝土坍落度不宜大于 30mm，当采用预拌泵送混凝土，坍落度不宜大于 140mm。其配合比应由试验确定。

4.5.3　面积较小的混凝土面层，宜从里端开始，向外退着铺设。面积较大的混凝土面层，应结合纵向缩缝、伸缝模型的设置，沿纵向跳仓铺设，待纵向缩缝、伸缝模型拆除后，再沿纵向铺设剩余仓位混凝土。

4.5.4　混凝土铺设后，先用平锹将混凝土依略高于面层顶面整平，然后用平板振捣器或插入式振捣器往返振捣，或用铁滚子（电碾）往返滚压，或用振动梁沿纵向振动，同时配合标高检查，高处铲平，低处填平，用长刮杠沿浇筑方向退着刮平，木抹子搓平。混凝土刮平后，将混凝土标志墩铲平。

4.5.5　假缝采用预制木条或塑料条留置时，应在混凝土浇筑整平后埋设，其顶面应与混凝土顶面相平。预制木条宜预先用水浸泡至吸水饱和。

4.5.6　当混凝土表面出现泌水现象时，应用与混凝土相同配比的水泥砂（砂要过 3mm 筛孔筛）干拌后，均匀撒在混凝土表面上，用木抹子搓压抹平。

4.5.7　混凝土面层应连续铺设，不宜留施工缝，即小房间按整间、大面积地面按分仓带一次浇筑完成。必须留置施工缝时，宜留在假缝处，继续施工前，混凝土强度应达到 1.2MPa 以上，施工缝接槎处应刷水灰比为 0.4～0.5 的水泥浆。

4.6　抹面压光

4.6.1　第一遍抹压：木抹子抹压后，用铁抹子轻轻抹压一遍使表面出浆。

当采用振动压缝刀压缝留置假缝时。第一遍抹压后，即用压缝刀压至规定深度，提出压缝刀，用原浆修平缝槽。然后放入木制（预先浸泡至吸水饱和）或塑料嵌条，再次修平缝槽。

4.6.2　第二遍抹压：在混凝土初凝后，即操作人员走上去有脚印但不下陷时，用铁抹子进行第二遍抹压。

第二遍抹压时，应把凹坑、砂眼和脚印压平，不得漏压，随即将嵌入假缝内的木条或塑料条取出或拆出吊模，并修整好缝槽。

4.6.3　第三遍抹压：在混凝土终凝前，即操作人员上去稍有脚印而铁抹子抹压无抹痕时，用铁抹子进行第三遍抹压。

第三遍应用力抹压，把所有压纹（痕）压平、压光，使表面密实光洁。

4.7 混凝土养护

4.7.1 混凝土表面抹压完 24h 后，可满铺薄膜封闭养护，使表面保持湿润。养护时间一般不少于 7d。

4.7.2 假缝采用的预制木（塑料）条，应在混凝土终凝前拆除或取出，当假缝采用混凝土切缝机切缝时，碎石（或卵石）混凝土强度应达到 6～12MPa（或 9～12MPa）。

4.8 混凝土切缝

4.8.1 切缝前，先弹出假缝位置线，根据缝宽选择刀片，安置切缝机，使刀片对准假缝线，调整进刀深度，沿假缝线切割。切割完毕，关闭旋钮开关，将刀片提升至混凝土表面以上。

4.8.2 切缝时，刀片用压力不低于 0.2MPa 的水冷却。切缝后，尽快将缝用与混凝土同配比干硬性水泥砂浆填密实，表面抹压平整，进行养护。

5 质量标准

5.1 主控项目

5.1.1 水泥混凝土采用的粗骨料应符合第 3.2.3 条的规定。

5.1.2 防水水泥混凝土中掺入的外加剂的技术性能应符合国家现行有关标准的规定，外加剂的品种和掺量应经试验确定。

5.1.3 面层的强度等级应符合设计要求，且强度等级不应小于 C20。

5.1.4 面层与下一层应结合牢固，且应无空鼓和开裂。当出现空鼓时，空鼓面积不应大于 $400cm^2$，且每自然间或标准间不应多于 2 处。

5.2 一般项目

5.2.1 面层表面应洁净，不应有裂纹、脱皮、麻面、起砂等缺陷。

5.2.2 面层表面的坡度应符合设计要求，不应有倒泛水和积水现象。

5.2.3 踢脚线与柱、墙面应紧密结合，踢脚线高度和出柱、墙厚度应符合设计要求且均匀一致。当出现空鼓时，局部空鼓长度不应大于 300mm，且每自然间或标准间不应多于 2 处。

5.2.4 楼梯、台阶踏步的宽度、高度应符合设计要求。楼层梯段相邻踏步高度差不应大于 10mm，每踏步两端宽度差不应大于 10mm，旋转楼梯梯段的每踏步两端宽度的允许偏差不应大于 5mm。踏步面层应做防滑处理，齿角应整齐，防滑条应顺直、牢固。

5.2.5 水泥混凝土面层允许偏差：表面平整度 5mm；踢脚线上口平直 4mm；缝格平直 3mm。

6 成品保护

6.0.1 在运输过程中，混凝土的小车不得撞坏门框、已完墙面和埋设的各种管线。

6.0.2 地漏、管口等部位应采取措施临时封堵，避免灌入杂物堵塞。

6.0.3 混凝土表面抹压过程中，禁止非操作人员进入。

6.0.4 养护期间应进行封闭，若提前进入操作时，必须采取其他保护措施。

6.0.5 不得在混凝土面层上拌合混合物。在混凝土强度未达到 5MPa 时，不得在混凝土面层上直接堆置物品。操作架竖杆、操作梯凳脚底和其他硬器，与地面接触处应支垫垫板或用橡胶、塑料制品包裹。防止划伤地面。

7 注意事项

7.1 应注意的质量问题

7.1.1 基层应认真清理油污、灰尘、杂物、明水或其他隔离层；基层应认真洒水湿润，刷水泥浆；基层应按规定留置缩缝、伸缝或变形缝。

7.1.2 当混凝土出现泌水时，应加干水泥砂处理，同时应认真抹压。抹压时间应合适，保证抹压遍数，开始浇水养护时间应合适。

7.2 应注意的安全问题

7.2.1 楼地面清理时，不得从窗口向外扔杂物。

7.2.2 楼层孔洞、电梯井口、楼梯口、楼层边处安全设施应齐全有效。

7.2.3 临时照明及动力配电线路敷设，应绝缘良好并符合有关规定。

7.3 应注意的绿色施工问题

7.3.1 水泥入库，砂堆遮盖、封挡；洒水抑尘。

7.3.2 选择合适的施工期间，避免噪声集中共振，必要时采用隔断封闭措施。

7.3.3 建筑垃圾应按总图要求在现场偏僻隐蔽处临时集中堆放，按环保要求分类集中处理，运至业主或相关部门指定地点丢弃。

7.3.4 施工车辆、燃油机械等燃料中按环保要求添加净化剂。

8 质量记录

8.0.1 水泥、砂、石等材料出厂合格证、质量检验报告及复试报告。

8.0.2 混凝土配合比通知单。

8.0.3 混凝土试件强度试验报告。

8.0.4 混凝土试件强度统计评定表。

8.0.5 隐蔽工程检查验收记录。

8.0.6 地面水泥混凝土面层工程检验批质量验收记录。

8.0.7 地面水泥混凝土面层工程分项工程质量验收记录。

8.0.8 其他技术文件。

第12章 水泥砂浆地面

本工艺标准适用工业与民用建筑水泥砂浆地面工程的施工。

1 引用标准

《建筑地面工程施工质量验收规范》GB 50209—2010

《建筑工程施工质量验收统一标准》GB 50300—2013

《建筑装饰装修工程施工质量验收标准》GB 50210—2018

《预拌砂浆应用技术规程》JGJ/T 223—2010

2 术语（略）

3 施工准备

3.1 作业条件

3.1.1 地面下基土、垫层、填充层、隔离层等均施工完毕，经隐蔽工程检查验收合格；铺设有防水隔离层，经蓄水试验合格。

3.1.2 水泥类基层的抗压强度达到 1.2MPa 以上；表面应粗糙、洁净、湿润并无积水。

3.1.3 墙、顶抹灰已完成，四周墙上弹好＋0.5m 标高线，门框已安装完。

3.1.4 预埋在垫层内的各种管线已做完，并用细石混凝土灌实堵严。

3.1.5 当水泥砂浆面层内埋设管线时，应由设计单位提出防止面层开裂的处理措施。

3.1.6 操作环境温度应保持在 5℃ 以上。

3.2 材料及机具

3.2.1 预拌砂浆：应符合《预拌砂浆应用技术规程》JGJ/T 223 的相关要求，品种选用应根据设计、施工等的要求确定。进场时，供方应规定批次提供质量证明文件，包括产品型式检验报告和出厂检验报告等。

3.2.2 水：宜采用饮用水或不含有害物质的洁净水。

3.2.3 机具：砂浆搅拌机、灰浆车、磅秤、5mm筛孔筛、粉线包、钢丝刷、平铁锹、铁錾子、剁斧、手锤、小水桶、喷壶、长毛刷、扫帚、刮杠、刮尺、木抹子、铁抹子、小压子、劈缝溜子、水平尺、2m靠尺、塞尺等。

4 操作工艺

4.1 工艺流程

基层处理 → 弹面层标高控制线 → 贴饼冲筋、支模 → 砂浆运输、拌制 →
铺设砂浆 → 抹面压光 → 养护 → 踢脚线施工

4.2 基层处理

将基层表面的浮灰、浆皮、杂物等清理干净，凸出部位用錾子剔除平整，如有油污应用火碱水溶液清洗干净，在施工前一天洒水湿润基层。

4.3 弹面层标高控制线

根据墙上+0.5m标高线和设计厚度，在四周墙、柱上弹出面层的上平标高控制线，同时弹出分格缝位置线，分格缝应与垫层缩缝相对齐。

4.4 贴饼冲筋、支模

4.4.1 按面层标高控制线拉线，用1：2干硬性砂浆贴灰饼冲筋，间距1.5～2.0m。有地漏和坡度要求的地面，应按设计要求坡度做泛水，冲筋上平面即为地面面层标高。

4.4.2 室内与走道邻接的门扇下设分格缝，当开间较大时，在结构易变形处亦应设分格缝，分格缝根据设计要求设置平缝或V形缝，平缝支模时，模板顶面应与水泥砂浆面层顶面相平。

4.5 预拌砂浆运输、拌制

4.5.1 砂浆采用湿拌砂浆时，在运输中应保持其匀质性，做到不分层、不离析、不漏浆。运到浇灌地点时，湿拌砂浆应满足施工要求的稠度。

4.5.2 预拌砂浆进场时，根据设计要求或试验确定的配合比，地面砂浆的强度等级不应小于M15，砂浆的稠度不应大于35mm。湿拌砂浆应外观均匀，无离析、泌水现象；散装干混砂浆应外观均匀，无结块、受潮现象；袋装干混砂浆应包装完整，无受潮现象。

4.5.3　干混砂浆应严格控制用水量，搅拌要均匀，搅拌时间不得少于120s。水泥砂浆一次拌制不得过多，应随用随拌。砂浆放置时间不得过长，应在初凝前用完。

4.6　铺设砂浆

4.6.1　水泥砂浆铺设前，应清除基层上积水及杂物，基层表面涂刷一道水灰比为0.4～0.5的水泥浆，随刷随铺设砂浆。

4.6.2　在冲筋或模板之间将砂浆铺均匀，用木抹子拍实，然后用木刮杠按冲筋或模板顶面刮平，并将已用过的灰饼或冲筋铲除，用砂浆填平。

4.6.3　木刮杠刮平后，用木抹子搓揉压实，将砂眼、脚印等清除后，用靠尺检查平整度。抹压时应用力均匀，并退着操作。

4.7　抹面压光

4.7.1　第一遍压光

砂浆收水后，随即用铁抹子进行第一遍抹平压实，直至出浆。如局部砂浆过干，可用笤帚稍洒水；如局部砂浆过稀，可均匀撒一层体积比为1：2干水泥砂（砂要过3mm筛孔筛）吸水，顺手用木抹子用力搓平，使互相混合，待砂浆收水后，再用铁抹子抹压至出浆。如要求设置V形缝时，铁抹子抹压后，在面层上弹分格缝，即用劈缝溜子开缝，再用溜子将分缝内压至平、直、光。

4.7.2　第二遍压光

砂浆初凝后，即人踩上去有脚印，但不下陷时，进行第二遍压光，用铁抹子边抹边压，把小坑、砂眼填实压平，使表面平整。要求不漏压，平面出光。留V形缝的，应用劈缝溜子溜压，做到缝边光直、缝内光滑顺直。

4.7.3　第三遍压光

砂浆终凝前，即人踩上去稍有脚印，用抹子压光无抹痕时，用小压子辅以铁抹子把前遍留下的抹纹全部压平、压实、压光。留V形缝的，同时用劈缝溜子将V形缝溜压一遍。

4.8　养护

砂浆表面压完（夏季24h、春秋季48h）后，满铺薄膜封闭养护，养护时间不少于7d。

4.9 踢脚线施工

4.9.1 踢脚线施工一般在地面面层前施工。有墙面抹灰层时，踢脚线应按底层和面层砂浆分两次抹成；无墙面抹灰层时，踢脚线只抹面层砂浆。

4.9.2 抹底层砂浆前应先清理基层，洒水湿润后，按＋0.5m 标高线量测踢脚线上口标高，拉通线确定底灰厚度，底灰厚度同墙面底灰，贴灰饼，抹 1∶3 水泥砂浆，刮尺刮平，搓毛，浇水养护。

4.9.3 抹面层水泥砂浆，在底层砂浆硬化后进行，接槎与底层灰错开，面层厚约 7～9mm，先在上口拉线贴粘靠尺，使其上口平直，再抹 1∶2 水泥砂浆，用灰板托灰，木抹子往上抹灰，再用刮板紧贴靠尺垂直地面刮平，用铁抹子压光，阴、阳角、踢脚线上口用角抹子溜直压光。

5 质量标准

5.1 主控项目

5.1.1 不同品种、不同强度等级的水泥不应混用。

5.1.2 防水水泥砂浆中掺入的外加剂的技术性能应符合现行国家有关标准的规定，外加剂的品种和掺量应经试验确定。

5.1.3 水泥砂浆的体积比（强度等级）应符合设计要求，且体积比应为 1∶2，强度等级不应小于 M15。

5.1.4 有排水要求的水泥砂浆地面，坡向应正确、排水通畅；防水水泥砂浆面层不应渗漏。

5.1.5 面层与下一层应结合牢固，且应无空鼓和开裂。当出现空鼓时，空鼓面积不应大于 $400cm^2$，且每自然间或标准间不应多于 2 处。

5.2 一般项目

5.2.1 面层表面的坡度应符合设计要求，不应有倒泛水和积水现象。

5.2.2 面层表面应洁净，不应有裂纹、脱皮、麻面、起砂等现象。

5.2.3 踢脚线与柱、墙面应紧密结合，踢脚线高度及出柱、墙厚度应符合设计要求且均匀一致，出墙厚度均匀。当出现空鼓时，局部空鼓长度不应大于 300mm，且每自然间或标准间不应多于 2 处。

5.2.4 楼梯、台阶踏步的宽度、高度应符合设计要求。楼层梯段相邻踏步高度差不应大于 10mm，每踏步两端宽度差不应大于 10mm，旋转楼梯梯段的每踏步两端宽度的允许偏差不应大于 5mm。踏步面层应做防滑处理，齿角应整齐，防滑条应顺直、牢固。

5.2.5 水泥砂浆面层的允许偏差：表面平整度 4mm；踢脚线上口平直 4mm；缝格平直 3mm。

6 成品保护

6.0.1 施工操作时，防止碰撞损坏门框、管线、设备、预埋铁件、墙角及已完的墙面抹灰等。

6.0.2 事先埋好预埋件，已完地面不允许剔凿孔洞。

6.0.3 地漏、出水口等部位临时堵盖，防止砂浆或其他杂物堵塞。

6.0.4 地面养护期间，不准车辆行走或堆压重物。

6.0.5 不得在已做好的面层上拌合砂浆、调配涂料等。

6.0.6 油漆粉刷和电气暖卫工程施工时，严禁污染面层，梯凳脚用橡胶或柔性材料包裹，避免划伤面层。

7 注意事项

7.1 应注意的质量问题

7.1.1 基层应彻底、认真清理；基层表面应充分湿润并无积水，并做到随刷水泥浆随做面层砂浆。

7.1.2 基层采用混凝土预制板时，板缝宽度应合适，板缝应清理干净、浇水湿润，板缝内应用 C20 细石混凝土嵌填密实。

7.1.3 抹面压光时，应随时掌握砂浆的稠度，砂浆过稀时，应均匀撒一层 1∶2 水泥砂；抹压遍数应充足，压光时间应适宜，养护时间不得少于 7d。

7.1.4 在地漏和坡度要求的地面，应认真按设计要求的坡度抄平、贴灰饼、冲筋，控制地面面层标高。

7.1.5 抹刮踢脚板时，应垂直于地面。

7.1.6 当水泥砂浆找平层采用预拌砂浆施工时，施工环境温度宜为 5～35℃。当温度低于 5℃或高于 35℃施工时，应采取保证工程质量的措施。五级风及以上、雨天或雪天的露天环境条件下，不应进行预拌砂浆施工。

7.2　应注意的安全问题

7.2.1　清理基层时，不得从窗口、洞口向外乱扔杂物，以免伤人。

7.2.2　楼层孔洞、电梯井口、楼梯口、楼层边处，安全设施应齐全有效。

7.2.3　临时照明及动力配电线路敷设，应绝缘良好并符合有关规定。

7.3　应注意的绿色施工问题

7.3.1　水泥、砂、石屑运输时苫盖，防止遗撒扬尘。

7.3.2　施工车辆尾气排放要符合有关要求，驶出施工现场前冲洗轮胎上的泥土，避免污染大气和道路。

7.3.3　水泥砂浆的搅拌、运输、施工噪声和扬尘均控制在允许范围内。

7.3.4　施工过程中产生的施工垃圾应及时清理，集中堆放，统一处理。

8　质量记录

8.0.1　水泥、砂子等材料出厂合格证、质量检验报告及复试报告。

8.0.2　砂浆配合比通知单。

8.0.3　砂浆试件抗压强度试验报告。

8.0.4　砂浆试件强度统计评定表。

8.0.5　隐蔽工程检查验收记录。

8.0.6　地面水泥砂浆面层工程检验批质量验收记录。

8.0.7　地面水泥砂浆面层分项工程质量验收记录。

8.0.8　其他技术文件。

第 13 章　水磨石面层

本工艺标准适用于工业与民用建筑地面水磨石面层工程的施工。

1　引用标准

《建筑地面工程施工质量验收规范》GB 50209—2010

《建筑工程施工质量验收统一标准》GB 50300—2013

《建筑装饰装修工程施工质量验收标准》GB 50210—2018

《建筑地面设计规范》GB 50037—2013

2　术语（略）

3　施工准备

3.1　作业条件

3.1.1　应编制水磨石地面施工方案，并进行详细的技术交底，交至施工操作人员。

3.1.2　所覆盖的隐蔽工程验收合格。

3.1.3　水磨石面层下的各层已按设计要求施工并验收合格。

3.1.4　地面管道安装完毕并已装套管；各种立管孔洞等缝隙已封堵密实、稳固；门框及地面预埋安装完毕，验收合格。

3.1.5　已通过配合比试验或根据设计要求确定水磨石拌合料的配合比。

3.1.6　施工前，应做好水平标志，以控制水磨石面层的高度和厚度，可采用立桩、竖尺、拉线、弹线等方法。

3.1.7　司机、机运工、电工等施工人员应经过理论和实际施工操作的培训，并持上岗证。泥瓦工具备中级工以上操作技能。

3.1.8　作业时的环境如天气、温度、湿度等状况应满足施工质量可达到标准的要求。冬期施工时，环境温度不应低于 5℃。

3.2 材料及机具

3.2.1 水磨石面层应采用水泥与石粒拌合料铺设,有防静电要求时,拌合料内应按设计要求掺入导电材料。

3.2.2 水泥:白色或浅色的水磨石面层应采用白水泥;深色的水磨石面层宜采用硅酸盐水泥、普通硅酸盐水泥或矿渣硅酸盐水泥,其强度等级不应小于42.5MPa;不同品种、不同强度等级的水泥严禁混用,同颜色的面层应使用同一批水泥。

3.2.3 石粒:应采用白云石、大理石等岩石加工而成,石粒应洁净无杂物,其粒径除特殊要求外应为6~16mm,石粒应按不同品种、规格、色彩分批分类堆放。

3.2.4 颜料:应采用耐光、耐碱的矿物原料,不得使用酸性颜料。同一彩色面层应使用同厂、同批的颜料;其掺入量宜为水泥重量的3%~6%或由试验确定。

3.2.5 分格条:玻璃条(3mm厚平板玻璃裁制)、铜条(1~2mm厚铜板裁制)或成品铜条,宽度一般为10mm或根据面层厚度确定,长度根据面层分格尺寸确定,宜为1000~1200mm。铜条需经调直后使用,下部1/3处每米钻$\phi2$mm孔,穿铁丝备用。

3.2.6 草酸:为白色结晶,块状、粉状均可,使用前用水稀释。

3.2.7 水泥砂浆:水磨石面层的结合层采用水泥砂浆时,强度等级应符合设计要求且不应小于M10,稠度宜为30~35mm。

3.2.8 白蜡、22号铁丝、煤油、松香水等。

3.2.9 机具:平面磨石机、立面磨石机、电动角磨机、砂浆搅拌机、机动翻斗车、手推车、计量器、木拍板、木搓板、油石(粗、中、细)、滚筒(直径150mm,长800~1000mm)、铁抹子、毛刷子、铁簸箕、大小水桶、扫帚、钢丝刷、铁锹、钢尺、胶皮管、粉线、刮杠、刮尺、靠尺、水平尺、水准仪等。

4 操作工艺

4.1 工艺流程

基层处理 → 找标高、弹线 → 弹分格线、镶嵌分格条 → 配制水磨石拌合 →

铺设水磨石拌合料 → 滚压、抹平 → 研磨 → 擦洗草酸出光 → 打蜡上光 →

踢脚板成活

4.2 基层处理

4.2.1 检查垫层平整度和标高，如超出要求或有空鼓、松散等应进行处理，对浮浆、落地灰、垃圾杂物及油污等应清理干净。

4.2.2 抹底灰前一天将基层浇水湿透，低凹处不得有积水。

4.3 找标高，弹线

根据标准线和设计厚度，在四周柱上、墙上弹出面层和找平层的上平标高控制线、踢脚板上口顶标高。

4.4 弹分格线、镶嵌分格条

4.4.1 根据设计要求的分格尺寸，一般采用 1m 见方或依照房屋模数分格。在房间中部弹十字线，计算好周围的镶边宽度后，以十字线为准弹分格线；如设计有图案要求时，应按照设计图案弹出准确分格线，并做好标记，防止差错。

4.4.2 镶分格条时，先将平口板条按分格线靠直，将分格条贴近板条，分左右两次用小铁抹子抹稠水泥浆，将分格条用稠水泥浆两边抹八字的方式固定在分格线上，水泥浆八字与找平层呈 30°角，比分格条底 4~6mm。在分格条十字交接处，距交点 40~50mm 内不做八字水泥浆。采用铜条时，应预先在两端面下部 1/3 处打眼，穿入 22 号铁线，锚固于下口八字角水泥浆内。

4.4.3 防静电水磨石面层中采用导电金属分格条时，分格条应经绝缘处理。且十字交叉处不得碰接。

4.4.4 分格条应镶嵌牢固，平直通顺，上平按标高控制线必须一致，并拉通线检查其平整度及顺直，接头严密，不得有缝隙。

4.4.5 分格条镶嵌好后，隔 12h 开始浇水养护，最少应养护 2d。

4.5 配制水磨石拌合料

4.5.1 水磨石面层拌合料的体积比应符合设计要求，通过试验确定，且水泥与石粒的比例应为 1:1.5~1:2.5，踢脚板宜为 1:1~1:1.5。

4.5.2 投料必须严格过磅或过体积比的斗，精确控制配合比。应严格控制用水量，搅拌要均匀，稠度一般不大于 60mm。

4.5.3 彩色水磨石拌合料，除彩色石粒外，还加入耐光、耐碱的矿物颜料，各种原料的掺入量均要以试验确定。先按配合比将白水泥和颜料反复干拌均匀，拌完后密筛多次，使颜料均匀混合在白水泥中，然后按配合比与石粒搅拌均匀，最后加水搅拌。应注意根据整个地面所需用量，将水泥和颜料一次统一配好、配足，以备补浆之用，以免多次调合产生色差。

4.6 铺设水磨石拌合料

4.6.1 铺设前一天，将找平层洒水湿润。在涂刷素水泥浆结合层或界面结合剂前应将分格条内的积水和浮砂清除干净，接着刷水泥浆或界面结合剂一遍，水泥品种与水磨石的水泥品种一致。

4.6.2 水磨石拌合料的铺设厚度，应按水磨石面层设计厚度确定，除有特殊要求外，宜为 12～18mm。

4.6.3 刷水泥浆或界面结合剂后，随即将拌合均匀的拌合料倒入分格条框中，先铺抹分格条内边，将分格条内边约 100mm 内的拌合料轻轻抹平压实，以保护分格条，然后铺抹分格条框中间，用铁抹子由中间向边角推进。在分格条两边及交角处特别注意抹平压实，随抹随检查平整度，不得用大杠刮平。

4.6.4 水磨石拌合料铺抹高度以压实拍平后高出分格条 2mm 为宜，如局部过厚，应用铁抹子挖去，再将周围的拌合料刮平压实。水磨石拌合料至少要经两次用毛刷（横扫）粘拉开面浆（开面）。

4.6.5 不同颜色的水磨石拌合料不可同时铺抹，要先铺深色的，后铺浅色的，待前一种凝固后，再铺下一种，以免串色、界限不清、影响质量。但间隔时间不宜过长，一般可隔日铺抹。

4.6.6 踢脚板抹石粒浆面层，凸出墙面约 8mm，所用石粒宜稍小。铺抹时，先将底子灰用水湿润，在阴阳角及踢脚板上口，按水平线贴好靠尺板，涂刷水灰比为 0.5 的水泥浆一遍后，随即将踢脚板石粒浆上墙、抹平、压实；刷水两边将水泥浆轻轻刷去，达到石子面上无浮浆。

4.7 滚压、抹平

4.7.1 滚压前将分格条顶面的石粒清掉，在低洼处撒拌合好的石粒浆找平。

4.7.2 滚压宜从横竖两个方向轮换进行。滚压时应用力均匀，防止压倒或压坏分格条，整平后如发现石粒过稀处，可在表面上再适当撒一层石粒，过密处可适当剔除一些石粒，使表面石子显露均匀，无缺石子现象。滚压至表面平整密实，出浆石粒均匀为止。

4.7.3 待石粒浆稍收水后，再用铁抹子将表面抹平、压实。

4.7.4 水磨石拌合料铺抹完成 24h 后浇水养护 5～7d。

4.8 研磨

4.8.1 普通水磨石面层磨光遍数不应少于 3 遍,高级水磨石面层的厚度和磨光遍数应由设计确定。

4.8.2 大面积施工宜用机械磨石机研磨;小面积、边角处可使用小型手提式磨石机研磨;对局部无法使用机械研磨时,可用手工研磨。

4.8.3 开磨前应试磨,若试磨后石粒不松动,灰浆面与石子面基本平整,即可开磨。过早,石粒容易松动;过晚,会磨光困难。

一般开磨时间同气温、水泥强度等级、品种等有关,可参考表 13-1,亦可用回弹仪现场测定石粒浆面层的强度,一般达到 10～13MPa 即可开磨。

水磨石开磨时间参数表 表 13-1

平均温度（℃）	开磨时间（d）	
	机磨	人工磨
20～30	2～3	1～2
10～20	3～4	1.5～2.5
5～10	5～6	2～3

4.8.4 磨光作业应采用"二浆三磨"方法进行,即整个磨光过程分为磨光三遍,补浆二次。

1 粗磨、第一次补浆

粗磨采用 54～70 号金刚石磨,使磨石机在地上走"∞"字形,边磨边加水,随时清扫磨出的水泥浊浆,并用靠尺检查平整度,直至表面磨平、磨匀,分格条和石粒全部露出（边角用手工磨至同样效果）,然后用清水将泥浆冲洗干净、晾干。

用较浓的水泥浆（掺有颜色的应用同样配合比的彩色水泥浆）擦一遍,用以填补砂眼和细小的凹痕,特别是面层的洞眼小孔隙要填实抹平,对个别脱石部位要填补好。不同颜色上浆时,要按先深后浅的顺序进行。补刷浆第 2 天后需浇水养护 3～4d。

2 细磨、第二次补浆

细磨方法同粗磨,用 90～120 号金刚石磨,打磨直至表面平滑,无模糊不清之处为止（边角用手工磨至同样效果）。用水清洗,满擦第二遍水泥浆（掺有颜色的应用同样配合比的彩色水泥浆）,特别是面层的洞眼小孔隙要填实抹平。补刷浆第 2 天后需浇水养护 3～4d。

3 磨光

用 180～240 号细金刚石磨，磨至表面石子显露均匀，无缺石粒现象、平整、光滑、无砂眼细孔、磨痕为止，并用清水将其冲洗干净。

4.9 擦洗草酸出光

4.9.1 对研磨完成的水磨石面层，经检查达到平整度、光滑度要求后，即可进行擦草酸打磨出光。在涂草酸前，其表面不得污染。

4.9.2 用 10％的草酸溶液，用扫帚蘸后洒在地面上，再用 280～320 号油石轻轻磨一遍，磨至出白浆、表面光滑、露出水泥及石粒本色为止，再用清水冲洗干净，软布擦干。

4.10 打蜡上光

4.10.1 酸洗后的水磨石地面经晾干擦净后，即可进行打蜡上光。

4.10.2 采用人工打蜡时，按蜡∶煤油＝1∶4 的比例加热熔化，掺入松香水适量，调成稀糊状，用布或干净麻丝蘸成品蜡将蜡薄薄地均匀涂刷在水磨石面层上。待蜡干后，用包有麻布或细帆布的木块代替油石，装在磨石机的磨盘上进行磨光，直至水磨石表面光滑洁亮为止。

4.10.3 采用机械打蜡的操作工艺时，用打蜡机将蜡均匀渗透到水磨石的晶体缝隙中，注意控制好打蜡机的转速和蜡的温度。

4.10.4 防静电水磨石面层应在表面经清净、干燥后，在表面均匀涂抹一层防静电剂和地板蜡，并做抛光处理。

4.11 踢脚板成活

4.11.1 踢脚板石粒罩面常温养护 24h 后，即可用人工磨光或立面磨石机磨光。

4.11.2 第一遍用粗油石，先竖磨再横磨，要求把石渣磨平，阴阳角倒圆，擦第一遍水泥浆，将孔隙填抹密实，养护 1～2d，再用细油石磨第二遍，同样方法磨完第三遍，用油石出光打磨草酸清水擦洗干净。人工涂蜡、擦磨二遍出光成活。

5 质量标准

5.1 主控项目

5.1.1 水磨石面层的石粒应符合本工艺标准第 3.2.3 条的规定；颜料应符

合第 3.2.4 条的规定。

5.1.2 水磨石面层拌合料的体积比应符合设计要求，且水泥与石粒的比例应为 1∶1.5～1∶2.5。

5.1.3 防静电水磨石面层应在施工前及施工完成表面干燥后进行接地电阻和表面电阻检测，并应做好记录。

5.1.4 面层与下一层结合应牢固，且应无空鼓、裂纹。当出现空鼓时，空鼓面积不应大于 400cm²，且每自然间或标准间不应多于 2 处。

5.2 一般项目

5.2.1 面层表面应光滑，且应无裂纹、砂眼和磨痕；石粒应密实，显露应均匀；颜色图案应一致，不混色；分格条应牢固、顺直和清晰。

5.2.2 踢脚线和柱、墙面应紧密结合，踢脚线高度及出柱、墙厚度应符合设计要求且均匀一致。当出现空鼓时，局部空鼓长度不应大于 300mm，且每自然间或标准间不应多于 2 处。

5.2.3 楼梯、台阶踏步的宽度、高度应符合设计要求。楼层梯段相邻踏步高度差不应大于 10mm；每踏步两端宽度差不应大于 10mm，旋转楼梯梯段的每踏步两端宽度的允许偏差不应大于 5mm。踏步面层应做防滑处理，齿角应整齐，防滑条应顺直、牢固。

5.2.4 普通水磨石面层的表面平整度的允许偏差为 3mm；踢脚线上口平直的允许偏差为 3mm；缝格顺直的允许偏差为 3mm。高级水磨石面层的表面平整度的允许偏差为 2mm；踢脚线上口平直的允许偏差为 3mm；缝格顺直的允许偏差为 2mm。

6 成品保护

6.0.1 施工时应注意对控制线的保护，不得触动、移位。

6.0.2 铺抹打底灰和罩面石粒浆时，水电管线、各种设备及预埋件应妥加保护，不得有损坏。对所覆盖的隐蔽工程要有可靠保护措施，不得因水磨石施工造成漏水、堵塞、破坏。

6.0.3 运输材料及施工过程中时不得碰撞门框、栏杆、墙面抹灰等。

6.0.4 面层装料时注意不得碰坏分格条。

6.0.5 磨石机宜设罩板、避免浆水溅出污染墙面。

6.0.6 磨石废浆应及时清除，运到指定地点，将下水口及地漏临时堵封好，避免废浆流入堵塞。

6.0.7 涂草酸和上蜡工作应在有影响面层质量的其他工序全部完成后进行。在水磨石面层磨光后，涂草酸和上蜡前其表面不得污染。

6.0.8 养护期内应进行遮盖和拦挡，严禁放置重物或随意踩踏，避免受侵害。

7 注意事项

7.1 应注意的质量问题

7.1.1 分格条镶嵌应牢固，且应稍低于面层；滚压前应用铁抹子拍打分格条两侧，在滚筒滚压过程中，防止分格条被压或压碎。水泥浆覆盖厚度应合适。

7.1.2 石子规格应符合要求，石粒应清洗干净，拌合均匀，铺拌合料时应防止将石粒埋在灰浆内。

7.1.3 粘贴分格条的水泥浆距分格条顶应留出 3～5mm，且做成 45°角；分格条的十字交叉处 40～50mm 范围内应不抹水泥浆，使拌合料填塞饱和。

7.1.4 开磨时间应合适，擦浆次数应充足，擦浆后有一定强度，方可进行磨光等。

7.1.5 应注意控制配合比。

7.1.6 在雨季应有防雨措施，防止造成水灰比控制不准。冬季应有保温防冻措施，防止受冻。在雨、雪、低温、强风条件下，在室外或露天不宜进行水磨石面层作业。冬期施工时，环境温度不应低于 5℃。

7.1.7 凡检验不合格的部位，均应返工纠正，并制定纠正措施，防止再次发生。

7.2 应注意的安全问题

7.2.1 清理基层时，不得从窗口、洞口向外乱扔杂物，以免伤人。

7.2.2 剔凿地面时应戴防护眼镜。

7.2.3 楼层孔洞、电梯井口、楼梯口、楼层边处，安全设施应齐全有效。

7.2.4 磨石机操作人员应穿高腰绝缘胶鞋，戴绝缘胶皮手套。

7.2.5 两台以上磨石机在同一部位操作，应保持 3m 以上安全距离。

7.2.6 施工机械用电必须采用三级配电两级保护，使用三相五线制，严禁乱拉乱接。临时照明及动力配电线路敷设，应绝缘良好并符合有关规定。磨石机在操作前应试机检查，确认电线插头牢固，无漏电才能使用；开磨时磨机电线、配电箱应架空绑牢，以防受潮漏电；配电箱内应设漏电掉闸开关，磨石机应设可靠安全接地线。

7.2.7　特殊工种，其操作人员必须持证上岗。磨石机操作人员应穿高筒绝缘胶靴及戴绝缘胶手套，并经常进行有关机电设备安全操作教育。

7.3　**应注意的绿色施工问题**

7.3.1　水磨石拌合料应一次使用完，结硬的拌合料不允许乱丢弃，集中堆放至指定地点，运出场地。磨石废浆应及时清理，不得流入下水管道。

7.3.2　材料运输过程中，要采取防撒防漏措施，运输车辆应加以覆盖，防止遗撒，如有撒漏应及时清理；废弃物要及时清理，运至指定地点。

7.3.3　采取专项措施，防止噪声扰民，减少打磨时的噪声对周围环境的影响。

8　质量记录

8.0.1　水泥、石粒、颜料等材质质量合格证明文件及检测报告。

8.0.2　配合比试验报告。

8.0.3　结合层砂浆以及面层拌合料配合比通知单。

8.0.4　砂子试验报告。

8.0.5　砂浆试件抗压强度试验报告。

8.0.6　隐蔽工程验收记录。

8.0.7　防静电水磨石面层的接地电阻和表面电阻测试记录。

8.0.8　地面水磨石面层工程检验批质量验收记录表。

8.0.9　其他技术文件。

第 14 章　硬化耐磨面层

本工艺标准适用于工业与民用建筑地面硬化耐磨面层工程的施工。

1　引用标准

《建筑地面工程施工质量验收规范》GB 50209—2010

《建筑工程施工质量验收统一标准》GB 50300—2013

《建筑装饰装修工程施工质量验收标准》GB 50210—2018

《建筑地面设计规范》GB 50037—2013

2　术语（略）

3　施工准备

3.1　作业条件

3.1.1　应编制地面工程施工方案，并进行详细的技术交底，交至施工操作人员。

3.1.2　硬化耐磨面层下的各层已按设计要求施工并验收合格。

3.1.3　地面管道安装完毕并已装套管；各种立管孔洞等缝隙已封堵密实、稳固；门框及地面预埋安装完毕，验收合格。

3.1.4　已通过配合比试验确定硬化耐磨面层拌合料铺设时拌合料的配合比；已根据设计要求确定硬化耐磨面层撒布铺设时耐磨材料的撒布量。

3.1.5　施工前，应做好水平标志，以控制硬化耐磨面层的高度和厚度，可采用立桩、竖尺、拉线、弹线等方法。

3.1.6　司机、机运工、电工等施工人员应经过理论和实际施工操作的培训，并持上岗证。泥瓦工具备中级工以上操作技能。

3.1.7　作业时的环境如天气、温度、湿度等状况应满足施工质量可达到标

78

准的要求。冬期施工时，环境温度不应低于 5℃。

3.2　材料及机具

3.2.1　硬化耐磨面层应采用金属渣、屑、纤维和石英砂、金刚砂等，并应与水泥类胶凝材料拌合铺设或在水泥类基层上撒布铺设。

3.2.2　水泥：采用硅酸盐水泥、普通硅酸盐水泥，水泥强度等级不应小于42.5MPa；不同品种、不同强度等级的水泥严禁混用；水泥钢（铁）屑面层和水泥砂浆结合层应使用同批水泥。

3.2.3　钢（铁）屑：粒径应为 1～5mm，过大的颗粒和卷状螺旋的应予破碎，小于 1mm 的颗粒应予筛去；钢（铁）屑中不应含有其他杂质，使用前应去油除锈。用 10％浓度的氢氧化钠溶液煮沸去油，用稀酸溶液除锈，最后再用清水冲洗干净并干燥。水泥钢（铁）屑面层的配合比，应通过试配，以水泥浆能填满钢（铁）屑的空隙为准，其强度等级不低于 M40，其密度不应小于 2000kg/m³，稠度不大于 10mm，必须拌合均匀。

3.2.4　石英砂：应用中粗砂，含泥量不应大于 2％。

3.2.5　钢纤维：弯曲韧度比不应小于 0.4，体积率不应小于 0.15％。

3.2.6　机具：砂浆搅拌机、机动翻斗车、手推车、计量器、木拍板、木搓板、铁抹子、筛子、木耙、铁锹、钢尺、胶皮管、粉线、刮杠、毛刷子、喷壶、水桶、扫帚、钢丝刷、靠尺、水平尺、水准仪等。

4　操作工艺

4.1　工艺流程

基层处理 → 找标高、弹线、抹找平墩、冲筋 →

铺设水泥砂浆或素水泥浆结合层 → 配制硬化耐磨面层拌合料 →

铺设硬化耐磨面层 → 搓平 → 压光 → 养护

4.2　基层处理

4.2.1　先将基层上的灰尘扫掉，用钢丝刷和錾子刷净、剔掉灰浆皮和灰渣层，用 10％的火碱水溶液刷掉基层上的油污，并用清水及时将碱液冲净。

4.2.2　抹底灰前一天将基层浇水湿透，低凹处不得有积水。

4.3　找标高、弹线、抹找平墩、冲筋

4.3.1　根据标准线和设计厚度，在四周柱上、墙上弹出面层的上平标高控

制线、踢脚板上口顶标高。硬化耐磨面层采用拌合料铺设时，还需弹出水泥砂浆或素水泥浆结合层的上平标高控制线。

4.3.2 拉线抹找平墩，找平墩 60mm×60mm 见方，用同种拌合料制作，与面层同高，间距双向不大于 2m。有坡度要求的房间应按设计坡度要求拉线，如设计无要求时，应按排水方向找坡，宜为 0.5%～1%，抹出坡度墩。

4.3.3 面积较大的房间为保证房间地面平整度，还要做冲筋，以做好的灰饼为标准抹条形冲筋，高度与灰饼同高，间距宜为 1～1.5m，形成控制标高的"田"字格，用刮杠刮平，作为硬化耐磨面层厚度控制的标准。

4.3.4 根据墙面抹灰厚度，在踢脚板阴阳角处套方、量尺寸、拉线，确定踢脚板底灰厚度并冲筋。

4.4 铺设水泥砂浆或素水泥浆结合层

4.4.1 硬化耐磨面层采用拌合料铺设时，宜先铺设一层强度等级不小于 M15、厚度不小于 20mm 的水泥砂浆，或水灰比宜为 0.4 的素水泥浆结合层。

4.4.2 铺设前应将基底湿润。结合层为水泥砂浆时应在基底上刷一道素水泥浆（水灰比为 0.4～0.5）或界面结合剂，随刷随铺设砂浆。

4.4.3 将搅拌均匀的水泥砂浆或素水泥浆，从房间内退着往外铺设。

4.4.4 用刮杠将砂浆或素水泥浆刮平，立即用木抹子搓平，并随时用 2m 靠尺检查平整度。

4.4.5 在搓平后立即用铁抹子轻轻抹压一遍直到出浆为止，保证面层均匀，与基层结合紧密牢固。

4.4.6 踢脚板找平层宜分两次装档，先用铁抹子抹压一薄层，再与冲筋面抹平、压实，用刮尺刮平，用木抹子搓成毛面。

4.5 配制硬化耐磨面层拌合料

4.5.1 硬化耐磨面层采用拌合料铺设时，拌合料的配合比通过试验确定，严格按照配合比进行施工。

4.5.2 投料必须严格过磅，精确控制配合比。应严格控制用水量，搅拌要均匀。

4.6 铺设硬化耐磨面层

4.6.1 硬化耐磨面层采用拌合料铺设时，铺设厚度和拌合料强度应符合设计要求。当设计无要求时，水泥钢（铁）屑面层铺设厚度不应小于 30mm，抗压强度不应小于 40MPa；水泥石英砂浆面层铺设厚度不应小于 20mm，抗压强度不应小于 30MPa；钢纤维混凝土面层铺设厚度不应小于 40mm，抗压强度不应小于 40MPa。

4.6.2　采用拌合料铺设时，在结合层水泥砂浆或素水泥浆初凝前，将搅拌均匀的拌合料从房间内退着往外铺设。在找平墩之间（或冲筋之间）将拌合料铺设均匀，然后用木刮杠按找平墩（或冲筋）高度刮平。

4.6.3　采用撒布铺设时，耐磨材料应撒布均匀，厚度应符合设计要求，且应在水泥类基层初凝前完成撒布。

4.6.4　采用撒布铺设时，混凝土基层或砂浆基层的厚度及强度应符合设计要求。当设计无要求时，混凝土基层的厚度不应小于 50mm，强度等级不应小于 C25；砂浆基层的厚度不应小于 20mm，强度等级不应小于 M15。

4.6.5　踢脚板抹硬化耐磨面层时，先将底子灰用水湿润，在阴阳角及踢脚板上口，按水平线贴好靠尺板，将拌合料上墙、抹平、压实。

4.7　搓平

用刮杠依找平墩（或冲筋）将拌合料刮平后，立即用木抹子搓平，从内向外退着操作，并随时用 2m 靠尺检查平整度。

4.8　压光

4.8.1　第一遍抹压：搓平后，立即用铁抹子轻轻抹压一遍，直到出浆为止；

4.8.2　第二遍抹压：面层初凝后，用铁抹子把凹坑、砂眼填实抹平，注意不得漏压；

4.8.3　第三遍抹压：当面层终凝前，用铁抹子用力抹压，把所有抹纹压平、压实、抹光，达到面层表面密实光洁平整。

4.9　养护

地面压光完工后 24h，铺锯末或其他材料覆盖洒水养护，保持湿润，养护时间不得少于 7d，当面层强度达 5MPa 才能上人，达设计强度后方可投入使用。

5　质量标准

5.1　主控项目

5.1.1　硬化耐磨面层采用的材料应符合设计要求和国家现行有关标准的规定。

5.1.2　硬化耐磨面层采用拌合料铺设时，水泥的强度应符合本工艺标准第

3.2.2 条的规定。金属渣、屑、纤维不应有其他杂质，使用前应去油除锈、冲洗干净并干燥；石英砂应符合本标准第 3.2.4 条的规定。

5.1.3 硬化耐磨面层的厚度、强度等级、耐磨性能应符合设计要求。

5.1.4 面层与基层（或下一层）结合应牢固，且应无空鼓、裂缝。当出现空鼓时，空鼓面积不应大于 $400cm^2$，且每自然间或标准间不应多于 2 处。

5.2 一般项目

5.2.1 面层表面坡度应符合设计要求，不应有倒泛水和积水现象。

5.2.2 面层表面应色泽一致，切缝应顺直，不应有裂纹、脱皮、麻面、起砂等缺陷。

5.2.3 踢脚线与柱、墙面应紧密结合，踢脚线高度及出柱、墙厚度应符合设计要求且均匀一致。当出现空鼓时，局部空鼓长度不应大于 300mm，且每自然间或标准间不应多于 2 处。

5.2.4 硬化耐磨层的表面平整度的允许偏差为 4mm；踢脚线上口平直的允许偏差为 4mm；缝格顺直的允许偏差为 3mm。

6 成品保护

6.0.1 施工时应注意对控制线的保护，不得触动、移位。

6.0.2 铺抹硬化耐磨面层时，水电管线、各种设备及预埋件应妥加保护，不得有损坏。对所覆盖的隐蔽工程要有可靠保护措施，不得因硬化耐磨面层施工造成漏水、堵塞、破坏。

6.0.3 运输材料及施工过程中时不得碰撞门框、栏杆、墙面抹灰等。

6.0.4 养护期内应进行遮盖和拦挡，当面层抗压强度达 5MPa 时才能上人操作，严禁放置重物或随意踩踏，避免受侵害。

6.0.5 在已完工的地面上进行油漆、电气、暖卫专业工序时，注意不要碰坏面层，油漆、浆活不要污染面层。

7 注意事项

7.1 应注意的质量问题

7.1.1 面层铺设应在结合层水泥初凝前完成；抹平工作应在结合层和面层的水泥初凝前完成；压光工作应在结合层和面层的水泥终凝前完成。

7.1.2　钢（铁）屑清洗干净，保证与水泥的结合强度。

7.1.3　底层清理干净，洒水湿润透，保证面层与下一层的粘结力。

7.1.4　应注意控制配合比。

7.1.5　在雨季应有防雨措施，防止造成水灰比控制不准。冬期应有保温防冻措施，防止受冻。在雨、雪、低温、强风条件下，在室外或露天不宜进行硬化耐磨面层作业。冬期施工时，环境温度不应低于 5℃。如果在负温下施工时，所掺抗冻剂必须经过试验室试验合格后方可使用。不宜采用氯盐、氨等作为抗冻剂。

7.1.6　凡检验不合格的部位，均应返工纠正，并制定纠正措施，防止再次发生。

7.2　应注意的安全问题

7.2.1　清理基层时，不得从窗口、洞口向外乱扔杂物，以免伤人。

7.2.2　剔凿地面时应戴防护眼镜。

7.2.3　楼层孔洞、电梯井口、楼梯口、楼层边处，安全设施应齐全有效。

7.2.4　用稀酸溶液除锈时，操作人员应加强防护，防止酸液迸溅，伤害身体。

7.2.5　施工机械用电必须采用三级配电两级保护，使用三相五线制，严禁乱拉乱接。临时照明及动力配电线路敷设，应绝缘良好并符合有关规定。

7.2.6　特殊工种，其操作人员必须持证上岗。

7.3　应注意的绿色施工问题

7.3.1　材料应堆放整齐，现场水泥不得露天堆放，砂等材料要有防尘覆盖措施。

7.3.2　材料运输过程中，要采取防撒防漏措施，运输车辆应加以覆盖，防止遗撒，如有撒漏应及时清理；废弃物要及时清理，运至指定地点。

7.3.3　采取专项措施，防止噪声扰民。

8　质量记录

8.0.1　材质质量合格证明文件及检测报告。

8.0.2　结合层砂浆以及面层拌合料配合比通知单。

8.0.3　砂子试验报告。

8.0.4　硬化耐磨面层强度等级检测报告。

8.0.5 硬化耐磨面层耐磨性能检测报告。

8.0.6 结合层砂浆试件抗压强度试验报告。

8.0.7 隐蔽工程验收记录。

8.0.8 地面水泥钢（铁）屑面层工程检验批质量验收记录表。

8.0.9 其他技术文件。

第 15 章　防油渗面层

本工艺标准适用于工业与民用建筑地面的防油渗面层工程的施工。

1　引用标准

《建筑地面工程施工质量验收规范》GB 50209—2010
《建筑工程施工质量验收统一标准》GB 50300—2013
《建筑装饰装修工程施工质量验收标准》GB 50210—2018
《建筑地面设计规范》GB 50037—2013

2　术语（略）

3　施工准备

3.1　作业条件

3.1.1　应编制防油渗面层施工方案，并进行详细的技术交底，交至施工操作人员。

3.1.2　基层已施工完毕，经隐蔽验收合格。

3.1.3　室内墙（柱）面上＋0.5m 标高线已弹好，门框已安装完。

3.1.4　防油渗混凝土的配合比应按设计要求的强度等级和抗渗性能通过试验确定。

3.1.5　防油渗混凝土面层内不得敷设管线。竖向穿楼地面的管道已安装，并装有套管，管根用防油渗胶泥或环氧树脂进行处理。已对所覆盖的管道等隐蔽工程进行验收且合格，并进行专业隐检会签。

3.1.6　施工时环境温度不应低于 5℃。

3.1.7　分区段缝尺条加工：用红松木加工，上口宽 20mm，下口宽 15mm，表面用刨子刨光，用水浸泡，使用前取出擦干、刷油。

3.2 材料及机具

3.2.1 水泥：防油渗混凝土面层应采用普通硅酸盐水泥，其强度等级应不小于42.5MPa。

3.2.2 砂：应选用中砂，洁净无杂物，其细度模数应为2.3～2.6，砂石级配空隙率小于35％；且应洁净无杂物、泥块。

3.2.3 碎石：应采用花岗石或石英石，并符合筛分曲线的碎石（不应使用松散、多孔和吸水率大的石子），空隙率小于45％，石料坚实，组织细致，吸水率小，粒径宜为5～15mm，其最大粒径不应大于20mm，含泥量不大于1％。

3.2.4 水：宜采用饮用水或不含有害物质的洁净水。

3.2.5 外加剂：防油渗混凝土中掺入的外加剂和防油渗剂应符合产品质量标准。

3.2.6 防油渗涂料：应按设计要求选用，且具有耐油、耐磨、耐火和粘结性能，抗拉强度不应小于0.3MPa，符合产品质量标准。

3.2.7 防油渗隔离层采用的玻璃纤维布应为无碱网格布；防油渗胶泥（或弹性多功能聚胺酯类涂膜材料）厚度宜为1.5～2.0mm，防油渗胶泥应按产品质量标准和使用说明配置。

3.2.8 机具：混凝土搅拌机、平板振捣器、翻斗车、小推车、小水桶、半截桶、扫帚、铁碌子、2m靠尺、刮杠、木抹子、铁抹子、平锹、钢丝刷、锤子、凿子、铜丝锣、橡胶刮板、钢皮刮板、刷子、砂纸、棉纱、抹布。

4 操作工艺

4.1 工艺流程

4.1.1 无隔离层，面层为防油渗混凝土

基层清理 → 安放分区段缝尺 → 洒水湿润 → 做灰饼 → 刷结合层 →
浇筑混凝土 → 养护 → 拆分区段缝尺条 → 封堵分区段缝

4.1.2 无隔离层，面层为防油渗涂料

基层清理 → 打底 → 主涂层施工 → 罩面 → 打蜡养护

4.1.3 有隔离层，面层为防油渗混凝土

基层清理 → 刷防油渗涂料底子油 → 涂抹第一遍防油渗胶泥 →

铺玻璃纤维布 → 涂抹第二遍防油渗胶泥 → 安放分区段缝尺 → 做灰饼 →

刷结合层 → 浇筑混凝土 → 养护 → 拆分区段缝尺条 → 封堵分区段缝

4.1.4　有隔离层，面层为防油渗涂料

基层清理 → 刷防油渗涂料底子油 → 涂抹第一遍防油渗胶泥 →

铺玻璃纤维布 → 涂抹第二遍防油渗胶泥 → 打底 →

主涂层施工 → 罩面 → 打蜡养护

4.2　基层清理

4.2.1　用剁斧将基层表面灰浆清掉，墙根、柱根处灰浆用凿子和扁铲清理干净，用扫帚将浮灰扫成堆，装袋清走，如表面有油污，应用 5％～10％浓度的火碱溶液清洗干净。

4.2.2　若在基层上直接铺设隔离层或防油渗涂料面层，基层含水率不应大于 9％。

4.3　安放分区段缝尺条

4.3.1　若房间较大，防油渗混凝土面层按厂房柱网分区段浇筑，一般将分区段缝设置在柱中或跨中，有规律布置，且区段面积不宜大于 50m²。

4.3.2　在分区段缝两端柱子上弹出轴线和上口标高线，并拉通线，严格控制分区段缝尺条的轴线位置和标高（和混凝土面层相平或略低），用 1∶1 水泥砂浆稳固。

4.3.3　分区段缝尺条应提前两天安装，确保稳固砂浆有一定强度。

4.4　洒水湿润

若在基层上直接浇灌防油渗混凝土，应提前一天对基层表面进行洒水湿润，但不得有积水。

4.5　做灰饼

根据地面标高和室内墙（柱）面上＋0.5m 标高线用细石混凝土做出灰饼，间距不大于 1.5m。

4.6　刷结合层

4.6.1　若在基层上直接浇灌防油渗混凝土，应先在已湿润过的基层表面满

涂一遍防油渗水泥浆结合层，并应随刷随浇筑防油渗混凝土。

4.6.2 防油渗水泥浆应按照设计要求或产品说明配置。

4.7 浇筑混凝土

4.7.1 现场搅拌防油渗混凝土时，应设专人负责，严格按照配合比要求上料，根据现场砂石料含水率对加水量进行调整，严格控制坍落度，不宜大于10mm，且应搅拌均匀（搅拌时间比普通混凝土应延长，一般延长2~3min）。

4.7.2 若混凝土运输距离较长，运至现场后有离析现象，应再拌合均匀。

4.7.3 用铁锹将细石混凝土铺开，用长刮杠刮平，用平板振捣器振捣密实，表面塌陷处应用细石混凝土铺平，拉标高线检查标高，再用长刮杠刮平，用滚筒二次碾压，再用长刮杠刮平，铲除灰饼，补平面层，然后用木抹子搓平。

4.7.4 第一遍压面

表面收水后，用铁抹子轻轻抹压面层，把脚印压平。

4.7.5 第二遍压面

当面层开始凝结，地面面层踩上有脚印但不下陷时，用2m靠尺检查表面平整度，用木抹子搓平，达到要求后，用铁抹子压面，将面层上的凹坑、砂眼和脚印压平。

4.7.6 第三遍压面

当地面面层上人稍有脚印，而抹压不出现抹子纹时，用铁抹子进行第三遍抹压。此遍抹压要用力稍大，将抹子纹抹平压光，压光时间应控制在终凝前完成。

4.8 养护

第三遍完成24h后，及时洒水养护，以后每天洒水两次，（亦可覆盖麻袋片等养护，保持湿润即可）至少连续养护14d，当混凝土实际强度达到50N/mm² 时允许上人，混凝土强度达到设计要求时允许正常使用。

4.9 拆分区段缝尺条

养护7d后停止洒水，待分区段缝尺条和地面干燥收缩相互脱开后，小心将分区段缝尺条启出，注意不要将混凝土边角损坏。

4.10 封堵分区段缝

4.10.1 区段缝上口20~25mm以下的缝内灌注防油渗胶泥材料，亦可采用弹性多功能聚氨酯类涂膜材料嵌缝。

4.10.2 按设计要求或产品说明配制膨胀水泥砂浆，用膨胀水泥砂浆封缝将分区段缝填平（或略低于上口）。

4.10.3 分区段缝应注意尽量不要污染地面，若有污染现象应及时清理干净。

4.11 刷底子油

若在基层上直接铺设隔离层或防油渗涂料面层及在隔离层上面铺设防油渗面层（包括防油渗混凝土和防油渗涂料），均应涂刷一遍同类底子油，底子油应按设计要求或产品说明进行配制。

4.12 隔离层施工

4.12.1 刷底子油

若在基层上直接铺设隔离层应涂刷一遍同类底子油，底子油应按设计要求或产品说明进行配制。

4.12.2 涂抹第一遍防油渗胶泥在涂刷过底子油的基层上将加温的防油渗胶泥均匀涂抹一遍，其厚度宜为 1.5～2.0mm，注意墙、柱连接处和出地面立管根部应涂刷，卷起高度不得小于 50mm。

4.12.3 铺玻璃纤维布

涂抹完第一遍防油渗胶泥后应随即将玻璃纤维布粘贴覆盖，其搭接宽度不得小于 100mm，墙、柱连接处和出地面立管根部应向上翻边，其高度不得小于 30mm。

4.12.4 涂抹第二遍防油渗胶泥

在铺好的玻璃纤维布上将加温的防油渗胶泥均匀涂抹一遍，其厚度宜为 1.5～2.0mm。

4.12.5 防油渗隔离层施工完成后，经检查验收合格后方可进行下一道工序的施工。

4.13 防油渗涂料面层施工

4.13.1 打底

防油渗涂料面层施工时应先用稀释胶粘剂或水泥胶粘剂腻子涂刷基层（刮涂）1～3 遍，干燥后打磨并清除粉尘。

4.13.2 主涂层施工

按设计要求或产品说明涂刷防油渗涂料至少 3 遍，涂层厚度宜为 5～7mm，每遍的间隔时间宜通过试验确定。

4.13.3 罩面

按产品说明满涂刷 1～2 遍面层涂料。

4.13.4 打蜡养护

面层涂料干燥后，如不是交通要道或由于安装工艺的特殊要求未完的房间外即可涂擦地板蜡，交通要道或工艺未完的房间应先用塑料布满铺后用 3mm 以上的橡胶板或硬纸板盖上，待其全部工序完后再清擦打蜡交活。

5 质量标准

5.1 主控项目

5.1.1 防油渗混凝土所用的水泥应采用普通硅酸盐水泥；碎石应采用花岗石或石英石，不应使用松散、多孔和吸水率大的石子，粒径为 5～16mm，最大粒径不应大于 20mm，含泥量不应大于 1%，砂应为中砂，且应洁净无杂物；掺入的外加剂和防油渗剂应符合有关标准的规定。防油渗涂料应具有耐油、耐磨、耐火和粘结性能。

5.1.2 防油渗混凝土的强度等级和抗油渗性能必须符合设计要求，且强度等级不应小于 C30；防油渗涂料的粘结强度不应小于 0.3MPa。

5.1.3 防油渗混凝土面层与下一层应结合牢固、无空鼓。

5.1.4 防油渗涂料面层与基层应粘结牢固，不应有起皮、开裂、漏涂等缺陷。

5.2 一般项目

5.2.1 防油渗面层表面坡度应符合设计要求，不得有倒泛水和积水现象。

5.2.2 防油渗混凝土面层表面应洁净，不应有裂纹、脱皮、麻面、起砂等现象。

5.2.3 踢脚线与柱、墙面应紧密结合，踢脚线高度及出柱、出墙厚度应符合设计要求且均匀一致。

5.2.4 防油渗面层表面的允许偏差：表面平整度 3mm；踢脚线上口平直 4mm；缝格平直 3mm。

6 成品保护

6.0.1 防油渗混凝土施工时运料小车不得碰撞门口及墙面等处。

6.0.2 地漏、出水口等部位安放的临时堵头要保护好，以防灌入杂物，造成堵塞。

6.0.3　不得在已做好的地面上拌合砂浆。

6.0.4　地面养护期间不准上人，其他工种不得进入操作，养护期后也要注意成品保护。

6.0.5　其他工种进行施工时，已做好的地面应适当进行覆盖，以免污染地面。

6.0.6　交通要道或工艺未完的房间应先用塑料布满铺后用 3mm 以上的橡胶板或硬纸板盖上，待其全部工序完后再清擦打蜡交活。

6.0.7　封堵分区段缝应注意尽量不要污染地面，若有污染现象应及时清理干净。

6.0.8　施工时应注意对控制桩、线的保护，不得触动、移位。

7　注意事项

7.1　应注意的质量问题

7.1.1　注意防油渗混凝土由于掺加外加剂的作用，初凝前有缓凝现象，初凝后有终凝快的特点，施工中应根据这一特性，加强操作质量控制。

7.1.2　避免振捣时漏振或振捣时间不够，造成混凝土不密实。

7.1.3　保证水泥强度等级，严格控制水灰比、抹压遍数及养护时间，严禁过早在其上进行其他工序作业。

7.1.4　混凝土铺设后，在抹压过程中严禁撒干水泥面来代替标准要求的水泥砂拌合料，确保灰面与混凝土很好地结合，避免造成起皮现象。

7.1.5　在雨、雪、低温、强风条件下，在室外或露天不宜进行防油渗面层作业。

7.1.6　冬季应有保温防冻措施，防止受冻。

7.2　应注意的安全问题

7.2.1　机械操作及临电线路铺设必须由专业人员进行。

7.2.2　熬制防油渗胶泥时严格执行动火制度，以防火灾发生，并注意不要发生烫伤。

7.2.3　各种化学制品要有专人管理，并用容器单独存放，以免挥发或发生中毒、烧伤和火灾、爆炸事故。

7.2.4 基层清理和搬运水泥时要戴好防护用品，防止粉尘吸入体内。

7.3 应注意的绿色施工问题

7.3.1 水泥要入库存放，砂子要覆盖，基层清理要适当洒水，防止扬尘。

7.3.2 施工剩余废料，尤其是化学制品要妥善处理，以免污染环境。

7.3.3 施工过程中产生的施工垃圾应及时清理，集中堆放，统一处理。

8 质量记录

8.0.1 水泥、砂子、石子、外加剂等材料出厂质量证明文件及复试报告。

8.0.2 防油渗胶泥和防油渗涂料出厂质量证明书及使用说明书。

8.0.3 玻璃纤维布出厂质量证明书，现场抽样检验报告。

8.0.4 防油渗混凝土配合比通知单。

8.0.5 混凝土试块强度检测报告及抗渗性能检测报告、混凝土试块强度等级统计评定表。

8.0.6 混凝土面层分项工程质量验收评定记录。

8.0.7 基层及隔离层的隐蔽工程验收记录。

8.0.8 防油渗整体地面面层工程检验批质量验收记录。

8.0.9 其他技术文件。

第16章 不发火（防爆）面层

本工艺标准适用于工业与民用建筑地面工程中不发火（防爆）面层工程的施工。

1 引用标准

《建筑地面工程施工质量验收规范》GB 50209—2010

《建筑工程施工质量验收统一标准》GB 50300—2013

《建筑装饰装修工程施工质量验收标准》GB 50210—2018

《建筑地面设计规范》GB 50037—2013

2 术语（略）

3 施工准备

3.1 作业条件

3.1.1 应编制不发火（防爆）地面施工方案，并进行详细的技术交底，交底至操作人员。

3.1.2 不发火（防爆）面层下的各层做法应按设计要求施工并验收合格。

3.1.3 水泥类基层的抗压强度不小于 1.2MPa。

3.1.4 铺设前应根据设计要求通过实验确定配合比。

3.1.5 门框及预埋件均安装且验收完。

3.1.6 对所覆盖的隐蔽工程进行验收且合格，并进行专业隐检会签。

3.1.7 墙上标出＋0.5m 标高控制线，弹出地面高度和厚度水平控制线。

3.2 材料及机具

3.2.1 水泥：应采用硅酸盐水泥、普通硅酸盐水泥，强度等级不应低于42.5 级，有出厂检验报告和复试报告。

93

3.2.2 砂：选用质地坚硬、表面粗糙并有颗粒级配的砂，其粒径宜为 2.3～3.7mm，含泥量不应大于 3%，有机物含量不应大于 0.5%。

3.2.3 石料（水磨石面层时采用石粒）：采用大理石、白云石或其他石料加工而成，并以金属或石料撞击时不发生火花为合格。

3.2.4 分格条：面层分格的嵌条应采用不发生火花的材料配制。

3.2.5 材料配制时应随时检查，不得混入金属或其他易发生火花的杂质。

3.2.6 机具：混凝土搅拌机、带形平板振动器、手推车、装载机、翻斗车、计量器、木拍板、铁抹子、筛子（筛孔 5mm）、木耙、铁锹、钢尺、胶皮管、粉线、刮杠、铁辊筒、扫帚、水准仪。

4 施工工艺

4.1 工艺流程

基层处理 → 抹找平层 → 镶分格条 → 拌制混凝土 → 铺设面层 → 养护

4.2 基层处理

4.2.1 施工前应将基层表面的泥土、灰浆皮、灰渣及杂物清理干净，油污渍迹清洗掉，铺抹打底灰前一天，将基层浇水湿润，低凹处不得有积水。

4.2.2 把基层上的浮浆、落地灰等清理、清扫干净；如有油污，应用 5%～10% 浓度火碱水溶液清洗。

4.3 抹找平层

水泥类不发火地面施工时，应按常规方法先做找平层，具体施工方法详见"水泥砂浆找平层施工工艺标准"。如基层表面平整，亦可不抹找平层，直接在基层上铺设面层。

4.4 镶分格条

4.4.1 面层应按规范要求设置分格缝，最大分格间距不能大于 6m×6m。分格条具体施工方法详见"水磨石面层施工工艺标准"。

4.4.2 分格条应镶嵌牢固，平直通顺，上平按标高控制线必须一致，并拉通线检查其平整度及顺直，接头严密，不得有缝隙。

4.4.3 分格条镶嵌好后，隔 12h 开始浇水养护，最少应养护两天。

4.5 拌制混凝土

4.5.1 混凝土的配合比应通过试验确定。

4.5.2　投料必须严格过磅，精确控制配合比。每盘投料顺序为石子→水泥→砂→水。应严格控制用水量，搅拌要均匀，混凝土灰浆颜色一致，搅拌时间不少于 60s，配制好的拌合物在 2h 内用完，坍落度一般不应大于 30mm。

4.6　铺设面层

4.6.1　不发火（防爆）各类面层的铺设，应符合本施工工艺标准中相应面层的规定。

4.6.2　不发火（防爆）混凝土面层铺设时，先在已湿润的基层表面均匀地涂刷一道素水泥浆，随即按分仓顺序摊铺，随铺随用刮杠刮平，用铁辊筒纵横交错来回滚压 3～5 遍至表面出浆，用木抹子拍实搓平，然后用铁抹子压光。待收水后再压光 2～3 遍，至抹平压光为止。

4.6.3　试块的留置，同一施工批次、同一配合比水泥混凝土强度试块，应按每一层（或检验批）建筑地面工程不少于 1 组，当每一层（或检验批）建筑地面工程面积大于 1000m² 时，每增加 1000m² 应增做 1 组试块；小于 1000m² 按 1000m² 计算，取样 1 组。同一施工批次、同一配合比的散水、明沟、踏步、台阶、坡道的水泥混凝土、水泥砂浆强度试块，应按每 150 延长米不少于 1 组。

4.7　养护

最后一遍压光后根据气温（常温情况下 24h）及时覆盖和洒水养护，每天不少于 2 次，时间不少于 7d，养护期间不得上人和堆放物品。

4.8　冬期施工

冬期施工时，环境温度不应低于 5℃。如果在负温下施工时，所掺抗冻剂必须经过试验室试验合格后方可使用。不宜采用氯盐、氨等作为抗冻剂。

5　质量标准

5.1　主控项目

5.1.1　水泥、砂、石子等材料应符合本工艺标准第 3.2.1～3.2.5 条的要求。

5.1.2　不发火（防爆）面层的强度等级应符合设计要求。

5.1.3　不发火（防爆）面层与下一层应结合牢固，且应无空鼓和开裂。当出现空鼓时，空鼓面积不应大于 400cm²，且每自然间或标准间不应大于 2 处。

5.1.4　不发火（防爆）面层的试件应检验合格。

5.2 一般项目

5.2.1 不发火（防爆）面层表面应密实，无裂缝、蜂窝、麻面等缺陷。

5.2.2 踢脚线与柱、墙面应紧密结合，踢脚线高度及出柱、墙厚度应符合设计要求且均匀一致。当出现空鼓时，局部空鼓长度不应大于 300mm，且每自然间或标准间不应多于 2 处。

5.2.3 不发火（防爆）面层表面的允许偏差：表面平整度 5mm；踢脚线上口平直 4mm；缝格平直 3mm。

6 成品保护

6.0.1 面层施工防止碰撞损坏门框、管线、预埋铁件、墙角及已完的墙面抹灰等。

6.0.2 施工时应注意对标准杆、尺、线的保护，不得触动；同时注意保护好管线、设备等的位置，防止变形、位移；保护好地漏、出水口等部位，作临时堵口或覆盖，以免灌入砂浆等造成堵塞。

6.0.3 对所覆盖的隐蔽工程要有可靠保护措施，不得因浇筑混凝土造成漏水、堵塞、破坏或降低等级。

6.0.4 事先埋好预埋件，已完地面不准再剔凿孔洞。

6.0.5 面层养护期间（一般宜不少于 7d），严禁车辆行走或堆压重物。

6.0.6 不得在已做好的面层上拌合砂浆、混凝土以及调配涂料等。

7 注意事项

7.1 应注意的质量问题

7.1.1 不发火（防爆）面层应采用水泥类拌合料及其他不发火材料铺设，其材料和厚度应符合设计要求。

7.1.2 不发火（防爆）各类面层的铺设应符合本工艺标准相应章节面层的规定。

7.1.3 基层要清理干净，防止水泥类面层发生起皮、起砂、空鼓等现象。

7.1.4 不发火（防爆）面层采用的材料和硬化后的试件，应按现行国家规范《建筑地面工程施工质量验收规范》GB 50209 附录 A 做不发火性试验。

7.2 应注意的安全问题

7.2.1 施工现场临时用电要遵守现行国家标准《施工现场临时用电安全技

术规程》JGJ 46 的规定。

7.2.2　小型电动工具，必须安装"漏电保护"装置，使用时应经试运转合格后方可操作。

7.2.3　电气设备应有接地保护，电工应持证上岗，非电工不得私自接电源。

7.2.4　对操作人员在作业前进行安全教育和安全技术交底，提高安全意识，杜绝安全隐患。

7.2.5　各种小型机械操作人员，必须进行培训和考核，使其掌握要领，防止出现安全事故。

7.3　应注意的绿色施工问题

7.3.1　工程废水的控制：砂浆机清洗废水应设沉淀池，排到室外管网。

7.3.2　施工现场垃圾应分拣分放并及时清运，由专人负责用毡布密封，并洒水降尘。水泥等易飞扬的粉状物应防止遗撒，使用时轻铲轻倒，防止飞扬。砂子使用时，应先用水喷洒，防止粉尘的产生。

7.3.3　选择合适的施工期间，避免噪声集中共振，必要时采用隔断封闭措施。定期对噪声进行测量，并注明测量时间、地点、方法。做好噪声测量记录，以验证噪声排放是否符合要求，超标时及时采取措施。

7.3.4　固体废弃物

废料应按"可利用""不可利用""有毒害"等进行标识。可利用的垃圾分类存放，不可利用垃圾存放在垃圾场，及时通知运走，有毒害的物品，如胶粘剂等应用桶存放。

废料在施工现场装卸运输时，应用水喷洒，卸到堆放地后及时覆盖或用水喷洒。

8　质量记录

8.0.1　水泥出厂质量检验报告和现场抽样检验报告。

8.0.2　砂、石现场抽样检验报告。

8.0.3　石子不发火试验报告及面层试件的检验报告。

8.0.4　混凝土试块或砂浆试块抗压强度报告。

8.0.5　混凝土试块或砂浆试块强度统计评定记录。

8.0.6　不发火地面面层分项工程检验批施工质量验收记录。

8.0.7　其他技术文件。

第17章 环氧树脂或聚氨酯自流平面层

本工艺标准适用于工业与民用建筑环氧树脂或聚氨酯自流平地面面层的施工。

1 引用标准

《建筑地面工程施工质量验收规范》GB 50209—2010

《建筑工程施工质量验收统一标准》GB 50300—2013

《建筑装饰装修工程施工质量验收标准》GB 50210—2018

《建筑地面设计规范》GB 50037—2013

《环氧树脂自流平地面工程技术规范》GB/T 50598—2010

《自流平地面工程技术规程》JGJ/T 175—2009

2 术语

2.0.1 自流平地面：在基层上，采用具有自行流平性能或稍加辅助性摊铺即能流动找平的地面用材料，经搅拌后摊铺所形成的地面。

2.0.2 环氧树脂自流平地面：由基层、底涂、自流平环氧树脂地面涂层材料构成的地面。

2.0.3 聚氨酯自流平地面：由基层、底涂、自流平聚氨酯地面涂层材料构成的地面。

3 施工准备

3.1 作业条件

3.1.1 施工前应编制自流平地面工程施工方案，并按方案进行技术交底。

3.1.2 基层按现行国家标准《建筑地面工程施工质量验收规范》GB 50209—2010 进行检查，且验收合格。

3.1.3 基层应为混凝土层或水泥砂浆层，并应坚固、密实。当基层为混凝土时，其抗压强度不应小于 20MPa；当基层为水泥砂浆时，其抗压强度不应小于 15MPa。

3.1.4　楼地面与墙面交接部位、穿楼（地）面的套管等细部构造处已进行防护处理，且验收合格。

3.1.5　混凝土基层应干燥，在深度为 20mm 的厚度内含水率不应大于 6%。

3.1.6　施工环境温度宜为 15～25℃，相对湿度不宜高于 80%，基层表面温度不宜低于 5℃。

3.2　材料及机具

3.2.1　自流平材料：环氧树脂自流平材料性能应符合现行行业标准《环氧树脂地面涂层材料》JC/T 1015 的规定。聚氨酯自流平材料性能应符合现行国家标准《地坪涂装材料》GB/T 22374 的规定，环氧树脂和聚氨酯自流平材料的有害物质限量应符合现行国家标准《地坪涂装材料》GB/T 22374 的规定，材料有出厂合格证和复试报告。

3.2.2　拌合用水：应符合现行行业标准《混凝土用水标准》JGJ 63—2006 的规定或采用饮用水。

3.2.3　机具：抛丸机、研磨机、吸尘器、滚筒、消泡滚筒、锯齿镘刀、镘刀、打磨机、计量器具、毛刷、铲刀、靠尺、手推车、大小装料桶、钢丝刷、搅拌机温湿度测量仪。

4　操作工艺

4.1　工艺流程

基层处理→涂刷底涂→批刮中涂→修补打磨→自流平面涂→
放气→养护

4.2　基层处理

4.2.1　现场应封闭，禁止交叉作业。

4.2.2　施工前，应对基层平整度、强度、含水率、裂缝、空鼓等项目进行检查。

4.2.3　当基层存在裂缝时，宜先采用机械切割的方式将裂缝切成 20mm 深、20mm 宽的 V 形槽，并用自流平砂浆修补平整。对于大的凹坑、孔洞也要用自流平砂浆修补平整。

4.2.4 当混凝土基层的抗压强度小于 20MPa 或水泥砂浆基层的抗压强度小于 15MPa 时，基层表面有水泥浮浆，或是起砂严重，要把表面的一层全部打磨掉，应采取补强处理或重新施工。

4.2.5 当基层的空鼓面积小于或等于 1m² 时，可采用灌浆法处理；当基层的空鼓面积大于 1m² 时，应剔除，并重新施工。

4.2.6 如果平整度不好，要把高差大的地方尽量打磨平整。

4.3 涂刷底涂

4.3.1 底层涂料应按比例称量配制，混合搅拌均匀后方可使用，并应在产品说明书规定的时间内使用。底涂的用量与基层的材质关系紧密，疏松或密实基层其耗量相差甚多，以在施工现场实测为准。

4.3.2 用滚筒把混合后的底漆均匀涂敷在基层上，横向、纵向各一遍，避免漏涂和堆涂。根据现场气温和通风条件，等候 1～4h，待涂膜表干后即可进行下步施工。

4.3.3 底涂涂刷完毕，应能够形成连续的漆膜。

4.4 批刮中涂

4.4.1 中涂材料应按产品说明书提供的比例称量配置，并应在混合搅拌均匀后进行批刮。

4.4.2 中涂填料一般采用石英砂、石英粉或滑石粉等。

4.4.3 中涂固化后，宜用打磨机对中涂层进行打磨，局部凹陷处可采用树脂砂浆进行找平修补。

4.5 自流平面涂

将面漆按比例混合，用电动搅拌器搅拌约 3～5min，搅拌均匀后倒在施工地面上，用镘刀辅助刮涂流平，厚度应符合设计要求。

4.6 放气

采用消泡滚筒放气时，需注意消泡滚筒的钉长与摊铺厚度的适应性，消泡滚筒主要辅助浆料流动并减少拌料和摊铺过程中所产生的气泡麻面及接口高差。

4.7 养护

养护期需避免强风气流，温度不能过高，宜为 23±2℃，养护天数不应少于 7d，当温度或其他条件不同于正常施工环境条件，需要视情况调整养护时间。固化和养护期间，应采取防水、防污染等措施。在养护期间人员不宜踩踏养护中的环氧树脂自流平地面。

5　质量标准

Ⅰ《建筑地面工程施工质量验收规范》GB 50209—2010

5.1　主控项目

5.1.1　自流平面层的铺涂材料应符合设计要求和国家现行有关标准的规定。

5.1.2　自流平面层的涂料进入施工现场时，应有以下有害物质限量合格的检测报告：

1　水性涂料中的挥发性有机化合物（VOC）和游离甲醛；

2　溶剂型涂料中的苯、甲苯＋二甲苯、挥发性有机化合物（VOC）和游离甲苯二异氰醛酯（TDI）。

5.1.3　自流平面层的基层为混凝土时，其抗压强度不应小于 20MPa，当基层为水泥砂浆时，其抗压强度不应小于 15MPa。

5.1.4　自流平面层的各构造层之间应粘结牢固，层与层之间不应出现分离、空鼓现象。

5.1.5　自流平面层的表面不应有开裂、漏涂和倒泛水、积水等现象。

5.2　一般项目

5.2.1　自流平面层应分层施工，面层找平施工时不应留有抹痕。

5.2.2　自流平面层表面应光洁，色泽应均匀、一致，不应有起泡、泛砂等现象。

5.2.3　自流平面层的允许偏差应符合表 17-1 的规定。

环氧树脂自流平面层的允许偏差和检验方法　　　　表 17-1

项次	项目	允许偏差	检查方法
1	表面平整度	2	用 2m 靠尺和楔形塞尺检查
2	踢脚线上口平直	3	拉 5m 线和用钢尺检查
3	缝格顺直	2	

Ⅱ《环氧树脂自流平地面工程技术规程》JGJ/T 50589—2010

5.1　主控项目

5.1.1　环氧树脂自流平地面涂料与涂层的质量应符合设计要求，当设计无要求时，应符合《环氧树脂自流平地面工程技术规程》JGJ/T 50589—2010 中表 17-2～表 17-6 的规定。

环氧树脂自流平地面底层涂料与涂层的质量 表 17-2

项目	技术指标
容器中状态	透明液体、无机械杂质
混合后固体含量（%）	≥50
干燥时间（h）	表干≤3，实干≤24
涂层表面	均匀、平整、光滑、无起泡、无发白、无软化
附着力（MPa）	≥1.5

环氧树脂自流平地面中层涂料与涂层的质量 表 17-3

项目		技术指标
容器中状态		搅拌后色泽均匀、无结块
混合后固体含量（%）		≥70
干燥时间（h）		表干≤8，实干≤48
涂层表面		密实、平整、均匀，无开裂、起壳、渗出物
附着力（MPa）		≥2.5
抗冲击（1kg 钢球自由落体）	1m	胶泥构造：无裂纹、剥落、起壳
	2m	砂浆构造：无裂纹、剥落、起壳
抗压强度（MPa）		≥80
打磨性		易打磨

环氧树脂自流平地面面层涂料与涂层的质量 表 17-4

项目		技术指标
容器中状态		各色黏稠液，搅拌后均匀无结块
干燥时间（h）		表干≤8，实干≤24
涂层表面		平整光滑、色泽均匀、无针孔、气泡
附着力（MPa）		≥2.5
相对硬度（任选）	D 型邵氏硬度	≥75
	铅笔硬度	≥3H
抗冲击（1kg 钢球自由落体）1m		无裂纹、剥落、起壳
抗压强度（MPa）		≥80
磨耗量（750r/500g）		≤60mg
容器中涂料的贮存期		密闭容器，阴凉干燥通风处，5～25℃，6 个月

环氧树脂自流平砂浆地面涂层的质量　　　　　　　　表 17-5

项目	技术指标
干燥时间（h，25℃）	表干≤8，实干为 48～72
涂层表面	密实、平整、均匀、无开裂、无起壳、无渗出物
附着力（MPa）	≥2.5
抗冲击（1kg 钢球自由落体）2m	涂层无裂纹、剥落、起壳
抗压强度（MPa）	≥75

环氧树脂砂浆构造的自流平地面涂层的质量　　　　　　表 17-6

项目	技术指标
干燥时间（h）	表干≤12，实干≤72
涂层表面	密实、平整、均匀、无开裂、无起壳、无渗出物
附着力（MPa）	≥2.5
抗冲击（1kg 钢球自由落体）2m	涂层无裂纹、剥落、起壳
抗压强度（MPa）	≥80

5.1.2　涂层的质量应符合下列规定：

1　涂层表面应均匀、连续，并应无泛白、漏涂、起壳、脱落等现象。

2　与基层的粘结强度不应小于 1.5MPa。

5.1.3　面涂层的质量应符合下列规定：

1　涂层表面应平整光滑、色泽均匀。

2　冲击强度应符合设计要求，表面不得有裂纹、起壳、剥落等现象。

5.2　一般项目

5.2.1　中涂层表面应密实、平整、均匀，不得有开裂、起壳等现象。

5.2.2　玻璃纤维增强隔离层的厚度应大于 1mm 或毡布复合结构增强材料不应少于 2 层。

5.2.3　面涂层的硬度应符合设计要求。

5.2.4　坡度应符合设计要求。

6　成品保护

6.0.1　成品保护期间，已做好的自流平地面上不能堆放垃圾、杂物、涂料以及施工机械，避免造成沾污。

6.0.2　不能用钝器、锐器击打或刻画自流平地面的面层，有重物撞击或锐器刮磨的可能时，需要安置橡胶板等保护垫。

6.0.3 搬运材料或推车要使用橡胶或 PU 轮胎，并派专人清理检查轮胎。

6.0.4 80℃以上热水或热气的排放口下方，用托盘架高承接，使热水冷却后再溢出，以避免高温直接喷溅。

7 注意事项

7.1 应注意的质量问题

7.1.1 基层清理要认真、彻底，控制基层含水率；铺设底层涂料时厚薄均匀；避免上下结合不牢，造成面层空鼓、裂缝。

7.1.2 配制涂料：严格控制配料比例，避免底漆漏涂。按产品说明配置环氧树脂自流平涂料，用强制搅拌器或装有搅拌叶的重荷低速钻机搅拌均匀。搅拌时缓慢加入填料，持续搅拌 3～5min 直至完全均匀。配料搅拌均匀后，应严格把握施工时间。

7.1.3 按操作工艺要求施工，保证抹压遍数，滚压时要按顺序和规律，避免面层不光，有抹纹、气泡等。

7.1.4 底漆封闭和面漆施工后，应立即封闭现场，严禁行走，避免冲击。

7.2 应注意的安全问题

7.2.1 施工现场临时用电要符合国家现行标准《施工现场临时用电安全技术规程》JGJ 46—2005 的要求。

7.2.2 电气设备应有接地保护。小型电动工具，必须安装"漏电保护"装置，使用时应经试运转合格后方可操作。现场维护电工应持证上岗，非维护电工不得私自接电源。

7.2.3 作业区域严禁明火作业，并配备灭火器材。

7.2.4 涂料的大部分溶剂和稀释剂中挥发型有机化合物，含有不同程度的毒性，施工现场应有通风排气设施，操作人员应做好劳动保护措施。

7.3 应注意的绿色施工问题

7.3.1 施工车辆尾气排放要符合有关要求，驶出施工现场前冲洗轮胎上的泥土。避免污染大气和道路。

7.3.2 搅拌、运输、施工噪声和扬尘均控制在允许范围内。施工噪声排放昼间不大于 75dB，夜间不大于 55dB，每月不少于一次检测，噪声应控制在规定范围之内，日常应每天进行监测，异常情况应加密监测次数。现场扬尘高度控制在 1m 以内，每班不少于目视检测一次。四级风以上应停止产生扬尘的施工作业。

7.3.3 施工过程中产生的施工垃圾应及时清理。集中堆放，统一处理。

8　质量记录

8.0.1 自流平材料出厂合格证及性能检测报告。

8.0.2 自流平材料复试报告。

8.0.3 中间交接或基层隐蔽验收记录。

8.0.4 地面自流平面层工程检验批质量验收记录表。

8.0.5 整体面层铺设分项工程质量验收记录表。

8.0.6 修补或返工记录。

8.0.7 其他技术资料。

第18章 水泥基自流平面层

本工艺标准适用于工业与民用建筑水泥基自流平地面面层的施工。

1 引用标准

《建筑地面工程施工质量验收规范》GB 50209—2010

《建筑工程施工质量验收统一标准》GB 50300—2013

《建筑装饰装修工程施工质量验收标准》GB 50210—2018

《建筑地面设计规范》GB 50037—2013

《自流平地面工程技术规程》JGJ/T 175—2009

《地面用水泥基自流平砂浆》JC/T 985—2017

2 术语

2.0.1 水泥基自流平砂浆地面：由基层、自流平界面剂、水泥基自流平砂浆构成的地面。

3 施工准备

3.1 作业条件

3.1.1 施工前应编制水泥基自流平地面工程施工方案，并按方案进行技术交底。

3.1.2 基层按现行国家标准《建筑地面工程施工质量验收规范》GB 50209—2010 进行检查验收合格。

3.1.3 基层应为混凝土层或水泥砂浆层，并应坚固、密实。当基层为混凝土时，其抗压强度不应小于 20MPa；当基层为水泥砂浆时，其抗压强度不应小于 15MPa。

3.1.4 楼地面与墙面交接部位、穿楼（地）面的套管等细部构造处已进行防护处理，且验收合格。

3.1.5　基层含水率不应大于 8%。

3.1.6　施工时室内及地面温度宜为 10～25℃，施工环境湿度不宜高于 80%。

3.2　材料及机具

3.2.1　自流平材料：水泥基自流平砂浆性能应符合现行行业标准《地面用水泥基自流平砂浆》JC/T 985—2017，材料有出厂合格证和复试报告。

3.2.2　拌合用水：应符合现行行业标准《混凝土用水标准》JGJ 63—2006 的规定或采用饮用水。

3.2.3　机具：打磨机、铣刨机、研磨机、抛丸机、吸尘器、泵送机、电动搅拌机、角磨机、镘刀、滚筒、消泡滚筒等、靠尺、盒尺、搅拌桶、锯齿刮板。

4　操作工艺

4.1　工艺流程

基层处理 → 涂刷自流平界面剂 → 制备浆料 → 摊铺自流平浆料 →

放气 → 养护

4.2　基层处理

4.2.1　现场应封闭，严禁交叉作业。

4.2.2　施工前，应对基层平整度、强度、含水率、裂缝、空鼓等项目进行检查。

4.2.3　当基层存在裂缝时，宜先采用机械切割的方式将裂缝切成 20mm 深、20mm 宽的 V 形槽，并用自流平砂浆修补平整。对于大的凹坑、孔洞也要用自流平砂浆修补平整。

4.2.4　当混凝土基层的抗压强度小于 20MPa 或水泥砂浆基层的抗压强度小于 15MPa 时，基层表面有水泥浮浆，或是起砂严重，要把表面的一层全部打磨掉，应采取补强处理或重新施工。

4.2.5　当基层的空鼓面积小于或等于 1m² 时，可采用灌浆法处理；当基层的空鼓面积大于 1m² 时，应剔除并重新施工。

4.2.6　如果平整度不好，要把高差大的地方尽量打磨平整。

4.3 涂刷自流平界面剂

4.3.1 在清理干净的基层上，涂刷界面剂两遍。两次采用不同方向涂刷顺序，以避免漏刷。

4.3.2 每次涂刷时要采用每滚刷压上滚刷半滚刷的涂刷方法。

4.3.3 涂刷第二遍界面剂时，要待第一遍界面剂干透，界面剂已形成透明的膜层，没有白色乳液。

4.3.4 第二遍界面剂完全干燥后，才能进行水泥自流平的施工，否则容易在自流平表面形成气泡。

4.4 制备浆料

4.4.1 制备浆料可采用人工法或机械法，并应充分搅拌至均匀无结块为止。

4.4.2 人工法制备浆料时，将准确称量好的拌合用水倒入干净的搅拌桶内，开动电动搅拌器，徐徐加入已精确称量的自流平材料，持续搅拌 3～5min，至均匀无结块为止，静置 2～3min，使自流平材料充分润湿，排除气泡后，再搅拌 2～3min，使料浆成为均匀的糊状。

4.4.3 机械法制备浆料时，将拌合用水量预先设置好，再加入自流平材料，进行机械拌合，将拌合好的自流平砂浆泵送到施工作业面。

4.4.4 自流平材料成分较多，在大型工程中建议使用机械搅拌，否则会影响分散效果。

4.4.5 拌合时兑水量应准确，自流平材料发生反应所需水量比例是固定的，过多或过少都会降低材料的主要性能。

4.5 摊铺自流平浆料

摊铺浆料时应按施工方案要求，采用人工或机械方式将自流平浆料倾倒于施工面，使其自行流展找平，也可用专用锯齿刮板辅助浆料均匀展开。

4.6 放气

采用消泡滚筒放气时，需注意消泡滚筒的钉长与摊铺厚度的适应性，消泡滚筒主要辅助浆料流动并减少拌料和摊铺过程中所产生的气泡及接槎，操作人员需穿钉鞋作业。

4.7 养护

养护期需避免强风气流，温度不能过高，当温度或其他条件不同于正常施工环境条件，需要视情况调整养护时间。水泥基自流平未达到规定龄期前，虽可上人，但易被污染，因具有一定的柔性，不耐刻画，需要进行成品保护。

5　质量标准

Ⅰ《建筑地面工程施工质量验收规范》GB 50209—2010

5.1　主控项目

5.1.1　自流平面层的铺涂材料应符合设计要求和国家现行有关标准的规定。

5.1.2　自流平面层的涂料进入施工现场时，应有以下有害物质限量合格的检测报告：

1　水性涂料中的挥发性有机化合物（VOC）和游离甲醛；

2　溶剂型涂料中的苯、甲苯＋二甲苯、挥发性有机化合物（VOC）和游离甲苯二异氰醛酯（TDI）。

5.1.3　自流平面层的基层为混凝土时，抗压强度不应小于20MPa；当基层为水泥砂浆时，其抗压强度不应小于15MPa。

5.1.4　自流平面层的各构造层之间应粘结牢固，层与层之间不应出现分离、空鼓现象。

5.1.5　自流平面层的表面不应有开裂、漏涂和倒泛水、积水等现象。

5.2　一般项目

5.2.1　自流平面层应分层施工，面层找平施工时不应留有抹痕。

5.2.2　自流平面层表面应光洁，色泽应均匀、一致，不应有起泡、泛砂等现象。

5.2.3　自流平面层的允许偏差应符合表18-1的规定。

水泥基自流平砂浆面层的允许偏差和检验方法　　　　表 18-1

项次	项目	允许偏差	检查方法
1	表面平整度	2	用2m靠尺和楔形塞尺检查
2	踢脚线上口平直	3	拉5m线和用钢尺检查
3	缝格顺直	2	

Ⅱ《自流平地面工程技术规程》JGJ/T 175—2009

5.1　主控项目

自流平地面主控项目的验收应符合表18-2的规定。

主控项目 表 18-2

| 项目 | 水泥基自流平砂浆地面 | | 检查方法 |
	用于面层	用于找平	
外观	表面平整、密实，无明显裂纹、针孔等缺陷		距表面 1m 处垂直观察，至少 90% 的表面无肉眼可见的差异
面层厚度偏差（mm）	≤1.5	≤0.2	针刺法或超声波仪
表面平整度	≤3mm/2m	≤3mm/2m	用 2m 靠尺和楔形塞尺检查
粘接强度及空鼓	各层应粘结牢固；每 20m² 地面，空鼓不得超过 2 处，每处空鼓面积不得大于 400cm²		用小锤轻敲

5.2 一般项目

自流平地面一般项目的验收应符合表 18-3 的规定。

一般项目 表 18-3

| 项目 | 水泥基自流平砂浆地面 | | 检查方法 |
	用于面层	用于找平	
坡度	符合设计要求		泼水或坡度尺
缝格平直（mm）	≤5		拉 5m 线和检查
接缝高低差（mm）	≤2.0		用钢尺和楔形塞尺检查
耐冲击性	无裂纹、无剥落	—	直径 50mm 的钢球，距离面层 500mm

6 成品保护

6.0.1 成品保护期间，已做好的自流平地面上不能堆放垃圾、杂物、涂料以及施工机械，避免造成沾污。

6.0.2 不能用钝器、锐器击打或刻画自流平地面的面层，也不能在上面行走。

7 注意事项

7.1 应注意的质量问题

7.1.1 基层清理要认真、彻底，控制基层含水率；铺设底层涂料时厚薄均匀；避免上下结合不牢，造成面层空鼓、裂缝。

7.1.2　严格控制涂料配料比例。

7.2　应注意的安全问题

7.2.1　自流平材料避免日晒雨淋，禁止接近火源，防止碰撞，注意通风。

7.2.2　水泥基或石膏基自流平砂浆地面施工应采用专用机具。

7.3　应注意的绿色施工问题

7.3.1　水泥、砂、石屑运输时覆盖，防止遗撒和扬尘。

7.3.2　施工车辆尾气排放要符合有关要求，驶出施工现场前冲洗轮胎上的泥土，避免污染大气和道路。

7.3.3　搅拌、运输、施工噪声和扬尘均控制在允许范围内。施工噪声排放昼间不大于 75dB，夜间不大于 55dB，每月不少于一次检测，噪声应控制在规定范围之内，日常应每天进行监测，异常情况应加密监测次数。现场扬尘高度控制在 1m 以内，每班不少于目视检测一次。四级风以上应停止产生扬尘的施工作业。

7.3.4　施工过程中产生的施工垃圾应及时清理，集中堆放，统一处理。

7.3.5　冬期养护时，如采用生煤火保温则应注意室内不能完全封闭，宜有通风措施，应做到空气流通，能使局部一氧化碳气体可以逸出，以免影响水泥水化作用的正常进行和面层的结硬，造成水泥砂浆面层松散、不结硬而引起起砂和起灰的质量通病。

8　质量记录

8.0.1　自流平材料出厂合格证及性能检测报告。

8.0.2　自流平材料复试报告。

8.0.3　基层隐蔽验收记录。

8.0.4　地面自流平面层工程检验批质量验收记录表。

8.0.5　整体面层铺设分项工程质量验收记录表。

8.0.6　其他技术文件。

第19章 块材防腐蚀面层

本工艺标准适用于工业与民用建筑块材防腐蚀（耐酸砖、耐酸耐温砖、防腐蚀炭砖和天然石材等）地面面层的施工。

1 引用标准

《建筑防腐蚀工程施工规范》GB 50212—2014

《工业设备及管道防腐蚀工程施工规范》GB 50726—2011

《建筑防腐蚀工程施工质量验收规范》GB 50224—2010

《建筑工程施工质量验收统一标准》GB 50300—2013

《建筑装饰装修工程施工质量验收标准》GB 50210—2018

《工业建筑防腐蚀设计规范》GB 50046—2008

《建筑地面设计规范》GB 50037—2013

2 术语

2.0.1 高压射流：以高压泵打出高压力低流速水，经过培土增压管路到达旋转喷嘴，转换为具有很高的冲击动能的低压流速射流，用以冲击被清洁表面。

3 施工准备

3.1 作业条件

3.1.1 防腐蚀地面施工前应编制施工方案，内容应包括安全技术措施及应急预案，并按方案进行技术和安全交底。

3.1.2 基层应符合设计规定，防腐蚀工程施工前应对基层进行验收并办理交接手续。

3.1.3 穿过防腐蚀层的管道、套管、预留孔、预埋件，均已预先埋置或留设，经检查验收合格。

3.1.4　各类防腐蚀材料在施工或固化期间要防止暴晒，施工时工作面保持清洁，施工场所应通风良好。

3.1.5　防护设施安全、可靠，施工用水、用电应满足连续施工需要。

3.2　材料及机具

3.2.1　块材的品种、规格和等级，应符合设计要求；当设计无要求时，应符合下列规定：

1　耐酸砖、耐酸耐温砖质量指标应符合国家现行标准《耐酸砖》GB/T 8488 和《耐酸耐温砖》JC/T 424 的有关规定。

2　防腐蚀碳砖的质量指标应符合国家现行标准《工业设备及管道防腐蚀工程施工规范》GB 50726 的有关规定。

3　天然石材应组织均匀，结构致密，无风化。不得有裂纹或不耐酸的夹层，不得有缺棱掉角等现象。并应符合表 19-1 的规定。

天然石材的质量　　　　　　　　　　　　　　　　　　表 19-1

天然石材种类　　　项目	花岗岩	石英石	石灰石
浸酸安定性（％）	72h 无明显变化	72h 无明显变化	—
抗压强度（MPa）	≥100.0	≥100.0	≥60.0
抗折强度（MPa）	8.0	8.0	
表面平整度 机械切割	±2.0mm		
人工加工或机械刨光	±3.0mm		

3.2.2　铺砌材料用树脂胶泥或砂浆、水玻璃胶泥或砂浆、聚合物水泥砂浆等。树脂原材料及制成品的质量和配制应符合《建筑防腐蚀工程施工规范》GB 50212—2014 第 5.2 节及第 5.3 节的规定，酚醛树脂不得配制树脂砂浆。水玻璃原材料及制成品的质量和配制应符合《建筑防腐蚀工程施工规范》GB 50212—2014 第 6.2 节及第 6.3 节的规定。聚合物水泥砂浆及制成品的质量和配制应符合《建筑防腐蚀工程施工规范》GB 50212—2014 第 7.2 节及第 7.3 节的规定。

3.2.3　隔离层材料用树脂、涂层类、纤维增强塑料、聚氨酯防水涂料、高聚物改性沥青卷材、高分子卷材等。聚氨酯防水涂料选材应符合《聚氨酯防水涂料》GB/T 19250—2013 的有关规定。纤维增强材料应符合《建筑防腐蚀工程施工规范》GB 50212—2014 第 5.2.4 条的规定。高聚物改性沥青卷材原材料应符合《弹性体改性沥青防水卷材》GB 18242—2008 和《塑性体改性沥青防水卷材》GB 18243—2008 的有关规定。高分子卷材隔离层原材料应符合《高分子防水材料 第 1 部分：片材》GB 18173.1—2012 的有关规定。

3.2.4 机具：胶泥搅拌机、筛灰机、砖板切割机、砂轮切割机、手提式砂轮机、角磨机、普通砂轮机、卷扬提升设备、通风机及加热设备等。

4 操作工艺

4.1 工艺流程

基层处理 → 隔离层施工 → 块材铺砌 → 灌缝、勾缝 → 养护

4.2 基层处理

4.2.1 混凝土基层

1 混凝土基层应密实，无裂纹、脱壳、麻面、起砂、空鼓、地下水渗漏、不均匀沉陷等现象。强度、坡度经过检测并符合设计要求。基层的阴阳角做成直角。表面平整度采用 2m 靠尺检查，当防腐蚀层厚度不小于 5mm 时，允许空隙不应大于 4mm；当防腐蚀层厚度小于 5mm 时，允许空隙不应大于 2mm。经过养护的基层表面，不得有白色析出物。经过养护的找平层表面不得出现开裂、脱皮、麻面、起砂、空鼓等缺陷。

2 混凝土基层不满足上述要求需进行处理，处理方式应符合表 19-2 规定。当基层表面采用手工或动力工具打磨时，表面应无水泥渣及疏松的附着物；当采用喷砂或抛丸时，应使基层表面形成均匀粗糙面；当采用研磨机械打磨时，表面应清洁、平整。

混凝土基层表面处理方式

表 19-2

混凝土强度	处理方式
≥C40	抛丸、喷砂、高压射流
C30~C40	抛丸、喷砂、高压射流、打磨
C20~C30	抛丸、喷砂、高压射流、铣刨、打磨、研磨
≤C20	打磨、高压射流、铣刨、研磨

3 正式施工时，必须用干净的软毛刷、压缩空气或工业吸尘器，将基层表面清理干净。

4 已被油脂、化学品污染的混凝土基层表面或改建、扩建工程中已被侵蚀的疏松基层，应进行表面处理。当基层表面被介质侵蚀，呈疏松状，宜采用高压射流、喷砂或机械洗刨、凿毛处理。当表面不平整时，宜采用细石混凝土、树脂砂浆或聚合物水泥砂浆进行修补，养护后应按新的基层进行处理。

5 整体防腐蚀构造基层表面不宜做找平处理。当必须进行找平处理时，找平层厚度不小于 30mm 时，宜采用细石混凝土找平，强度等级不应小于 C30；找平层厚度小于 30mm 时，宜采用聚合物水泥砂浆或树脂砂浆找平。

6 基层混凝土应养护到期，在深度 20mm 的厚度层内，含水率不应大于 6%；当设计对湿度有特殊要求时，应按设计要求进行。

4.2.2 钢结构基层

1 钢结构基层表面平整、洁净，施工前应把焊渣、毛刺、铁锈、油污等清除干净。焊缝应饱满，不得有气孔、夹渣等缺陷。阳角的圆弧半径不宜小于 3mm。

2 钢结构表面处理可采用喷射或抛射、手工或动力工具、高压射流等处理方法。喷射或抛射处理等级、手工或动力工具处理等级均应符合现行国家标准《涂覆涂料前钢材表面处理 表面清洁度的目视评定 第 1 部分：未涂覆过的钢材表面和全面清除原有涂层后的钢材表面的锈蚀等和处理等级》GB/T 8923.1 的有关规定。

3 高压射流表面处理时，钢材表面应无可见的油脂和污垢，且氧化皮、铁锈和涂料涂层等附着物已清除，底材显露部分的表面应具有金属光泽。钢材表面经干燥处理后 4h 内应涂刷底层涂料。

4 已经处理的钢结构表面不得再次污染，当受到二次污染时，应再次进行表面处理。

5 经处理的钢结构基层，应及时涂刷底层涂料，其间隔时间从基层处理开始不应超过 5h。

4.2.3 木质基层

1 木质基层表面应平整、光滑、无油脂、无尘、无树脂，并将表面的浮灰清除干净。

2 基层应干燥，含水率不应大于 15%。

4.3 隔离层施工

4.3.1 基层清理干净并经检查合格后，及时进行隔离层施工。

4.3.2 树脂、涂层类隔离层可采用喷涂、滚涂、刷涂和刮涂。施工宜采用间断法。表面不得出现露涂、起鼓、开裂等缺陷。

4.3.3 纤维增强塑料隔离层的施工宜采用手糊法。手糊法分间歇法和连续法。隔离层施工前，在经过处理的基层表面，应均匀地涂刷封底料进行封底，不得有漏涂、流挂等缺陷。在基层的凹陷不平处，应采用树脂胶泥料修补填平。酚醛或呋喃类纤维增强塑料可用环氧树脂或乙烯基酯树脂、不饱和聚酯树脂的胶泥料修补刮平基层。

1 间歇法纤维增强塑料施工时，先均匀涂刷一层胶料，随即衬上一层纤维增强材料，必须贴实，赶净气泡，其上再涂一层胶料，胶料应饱满。应固化并修整表面后，再按相同程序铺衬以下各层，直至达到设计要求的层数或厚度。每铺衬一层，均应检查前一层的质量，当有毛刺、脱层和气泡等缺陷时应修补。铺衬时，同层纤维增强材料的搭接宽度不应小于50mm；上下两层纤维增强材料的接缝应错开，错开距离不得小于50mm，阴阳角处应增加1～2层纤维增强材料。

2 连续法纤维增强塑料施工时，一次连续铺衬的层数或厚度，不应产生滑移，固化后不应起壳或脱层。前一次固化后，再进行下一次施工。连续铺衬到设计要求的层数或厚度，应固化后进行封面层施工。铺衬时，上下两层纤维增强材料的接缝应错开，错开距离不得小于50mm；阴阳角处应增加1～2层纤维增强材料。

3 纤维增强塑料封面层施工时，应均匀涂刷面层胶料。当涂刷两遍以上时，待上一遍固化后，再涂刷下一遍。

4.3.4 聚氨酯防水涂料隔离层施工，分底涂层和面涂层，总厚度宜为1.5mm，纤维增强材料不得少于一层。经过处理的基层表面涂刷底涂层，底涂层宜采用滚涂或刷涂。面涂层宜采用刮涂施工。第一层面涂层施工应在底涂层固化后进行。每层涂层表面不得出现漏涂、起鼓、开裂等缺陷。隔离层应完全固化后再进行后序施工。

4.3.5 高聚物改性沥青防水卷材隔离层施工宜选用表面带骨料无贴膜型高聚物改性沥青卷材。

1 基层表面应涂刷与铺贴的卷材材质相容的基层处理剂，涂刷应均匀，干燥后再铺贴卷材。涂刷基层处理剂干燥时间一般为常温下4h，状态为表干，不黏手。

2　卷材的层数、厚度应符合设计要求。多层铺设时接缝应错开。喷枪距加热面宜为 300mm。搭接部位应满粘牢固，搭接宽度不应小于 80mm。阴阳角应加贴一层卷材，两边搭接宽度不应小于 100mm。

3　火焰加热器加热卷材应均匀，不得烧穿卷材；卷材表面热熔后应立即滚铺卷材，排尽空气，并辊压粘结牢固，不得有空鼓。卷材搭接处用喷枪加热，并应粘结牢固。卷材接缝部位应溢出热熔的改性沥青胶；末端用配套密封膏嵌填严密。

4　铺贴的卷材应平整顺直，搭接尺寸应准备，不得扭曲或皱折。

4.3.6　高分子卷材隔离层施工时，基层表面应涂刷基层处理剂，涂刷应均匀，并应干燥 4h。当在基层表面及卷材表面涂刷基层胶粘剂时，涂刷应均匀，不得反复进行。卷材预留搭接部位宜为 100mm。铺贴时，卷材不宜拉得太紧，应在自然状态下铺贴到基层表面，并应排除卷材和基层表面的空气。卷材预留的 100mm 搭接处，应均匀涂刷专用胶粘剂，等不黏手后进行辊压处理。

4.3.7　树脂涂层、纤维增强塑料、聚氨酯防水涂料隔离层在最后一道工序结束的同时应均匀的稀撒一层粒径为 0.7～1.2mm 的细骨料。

4.3.8　防腐蚀工程的立面隔离层不应采用柔性材料及卷材类材料。

4.4　块材铺贴

4.4.1　块材的施工应在基层表面的封闭底层或隔离层施工结束后进行，封闭底层或隔离层和结合层的时间间隔不宜过长，一般不超过 7d。施工前应将基层表面清理干净。块材的施工方法应包括揉挤法、坐浆法和灌注法。

4.4.2　块材铺砌前应经挑选、清洁、干燥，并试排后备用。当采用聚合物水泥砂浆铺砌耐酸砖等块材面层时，应预先用水将块材浸泡 2h 后，擦干水迹即可铺砌。

4.4.3　铺贴顺序由低往高，先地坑、地沟，后地面、踢脚板或墙裙。阴角处立面块材应压住平面块材；阳角处平面块材应盖住立面块材，块材铺贴不应出现十字通缝，多层块材不得出现重叠缝。立面块材的连续铺砌高度，应与胶泥的固化时间相适应，砌体不得变形。铺砌时，应随时刮除缝内多余的胶泥或砂浆。

4.4.4　铺砌耐酸砖、耐酸耐温砖、防腐蚀炭砖及厚度不大于 30mm 的块材宜采用揉挤法施工。铺贴时，在块材的贴衬面和在被铺砌基层表面上刮上一层薄胶泥，将块材用力揉贴在基层表面上，胶泥应饱满，并应无气泡。然后刮去灰缝挤出的多余胶泥。

4.4.5 天然石材采用坐浆法施工时，先将块材的铺贴面涂上一层薄胶料，在被铺砌基层铺上一层结合砂浆，砂浆厚度应略高于规定的结合层厚度。然后将块材平放在结合砂浆上，采用橡皮锤或木槌均匀敲打块材表面，表面应平整，并应有砂浆液体挤出为止。

4.4.6 天然石材的立面采用灌注法施工时，灰缝应密实，粘结应牢固。待胶泥固化后将稀胶泥从上部灌入。当立面为单层块材时可一次灌浆到位，多层块材一次灌浆深度为每层块材高度的 2/3。

4.4.7 施工时，块材的结合层厚度和灰缝宽度应符合表 19-3 的规定：

结合层厚度和灰缝宽度（mm） 表 19-3

块材种类		结合层厚度（mm）					灰缝宽度（mm）		灰缝深度（mm）
		树脂		水玻璃		聚合物		挤缝	灌缝或嵌缝	
		胶泥	砂浆	胶泥	砂浆	胶泥	砂浆			
耐酸砖、耐酸耐温砖、防腐蚀炭砖		4～6	—	4～6	—	4～6	—	2～5		满缝
天然石材	厚度≤30mm	4～8	—	4～8	—	4～8	—	3～6	8～12	满灌或满嵌
	厚度>30mm	—	8～15	—	8～15	8～15		—	8～15	满灌或满嵌

4.5 灌缝

4.5.1 灌缝可根据介质的类别、pH 酸碱度或浓度不同，选择水玻璃胶泥或砂浆、树脂胶泥或砂浆、沥青胶泥、聚合物水泥砂浆等。

4.5.2 树脂胶泥铺砌的块材，应在铺砌块材用的胶泥、砂浆初步固化后进行块材的灌缝。水玻璃胶泥铺砌的块材，树脂胶泥灌缝时应在结合层胶泥或砂浆完全固化后进行。

4.5.3 灌缝前，应彻底清理块材缝隙内尘土杂物及酸处理后的白色析出物，保持灰缝清洁干燥。灌缝时，宜分次进行，灰缝应饱满、密实，表面应平整光滑。对不饱满的缝隙及时进行找补，并清理干净块材面上多余的胶泥，灌缝应与块材面齐平。

4.6 养护

4.6.1 树脂类材料一般以常温 20～30℃ 养护为宜，养护环境温度低于 15℃，应采取措施，提高养护温度或延长养护时间。常温下树脂类材料的养护期应符合表 19-4 的规定。

常温下树脂类防腐蚀工程的养护期 表 19-4

树脂类型	养护期（d）		
	胶泥、砂浆、细石混凝土	纤维增强塑料	树脂自流平、玻璃鳞片胶泥
环氧树脂	≥10	≥15	≥10
乙烯基酯树脂	≥10	≥15	≥10
不饱和聚酯树脂	≥10	≥15	≥10
呋喃树脂	≥15	≥15	—
酚醛树脂	≥20	≥20	—

4.6.2 水玻璃类材料的养护期应符合表 19-5 的规定。

水玻璃类材料的养护期 表 19-5

材料名称		养护期（d）不少于			
		10～15℃	16～20℃	21～30℃	31～35℃
钠水玻璃材料		12	9	6	3
钾水玻璃材料	普通型	—	14	8	4
	密实型	—	28	15	8

4.6.3 聚合物水泥砂浆铺砌块材施工结束后，潮湿养护 7d，再自然养护 21d 后方可使用。聚合物水泥砂浆的湿养护一般在施工后 1h，高温大风天气时施工后 0.5h 内即应养护，方法是喷雾、用遮盖物覆盖等。遮盖物可用塑料薄膜、麻袋及草袋等，遮盖物四周应压实。多孔性覆盖物在 8h 内应淋水，保持聚合物砂浆表面潮湿。

5 质量标准

5.1 主控项目

5.1.1 耐酸砖、耐酸耐温砖及天然石材的品种、规格和性能应符合设计要求或国家现行有关标准的规定。

5.1.2 铺砌块材的各种胶泥或砂浆的原材料及制成品的质量要求、配合比及铺砌块材的要求等，应符合国家现行标准《建筑防腐蚀工程施工质量验收规范》GB 50224—2010 有关章节的规定。

5.1.3 块材结合层和灰缝应饱满密实、粘结牢固；灰缝均匀整齐、平整一致，不得有空鼓、疏松；铺砌的块材不得出现通缝、重叠缝等缺陷。

5.2 一般项目

5.2.1 块材坡度的检验应符合下列规定：基层坡度应符合设计规定。其允许偏差应为坡长的±0.2%，最大偏差应小于 30mm。做泼水实验时，水应能顺利排除。

5.2.2 块材面层相邻块材间高差和表面平整度应符合下列规定：

1 块材面层相邻块材之间的高差不应大于下列数值：

1）耐酸砖、耐酸耐温砖的面层：1.0mm；

2）厚度不大于 30mm 的机械切割天然石材的面层：2.0mm；

3）厚度大于 30mm 的人工加工或机械刨光天然石材的面层：3.0mm。

2 块材面层平整度，其允许空隙不应大于下列数值：

1）耐酸砖、耐酸耐温砖和防腐蚀炭砖的面层：4.0mm；

2）厚度不大于 30mm 的机械切割天然石材的面层：4.0mm；

3）厚度大于 30mm 的人工加工或机械刨光天然石材的面层：6.0mm。

6 成品保护

6.0.1 合理安排施工程序，避免在块材铺砌完后再开凿孔洞或行走，操作人员应穿软底鞋。

6.0.2 未经养护固化的地面，在检查验收、交付使用前，应妥善保护防止污染；不得踩踏、堆放物品及受到敲击或振动；不得与水、蒸汽和腐蚀介质接触。

6.0.3 搬运、吊装设备时，必须平稳、不受碰撞振动；安装找正时，不得用撬杠撬动防腐蚀面层。

7 注意事项

7.1 应注意的质量问题

7.1.1 施工前，应根据环境温度、湿度等条件，通过试验方式确定适宜的配合比、施工方法，符合要求后，再进行大面积施工。

7.1.2　胶泥等应根据施工速度、凝结时间应随用随配，不得使用已经凝固的材料，以保证施工质量。

7.2　应注意的安全问题

7.2.1　易燃、易爆和有毒材料不得堆放在施工现场，应存放在专用库房内，并设有专人管理。施工现场和库房，必须设置消防器材。现场严禁烟火，所有边角、废料，只能作为工业垃圾处理，不准焚烧。

7.2.2　施工现场应有通风排气设备。现场有害气体、蒸气和粉尘的最高允许浓度应符合现行国家标准《工作场所有害因素职业接触限值　第 1 部分：化学有害因素》GBZ 2.1、《车间空气中溶剂汽油卫生标准》GB 11719、《车间空气中含 50%～80% 游离二氧化硅粉尘卫生标准》GB 11724、《车间空气中含 80% 以上游离二氧化硅粉尘卫生标准》GB 11725 和《工业设备及管道防腐蚀工程施工规范》GB 50726 的有关规定。

7.2.3　现场施工机具设备及设施，使用前应检验合格，符合国家现行有关产品标准的规定；电气设备应有接地保护；小型电动工具，必须安装"漏电保护"装置，使用时应经试运转合格后方可操作；现场电工应持证上岗，非电工不得私自接电源。施工用电安全应符合现行国家标准《用电安全导则》GB/T 13869、《国家电气设备安全技术规范》GB 19517 和《施工现场临时用电安全技术规程》JGJ 46 的有关规定。

7.2.4　现场动火、受限空间施工和使用压力设备作业应办理作业批准手续，作业区域应设置安全围挡和安全标志，并应设专人监护、监控，作业人员规定统一的操作联络方式，作业结束，应检查并消除隐患后再离开现场。

7.2.5　防腐蚀工程质量检验的检测设备和仪器的使用安全，应符合有关产品的安全使用规定。

7.3　应注意的绿色施工问题

7.3.1　防腐蚀施工应建立重要环境因素清单，并应编制具体的环境保护技术措施。

7.3.2　施工现场应设置密闭式垃圾站。施工垃圾、生活垃圾应按环保要求分类存放，并应及时清运出场。防腐蚀施工中不得对水土产生污染。

7.3.3　施工中产生的各类废物的处理应符合下列规定：

1　施工中应收集、贮存、运输、利用和处置各类废物，并采取覆盖措施。

包装物应采用可回收利用、易处置或易消纳的材料。

2 危险废物应集中堆放到专用场所，按国家环保的规定设置统一的识别标志，并建立危险废物污染防治的管理制度，制订事故防范措施和应急预案。

3 各类危险废物的处理应与地方环保部门办理处理手续或委托合格（地方环保部门认可）的单位组织集团处理。

4 运输危险废物时，应按国家和地方有关危险货物和化学危险品运输管理的规定执行。

7.3.4 施工中粉尘等污染的防治应符合下列规定：

1 运输或装卸易产生粉尘的细料或松散料时，应采取密闭措施或其他防护措施。

2 进行拆除作业时，应采取隔离措施。

3 搅拌场所应搭设搅拌棚，四周应设围护，并应采取防尘措施。切割作业应选定加工点，并应进行封闭围护。当进行基层表面处理、机械切割或喷涂等作业时，应采取防扬尘措施。

4 大风天气不得从事筛砂、筛灰等工作。

7.3.5 施工中对施工噪声污染的防治应符合下列规定：

1 施工现场应按现行国家标准《建筑施工场界环境噪声排放标准》GB 12523制订降噪措施。定期对噪声进行测量，并注明测量时间、地点、方法。做好噪声测量记录，超标时应采取措施。

2 在施工场界噪声敏感区域宜选择使用低噪声的设备，也可采取其他降低噪声的措施。机械切割作业的时间，应安排在白天的施工作业时间内，地点应选择在较封闭的室内进行。

3 运输材料的车辆进入施工现场不得鸣笛。装卸材料应轻拿轻放。

8 质量记录

8.0.1 防腐蚀材料出厂合格证及性能检测报告。

8.0.2 防腐蚀材料复试报告。

8.0.3 基层隐蔽验收记录。

8.0.4 地面防腐蚀面层工程检验批质量验收记录表。

8.0.5 地面防腐蚀面层分项工程质量验收记录表。

8.0.6 其他技术文件。

第 20 章 预制板块面层

本工艺标准适用于工业与民用建筑地面工程中预制水磨石板面层的施工。

1 引用标准

《建筑地面工程施工质量验收规范》GB 50209—2010

《建筑工程施工质量验收统一标准》GB 50300—2013

《建筑装饰装修工程施工质量验收标准》GB 50210—2018

《建筑地面设计规范》GB 50037—2013

《建筑装饰用水磨石》JC/T 507—2013

2 术语（略）

3 施工准备

3.1 作业条件

3.1.1 施工前要编制预制板块面层施工方案，并按方案进行技术交底。

3.1.2 基层已按设计要求施工并验收合格。

3.1.3 样板间或样板块得到业主或监理的认可。

3.1.4 各种管线、预埋铁件已安装完毕，并办理完隐蔽验收手续。

3.1.5 穿过楼面的管道安装完。管道及地漏周围洞口已用细石混凝土堵塞严实，地面垫层已做完，其强度已达 1.2MPa 以上；地漏、排水口已临时做好封堵保护。

3.1.6 门口框已安装到位，并通过验收。

3.1.7 室内墙顶抹灰完，墙（柱）面上＋0.5m 标高线已弹好。

3.1.8 预制水磨石板已进场，并经检查验收符合施工质量要求。

3.1.9 施工环境温度不应低于 5℃。

3.2 材料及机具

3.2.1 水泥：宜采用硅酸盐水泥、普通硅酸盐水泥或矿渣硅酸盐水泥，其强度等级为硅酸盐水泥、普通硅酸盐水泥不低于 42.5 级，矿渣硅酸盐水泥不低于 32.5 级；不同品种、不同强度等级的水泥严禁混用。

3.2.2 砂：应选用中砂或粗砂，含泥量不得大于 3％。

3.2.3 预制板块：强度等级、规格、质量、色泽、图案均应符合设计要求；水磨石板块尚应符合国家现行行业标准《建筑装饰用水磨石》JC/T 507—2013 的规定。

3.2.4 机具：砂浆搅拌机、砂轮切割机、石材切割机、磨石机、45 号钢砂轮片、手推车、计量斗、平锹、墨斗、铁抹子、刮杠、刮尺、靠尺、水平尺、橡皮锤、钢直角尺、扫帚、铁錾子、手锤、钢丝刷等。

4 施工工艺

4.1 工艺流程

基层处理 → 弹线排板 → 水磨石板浸水 → 铺结合层、粘贴水磨石板 →

镶贴踢脚板 → 酸洗打蜡

4.2 基层处理

将基层表面粘结的砂浆、混凝土等杂物用錾子剔凿，钢丝刷擦刷，扫帚清扫干净，铺贴板块前一天洒水湿润。

4.3 弹线排板

4.3.1 根据设计图纸要求的地面标高，从墙面上已弹好的＋50cm 线，找出板面标高，在四周墙面上弹好板面水平线。

4.3.2 根据墙上的＋0.5m 标高线及地面坡度等，定出地面顶面标高，在墙面上弹线做标记。水磨石板的板缝宽度以不大于 2mm 为宜。走道与室内的板块接缝应留在门扇下。

在地面上弹出十字中心线，根据预制水磨石板尺寸、房间尺寸、镶边尺寸等作好排板设计。与走道直接连通的房间应拉通线，房间内与走道如用不同颜色的水磨石板时，分色线应留在门口处。有图案的大厅，应根据房间长宽尺寸和水磨石板的规格、缝宽排列，确定各种水磨石板所需块数，绘制施工大样图。

4.4　水磨石板浸水

为确保砂浆找平层与预制水磨石板之间的粘结质量，在板块铺贴前，将板背面清理干净，用水浸湿或刷水湿润，码放晾干，铺贴时达到面干内潮为准。

4.5　铺结合层、粘贴水磨石板

4.5.1　清除基层上明水及杂物，刷一遍水灰比为 0.4～0.5 的水泥浆，刷浆应与铺抹结合层相适应，不可一次刷的面积太大。

4.5.2　结合层采用 1：2 或 1：3 干硬性水泥砂浆，稠度 25～35mm 用砂浆搅拌机拌制均匀，严格控制加水量，拌好的砂浆以手握成团、手捏或手颤即散为宜。

4.5.3　结合层的铺设和水磨石板的粘贴应分段依次进行，即随铺结合层随贴板，不可一次铺设面积过大。结合层铺设后用刮尺刮平，铁抹子拍实抹平，试铺水磨石板，对好纵横缝，用橡皮锤敲击板中间，振实砂浆至铺设高度后，将试铺后的水磨石板掀起移至一旁，检查结合层上表面，如有空虚不实处，用砂浆补平，如完全吻合，满铺一层水灰比为 0.4～0.5 的素水泥浆或干撒水泥面洒水湿润，再正式铺水磨石板，铺时要四角同时落下，用橡皮锤轻敲，随时用水平尺和拉线检查标高、平整度、板缝平直度和接缝高低差。

4.5.4　水磨石板的铺贴从十字交叉点开始，根据最中间的板为骑缝或线侧的不同情况，先安正中间一块，并排两块或对角两块，作为整个房间铺贴位置和标高的基准，标准块铺好后，拉线向两侧并沿后退方向顺序逐块铺贴。

4.5.5　四周镶边、拐角处等部位，需用非整块板时，用砂轮切割机或石材切割机切割，切割边与相邻边垂直，板边顺直，无缺棱掉角缺陷。管道、地漏部位的水磨石板，宜用钻孔机套割，使与管道、地漏相吻合。有坡度要求的房间，水磨石板应随地面坡度拉线铺设。

4.5.6　预制水磨石板铺贴完 2d 内，应采用稀水泥浆将板缝灌满后擦缝，并将板面清理干净，用干锯末擦亮，再铺湿锯末覆盖养护，养护时间不应少于 7d，3d 内禁止上人。

4.6　镶贴踢脚板

4.6.1　当设计要求阳角处踢脚板成 45°相交时，应预先切割。每面墙所用踢脚板应经过试排板，使板块排列尽量对称，且非整块板应排在阴角处。当踢脚板长度尺寸与地面板一致时，踢脚板应与地面板对缝。镶贴顺序宜为先铺两端阴、

阳角处板，再拉上口线逐块依序镶贴大墙面板。踢脚板的镶贴方法有灌浆法和粘贴法两种。

4.6.2　灌浆法镶贴

主墙是混凝土或砖墙基体时，墙面已抹完灰，下部踢脚线可不抹底灰，先立踢脚板后灌砂浆。

将墙面清扫干净并浇水湿润，然后由阳角开始向两侧试安，检查是否平整，接缝是否严密，有无掉角等，不符合要求时应进行调整，然后正式进行安装，下部用靠尺板托平直，板上下口处用石膏作临时固定。石膏凝固后，检查平整度、接缝高低、上口平直度、出墙厚度，符合标准要求后，用 1∶2 水泥砂浆（稠度一般为 8～12mm）灌注，并随时将踢脚板上口多余的砂浆清理干净。

灌浆 24h 后洒水养护 3d，经检查无空鼓，剔掉临时固定的石膏并清擦干净，用同踢脚板颜色的水泥砂浆擦缝。

4.6.3　粘贴法镶贴

主墙是混凝土或砖墙基体时，在已抹好灰的墙面垂直吊线确定踢脚板底灰厚度（同时要考虑踢脚板出墙厚度，一般为 8～10mm），用 1∶2 水泥砂浆抹底灰（基层为混凝土时应刷一层素水泥浆结合层，其水灰比为 0.4～0.5），并刮平划纹，待底子灰干硬后，将已湿润阴干的踢脚板背面抹上 2～3mm 厚水泥浆或聚合物水泥浆进行粘贴，并用木槌敲实，拉线找平找直，铺完 24h 后，应用水泥砂浆灌缝至 2/3 高度，再用同色水泥浆擦（勾）缝。

主墙是石膏板轻质隔墙时，不用抹底灰，直接用水泥砂浆粘贴踢脚板，操作方法同上。

4.7　酸洗打蜡

4.7.1　将草酸用热水溶化［质量比：（0.10～0.30）∶1］，冷却后用软布将草酸水溶液均匀涂在水磨石板面，或直接在水磨石板面撒草酸粉洒水，随之用 200～300 号油石磨出水泥石子本色，再用水冲洗干净，用软布擦干。

4.7.2　预制水磨石面层清洗干净，表面晾干后，用布或干净麻丝蘸稀糊状的成品蜡均匀地涂在水磨石面上。等蜡干后，用麻布或细帆布包裹木块代替油石，装在水磨石机的磨盘上进行磨光，用同样方法打第二遍蜡，直至水磨石表面达到表面光亮、图案清晰、色泽一致为止。

4.7.3　预制水磨石踢脚板酸洗和打蜡方法与上述方法相同。

5　质量标准

5.1　主控项目

5.1.1　预制板块面层所用板块产品应符合设计要求和国家现行有关标准的规定。

5.1.2　预制板块面层所用板块产品进入施工现场时，应有放射性限量合格的检测报告。

5.1.3　面层与下一层应粘结牢固，无空鼓（单块板块边角允许有局部空鼓，但每自然间或标准间的空鼓板块不应超过总数的 5%）。

5.2　一般项目

5.2.1　预制板块表面无裂缝、掉角、翘曲等明显缺陷。

5.2.2　预制板块面层应平整、洁净，图案清晰，色泽一致，接缝均匀，周边顺直，镶嵌正确。

5.2.3　面层邻接处的镶边用料尺寸应符合设计要求，边角整齐、光滑。

5.2.4　踢脚线表面应洁净，与柱、墙面的结合应牢固。踢脚线高度及出柱、墙厚度应符合设计要求，且均匀一致。

5.2.5　楼梯、台阶踏步的宽度、高度应符合设计要求。踏步板块的缝隙宽度应一致；楼层梯段相邻踏步高度差不应大于 10mm；每踏步两端宽度差不应大于 10mm，旋转楼梯梯段的每踏步两端宽度的允许偏差不应大于 5mm。踏步面层应做防滑处理，齿角应整齐，防滑条应顺直、牢固。

5.2.6　水磨石板块面层允许偏差：表面平整度 3.0mm；缝格平直 3.0mm；接缝高低差 1.0mm；踢脚线上口平直 4mm；板块间隙 2.0mm。

6　成品保护

6.0.1　水磨石预制板不得用草绳捆绑、草袋覆盖。应存放于棚库内或用篷布覆盖，避免雨淋、日晒。存放时应光面相对侧立放，底部用方木支垫。搬运时应轻拿轻放。

6.0.2　施工过程中不得碰撞门框、墙面、管道、线盒等。地漏、排水口等应临时封堵，不得掉入杂物堵塞。

6.0.3　面层铺完初期，房间应予封闭，不能封闭的应覆盖编织布等保护。

6.0.4 严禁在已成活的面层上拌制砂浆；堆放材料和杂物时，面层上应有保护措施。

6.0.5 其他作业时，应避免污染地面及踢脚板；施工用梯凳脚应用橡胶或软布等物品包裹。

7　注意事项

7.1　应注意的质量问题

7.1.1 水磨石板空鼓：结合层砂浆含水量、厚度应合适，结合层应拍实，水磨石板背面应清理干净、洒水湿润应充分等。

7.1.2 结合层空鼓：基层清理应干净、湿润应充分，水泥浆涂刷应均匀、到位，防止涂刷过早而风干、硬结等。

7.1.3 接缝不平，缝格不直、不匀：水磨石板外形尺寸偏差应满足要求；铺贴时拉线控制尺寸应准确且应按线铺贴等。

7.1.4 踢脚板出墙厚度不一致：墙面平直度偏差应符合要求，其偏差在踢脚板铺贴前应预先认真检查处理。

7.1.5 预制水磨石块浸泡水时，应防止连包装泡入水中，以免污染半成品。

7.2　应注意的安全问题

7.2.1 清理基层时，不得从窗口、洞口向外乱扔杂物，以免伤人。

7.2.2 搬运铺贴水磨石板时，应稳拿轻放。

7.2.3 切割水磨石板时，应戴防护眼镜及胶皮手套，身体及头部应位于侧面。

7.2.4 电动工具都应装设漏电保护器，除Ⅱ、Ⅲ类手持电动工具外的其他电动工具应接 PE 保护零线。

7.3　应注意的绿色施工问题

7.3.1 水泥入库，砂堆遮盖、封挡；洒水抑尘。

7.3.2 选择合适的施工期间，避免噪声集中共振，必要时采用隔断封闭措施。

7.3.3 建筑垃圾应按总图要求在现场偏僻隐蔽处临时集中堆放，按环保要求分类集中处理，运至业主或相关部门指定地点丢弃。

8　质量记录

8.0.1 预制水磨石板块、水泥、砂子等材料出厂合格证、质量检验报告及复试报告。

8.0.2　隐蔽工程检查验收记录。

8.0.3　地面预制板块面层工程检验批质量验收记录。

8.0.4　地面预制板块面层分项工程质量验收记录。

8.0.5　其他技术文件。

第 21 章　陶瓷锦砖面层

本工艺标准适用于工业与民用建筑地面的陶瓷锦砖（即马赛克）面层铺贴的施工。

1　引用标准

《建筑地面工程施工质量验收规范》GB 50209—2010

《建筑工程施工质量验收统一标准》GB 50300—2013

《建筑装饰装修工程施工质量验收标准》GB 50210—2018

《建筑地面设计规范》GB 50037—2013

2　术语（略）

3　施工准备

3.1　作业准备

3.1.1　陶瓷锦砖面层工程施工前应编制施工方案并按施工方案进行技术交底。

3.1.2　墙上四周弹好＋0.5m 标高线。

3.1.3　设计要求做防水层时，已办完隐检手续，并完成蓄水试验，办好验收手续。

3.1.4　穿楼地面的管洞已经堵严塞实。

3.1.5　楼地面垫层已经做完。

3.1.6　地面铺贴前应进行排版，复杂的地面施工前，应绘制施工大样图，并做出样板间，经检查合格后，方可大面积施工。

3.2　材料及机具

3.2.1　水泥：强度等级不低于 42.5 级的普通硅酸盐水泥或 32.5 级的矿渣硅酸盐水泥，应有出厂证明。

130

3.2.2 砂：粗砂或中砂，含泥量不大于 3%，过 8mm 孔径的筛子。

3.2.3 陶瓷锦砖：进场后应拆箱检查颜色、规格、形状、粘贴的质量等是否符合设计要求和有关标准的规定。进场验收合格后，在施工前应进行挑选，将有质量缺陷的先剔除，然后将面砖按大中小三类挑选后分别码放在垫木上。色号不同的严禁混用，选专用木条钉方框模子，拆包后应逐块进行套选，长、宽、厚不得超过 ±1mm，平整度用直尺检查。

3.2.4 机具：砂浆搅拌机、小水桶、半截桶、笤帚、方尺、平锹、铁抹子、大杠、筛子、窄手推车、钢丝刷、喷壶、橡皮锤、小线、水平尺、硬木拍板、合金尖凿子、合金扁凿子、钢片开刀、拨板、小型台式砂轮。

4　操作工艺

4.1　工艺流程

清理基层、弹线 → 刷素水泥浆 → 水泥砂浆找平层 → 找方正、弹线 →
水泥浆结合层 → 铺贴陶瓷锦砖 → 修理 → 刷水、揭纸 → 拨缝 →
灌缝 → 养护

4.2　基层清理、弹线

4.2.1 清理基层表面灰浆皮、杂物等。

4.2.2 在墙上弹面层水平标高线。

4.3　刷水泥素浆

在清理好的地面上均匀洒水，然后用笤帚均匀洒刷素水泥浆（水灰比为0.5）。刷的面积不得过大，须与下道工序铺砂浆找平层紧密配合，随刷水泥浆随铺水泥砂浆。

4.4　做水泥砂浆找平层

4.4.1 冲筋：以墙面 +50cm 水平标高线为准，测出面层标高，拉水平线做灰饼，灰饼上平为陶瓷锦砖下皮。然后进行冲筋，在房间中间每隔 1m 冲筋一道。有地漏的房间按设计要求的坡度找坡，冲筋应朝地漏方向呈放射状。

4.4.2 冲筋后，用 1:3 干硬性水泥砂浆（干硬程度以手捏成团，落地开花为准），铺设厚度约为 20~25mm，用大杠（顺标筋）将砂浆刮平，木抹子拍实，抹平整。有地漏的房间要按设计要求的坡度做出泛水。

131

4.5 找方正、弹控制线

找平层抹好 24h 后或抗压强度达到 1.2MPa 后，在找平层上量测房间内长宽尺寸，在房间中心弹十字控制线，根据设计要求的图案结合陶瓷锦砖每联尺寸，计算出所铺贴的张数，不足整张的应甩到边角处，不能贴到明显部位。

4.6 做水泥砂浆结合层

在砂浆找平层上，浇水湿润后，抹一道 2～2.5mm 厚的水泥浆结合层，应随抹随贴，面积不要过大。

4.7 铺贴陶瓷锦砖

4.7.1 宜整间一次连续铺贴，如果房间较大不能一次铺贴完，须将接槎切齐，余灰清理干净。

4.7.2 具体操作时应在水泥浆初凝前铺贴陶瓷锦砖（背面应洁净），从里向外沿控制线进行，铺时先翻起一边的纸，露出锦砖以便对正控制线，对好后立即将陶瓷锦砖铺贴上（纸面朝上）；紧跟着用手将纸面铺平，用拍板拍实，使水泥浆渗入到锦砖的缝内，直至纸面上显露出砖缝水印时为止。

4.7.3 继续铺贴时不得踩在已铺好的锦砖上，应退着操作。

4.8 修整

整间铺好后，在锦砖上垫木板，人站在垫板上修理四周的边角，并将锦砖地面与其他地面门口接槎处修好，保证接槎平直。

4.9 刷水、揭纸

铺完后紧接着在纸面上均匀地刷水，常温下过 15～30min 纸便湿透（如未湿透可继续洒水），此时可以开始揭纸，并随时将纸毛清理干净。

4.10 拨缝（应在水泥浆结合层终凝前完成）

4.10.1 揭纸后，及时检查缝隙是否均匀，缝隙不顺不直时，用小靠尺比着开刀轻轻地拨顺、调直，并将其调整后的锦砖用木柏板拍实（用锤子敲柏板），同时粘贴补齐已经脱落、缺少的锦砖颗粒。

4.10.2 地漏、管口等处周围的锦砖，要按坡度预先试铺进行切割，要做到锦砖与管口镶嵌紧密、吻合。

4.10.3 在拨缝调整过程中，要随时用 2m 靠尺检查平整度，偏差不超过 2.0mm。

4.11 灌缝

拨缝后第二天（或水泥浆结合层终凝后），用白水泥浆或与锦砖同颜色的水泥素浆擦缝，棉丝蘸素浆从里向外顺缝揉擦，擦满、擦实为止，并及时将锦砖表面的余灰清理干净，防止对面层的污染。

4.12　养护

陶瓷锦砖地面擦缝 24h 后，应用塑料薄膜覆盖，常温养护，其养护时间不得少于 7d，且不准上人。

4.13　冬期施工

室内操作温度不得低于 5℃，砂子不得有冻块，锦砖面层不得有结冰现象。养护阶段表面必须覆盖。

5　质量标准

5.1　主控项目

5.1.1　面层所用板块产品应符合设计要求和国家现行有关标准的规定。

5.1.2　面层所用板块产品进入施工现场时，应有放射性限量合格的检测报告。

5.1.3　面层与下一层的结合（粘结）应牢固，无空鼓（单块砖边角允许有局部空鼓，但每自然间或标准间的空鼓砖不应超过总数的 5％）。

5.2　一般项目

5.2.1　面层的表面应洁净、图案清晰，色泽应一致，接缝应平整，深浅应一致，周边应顺直。板块应无裂纹、掉角和缺棱等缺陷。

5.2.2　面层邻接处的镶边用料及尺寸应符合设计要求，边角应整齐、光滑。

5.2.3　踢脚线表面应洁净，与柱、墙面的结合应牢固。踢脚线高度及出柱、墙厚度应符合设计要求，且均匀一致。

5.2.4　楼梯、台阶踏步的宽度、高度应符合设计要求。踏步板块的缝隙宽度应一致；楼层梯段相邻踏步高度差不应大于 10mm；每踏步两端宽度差不应大于 10mm，旋转楼梯梯段的每踏步两端宽度的允许偏差不应大于 5mm。踏步面层应做防滑处理，齿角应整齐，防滑条应顺直、牢固。

5.2.5　面层表面的坡度应符合设计要求，不倒泛水、无积水；与地漏、管道结合处应严密、牢固，无渗漏。

5.2.6　面层的允许偏差和检验方法应符合表 21-1 的规定。

133

陶瓷锦砖面层的允许偏差和检验方法　　　　表 21-1

项次	项目	允许偏差（mm）	检验方法
1	表面平整度	2.0	用 2m 靠尺和楔形塞尺检查
2	缝格平直	3.0	拉 5m 线用钢尺检查
3	接缝高低差	0.5	用钢尺和楔形塞尺检查
4	踢脚线上口平直	3.0	拉 5m 线和用钢尺检查
5	板块间隙宽度	2.0	用钢尺检查

6　成品保护

6.0.1　施工时应注意对控制桩、线的保护，不得触动。

6.0.2　对所覆盖的隐蔽工程要有可靠保护措施，不得因铺贴面砖造成水管漏水、堵塞、破坏。

6.0.3　切割面砖时应用垫板，禁止在已铺地面上切割。

6.0.4　推车运料时应注意保护门框及已完地面，小车腿应包裹。

6.0.5　操作时不要碰动管线，也不得把灰浆和陶瓷锦砖块掉落在已安完的地漏管口内。

6.0.6　砖面层完工后在养护过程中应进行遮盖和拦挡，保持湿润，避免受侵害。结合层强度达到设计要求后，方可正常使用。

6.0.7　陶瓷锦砖镶铺完后，如果其他工序插入较多，应在上铺覆盖物对面层加以保护，严禁直接在砖面上进行装饰、安装施工。

7　注意事项

7.1　应注意的质量问题

7.1.1　缝格不直不匀：操作前应挑选陶瓷锦砖，长、宽相同的整张锦砖用于同一房间内，拨缝时分格缝要拉通线，将超线的砖块拨顺直。

7.1.2　面层空鼓：做找平层之前基层必须清理干净，洒水湿润，找平层砂浆做完之后，房间不得进人，要封闭，防止地面污染，影响与面层的粘结。铺陶瓷锦砖时，水泥浆结合层与锦砖铺贴同时操作，即随刷随铺，不得刷的面积过大，防止水泥浆风干影响粘结而导致空鼓。

7.1.3　地面渗漏：厕、浴间地面穿楼板的上、下水等各种管道做完后，洞口应堵塞密实，并加有套管，验收合格后再做防水层，管口部位与防水层结合要严密，待蓄水合格后才能做找平层。锦砖面层完成后应做二次蓄水试验。

7.1.4 面层污染严重：擦缝时应随时将余浆擦干净，面层做完后必须加以覆盖，以防其他工种操作污染。

7.1.5 地漏周围的锦砖套割不规则：作找平层时应找好地漏坡度，当大面积铺完后，再铺地漏周围的锦砖，根据地漏直径预先计算好锦砖的块数（在地漏周围呈放射形镶铺），再进行加工，试铺合适后再进行正式粘铺。

7.2　应注意的安全问题

7.2.1 使用手持电动机具必须装有漏电保护器，作业前应试机检查，操作手提电动机具的人员应佩戴绝缘手套、胶鞋，保证用电安全。

7.2.2 面层作业时，切割的碎片、碎块不得向窗外抛扔。剔凿瓷砖应戴防护镜。

7.3　应注意的绿色施工问题

7.3.1 水泥要入库，砂子要覆盖，搬运水泥人员要戴好防护用品。

7.3.2 基层清理、切割块料时，操作人员宜戴上口罩、耳塞，防止粉尘和切割噪声危害人身健康。

7.3.3 切割砖块料时，宜加装挡尘罩，同时在切割地点洒水，防止粉尘对人的伤害及对大气的污染。

7.3.4 切割砖块料的时间，应安排在白天的施工作业时间内（根据各地方的规定），地点应选择在较封闭的室内进行。

8　质量记录

8.0.1 水泥、陶瓷锦砖等材料的产品合格证书、性能检测报告、进场验收记录和复验报告。

8.0.2 砂子的含泥量试验记录。

8.0.3 隐蔽工程验收记录、二次蓄水试验记录。

8.0.4 施工记录。

8.0.5 地面砖面层工程检验批质量验收记录表。

8.0.6 板块面层铺设分项工程质量验收记录表。

8.0.7 其他技术文件。

第22章 塑料板地面

本工艺标准适用于工业与民用建筑地面的塑料板地面工程的施工。

1 引用标准

《建筑地面工程施工质量验收规范》GB 50209—2010

《建筑工程施工质量验收统一标准》GB 50300—2013

《建筑装饰装修工程施工质量验收标准》GB 50210—2018

2 术语（略）

3 施工准备

3.1 作业条件

3.1.1 施工前应编制塑料板地面工程施工方案，并按方案进行技术交底。

3.1.2 室内墙面和顶棚装裱、粉刷、吊顶等工程已施工完，并经验收合格。

3.1.3 管道工程安装完毕，经试压验收合格。

3.1.4 室内门窗安装、细木装饰及油漆工程已完。

3.1.5 水泥类基层表面应平整、坚硬、干燥，无油污及其他杂质污染。

3.1.6 施工环境温度宜在 10～32℃，相对湿度不宜大于 70％。

3.2 材料及机具

3.2.1 塑料板：常用的有聚氯乙烯、聚氯乙烯—聚乙烯共聚，聚乙烯、聚丙烯和石棉塑料等，硬质、半硬质塑料板呈块状，软质塑料板呈卷材。塑料板应平整、光洁，色泽均匀，厚薄一致，边缘平直，无裂纹，板内不得有杂物和气泡，并应符合产品的各项技术指标。

3.2.2 胶粘剂：根据基层所铺材料和面层材料使用的相容性要求，通过试验确定。胶粘剂应稠度均匀，颜色一致，无其他杂质和胶团。超过生产期三个月的产品，应取样检验，合格后方可使用；超过保质期的产品，不得使用。

3.2.3 塑料焊条：选用三角形或圆形截面，表面应平整、光洁，颜色一致，无孔眼、节瘤、皱纹。焊条成分和性能应与塑料板相同。

3.2.4 腻子用料：聚醋酸乙烯乳液、建筑胶粘剂和强度等级不低于 42.5 级的普通硅酸盐水泥、滑石粉、大白粉等。

3.2.5 稀释材料：二甲苯、丙酮、丁醇、硝基稀料、醇酸稀料、汽油、酒精等，与所用胶粘剂配套使用，并按胶粘剂说明书要求经试验确定。

3.2.6 其他材料：地板蜡、松节油、棉纱、砂布、砂纸、毛巾等。

3.2.7 机具：400～500W 多功能焊塑枪、1kVA 调压变压器、0.08～0.1MPa 空气压缩机、电热空气焊枪、吸尘器、电熨斗、称量天平、木工细刨、橡皮锤、拌腻子盘、油灰刀、V 形缝切口刀、锯齿形塑料刮板、切条刀、油刷、塑料盆、塑料布、医用注射器、开刀、砂袋、皮老虎、墨斗、压辊等。

4 操作工艺

4.1 工艺流程

基层处理 → 弹线排板 → 板材处理 → 试铺 → 塑料板铺贴 →

铺贴塑料踢脚板 → 擦光上蜡

4.2 基层处理

4.2.1 水泥类基层表面用皮老虎、钢丝刷、笤帚、湿布将残留砂浆、油污、灰尘等清理并擦拭干净。

4.2.2 当表面有麻面、起砂、裂缝现象时，应采用水泥腻子修补处理。处理时，每次涂刮的厚度不大于 0.8mm，干燥后用 0 号砂布打磨，再涂刮第二遍腻子，直至表面平整后，再涂刷一遍聚合物水泥乳液。

4.3 弹线排板

4.3.1 在房间地面弹出十字中心线，按设计要求、塑料板尺寸和房间尺寸，进行分格和控制，沿墙边宜留出 200～300mm 以做镶边。板块定位所弹线迹应清晰、方正、准确。

4.3.2 遇有管道、门口、拐角及非整块处，应在板材上划线、剪裁、试铺、编号，然后将板按编号码放好。

4.4　板材处理

4.4.1　聚氯乙烯板应作预热处理，宜放入 75℃的热水中浸泡 10～20min，待板面全部松软伸平后取出晾干待用，但不得用炉火或电热炉预热。

4.4.2　塑料板背面有蜡脂时，用棉纱蘸丙酮、汽油混合溶液（质量比 1∶8）反复擦洗，进行脱脂除蜡。

4.5　试铺

铺贴前，按排版设计进行试铺，试铺时只铺板，确认无误后，编号、收起。

4.6　塑料板铺贴

4.6.1　塑料地板面层的铺贴形式有丁字形铺贴、十字形铺贴、对角线铺贴。

4.6.2　胶粘剂：配料前，将各原剂（料）在原桶内充分搅拌，如发现胶中有胶团、变色及杂质时，不准使用。配料时，按规定配合比准确称量，依先后加料顺序混合，充分拌匀后使用。使用时，应随拌随用，存放时间不应大于 1h。在拌合、运输、贮存时，应用塑料或搪瓷容器，严禁使用铁器，防止发生化学反应，使胶液失效。

配制胶粘剂器具，应配制一次，清洗一次。非水溶性胶粘剂用丙酮∶汽油＝1∶8（质量比）的混合溶液擦洗，水溶性胶粘剂用清水清洗。

4.6.3　塑料板铺贴前，在清理干净的基层表面，均匀涂刷一道薄而匀的胶粘剂的稀释胶液，涂刷面积不得过大，要随刷随贴。

4.6.4　硬质塑料板铺贴

1　拆开包装后，用干净布将塑料板的背面擦干净。

2　当采用乳液型胶粘剂时，应在塑料板背面和基层上同时均匀涂刷一道胶粘剂；当采用溶剂型胶粘剂时，仅在基层上均匀涂胶。

3　在涂刷基层时，应超出分格线 10mm，涂刷厚度不应大于 1mm。

4　铺贴塑料板时，以胶层干燥至不粘手（约 10～20min）为宜，将塑料板按编号水平就位，与所弹定位线对齐，放平粘合，用压辊将塑料板压平粘牢，同时赶走气泡，并与相邻各板调平调直。

5　铺设塑料板时，应先在房间中间按十字线铺设十字控制板块，之后按十字控制板块向四周铺设，并随时用 2m 靠尺和水平尺检查平整度。大面积铺贴时应分段、分部位铺贴。对缝铺贴的塑料板，缝子必须做到横平竖直，十字缝处缝子通顺无歪斜，对缝严密、缝隙均匀。

4.6.5　软质塑料板铺贴

1　铺贴前先对板块进行预热处理，宜放入 75℃的热水中浸泡 10～20min，待板面全部松软伸平后，取出晾干待用，但不得用炉火或电热炉预热。铺贴方法同 4.5.4 条。

2　当软质塑料板的缝隙要求焊接时，一般需经 48h 后方可施焊。亦可采用先焊后铺贴。焊条成分、性能与被焊的板材的性能要相同。相邻塑料板边缘应切成 V 形槽，采用热空气焊，空气压力控制在 0.08～0.1MPa，温度控制在 180～250℃。焊接速度控制在 100～250mm/min，焊枪与焊件所成角度一般为 30°～40°，焊条应尽量垂直于焊缝表面。焊缝应高出母材表面 1.5～2.0mm，并呈圆弧形，如表面要求平整时，应将凸起部分铲去。

4.7　**铺贴塑料踢脚板**

地面铺贴完后，弹出踢脚线上口线，按线粘贴。应先铺贴阴阳角，后铺大面，用压滚反复压实，注意踢脚板上口及踢脚板与地面交接处阴角的滚压，并及时将挤出的胶痕擦净。

4.8　**擦光上蜡**

塑料板地面及踢脚板铺贴 24h 后，将其表面擦拭干净、晾干，然后用纱布包裹已配好的上光软蜡，（软蜡与汽油的质量比为 100∶20～100∶30），满涂 1～2 遍，稍干后用净布擦拭，直至表面光滑、光亮。

5　质量标准

5.1　主控项目

5.1.1　塑料板有关的品种、规格、颜色、等级应符合设计要求和国家现行标准的规定。

5.1.2　面层与下一层应粘结牢固，不翘边、不脱胶、无溢胶（单块板块边角允许有局部脱胶，但每自然间或标准间的脱胶板块不应超过总数的 5%；卷材局部脱胶处面积不应大于 20cm²，且相隔间距应大于或等于 50cm）。

5.2　一般项目

5.2.1　塑料板面层应表面洁净，图案清晰，色泽一致，接缝严密。拼缝处的图案、花纹吻合，无胶痕；与墙边交接严密，阴阳角方正。

5.2.2　板块的焊接焊缝应平整、光洁，不得有焦化变色、斑点、焊瘤和起鳞等缺陷，其凹凸允许偏差不应大于 0.6mm。焊缝的抗拉强度应不小于塑料板强度的 75%。

5.2.3 镶边用料应尺寸准确，边角整齐，拼缝严密，接缝顺直。

5.2.4 踢脚线宜与地面面层对缝一致，踢脚线与基层的粘合应密实。

5.2.5 塑料板面层的允许偏差：表面平整度 2.0mm；缝格平直 3.0mm；接缝高低差 0.5mm；踢脚线上口平直 2.0mm。

6 成品保护

6.0.1 铺贴面层时，操作人员应穿洁净软底鞋，并防止硬物锐器磕碰、划伤或磨损面层。

6.0.2 面层铺贴完的初期，应防止阳光直晒，避免沾污或用水清洗。

6.0.3 塑料地面铺贴完后，及时用塑料薄膜覆盖，保护好以防污染，严禁在面层上放置油漆容器。

6.0.4 其他作业使用的爬梯、凳子、支承脚应用软物包裹。

6.0.5 防止开水壶、热锅、火炉、电热器等直接与塑料板面接触。

7 注意事项

7.1 应注意的质量问题

7.1.1 基层表面应干净、平整、板材表面应干净、胶粘剂涂刷应均匀、粘贴板材时胶粘剂干燥程度掌握应适当，铺贴时滚压应密实。

7.1.2 块材尺寸应符合要求，严格按线铺贴。

7.1.3 塑料板在运输和贮存时，应防止日晒雨淋和撞击，堆放仓库应干燥、清洁，并距离热源应在 3m 以外。

7.1.4 冬期施工，原则上不宜进行，确需施工时应保证环境温度不得低于 +10℃。

7.2 应注意的安全问题

7.2.1 施工现场应空气流通，心脏病、气管炎、皮肤病患者不宜参加操作。

7.2.2 当使用有毒性或刺激性的胶粘剂、溶剂或稀释剂时，操作人员应戴活性炭口罩，手上应涂防腐油膏。

7.2.3 当胶粘剂、溶剂或稀释剂为易燃品时，应在阴凉处密封贮存，现场应配置足够的消防器材，严禁烟火。

7.3　应注意的环境问题

7.3.1　在施工过程中应防止噪声、扬尘污染，在施工现场界噪声敏感区域宜选择使用低噪声的设备，也可以采取其他降低噪声的措施，加工时产生的扬尘应有效控制。

7.3.2　使用的塑料板等材料必须符合环保要求。

7.3.3　塑料板等应储存在阴凉通风的室内，避免雨淋，远离火源、热源。

7.3.4　工完场地清，使用完的材料和杂物必须清理干净。

8　质量记录

8.0.1　塑料板、水泥、胶粘剂材质合格证明文件及检测报告。

8.0.2　砂子试验记录。

8.0.3　胶粘剂总挥发性有机化合物（TVOC）和游离甲醛含量检测报告。

8.0.4　胶粘剂有与基层材料和面层材料的相容性试验报告。

8.0.5　地面塑料板面层工程检验批质量验收记录。

8.0.6　地面塑料板面层分项工程质量验收记录。

8.0.7　其他技术文件。

第 23 章　大理石和花岗岩面层

本工艺标准适用于工业与民用建筑地面工程中大理石、花岗岩（或碎拼大理石、碎拼花岗石）面层的施工。

1　引用标准

《建筑地面工程施工质量验收规范》GB 50209—2010

《建筑工程施工质量验收统一标准》GB 50300—2013

《建筑装饰装修工程施工质量验收标准》GB 50210—2018

《建筑地面设计规范》GB 50037—2013

《民用建筑工程室内环境污染控制规范》GB 50325—2010（2013 版）

2　术语（略）

3　施工准备

3.1　作业条件

3.1.1　施工前应编制大理石面层和花岗石面层地面工程施工方案，并按方案进行技术交底。

3.1.2　大理石和花岗石面层下的各层作法已按设计要求施工并验收合格。

3.1.3　板材已进场，并详细核对品种、规格、数量，质量等级符合设计要求及有关标准规定。

3.1.4　室内抹灰、水电管线安装等均已完成；门框已安装好，并做好防护。

3.1.5　作业时的环境如天气、温度、湿度等状况应满足施工质量可达到标准的要求。

3.1.6　四周墙上弹好+0.5m 标高线。

3.1.7　设计好板材铺装大样图。

142

3.1.8 施工环境温度不应低于 5℃。

3.2　材料及机具

3.2.1 大理石和花岗石板块：天然大理石、花岗石板块的花色、品种规格品种均符合设计要求。其技术等级、光泽度、外观等质量要求应符合现行《天然大理石建筑板材》GB/T 19766—2016、《天然花岗石建筑板材》GB/T 18601—2009 的规定，放射性指标应符合《民用建筑工程室内环境污染控制》GB 50325—2010（2013 版）的规定。

3.2.2 水泥：宜采用硅酸盐水泥或普通硅酸盐水泥或矿渣硅酸盐水泥，其强度等级不低于 42.5 级，应有出厂合格证和试验报告。严禁使用受潮结块水泥。不同品种、不同强度等级的水泥严禁混用。

3.2.3 砂：宜采用中砂或粗砂，粒径不大于 5mm，不得含有杂物，含泥量小于 3%。

3.2.4 矿物颜料（擦缝用）、蜡、草酸。

3.2.5 大理石碎块：用于碎拼大理石地面，应颜色协调、厚薄一致、没有裂缝、不带尖角。

3.2.6 大理石石粒：用于碎拼大理石地面的水泥石粒浆灌缝，其粒径宜为 4～14mm。

3.2.7 机具：石材切割机、手推车、钢尺、计量器、水平尺、木抹子、铁锹、筛子、木耙、大桶、小桶、胶皮锤、粉线、铁抹子、砂浆搅拌机、砂轮切割机、磨石机、木槌、靠尺、合金扁凿子、水准仪。

4　施工工艺

4.1　工艺流程

基层处理 → 找标高 → 选砖、试拼和试排 → 铺抹结合层 → 板材铺贴 →
铺贴踢脚板 → 打蜡

4.2　基层处理

基层处理要干净，高低不平处要先凿平和修补，基层应清洁，不得有杂物，尤其是白灰砂浆、油渍等，铺贴前一天将基层洒水湿润。

4.3　找标高

4.3.1 依据墙面＋0.5m 标高线，在墙上做出面层顶面标高标志，用干硬性砂浆贴灰饼，灰饼的标高应按地面标高减板厚再减 2mm，室内与楼道面层顶面标高应一致。

4.3.2 在基层上弹出房间互相垂直的十字控制线，并引至墙面根部。

4.4 试拼和试排

4.4.1 在正式铺设前，对每一房间使用的图案、颜色、拼花纹理应按图纸要求进行选砖、试拼，将非整块板对称排放在房间靠墙部位，试拼后按两个方向排列编号，然后按编号码放整齐。板材试拼时，应注意与相通房间和楼道协调。

4.4.2 试排时，在房间两个垂直的方向铺两条干砂带，其宽度大于板块，厚度不小于 30mm。根据图纸要求把板材排好，核对板材与墙面、柱、洞口等的相对位置，以及板材间的缝隙宽度，当设计无规定时不应大于 1mm。

4.5 铺抹结合层

4.5.1 将基层上试排时用过的干砂和板材移开，清扫干净，用喷壶洒水湿润，刷一层水灰比为 0.4～0.5 的水泥浆，但刷的面积不宜过大，应随刷随铺砂浆。

4.5.2 结合层采用 1∶2 或 1∶3 水泥砂浆时，稠度为 25～35mm，用砂浆搅拌机拌合均匀，严格控制加水量，拌好的砂浆以手握成团、手捏或手颠即散为宜。砂浆厚度控制在放上板材时，高出地面顶面标高 1～3mm。铺好后用刮尺刮平，再用抹子拍实、抹平，铺摊面积不得过大。

4.5.3 采用胶粘剂做结合层粘结时，双组分胶粘剂拌合程序及比例应严格按照产品说明书要求执行。根据石料、胶粘剂及粘贴基层情况确定胶粘剂厚度，粘接的胶层厚度不宜超过 3mm，应注意产品说明书对胶粘剂标明的最大使用厚度，同时应考虑基材种类和操作环境条件对使用厚度的影响。石料胶粘剂的晾置时间为 15～20min，涂胶面积不应超过胶的晾置时间内可以粘贴的面积。

4.6 板材铺贴

4.6.1 铺贴大理石、花岗岩面层

1 板材应先用干净水浸泡，包装纸不得一同浸泡，待擦干或表面晾干后铺贴，铺贴前应对板材的背面和侧面进行防碱处理。

2 根据试拼时的编号及试排时确定的缝隙，从十字控制线的交点开始拉线铺贴，铺完纵横行后，可分区按行列控制线依次铺贴，一般房间宜由里向外逐步退至门口。

3 试铺：搬起板材对好纵横控制线，水平放在已铺好的干硬性砂浆结合层

上，用橡皮锤敲击板材顶面或敲击板材上的木垫板，振实砂浆至铺实高度后，将板材掀起移至一旁，检查砂浆表面与板材之间是否吻合，如发现有空虚处，应用砂浆填补，然后正式铺贴。

4 正式铺贴：将板材背面均匀地刮上 2mm 厚的素灰膏。铺贴浅色大理石时，素灰膏应采用 R32.5 建筑白水泥，然后用毛掸蘸水湿润砂浆表面，再将石板对准铺贴位置，使板块四周同时落下，用橡皮锤轻击木垫板，随即清理板缝内的水泥浆。

5 板材间的缝隙宽度如设计无规定时，对于花岗石、大理石不应大于1mm。相邻两块高低差应在允许偏差范围内，严禁二次磨光板边。

6 铺贴完成 24h 后，开始洒水养护。3d 后用水泥浆（颜色与石板块调和）擦缝饱满，并随即用干布擦净至无残灰、污迹为止。铺好的板块禁止行人和堆放物品。

4.6.2 铺贴碎拼大理石或碎拼花岗石面层

1 碎拼大理石或碎拼花岗石面层施工可分仓或不分仓铺砌，亦可镶嵌分格条。为了边角整齐，应选用有直边的一边板材沿分仓或分格线铺砌，并控制面层标高和基准点。用干硬性砂浆铺贴，施工方法同大理石地面。铺贴时，按碎块形状大小相同自然排列，缝隙控制在 15～25mm，并随铺随清理缝内挤出的砂浆，然后嵌填水泥石粒浆，嵌缝应高出块材面 2mm。待达到一定强度后，用细磨石将凸缝磨平。如设计要求拼缝采用灌水泥砂浆时，厚度与块材上面齐平，并将表面抹平压光。

2 碎块板材面层磨光，在常温下一般 2～4d 即可开磨，第一遍用 80～100号金刚石，要求磨匀磨平磨光滑，冲净渣浆，用同色水泥浆填补表面所呈现的细小空隙和凹痕，适当养护后再磨。第二遍用 100～160 号金刚石磨光，要求磨至石子粒显露，平整光滑，无砂眼细孔，用水冲洗后，涂抹草酸溶液（热水：草酸＝1：0.35，重量比，溶化冷却后用）一遍。如设计有要求，第三遍应用240～280号的金刚石磨光，研磨至表面光滑为止。

4.7 铺贴踢脚板

4.7.1 踢脚板应在地面完成后施工，阳角按设计要求宜做成海棠角或割成45°角。

4.7.2 施工前应对基层进行处理，板材在铺贴前应用水浸湿，待擦干或表面晾干后方可铺贴。铺贴方法分灌浆法和粘贴法两种。

板材厚度小于 12mm 时，采用镶贴法施工，施工方法同砖面层。当板材厚度大于 15mm 时，宜采用灌浆法施工。

1 采用灌浆法施工时，先在墙两端用石膏（或胶粘剂）各固定一块板材，其上楞（上口）高度应在同一水平线上，突出墙面厚度应控制在 8～12mm。然后沿两块踢脚板上楞拉通线，用石膏（或胶粘剂）逐块依顺序固定踢脚板。然后灌 1：2 水泥砂浆，砂浆稠度视缝隙大小而定，以能灌实为准。

2 镶贴时应随时检查踢脚板的平直度和垂直度。

3 板间接缝与地面缝贯通（对缝），擦缝做法同地面。

4.8　打蜡或晶面

踢脚线打蜡同楼地面打蜡一起进行。应在结合层砂浆达到强度要求、各道工序完工、不再上人时，方可打蜡或晶面处理，应达到光滑亮洁。

5　质量标准

5.1　主控项目

5.1.1　大理石、花岗岩面层所用板块产品应符合设计要求和国家现行有关标准的规定。

5.1.2　大理石、花岗岩面层所用板块产品进入施工现场时，应有放射性限量合格的检测报告。

5.1.3　面层与下一层应结合牢固，无空鼓（单块板块边角允许有局部空鼓，但每自然间或标准间的空鼓板块不应超过总数的 5%）。

5.2　一般项目

5.2.1　大理石、花岗岩面层铺设前，板块的背面和侧面应进行防碱处理。

5.2.2　大理石、花岗岩面层的表面应洁净、平整、无磨痕，且应图案清晰、色泽一致，接缝均匀，周边顺直，镶嵌正确，板块应无裂纹、掉角、缺棱等缺陷。

5.2.3　踢脚线表面应洁净、与柱、墙面的结合应牢固。踢脚线高度及出柱、墙厚度一致应符合设计要求，且均匀一致。

5.2.4　楼梯、台阶踏步的宽度、高度应符合设计要求。踏步板块的缝隙宽度应一致；楼层梯段相邻踏步高度差不应大于 10mm；每踏步两端宽度差不应大于 10mm，旋转楼梯梯段的每踏步两端宽度的允许偏差不应大于 5mm。踏步面层应做防滑处理，齿角应整齐，防滑条应顺直、牢固。

5.2.5　面层表面的坡度应符合设计要求，不倒泛水、无积水；与地漏、管道结合处应严密牢固，无渗漏。

5.2.6　大理石面层和花岗岩面层（或碎拼大理石面层、碎拼花岗岩面层）的允许偏差应符合表 23-1 的规定。

大理石面层、花岗岩面层（或碎拼大理石面层、碎拼花岗岩面层）的

允许偏差和检验方法　　　　　　　　表 23-1

项次	项目	允许偏差（mm）		检验方法
		大理石面层、花岗岩面层	碎拼大理石面层、碎拼花岗岩面层	
1	表面平整度	1.0	3.0	用 2m 靠尺和楔形塞尺检查
2	缝格平直	2.0	—	拉 5m 线用钢尺检查
3	接缝高低差	0.5	—	用钢尺和楔形塞尺检查
4	踢脚线上口平直	1.0	1.0	拉 5m 线和用钢尺检查
5	板块间隙宽度	1.0	—	用钢尺检查

6　成品保护

6.0.1　存放大理石板块，不得雨淋、水泡、长期日晒。一般采用板块立放，光面相对。板块的背面应支垫木方，木方与板块之间衬垫胶皮。在施工现场内倒运时，也须如此。

6.0.2　对所覆盖的隐蔽工程要有可靠保护措施，不得因施工面层造成管道漏水、堵塞、破坏。

6.0.3　铺贴板材时，操作人员应穿软底鞋，并随铺随用软毛刷和干布擦净板材面。

6.0.4　运输板材及砂浆时，应采取措施防止碰撞门框及墙壁面等。铺设地面时注意避免污染墙面。

6.0.5　剔凿和切割板材时，下边应垫木板。

6.0.6　面层铺贴完工后，房间应临时封闭，面层表面应采用编织布等进行遮盖、湿润养护不应少于 7d。当踩踏新铺贴的板块进行检查时，应穿软底鞋并踩在垫板上。

6.0.7 在铺好板材的地面上行走时，结合层水泥砂浆强度不得低于 1.2MPa。

6.0.8 在已完工面层上施工时，必须进行遮盖、支垫，严禁直接在大理石和花岗岩面进行装饰、安装施工，进行上述工作时，必须采取可靠保护措施。

7 注意事项

7.1 应注意的质量问题

7.1.1 基层表面应清理干净，提前浇水湿润并清理积水，铺结合层前应刷素水泥浆，并随刷水泥浆随铺结合层，结合层最薄处应大于 20mm；砂浆铺设应饱满；结合层水泥砂浆强度达到 1.2MPa 后方可上人、上物。

7.1.2 板材本身平整度及厚度偏差应符合要求；施工时应精心操作，结合层平整度应符合要求。

7.1.3 房间尺寸应方正，铺前应进行找方；铺贴时应准确控制板缝，严格按控制线铺贴；板材进场后应严格检验，并进行试拼和试排。

7.1.4 墙体抹灰的平整度、垂直度偏差应符合要求；踢脚板出墙厚度应一致，铺贴时应吊线和拉水平线。

7.1.5 有泛水的房间应找好坡度，使水能顺畅排入地漏。

7.1.6 应连续进行，尽快完成。夏季防止暴晒，冬季应有保温防冻措施，防止受冻；在雨、雪、低温、强风条件下，在室外或露天不宜进行大理石和花岗岩面层作业。

7.2 应注意的安全问题

7.2.1 使用电动器具时，应由电工接电、接线，并装设漏电保护器，一般电动器具和Ⅰ类手持电动工具应接 PE 保护线。

7.2.2 采用砂轮切割机切割板材时，应戴防护眼镜及胶皮手套，脸部不得正对或靠近加工的板材。

7.2.3 装卸搬运板材时，应轻拿轻放，防止挤手砸脚。

7.2.4 不得从窗洞口向外扔杂物。

7.3 应注意的绿色施工问题

7.3.1 水泥要入库，砂子要覆盖，搬运水泥人员要戴好防护用品。

7.3.2 基层清理、切割块料时，操作人员宜戴上口罩、耳塞，防止粉尘和切割噪声危害人身健康。

7.3.3　切割砖块料时，宜加装挡尘罩，同时在切割地点洒水，防止粉尘对人的伤害及对大气的污染。

7.3.4　切割砖块料的时间，应安排在白天的施工作业时间内（根据各地方的规定），地点应选择在较封闭的室内进行。

8　质量记录

8.0.1　大理石及花岗岩、水泥等材料的产品合格证书、性能检测报告、进场验收记录和复验报告。

8.0.2　大理石、花岗岩放射性指标复验报告。

8.0.3　砂子的试验报告。

8.0.4　地面蓄水或泼水检查记录。

8.0.5　隐蔽工程验收记录。

8.0.6　施工记录。

8.0.7　大理石和花岗岩面层分项工程质量验收记录及检验批质量验收记录。

8.0.8　其他技术文件。

第24章 砖面层施工工艺标准

本工艺标准适用于工业与民用建筑地面工程砖面层（包含陶瓷地砖、面砖、水泥花砖）的施工。

1 引用标准

《建筑地面工程施工质量验收规范》GB 50209—2010
《建筑工程施工质量验收统一标准》GB 50300—2013
《建筑装饰装修工程施工质量验收标准》GB 50210—2018
《建筑地面设计规范》GB 50037—2013
《民用建筑工程室内环境污染控制规范》GB 50325—2010（2013 版）

2 术语（略）

3 施工准备

3.1 作业条件

3.1.1 施工前应编制砖面层施工方案，并按方案进行技术交底。

3.1.2 弹好墙身＋0.5m 标高线，门框已安装完，完成抹灰作业。

3.1.3 穿过地面的管道已安装完，管道及地漏周围洞口已用细石混凝土嵌塞严实；竖管套管应高出面层顶 20mm，且与竖管间的缝隙已堵严实。

3.1.4 地漏以及与楼地面有关的各种设备和预埋件均已安装完毕。

3.1.5 砖面层下的各层作法应按设计要求施工并验收合格。

3.1.6 有艺术图形要求的地面，已进行排砖设计，并绘出排砖大样图。

3.1.7 所覆盖的隐蔽工程经验收已合格，并进行专业隐检会签。

3.1.8 施工环境温度不应低于 5℃。

3.2 材料及机具

3.2.1 陶瓷地砖、缸砖、水泥花砖：砖颜色、规格、品种应符合设计要求，外观检查基本无色差，无缺棱、掉角，无裂纹，材料强度、平整度、外形尺寸等均符合现行国家标准相应产品的各项技术指标。

3.2.2　水泥：宜采用硅酸盐水泥、普通硅酸盐水泥或矿渣硅酸盐水泥，其强度等级不应低于 42.5 级；应有出厂合格证及检验报告，进场复试合格，不同品种、不同强度等级的水泥严禁混用。

3.2.3　砂：应选用洁净无有机杂质的中砂或粗砂，含泥量不得大于 3％。

3.2.4　填缝剂：颜色、耐水要求等符合设计要求，有出厂合格证及检验报告。

3.2.5　胶粘剂：应符合《陶瓷墙地砖胶粘剂》JC/T 547—2015 的相关要求，其选用应按基层材和面层材料使用的相容性要求，通过试验确定，并符合国家现行标准《民用建筑工程室内环境污染控制规范》GB 50325—2010（2013 版）的规定。产品应有出厂合格证和技术质量指标检验报告。

3.2.6　机具：石材切割机、砂浆搅拌机、手推车、钢尺、计量器、水平尺、木抹子、铁抹子、筛子、木耙、大桶、小桶、胶皮锤、粉线、小型台式砂轮机、切砖机、磨砖机、木槌子、喷壶、水准仪。

4　施工工艺

4.1　工艺流程

基层处理 → 找标高弹线 → 抹找平层 → 选砖 → 排砖 → 弹铺砖控制线 →

铺砖 → 勾缝擦缝 → 踢脚板安装

4.2　基层处理

4.2.1　将水泥类基层表面的落地灰，用凿子剔凿干净，用钢丝刷刷净，将墙根凿出并清刷干净。遇油污时用 10％ 火碱水刷净，并用清水及时将其上的碱液冲净。铺贴前一天将基层洒水湿润。

4.2.2　将卷材或涂料类隔离层表面的杂物及除粒砂外的其他粘结物除掉，并清理干净。

4.3　找标高、弹线

根据 +0.5m 标高线，在墙上弹出面层与找平层标高线，大面积铺设时，用水准仪引测中间标志。弹线时注意房间与楼道的标高关系。

4.4 抹找平层

4.4.1 找平层铺设前先刷一遍水泥浆，其水灰比宜为 0.4～0.5，并随刷随铺。

4.4.2 在基层上先做灰饼，灰饼间距 1.5m，灰饼的顶面标高应低于地面标高一个砖厚加结合层厚度（采用水泥砂浆铺设时结合层的厚度应为 20mm），再按灰饼冲筋。有地漏的房间应由四周向地漏作放射形冲筋，并找好坡度，冲筋用 1：3 干硬性水泥砂浆，厚度按设计要求确定，一般不宜小于 20mm。

4.4.3 在冲筋间铺抹 1：3～1：4 水泥砂浆，干硬程度以手握成团，手捏或手颤即散为宜。根据冲筋的标高用木抹子拍实，刮刀刮平，再用刮杠刮平一遍，然后检测标高和泛水，最后用木抹子搓成毛面，24h 后浇水养护。

4.5 选砖

施工前对进场的面砖开箱检查，对规格、颜色严加检查，不同规格进行分类堆放，并分层、分向使用。

4.6 排砖

将房间依照砖的尺寸、留缝大小排出砖的放置位置，并在基层上弹出十字控制线和分格线，排砖应避免出现板面小于 1/4 边长的边料。

4.7 弹铺砖控制线

4.7.1 当找平层水泥砂浆强度达到 1.2MPa 时，弹铺砖控制线。面砖的缝隙宽度应符合设计要求，当设计无规定时，紧密铺贴缝隙宽度不宜大于 1mm；虚缝铺贴缝隙宽度宜为 3～6mm。

4.7.2 在房间纵横两个方向排好尺寸，当尺寸不是整砖的倍数时，可裁半截砖用于边角处，尺寸相差太小时，可调整缝宽，横向平行于门口的第一排应为整砖，根据确定的砖数和缝宽，严格控制方正，在地面上每隔四块砖弹一根纵横控制线。

4.8 铺砖

4.8.1 在铺贴前，应对砖的规格尺寸、外观质量、色泽等进行核对，避免色差。

4.8.2 采用水泥砂浆铺砖时，砖块应预先用水浸泡湿润，晾干至表面无水迹时待用；在水泥砂浆找平层上涂刷水灰比为 0.4～0.5 的水泥浆，涂刷面积不要过大，应随涂刷随铺结合层。

4.8.3 结合层采用 1:2～1:2.5 干硬性水泥砂浆，要求拌合均匀，不得有灰团，一次拌合不得太多，初凝前将砂浆用完。

4.8.4 按控制线在纵向铺几行砖，对齐找平。然后从里往外逐排拉线退着操作，横缝跟线，竖缝对齐，直至与墙面四周合拢为止。随铺随将砖面清理干净，地漏及边角处的非整块砖均应用合金凿子剔裁，或用砂轮锯将砖加工使其与地漏相吻合。

4.8.5 铺砂浆结合层时，直接在砂浆上跟线摆砖铺贴，砖上楞应略高出水平标高线。随铺砂浆随铺砖，砂浆顶面用刮尺刮平，用铁抹子拍实抹平，用橡皮锤垫木板砸平。铺好一段后，拉线拨缝调整缝隙，达到缝隙顺直均匀。拨完缝后，把留在缝内余浆和砖面上的砂浆扫净。

4.9 勾缝擦缝

4.9.1 面层铺贴后 24h 内进行勾缝擦缝工作，勾缝、擦缝应采用同品种、同强度等级的水泥。

4.9.2 用 1:1 水泥砂浆勾缝，要求勾缝密实、平整、光滑，随勾随将剩余水泥砂浆清走、擦净。勾缝深度宜为砖厚的 1/3。

4.9.3 如设计要求留密缝时，用稀水泥浆或 1:1 水泥细砂（砂过窗纱筛）加水调成糊状，灌满缝隙，然后将干水泥撒在缝上，再用棉纱团擦揉，将缝隙擦满，将面层上的水泥浆擦干。

4.9.4 勾缝擦完 24h 后，洒水养护，养护时间不应少于 7d。

4.10 踢脚板安装

4.10.1 踢脚处墙面提前洒水湿润。

4.10.2 根据设计要求的踢脚高度及出墙厚度，在墙面两端各镶贴一块砖，以此为标准挂线铺贴，踢脚板的立缝应与地面缝对齐，将润水晾干的砖背面抹 1:2 水泥砂浆，及时粘贴在涂刷过水泥浆的底灰上，用橡皮锤敲实，随之将挤出的砂浆刮掉，将面层清擦干净。24h 后进行勾缝或擦缝。

5 质量标准

5.1 主控项目

5.1.1 砖面层所用板块产品应符合设计要求和国家现行有关标准的规定。

5.1.2 砖面层所用板块产品进入施工现场时，应有放射性限量合格的检测报告。

5.1.3 面层与下一层的结合（粘结）应牢固，无空鼓（单块砖边角允许有局部空鼓，但每自然间或标准间的空鼓砖不应超过总数的 5%）。

5.2 一般项目

5.2.1 砖面层的表面应洁净、图案清晰，色泽应一致，接缝应平整，深浅应一致，周边应顺直。板块应无裂纹、掉角和缺棱等缺陷。

5.2.2 面层邻接处的镶边用料及尺寸应符合设计要求，边角应整齐、光滑。

5.2.3 踢脚线表面应洁净，与柱、墙面的结合应牢固。踢脚线高度及出柱、墙厚度应符合设计要求，且均匀一致。

5.2.4 楼梯、台阶踏步的宽度、高度应符合设计要求。踏步板块的缝隙宽度应一致；楼层梯段相邻踏步高度差不应大于 10mm；每踏步两端宽度差不应大于 10mm，旋转楼梯梯段的每踏步两端宽度的允许偏差不应大于 5mm。踏步面层应做防滑处理，齿角应整齐，防滑条应顺直、牢固。

5.2.5 面层表面的坡度应符合设计要求，不倒泛水、无积水；与地漏、管道结合处应严密牢固，无渗漏。

5.2.6 砖面层的允许偏差和检验方法应符合表 24-1 的规定。

砖面层的允许偏差和检验方法   表 24-1

项次	项目	允许偏差（mm）			检验方法
		陶瓷地砖面层	缸砖面层	水泥花砖	
1	表面平整度	2.0	4.0	3.0	用 2m 靠尺和楔形塞尺检查
2	缝格平直	3.0	3.0	3.0	拉 5m 线用钢尺检查
3	接缝高低差	0.5	1.5	0.5	用钢尺和楔形塞尺检查
4	踢脚线上口平直	3.0	4.0	—	拉 5m 线和用钢尺检查
5	板块间隙宽度	2.0	2.0	2.0	用钢尺检查

6 成品保护

6.0.1 砖面层铺完后，养护期间应进行遮盖和拦挡，保持湿润，避免太阳暴晒，不允许上人和上物，结合层强度达到设计要求后，方可正常使用。

6.0.2 其他工序作业时，应在面层上铺覆盖物加以保护。

6.0.3 严禁在已成活的面层上拌制砂浆；堆放材料和杂物时，面层上应有保护措施。

6.0.4 切割面砖时应用垫板，禁止在已铺地面上切割。

6.0.5 对所覆盖的隐蔽工程要有可靠保护措施，不得因铺贴面砖造成水管漏水、堵塞、破坏。

6.0.6 推车运料时应注意保护门框及已完地面，小车腿应包裹。

7 注意事项

7.1 应注意的质量问题

7.1.1 板块空鼓：基层应清理干净、洒水湿润，夏季禁止暴晒造成基层失水过快，影响面层与下一层的粘结力；水泥浆涂刷应均匀，同时防止涂刷面积过大而风干；砖应浸水；养护要及时，避免水泥收缩过大，形成空鼓；板块铺贴后达一定强度方可上人。

7.1.2 踢脚板出墙厚度不一致：墙体抹灰垂直度、平整度应符合要求，踢脚板应拉线控制。

7.1.3 板块表面不干净：地砖铺贴时缝内挤出灰浆应适中，及时清理，并防止其他工序污染。

7.1.4 板块不平：应预先认真选砖，砖的厚度偏差应符合要求；铺贴时应严格接线。

7.1.5 有泛水的房间应找好坡度，使水能顺畅排入地漏。

7.1.6 应连续进行，尽快完成。夏季防止暴晒，冬季应有保温防冻措施，防止受冻；在雨、雪、低温、强风条件下，在室外或露天不宜进行砖面层作业。

7.2 应注意的安全问题

7.2.1 使用电动器具时，应由电工接电、接线，并应装设漏电保护器。一般电动器具和 I 类手持电动工具应接 PE 保护线。

7.2.2 裁割砖时，应戴防护眼镜及胶皮手套。

7.2.3 装卸搬运板材时，应轻拿轻放，防止挤手砸脚。

7.2.4 随时清理操作地点的余料、废料，不得从窗洞口向外扔杂物。

7.3 应注意的绿色施工问题

7.3.1 水泥要入库，砂子要覆盖，搬运水泥人员要戴好防护用品。

7.3.2 基层清理、切割块料时，操作人员宜戴上口罩、耳塞，防止粉尘和切割噪声危害人身健康。

7.3.3 切割砖块料时，宜加装挡尘罩，同时在切割地点洒水，防止粉尘对人的伤害及对大气的污染。

7.3.4 切割砖块料的时间，应安排在白天的施工作业时间内（根据各地方的规定），地点应选择在较封闭的室内进行。

8 质量记录

8.0.1 地砖、水泥等材料的产品合格证书、性能检测报告、进场验收记录和复验报告。

8.0.2 胶粘剂总挥发性有机化合物（TVOC）和游离甲醛含量检测报告。

8.0.3 砂子的试验报告。

8.0.4 地面蓄水、泼水试验记录。

8.0.5 隐蔽工程验收记录。

8.0.6 砖面层分项工程质量验收记录及检验批质量验收记录。

8.0.7 其他技术文件。

第 25 章　活动地板地面

本工艺标准适用于防尘和防静电专业用房的活动地板地面工程的施工。

1　引用标准

《建筑地面工程施工质量验收规范》GB 50209—2010
《建筑工程施工质量验收统一标准》GB 50300—2013
《建筑装饰装修工程施工质量验收标准》GB 50210—2018
《建筑地面设计规范》GB 50037—2013

2　术语（略）

3　施工准备

3.1　材料及机具

3.1.1　活动地板：常用规格为 600mm×600mm 和 500mm×500mm 两种。采用的活动板块应平整、坚实，并具有耐磨、防潮、阻燃、耐污染、耐老化和导静电等特点，其技术性能应符合国家现行有关标准的规定。面层承载力不应小于 7.5MPa，A 级板的系统电阻率应为 $1.0×10^5～1.0×10^8\Omega$，B 级板的系统电阻率应为 $1.0×10^5～1.0×10^{10}\Omega$。

3.1.2　支承部分：由活动支架、横梁及其他附件组成。

3.1.3　其他材料：环氧树脂胶、滑石粉、橡胶条、铝型材等，应符合有关标准质量要求。

3.1.4　机具：水准仪、水平尺、方尺、2～3m 靠尺板、墨斗、圆盘锯、无齿锯、手锯、吸盘、铁錾子、钢丝钳子、螺丝扳手、扫帚等。

3.2　作业条件

3.2.1　施工前应编制活动地板地面工程施工方案，并按方案进行技术交底。

3.2.2 相通的相邻房间内各项工程完工，支承在地板基层上且超过地板承载力的设备，进入房间预定位置并安装固定好。

3.2.3 铺设活动地板的水泥地面或现制水磨石地面，基层表面平整、光洁、不起灰，其含水率不大于 8%。

3.2.4 墙面上弹好地面标高控制线。当房间是矩形平面时，其相邻墙体应相互垂直。

3.2.5 活动地板的排板设计已完成。

4 操作工艺

4.1 工艺流程

基层处理 → 弹线套方 → 安装支架和横梁 → 铺设活动地板

4.2 基层处理

活动地板安装前应将基层表面清擦干净；必要时，根据设计要求，在基层表面上涂刷清漆。

4.3 弹线套方

4.3.1 量测房间的长、宽尺寸，找出纵横中心线。当房间是矩形时，量测相邻墙面的垂直，垂直度偏差应小于 1/1000，如不垂直，应预先对墙面进行处理。与活动地板接触的墙面，其直线度值每米不应大于 2mm。

4.3.2 根据地面尺寸、活动板块尺寸及设备等情况，在基层表面上按板块尺寸弹线并形成方格网，并标明设备预留部位。在四周墙上，标出板块的安装高度。

4.4 安装支架和横梁

4.4.1 在方格网交点处安放支架，组装横梁，并转动支柱螺杆，用水平尺调整横梁顶面高度使符合要求。待所有支架和横梁安装成一体后，用水准仪抄平复核。符合要求后，将环氧树脂注入支架底座与基层之间的空隙内，使之粘结牢固，亦可用膨胀螺栓或射钉固定。

4.4.2 非整块板靠墙处，应配装相应的可调节支撑和横梁，当使用一般支架时，宜将支架上托的四个定位销打掉三个，保留沿墙面的一个，使靠墙边的板块越过支架紧贴墙面。非整块板靠墙处，可用木龙骨支架或角钢代替支架和横梁，木龙骨支架或角钢顶面标高，应与横梁顶面标高一致。木龙骨支架应经阻燃处理，角钢应经防腐处理。

4.4.3　支架和横梁安好后，敷设活动地板下的电缆、管线，经过检查验收，并办隐检手续。

4.5　铺设活动地板

4.5.1　板块的铺设方向，当平面尺寸符合活动地板块的模数时，宜由里向外铺设；当平面尺寸不符合活动板块模数时，宜由外向里铺设，非整块板宜放在靠墙处。当室内有控制柜设备需要预留洞口时，铺设方向和先后顺序应综合考虑选定。

4.5.2　铺设活动板前，先在横梁上铺放缓冲胶条，并用乳胶液与横梁粘合。铺设活动地板时，应调整水平度，可转动或调换活动地板块位置，保证四角接触处平整、严密，不得采用加垫的方法。板块应拉线安装，使接缝均匀、顺直。

4.5.3　当铺设的活动地板块不符合模数时，其不足部分可根据实际尺寸切割后镶补。通风口、走线口处，应根据洞口尺寸切割后铺装。

4.5.4　活动地板应在门口处或预留洞口处应符合设计构造要求，四周侧边应用耐磨硬质板封闭或用镀锌钢板包裹，胶条封边应符合耐磨要求。

4.5.5　活动地板与柱、墙面接缝处的处理应符合设计要求，设计无要求时应做木踢脚线；通风口处，应选用异形活动地板铺贴。

4.5.6　活动地板采用电锯切割或电钻钻孔加工，加工的边角应打磨平整，采用清漆或环氧树脂胶加滑石粉按比例调成腻子封边，亦可采用铝型材镶边。切割边处理后方可安装，以防止板块吸水、吸潮，造成局部膨胀变形。活动地板与墙面的接缝，应根据接缝宽度采用木条或泡沫塑料镶嵌。

4.5.7　安装控制框设备时，其位置应结合机柜支撑情况确定，如属于框架支架可不限制；如为四点支撑，则应使支撑点尽量靠近活动地板的横梁。如机柜重量超过活动地板的额定承载力时，宜在活动地板下部增设金属支撑架。

4.5.8　活动地层全部完成，经检查平整度及缝隙均符合质量要求后，即可进行清擦。当局部沾污时，可用清洁剂或皂水用布擦净晾干后，用棉纱抹蜡满擦一遍，然后将门窗封闭。

5　质量标准

5.1　主控项目

5.1.1　活动地板的材质应符合设计要求和国家现行有关标准的规定，且应

159

具有耐磨、防潮、阻燃、耐污染、耐老化和导静电等性能。

5.1.2 活动地板面层应安装牢固，无裂纹、掉角和缺楞等缺陷。

5.2 一般项目

5.2.1 活动地板面层应排列整齐，表面洁净，色泽一致，接缝均匀，周边顺直。

5.2.2 活动地板面层的允许偏差：表面平整度 2.0mm；缝格平直 2.5mm；接缝高低差 0.4mm；板块间隙宽度 0.3mm。

6 成品保护

6.0.1 在运输和施工操作中，应保护好门窗框扇和墙壁等。

6.0.2 活动地板及其配套材料进场后，设专人负责做好保管工作，尤其在运输、装卸、堆放过程中，应注意保护好面板，不得碰坏面层和边角。

6.0.3 在安装过程中，坚持随污染随清擦，特别是环氧树脂和乳胶液体，应及时擦干净。地板安装时不得与其他工序交叉作业，在安装场所不得加工非整块板或地板附件。

6.0.4 活动地板块安装时。应使用吸盘器或橡胶皮碗，不得采用铁器硬撬，做到轻拿轻放。

6.0.5 在已铺好的面板上作业时，应穿泡沫塑料拖鞋或软底鞋，不得用锐器、硬物在面板上拖拉、划擦及敲击。

6.0.6 在面板安装后、安装设备时，应采取保护面板的临时性措施，一般在铺设 3mm 厚的橡胶板上，垫胶合板或厚纸板、厚塑料布作为临时防护。

6.0.7 安装设备时，应根据设备的支承和荷重情况，确定地板支承系统的加固措施。

7 注意事项

7.1 应注意的质量问题

7.1.1 活动地板支架底座应粘结牢固，横梁组装应合套，缓冲胶条应安放固定。

7.1.2 切割后的板块边角应打磨平整，采用清漆或腻子封边，防止局部发生变形，切割边不经过处理不得进行安装。

7.1.3　应认真对横梁进行抄平检查，板块厚度偏差应在要求范围内，以保证板面平整度。

7.1.4　用于电子信息系统机房的活动地板面层，其施工质量检验尚应符合现行国家标准《数据中心基础设施施工及验收规范》GB 50462—2015 的有关规定。

7.2　应注意的安全问题

7.2.1　Ⅰ、Ⅱ类手持电动工具应装设漏电保护器，Ⅰ类手持电动工具应接 PE 保护线，采用一机一闸。

7.2.2　随时清理操作地点的余料、废料，不得从窗口向外抛出。

7.3　应注意的绿色施工问题

7.3.1　在施工过程中应防止噪声、扬尘污染，在施工现场界噪声敏感区域宜选择使用低噪声的设备，也可以采取其他降低噪声的措施，加工时产生的扬尘应有效控制。

7.3.2　使用的活动地板等材料必须符合环保要求。

7.3.3　工完场地清，使用完的材料和杂物必须清理干净。

8　质量记录

8.0.1　活动面板及其附件材质合格证明文件及检测报告。

8.0.2　隐蔽工程检查验收记录。

8.0.3　活动地板面层工程检验批质量验收记录。

8.0.4　活动地板面层分项工程质量验收记录。

8.0.5　其他技术文件。

第 26 章　木、竹地面

本工艺标准适用于工业与民用建筑木、竹地面工程的施工。

1　引用标准

《木质地板铺装工程技术规程》CECS 191：2005

《建筑地面工程施工质量验收规范》GB 50209—2010

《建筑工程施工质量验收统一标准》GB 50300—2013

《建筑装饰装修工程施工质量验收标准》GB 50210—2018

《室内装饰装修材料　人造板及其制品中甲醛释放限量》GB 18580—2017

2　术语（略）

3　施工准备

3.1　作业条件

3.1.1　应已对所覆盖的隐蔽工程进行验收且合格，并进行隐检会签。

3.1.2　施工前，应做好水平标志，以控制铺设的高度和厚度，可采用竖尺、拉线、弹线等方法。

3.1.3　特殊工种必须持证上岗。

3.1.4　作业时的施工条件（工序交叉、环境状况等）应满足施工质量可达到标准的要求。

3.2　材料及机具

3.2.1　木、竹地板：地板面层所采用的材料，其技术等级及质量要求必须符合设计要求，木龙骨、垫木和毛地板等必须做防腐、防蛀、防火处理。

3.2.2　踢脚板：宽度、厚度、含水率均应符合设计要求，背面应满涂防腐剂，花纹颜色应力求与面层地板相同。

162

3.2.3　粘胶剂：满足耐老化、防菌、有害物的限量标注。

3.2.4　常用机具设备有：刨地板机、砂带机、手刨、角度锯、螺机、水平仪、水平尺、方尺、钢尺、水平尺、小线、篓子、刷子、钢丝刷等。

4　操作工艺

4.1　工艺流程

安装木龙骨 → 刨平磨光 → 铺毛地板 → 铺木、竹地板 → 细部收口

4.2　操作工艺

4.2.1　安装木龙骨：先在楼板上弹出木龙骨的安装位置线（间距 300mm 或按设计要求）及标高，单向固定（方向与铺装地板的方向垂直），将龙骨（断面梯形，宽面在下）放平、放稳，并找好标高，用膨胀螺栓和角码（角钢上钻孔）把龙骨牢固固定在基层上，木龙骨下与基层间缝隙应用硬性砂浆填密实。

4.2.2　刨平磨光：需要刨平磨光的地板应先粗刨后细刨，使面层完全平整后再用砂带机磨光。

4.2.3　铺毛地板：（根据设计要求选铺毛地板）根据木龙骨的模数和房间情况，将毛地板下好料。将毛地板牢固钉在木龙骨上，钉法采用直钉和斜钉混用，直钉钉帽不得突出板面。毛地板可采用条板，也可采用整张的细木工板或中密度板等类产品。采用整张板时，应在板上开槽，槽的深度为板厚的 1/3，方向与龙骨垂直，间距 200mm 左右。

4.2.4　铺木、竹地板：从墙的一边开始铺钉企口木、竹地板，靠墙的一块板应离开墙面 10mm 左右，以后逐块排紧。钉法采用斜钉，木、竹地板面层的接头应按设计要求留置。铺地板时应从房间内退着往外铺设。

4.2.5　细部收口：地板与其他地面材料交接处和门口等部位，应用收口条做收口处理。收边条或踢脚线收口。

5　质量标准

5.1　主控项目

5.1.1　木、竹地板地面采用的地板、胶粘剂等应符合设计要求和国家现行有关标准的规定。

5.1.2　木龙骨、垫木和垫层地板等应做防腐、防蛀处理。木龙骨安装应牢

固、平直。

5.1.3 面层铺设应牢固，粘结应无空鼓、松动。

5.2 一般项目

5.2.1 地板面层图案和颜色应符合设计要求，图案应清晰，颜色应一致，板面应无翘曲。

5.2.2 面层缝隙应严密；接头位置应错开，表面应平整、洁净。面层采用粘、钉工艺时，接缝应对齐，粘、钉应严密；缝隙宽度应均匀一致；表面应洁净，无溢胶现象。

5.2.3 踢脚线表面应光滑，接缝严密，高度一致。

5.2.4 木、竹地板面层的允许偏差应符合《建筑地面工程施工质量验收规范》GB 50209—2010 中表 7.1.8 的规定。

6 成品保护

6.0.1 施工时应注意对定位定高的标准杆、尺、线的保护，不得触动、移位。

6.0.2 对所覆盖的隐蔽工程要有可靠保护措施，不得因铺设竹地板面层造成漏水、堵塞、破坏或降低等级。

6.0.3 木、竹地板面层完工后应进行遮盖和拦挡，避免受侵害。

6.0.4 后续工程在地板面层上施工时，必须进行遮盖、支垫，严禁直接在地板面上动火、焊接、和灰、调漆、支铁梯、搭脚手架等。

7 注意事项

7.1 应注意的质量问题

7.1.1 行走有声响：

1 木龙骨固定不牢固、毛地板与龙骨间连接不牢固、面层与毛地板间连接不牢固都会造成走动有声响；木龙骨含水率高，安装后收缩；

2 地板的平整度不够，龙骨或毛地板有凸起的地方；

3 地板的含水率过大，铺设后变形；复合木地板胶粘剂涂刷不均匀。

7.1.2 板面不洁净：地面铺完后未做有效的成品保护，受到外界污染。

7.1.3 踢脚板变形：木砖间距过大，踢脚板含水率高。

7.1.4 板缝不严：含水率高，变形产生。

7.1.5 不合格：凡检验不合格的部位，均应返修或返工纠正，并制定纠正措施，防止再次发生。

7.2　应注意的安全问题

7.2.1 Ⅰ、Ⅱ类手持电动工具应装设漏电保护器，Ⅰ类手持电动工具应接 PE 保护线，采用一机一闸。

7.2.2 电锯切割板块时，应戴防护眼镜，身体及头部应位于侧面。

7.2.3 随时清理操作地点的余料、废料，不得从窗口向外抛出。

7.3　应注意的绿色施工问题

7.3.1 在施工过程中应防止噪声、扬尘污染，在施工现场临界噪声敏感区域宜选择使用低噪声的设备，也可以采取其他降低噪声的措施，加工时产生的扬尘应有效控制。

7.3.2 使用的活动地板等材料必须符合环保要求。

7.3.3 工完场地清，使用完的材料和杂物必须清理干净。

7.3.4 在施工过程中应注意对已经完成的隐蔽工程管线和机电设备的保护，各工种间搭接应合理，同时注意施工环境，不得在扬尘、湿度大等不利条件下作业。

8　质量记录

8.0.1 材质合格证明文件及检测报告。

8.0.2 木、竹地板面层分项工程质量验收评定记录。

8.0.3 木、竹材防火、防虫、防腐处理记录。

8.0.4 细木工板、密度板等人造板游离甲醛含量复验记录。

8.0.5 胶粘剂的有害物质限量复验记录。

8.0.6 样板间室内环境污染物浓度检测记录。

8.0.7 其他技术文件。

第 27 章　地 毯 面 层

本工艺标准适用于民用建筑地毯面层地面工程的施工。

1　引用标准

《建筑地面工程施工质量验收规范》GB 50209—2010

《建筑工程施工质量验收统一标准》GB 50300—2013

《建筑装饰装修工程施工质量验收标准》GB 50210—2018

《室内装饰装修材料地毯、地毯衬垫及地毯胶粘剂有害物质释放限量》GB 18587—2001

2　术语（略）

3　施工准备

3.1　作业条件

3.1.1　施工前应编制地毯面层施工方案，并按方案进行技术交底。

3.1.2　材料经检验符合设计及相关规范要求。

3.1.3　施工前，应做好水平标志，以控制铺设的高度和厚度，可采用竖尺、拉线、弹线等方法。

3.1.4　应对所覆盖的隐蔽工程进行验收且合格，并进行隐检会签。

3.1.5　作业时的环境如天气、温度、湿度等状况应满足施工质量可达到标准的要求。

3.1.6　特殊工种必须持证上岗。

3.1.7　水泥类面层（或基层）表面层已验收合格，其含水量应在 10% 以下。

3.2　材料及机具

3.2.1　材料：

1 地毯：品种、规格、颜色、花色、胶料和铺料及其材质必须符合设计要求和国家现行地毯产品标准的规定。

2 倒刺板：顺直、倒刺均匀，长度、角度符合设计要求。

3 胶粘剂：所选胶粘剂必须通过实验确定其适用性和使用方法。污染物含量低于室内装饰装修材料胶粘集中有害物质限量标准。

3.2.2 根据施工条件，合理选用机具设备和辅助用具。以能达到设计要求为基本原则，兼顾进度、经济要求。

3.2.3 常用机具设备有：裁毯刀、裁边机、地毯撑子、手锤、角尺、直尺、熨斗等。

4 操作工艺

4.1 工艺流程

基底处理 → 弹线套方、分格定位 → 地毯剪裁 → 钉倒刺板条 →
铺衬垫 → 铺地毯 → 细部处理收口 → 检查验收

4.2 操作工艺

4.2.1 基层处理：把沾在基层上的浮浆、落地灰等用錾子或钢丝刷清理掉，再用扫帚将浮土清扫干净。

4.2.2 弹线套方、分格定位：严格依照设计图纸对各个房间的铺设尺寸进行度量，检查房间的方正情况，并在地面弹出地毯的铺设基准线和分格定位线。活动地毯应根据地毯的尺寸，在房间内弹出定位网格线。

4.2.3 地毯剪裁：根据放线定位的数据，剪裁地毯，长度应比房间长度大20mm。

4.2.4 钉倒刺板条：沿房间四周踢脚边缘，将倒刺板条牢固钉在地面基层上，倒刺板条应距踢脚 8～10mm。

4.2.5 铺衬垫：将衬垫采用点粘法粘在地面基层上，要离开倒刺板 10mm 左右。

4.2.6 铺设地毯：先将地毯的一条长边固定在倒刺板上，毛边掩到踢脚板下，用地毯撑子拉伸地毯，直到拉平为止；然后将另一端固定在另一边的倒刺板上，掩好毛边到踢脚板下。一个方向拉伸完，再进行另一个方向的拉伸，直到四个边都固定在倒刺板上。在边长较长的时候，应多人同时操作，拉伸完毕时应确保地毯的图案无扭曲变形。

4.2.7 铺活动地毯时应先在房间中间按照十字线铺设十字控制块，之后按照十字控制块向四周铺设。大面积铺贴时应分段、分部位铺贴。如设计有图案要求时，应按照设计图案弹出准确分格线，并做好标记，防止差错。

4.2.8 当地毯需要接长时，应采用缝合或烫带粘结（无衬垫时）的方式，缝合应在铺设前完成，烫带粘结应在铺设的过程中进行，接缝处应与周边无明显差异。

4.2.9 细部收口：地毯与其他地面材料交接处和门口等部位，应用收口条做收口处理。

5 质量标准

5.1 主控项目

5.1.1 地毯面层采用的材料应符合设计要求和国家现行有关标准的规定。

5.1.2 地毯表面应平服，拼缝处缝合粘贴牢固、严密平整、图案吻合。

5.2 一般项目

5.2.1 地毯面层不应起鼓、起皱、翘边、卷边、显拼缝和露线，无毛边，绒面毛顺光一致，毯面应洁净，无污染和损伤。

5.2.2 地毯同其他面层连接处、收口处和墙边、柱子周围应顺直、压紧。

6 成品保护

6.0.1 地毯进场应尽量随进随铺，库存时要防潮、防雨、防踩踏和重压。

6.0.2 铺设时和铺设完毕应及时清理毯头、倒刺板条段、钉子等散落物，严格防止将其铺入毯下。

6.0.3 地毯面层完工后应将房间关门上锁，避免受污染破坏。

6.0.4 后续工程在地毯面层上需要上人时，必须戴鞋套或者是专用鞋，严禁在地毯面上进行其他各种施工操作。

7 注意事项

7.1 应注意的质量问题

7.1.1 地毯起皱、不平

1 基层不平整或地毯受潮后出现胀缩；

2　地毯未牢固固定在倒刺板上，或倒刺板不牢固；

3　未将毯面完全拉伸至伸平，铺毯时两侧用力不均或粘结不牢。

7.1.2　毯面不洁净

1　铺设时刷胶将毯面污染；

2　地毯铺完后未做有效的成品保护，受到外界污染；

3　接缝明显：缝合或粘合时未将毯面绒毛持顺，或是绒毛朝向不一致，地毯裁割时尺寸有偏差或不顺直；

4　图案扭曲变形：拉伸地毯时，各点的力度不均匀，或不是同时作业造成图案扭曲变形。

7.1.3　不合格：凡检验不合格的部位，均应返修或返工纠正，并制定纠正措施，防止再次发生。

7.2　应注意的安全问题

7.2.1　切割地毯时，应戴防尘面罩，避免粉尘毛屑的吸入。

7.2.2　随时清理操作地点的余料、废料，不得从窗口向外抛出。

7.3　应注意的绿色施工问题

7.3.1　应连续进行，尽快完成。周边环境应干燥、无尘。室内已处于竣工交验结束。

7.3.2　在施工过程中应防止噪声、扬尘污染，在施工现场临界噪声敏感区域宜选择使用低噪声的设备，也可以采取其他降低噪声的措施，加工时产生的扬尘应有效控制。

7.3.3　使用的地毯等材料必须符合环保要求。

7.3.4　工完场地清，使用完的材料和杂物必须清理干净。

8　质量记录

8.0.1　地毯材质合格证明文件及性能检测报告。

8.0.2　胶粘剂合格证明文件及性能试验报告。

8.0.3　地毯面层检验批工程质量验收评定记录。

8.0.4　板块面层铺设分项工程质量验收评定记录。

8.0.5　其他技术文件。

第 28 章　玻璃地板面层

本工艺标准适用于房屋建筑的玻璃地板面层工程的施工。

1　引用标准

《建筑地面工程施工质量验收规范》GB 50209—2010

《建筑工程施工质量验收统一标准》GB 50300—2013

《建筑装饰装修工程施工质量验收标准》GB 50210—2018

2　术语（略）

3　施工准备

3.1　作业条件

3.1.1　施工现场的用电应满足施工的需要，作业面控制轴线校验完毕无误，基层的外形尺寸已经复核，多余的混凝土屑已经剔除，务必使基层的误差保证在本工艺能调节的范围之内，作业面的环境已清理完毕。

3.1.2　各种机具设备如切割机、钻机、电焊机等已齐备和完好。

3.1.3　制定施工样板制度，要求做好样板后经设计、甲方、监理、项目部相关人员验收通过后，方可以进行大面积施工。

3.2　材料及机具

3.2.1　玻璃的品种应符合设计要求。玻璃采用防火、夹胶、中空钢化玻璃等，边角处做 1mm 倒角处理。钢化玻璃必须有性能检测报告，并有 CCC 标志。玻璃厚度允许偏差为±0.4mm。

1　钢化玻璃：玻璃外观质量不能有裂纹、缺角。长方形平面钢化玻璃边长允许偏差见表 28-1；长方形平面钢化玻璃对角线允许值见表 28-2。

长方形平面钢化玻璃边长允许偏差　　　　　　　表 28-1

厚度（mm）	边长（L）允许偏差（mm）			
	$L \leqslant 1000$	$1000 < L \leqslant 2000$	$2000 < L \leqslant 3000$	$L > 3000$
3、4、5、6	$+1$ -2	±3	±4	±5
8、10、12	$+2$ -3			
15	±4	±4		
19	±5	±5	±6	±7
>19	供需双方商定			

长方形平面钢化玻璃对角线允许值　　　　　　　表 28-2

玻璃公称厚度	对角线允许偏差（mm）		
	$L \leqslant 2000$	$2000 < L \leqslant 3000$	$L > 3000$
3、4、5、6	±3.0	±4.0	±5.0
8、10、12	±4	±5	±6
15、19	±5	±6	±7
>19	供需双方商定		

2　夹层玻璃：玻璃外观质量不允许存在裂纹。爆边长度或宽度不得超过玻璃的厚度，划伤和磨伤不得影响使用，不允许脱胶，气泡、中间层杂质及其他观察到的不透明物等缺陷符合标准，夹胶玻璃边长的允许偏差见表 28-3。

夹胶玻璃边长的允许偏差（mm）　　　　　　　表 28-3

总厚度 D	长度或宽度 L		总厚度 D	长度或宽度 L	
	$L \leqslant 1200$	$1200 < L < 2400$		$L \leqslant 1200$	$1200 < L < 2400$
$4 \leqslant D < 6$	$+2$ -1	— —	$11 \leqslant D < 17$	$+3$ -2	$+4$ -2
$6 \leqslant D < 11$	$+2$ -1	$+3$ -1	$17 \leqslant D < 24$	$+4$ -3	$+5$ -3

3.2.2　支撑骨架一般有砖墩、混凝土墩、钢支架、不锈钢支架、木支架和铝合金支架等几种，常用的是钢支架和铝合金、不锈钢支架。质量控制按照相关专业工程施工技术标准。

3.2.3　橡胶垫：橡胶垫的厚度应满足设计要求，厚度要均匀。

3.2.4 密封胶：密封胶必须是防雾型的，并且符合环保要求。

3.2.5 使用的机具有电焊机、手提切割机、手电钻、铝合金靠尺。

4 施工工艺

4.1 工艺流程

基层清理 → 地面找平 → 测量放线 → 安装固定可调支架及横梁 →

玻璃加工、安装 → 勾缝

4.2 基层清理

施工前先检查楼地面的平整度，清除地面杂物及水泥砂浆，如结构为砖墩、混凝土墩，地面应凿毛。

4.3 地面找平

玻璃支撑结构为钢结构，不锈钢和铝合金支架，如地面平整度不能达到施工要求，应重新用水泥砂浆找平并养护。

4.4 测量放线

根据设计要求，弹出 50cm 水平基准线，根据基准线弹出玻璃地面标高线，测量长度宽度，按照玻璃规格加上缝隙（2～3mm），弹出支撑结构中心线。

4.5 安装固定可调支架和横梁

根据设计要求确定铺设高度。要按室内四周墙上弹划出的玻璃地面标高线和基层地面上已经弹线完成的分格位置线，安放可调支架，并架上横梁，用小线和水平尺调整支座高度至全室等高。玻璃地板支柱的每个螺帽在调平之后都应拧紧，形成联网支架。

可调支架和横梁表面要求达到一定的装饰设计效果。

4.6 玻璃加工、安装

玻璃加工采用玻璃厂家直接加工的方式，根据现场排版尺寸，编制玻璃加工单，玻璃厂家根据加工单加工玻璃。玻璃地板块边缘与墙面和柱子接触的一排为异形玻璃尺寸时，应根据现场实际裁画模板，单独加工异形玻璃，其安装时配装相应的可调支架和横梁，并固定防止移动。

铺设玻璃地板块并调整水平高度，保证四角接触平整、严密，接缝处满打玻璃密封胶，防止水渗漏到玻璃地板下的灯带插座里，四周玻璃板块之间密封胶要饱和，防止人多踩踏玻璃移动。

4.7　勾缝

清理玻璃缝隙，缝隙两边用纸胶带保护，采用密封胶灌缝，缝隙要求饱满平滑。打胶后应进行保护，待胶固化后方可上人。

5　质量标准

5.1　主控项目

5.1.1　玻璃的品种、规格、加工几何尺寸偏差、表面缺陷及物理性能必须符合设计和国家有关现行标准规定。

5.1.2　所用的型钢骨架等的材质、品种、型号、规格及连接方式必须符合设计要求和国家有关标准规定。

5.1.3　型钢骨架的挠度等测试数据必须满足设计及规范要求。

5.2　一般项目

5.2.1　金属骨架

表面洁净、无污染，连接牢固、安全可靠，横平竖直，无明显错台错位，不得弯曲和扭曲变形。垂直偏差不大于 3mm，水平偏差不大于 2mm。

5.2.2　焊缝要求

构件需满焊连接，焊缝外形均匀、成型较好、过渡平滑，焊渣清除打磨干净。

5.2.3　玻璃缝隙、分格线宽窄均匀，上下口平直。

5.2.4　玻璃地面允许偏差和检验方法见表 28-4。

玻璃地面允许偏差和检验方法　　　　　　　　　表 28-4

项次	项目	允许偏差（mm）	检验方法
1	立面垂直度	2.0	用 2m 垂直检测尺检查
2	表面平整度	2.0	用 2m 靠尺和塞尺检查
3	阴阳角方正	2.0	用直角检测尺检查
4	接缝直线度	2.0	拉 5m 线，不足 5m 拉通线，用钢直尺检查
5	接缝高低差	2.0	用钢直尺和塞尺检查

6　成品保护

6.0.1　玻璃施工过程中与设备安装专业紧密配合，不得破坏已安装好的设备管线，如有设备管线等妨碍施工，请与现场相关管理人员联系协调解决。

6.0.2 刚施工完毕的玻璃地面做好警示围挡，严禁磕划。

7 注意事项

7.1 应注意的质量问题

7.1.1 玻璃地面装饰边缘与墙面、柱子接触的一排为异形玻璃尺寸，根据现场实际裁画模板，单独加工异形玻璃并编号，安装时配套相应的可调支架和横梁，固定牢固防止移动。

7.1.2 玻璃安装时注意污染及磕碰

1 玻璃安装时为避免污染，施工人员必须佩戴手套。

2 安装时玻璃应采用吸盘搬运，避免碰撞玻璃。

7.1.3 玻璃安装完后注意成品保护

玻璃安装完毕后，需要对完成面进行成品保护，采用板材等遮挡起来防止磕碰划伤。

7.1.4 不合格

凡检验不合格的部位，均应返修或返工纠正，并制定纠正措施，防止再次发生。

7.2 应注意的安全问题

7.2.1 搬运玻璃的工人应戴手套。用厚纸或布垫住玻璃边棱，避免划破手。玻璃应装夹立放靠紧，不得平放。不得逆风搬运大面积玻璃。

7.2.2 使用吸盘机安装玻璃时，必须专人操作。玻璃表面应擦洗干净，不允许表面粘附泥土、污物。否则易使吸盘漏气，造成安全事故。停电时应及时用手动阀将玻璃放回支架。

7.2.3 玻璃未安装牢固前，不得中途停工或休息，安装牢固后要做好成品保护。

7.2.4 裁割玻璃应在指定场所作业，裁下的边角废料应集中堆放，及时处理。

7.3 应注意的绿色施工问题

7.3.1 应连续进行，尽快完成。周边环境应干燥、无尘。室内施工部分不可同时进行其他作业。

7.3.2 在施工过程中应防止噪声、扬尘污染，在施工现场临界噪声敏感区域宜选择使用低噪声的设备，也可以采取其他降低噪声的措施，加工时产生的扬尘应有效控制。

7.3.3 使用的玻璃、结构胶等材料必须符合环保要求。

7.3.4 工完场地清，使用完的材料和杂物必须清理干净。

8　质量记录

8.0.1 玻璃材质合格证明文件、性能检测报告及复试报告。

8.0.2 胶粘剂合格证明文件及性能试验报告、复试报告。

8.0.3 玻璃面层检验批工程质量验收评定记录。

8.0.4 板块面层铺设分项工程质量验收评定记录。

8.0.5 其他技术文件。

当代内科
理论与实践

徐 冉 等/主编

吉林科学技术出版社

图书在版编目（ＣＩＰ）数据

当代内科理论与实践 / 徐冉等主编. -- 长春：吉
林科学技术出版社，2023.3
ISBN 978-7-5744-0282-9

Ⅰ．①当… Ⅱ．①徐… Ⅲ．①内科学 Ⅳ．①R5

中国国家版本馆 CIP 数据核字(2023)第 065305 号

当代内科理论与实践

主　　编　徐　冉等
出 版 人　宛　霞
责任编辑　张　楠
封面设计　皓麒图书
制　　版　皓麒图书
幅面尺寸　185mm×260mm
开　　本　16
字　　数　310 千字
印　　张　13.25
印　　数　1-1500 册
版　　次　2023年3月第1版
印　　次　2023年10月第1次印刷

出　　版　吉林科学技术出版社
发　　行　吉林科学技术出版社
地　　址　长春市福祉大路5788号
邮　　编　130118
发行部电话/传真　0431-81629529 81629530 81629531
　　　　　　　　　　81629532 81629533 81629534
储运部电话　0431-86059116
编辑部电话　0431-81629518
印　　刷　廊坊市印艺阁数字科技有限公司

书　　号　ISBN 978-7-5744-0282-9
定　　价　90.00元

编　委　会

主　编　徐　冉（曹县人民医院）
　　　　李　爽（青岛市第八人民医院）
　　　　苏　征（济宁市第二人民医院）
　　　　李传丽（东营市河口区第二人民医院）
　　　　姜洪丽（青岛市第八人民医院）
　　　　王蕾娜（乳山市人民医院）
　　　　王彦青（大同市第三人民医院）

目　　录

第一章 心力衰竭

第一节 慢性心力衰竭

一、概述

慢性心力衰竭(CHF)也称慢性充血性心力衰竭(CHF),是由于任何原因的初始心肌损伤(如心肌梗死、心肌病、血流动力学负荷过重、炎症等)引起心肌结构和功能的变化,最后导致心室泵血和/或充盈功能低下的复杂临床综合征。在临床上主要表现为气促、疲劳和体液潴留,是一种进展性疾病,其发生率近年呈上升趋势。据 2006 年我国心血管病报告,我国心力衰竭患者有 400 万人,心力衰竭患病率为0.9%,其中男性为 0.7%,女性为 1.0%,且随着年龄增加,心力衰竭发病率增高。尽管心力衰竭的治疗水平有明显提高,但其病死率居高不下,住院心力衰竭患者1 年和 5 年病死率分别为 30%和 50%。

心力衰竭的进程主要表现为心肌重量、心室容量增加及心室形态改变即心肌重构。心肌重构的机制主要为神经内分泌激活,在初始的心肌损伤后,肾素-血管紧张素-醛固酮系统(RAAS)和交感神经系统兴奋性增高;多种内源性神经内分泌和细胞因子激活,促进心肌重构,加重心肌损伤和心功能恶化,进一步激活神经内分泌和细胞因子等,形成恶性循环。

根据临床症状及治疗反应,常将心力衰竭分为:①无症状性心力衰竭(SHF):指左室已有功能障碍,左室射血分数降低,但无临床"充血"症状的这一阶段,可历时数月至数年;②充血性心力衰竭:临床已出现典型症状和体征;③难治性心力衰竭(RHF):指心力衰竭的终末期,对常规治疗无效。

根据心力衰竭发生的基本机制分为:收缩功能障碍性心力衰竭和收缩功能保留的心力衰竭。收缩性心力衰竭定义为左心室射血分数(LVEF)≤40%,大多数为缺血性心肌病且既往有过心肌梗死病史,其次为非缺血性心肌病如扩张性心肌病、瓣膜病等。收缩功能保留的心力衰竭也称为舒张功能障碍性心力衰竭,是由于左心室舒张期主动松弛能力受损和心肌顺应性降低,亦即僵硬度增加(心肌细胞肥大伴间质纤维化),导致左心室在舒张期的充盈受损,心搏量(即每搏量)减少,左室舒张末期压增高而发生的心力衰竭。往往发生于收缩性心力衰竭前。既往心脏疾病主要为高血压、糖尿病、肥胖,以及冠心病(表 1-1)。

表 1-1　心力衰竭常见病因

收缩性心力衰竭	收缩功能保留的心力衰竭
冠心病	高血压
高血压	糖尿病
心肌炎	冠心病
感染	二尖瓣狭窄
心肌病	淀粉样变性
瓣膜病	肥厚型心肌病
毒物诱导	心包疾病
酒精	高心输出量
可卡因	动静脉畸形
基因	动静脉瘘
致心律失常右室心肌病	甲状腺功能亢进
肌营养不良心肌病	贫血
心动过速心肌病	
糖尿病	

二、CHF 的诊断

当首次接诊心力衰竭患者时,病史内容主要包括:心力衰竭的病因;评估疾病的进展和严重程度;评估容量状态。

首先,弄清病因非常重要,病史询问应有针对性。考虑缺血性心肌病时,应询问既往有无心肌梗死、胸痛、动脉粥样硬化危险因素;考虑心肌炎或心肌病时,应询问近期有无病毒感染或上呼吸道感染史,有无家族性心肌病史;是否存在高血压或糖尿病等。

对于初发的或已经确诊的心力衰竭患者,明确其心功能状态和运动耐力下降非常重要。需要仔细询问患者有无端坐呼吸、夜间阵发性呼吸困难,此外,体重有无增加、下肢有无水肿等有助于了解水钠潴留状态。

(一)临床诊断

1.左心衰竭的诊断

(1)症状:主要表现为肺循环淤血,表现为疲劳、乏力;呼吸困难(劳力性呼吸困难、阵发性夜间呼吸困难、端坐呼吸)。

(2)体征:心脏扩大,心率增快,奔马律,收缩期杂音,两肺底闻及湿啰音,继发支气管痉挛时,可闻及哮鸣音或干啰音。

(3)实验室检查:①胸部 X 线:肺门动脉和静脉均有扩张,肺门阴影范围和密度均有增加;②心电图:明确有无心肌缺血和心律失常;③超声心动图:了解左心室舒张末期内径(LVEDd)增大、LVEF 下降等。

2.右心衰竭的诊断

（1）症状：胃肠道症状（食欲不振、恶心、呕吐、腹胀、便秘及上腹疼痛），肾脏症状（夜尿增多、肾功能减退），肝区疼痛（肝脏淤血肿大、右上腹饱胀不适、肝区疼痛），失眠、嗜睡、精神错乱。

（2）体征：颈静脉怒张，肝大与压痛（肝颈静脉回流征阳性），低垂部位、对称性水肿，甚至出现胸腔积液，多见右侧胸腔积液，腹水，发绀，心包积液，营养不良、消瘦、恶病质。

（3）实验室检查：①胸部 X 线：以右心室和右心房增大为主；②超声：肝脏肿大明显；③静脉压升高：中心静脉压＞1.18kPa（12cmH$_2$O），肘静脉压＞1.37kPa（14cmH$_2$O）；④肝功异常：胆红素升高、GPT 升高。

3.全心衰竭诊　断如果患者左、右心功能不全的表现同时存在，称为全心衰竭，但患者或以左心功能不全的表现为主，或以右心功能不全的表现为主。

4.舒张性心力衰竭的诊断　①有典型心力衰竭的症状和体征；②LVEF 正常（＞45％），左心腔大小正常；③超声心动图有左室舒张功能异常的证据，并可排除心瓣膜病、心包疾病、肥厚型心肌病、限制性（浸润性）心肌病等。

（二）心功能不全程度的判断

1.纽约心脏病协会（NYHA）分级法和 ACC/AHA 心力衰竭分期法对心力衰竭患者进行评估并指导治疗。

2.6min 步行试验：在平直走廊尽可能快行走，测定 6min 步行距离。＜150m 为重度，150～425m 为中度，426～550m 为轻度。评定运动耐量、心功能、疗效及预后。

（三）BNP/NT-proBNP 在心力衰竭诊断中的作用

血清脑利钠肽（BNP）和 N 端脑利钠肽前体（NT-proBNP）的测定在心力衰竭诊断中的地位不断提高。2008 年中西方 BNP 专家共识指出，BNP 的作用已经得到所有重要指南的推荐，用于辅助诊断、分期、判定入院及出院治疗时机，以及判断患者发生临床事件的危险程度（表 1-2）。

表 1-2　BNP 水平测定的意义

1.高 BNP 水平提示包括死亡在内的严重心脏事件
2.如果心力衰竭患者的 BNP 水平治疗后下降，患者的预后可得到改善
3.存在心源性呼吸困难患者的 BNP 水平通常高于 400ng/L
4.如果 BNP＜100ng/L，则不支持心力衰竭的诊断
5.如果 BNP 水平在 100～400ng/L 之间，医生必须考虑呼吸困难的其他原因，如慢性阻塞性肺病、肺栓塞以及心力衰竭的代偿期

2009 年关于 NT-proBNP 临床应用中国专家共识出台，该共识指出 NT-proBNP 可以作为慢性心力衰竭的客观检测指标，采用双截点进行判别（表 1-3），其水平高于正常人和非心力衰竭患者，但增高程度不及急性心力衰竭。NT-proBNP 受肾功能影响较大。2008 年 ESC 心力衰竭诊治指南关于利钠肽诊断心力衰竭的应用。

表 1-3　Nf-proBNP 截点的意义

1.排除截点	NT-proBNP＜300ng/L,心力衰竭可能性很小
2.诊断截点	以下情况心力衰竭可能性很大
	＜50 岁,NT-proBNP＞450ng/L
	50～75 岁,NT-proBNP＞900ng/L
	＞75 岁,NT-proBNP＞2000ng/L
3.两截点之间为灰区	可能是较轻的急性心力衰竭,或是非急性心力衰竭原因所致(心肌缺血、心房颤动、肺部感染、肺癌、肺动脉高压或肺栓塞等)

三、CHF 的治疗

治疗策略从以前短期血流动力学/药理学措施转为长期的、修复性的策略,目的是改变衰竭心脏的生物学性质。治疗关键是阻断神经内分泌的过度激活,阻断心肌重构。

目标:改善症状、提高生活质量、防止和延缓心肌重构的发展,降低心力衰竭病死率和住院率。

(一)一般治疗

1.去除诱因　预防、识别与治疗引起或加重心力衰竭的特殊事件,特别是感染;控制心律失常、纠正电解质紊乱及酸碱失衡;处理或纠正贫血、肾功能损害等其他临床合并疾病。

2.监测体重　每天测定体重以早期发现液体潴留;通过体重监测调整利尿剂剂量,了解心力衰竭控制情况。

3.调整生活方式

(1)限钠:轻度心力衰竭患者 2～3g/d,中到重度心力衰竭患者＜2g/d;心力衰竭患者应全程限盐。

(2)限水:控制盐、水负荷是心力衰竭最基础的治疗。应尽量避免不必要的静脉输注。

(3)营养和饮食:低脂饮食,戒烟,肥胖患者应减轻体重;心脏恶病质者,给予营养支持,如清蛋白。

(4)休息和适度运动:失代偿期需卧床休息,多做被动运动以预防深部静脉血栓形成。临床情况改善后应鼓励患者在不引起症状的情况下,进行体力活动,但要避免用力的等长运动。

4.心理和精神的治疗　压抑、焦虑和孤独在心力衰竭恶化中发挥重要作用,也是心力衰竭患者主要的死亡预后因素;给予情感干预,心理疏导;酌情应用抗抑郁药物可改善患者生活质量及预后。

5.氧气治疗　氧疗用于急性心力衰竭,对慢性心力衰竭无应用指征。无肺水肿心力衰竭患者,氧疗可能导致血流动力学恶化。当心力衰竭伴夜间睡眠呼吸障碍者,夜间给氧可减少低氧血症的发生。

(二)基本药物治疗

药物治疗是心力衰竭治疗的基石。

1.利尿剂 是心力衰竭治疗的基础药物,通过抑制肾小管特定部位钠、氯重吸收,遏制心力衰竭时钠潴留,减少静脉回流、减低前负荷,从而减轻肺淤血,提高运动耐量。对存在液体潴留的心力衰竭患者,利尿剂是唯一能充分控制液体潴留的药物,是标准治疗中必不可少的组成部分。

(1)利尿剂的选择

①襻利尿剂(呋塞米)是大部分心力衰竭患者的首选药物,适用于有明显液体潴留或伴肾功能受损患者;呋塞米剂量-效应呈线性关系,剂量不受限制。

②噻嗪类(氢氯噻嗪)用于有轻度液体潴留、伴高血压且肾功能正常的心力衰竭患者。在肾功能中度损害(肌酐清除率<30mL/min)时失效;氢氯噻嗪100mg/d已达最大效应,再增加剂量也无效。

由于利尿剂可激活内源性神经内分泌因子活性,尤其是RAAS,因此应与ACEI(或ARB)联合应用,可有较好协同作用。应用利尿剂过程中应每天监测体重变化,这是最可靠监测利尿剂效果、以利及时调整利尿剂剂量的指标。利尿剂应用过程中出现低血压和氮质血症而无液体潴留,可能是利尿剂过量、血容量减少所致,应减少利尿剂剂量。

利尿剂(表1-4)应用从小剂量开始,逐渐加量,直至尿量增加,以每天体重减轻0.5~1.0kg为宜。

(2)利尿剂抵抗心力衰竭进展和恶化时常需加大利尿剂剂量,最终患者对大剂量无反应时,即出现利尿剂抵抗。解决办法:静脉用药如呋塞米40mg静脉注射,继以微泵持续静脉注射(10~40mg/h);2种或2种以上利尿剂联合应用;应用增加肾血流的药物,如短期应用小剂量多巴胺为2~5μg/(kg·min)。

表1-4 口服利尿剂的用量 单位:mg

襻利尿剂		
速尿	20~40	1~3次/d
托拉塞米	5~10	1~2次/d
噻嗪类		
双氢克尿塞	25	1~3次/d
保钾利尿剂		
安体舒通	20	1~3次/d
氨苯蝶啶	50	1~3次/d
依普利酮	50	1~2次/d

2.抗神经内分泌激活药物

(1)血管紧张素转换酶抑制剂(ACEI):通过抑制RAAS,竞争性阻断AngⅠ转化为AngⅡ,降低循环和组织的AngⅡ水平;阻断Angl-7的降解,使其水平增加进一步起到扩血管及抗增生作用;同时作用于激肽酶Ⅱ,抑制缓激肽的降解,提高缓激肽水平,缓激肽降解减少可产生扩血管的前列腺素生成增多和抗增生的效果。ACEI是证实能降低心力衰竭患者病死率的第一类药物,也是循证医学证据最多的药物,是治疗心力衰竭的基石和首选药物。

①ACEI 应用方法：采用临床试验中所规定的目标剂量；如不能耐受，可应用中等剂量，或患者能够耐受的最大剂量（表 1-5）；极小剂量开始，能耐受每隔 1～2 周剂量加倍。滴定剂量及过程需个体化，一旦达到最大耐受量即可长期维持应用；起始治疗后 1～2 周内应监测血压、血钾和肾功能，以后定期复查。如肌酐增高＜30％，为预期反应，不需特殊处理，但应加强监测。如肌酐增高 30％～50％，为异常反应，ACEI 应减量或停用；应用 ACEI 不必同时加用钾盐，或保钾利尿剂。合用醛固酮受体拮抗剂时，ACEI 应减量，并立即应用襻利尿剂。如血钾＞5.5mmol/L 停用 ACEI。

表 1-5　ACEI 制剂与剂量

	起始剂量	目标剂量
卡托普利	6.25mg，3 次/d	50mg，3 次/d
依那普利	2.5mg，2 次/d	10～20mg，2 次/d
赖诺普利	2.5～5mg/d	30～35mg/d
福辛普利	5～10mg/d	40mg/d
雷米普利	2.5mg/d	5mg，2 次/d 或 10mg/d
培哚普利	2mg/d	4～8mg/d
西拉普利	0.5mg/d	1～2.5mg/d
苯那普利	2.5mg/d	5～10mg/d

2）ACEI 应用要点：全部心力衰竭患者包括阶段 B 无症性心力衰竭和 LVEF＜45％的患者，除有禁忌证或不能耐受，ACEI 需终身应用；突然撤除 ACEI 有可能导致临床状况恶化，应予避免；ACEI 症状改善往往出现于治疗后数周至数月；即使症状改善不显著，ACEI 仍可减少疾病进展的危险性；ACEI 与 β 受体阻滞剂合用有协同作用；ACEI 治疗早期可能出现一些不良反应，但一般不影响长期应用；ACEI 一般与利尿剂合用，如无液体潴留可单独应用，一般不需补充钾盐。

③ACEI 禁忌证：严重血管性水肿、无尿性肾衰及妊娠女性。

以下情况须慎用：双侧肾动脉狭窄；血肌酐水平显著升高[＞265.2μmol/L（3mg/dl）]；高钾血症（＞5.5mmol/L）；低血压[收缩压＜12.0kPa（90mmHg）]，需经其他处理，待血流动力学稳定后再决定是否应用 ACEI；左室流出道梗阻，如主动脉瓣狭窄、肥厚型心肌病等。

④ACEI 不良反应：在治疗开始几天或增加剂量时常见低血压；肾功能恶化：重度心力衰竭 NYHAⅣ级、低钠血症者，易发生肾功能恶化。起始治疗后 1～2 周内应监测肾功能和血钾，以后需定期复查；高血钾：ACEI 阻止 RAAS 而减少钾的丢失，可发生高钾血症；肾功能恶化、补钾、使用保钾利尿剂，尤其并发糖尿病时尤易发生高钾血症，严重者可引起心脏传导阻滞；咳嗽：干咳，见于治疗开始的几个月内，需排除其他原因，尤其肺部淤血所致咳嗽。咳嗽不严重可以耐受者，鼓励继续使用 ACEI，如持续咳嗽，影响正常生活，可改用 ARB；血管性水肿：较为罕见（＜1％），可出现声带甚至喉头水肿等严重状况，危险性较大。多见于首次用药或治疗最初 24h 内。

（2）血管紧张素Ⅱ受体拮抗剂（ARB）：理论上可阻断所有经 ACE 途径或非 ACE 途径生成的 Ang Ⅱ 与 AT₁ 受体结合，从而阻断或改善因 AT₁ 受体过度兴奋导致的诸多不良作用；可能通过加强 Ang Ⅱ 与 AT_2 受体结合发挥有益效应;对缓激肽代谢无影响,一般不引起咳嗽,但不能通过提高血清缓激肽浓度水平发挥可能的有利作用。近年 ARB 在心力衰竭治疗中的地位逐渐提高。

ARB 应用要点:ARB 可用于 A 阶段患者,以预防心力衰竭的发生;亦可用于 B、C 和 D 阶段患者,不能耐受 ACEI 者,可替代 ACEI 作为一线治疗,以降低病死率和并发症发生率;ARB各种剂型均可考虑使用(表 1-6),其中坎地沙坦和缬沙坦证实可降低病死率和病残率的有关证据较为明确;ARB 应用中需注意的事项同 ACEI,如要监测低血压、肾功能不全和高血钾等。

表 1-6 ARB 制剂及剂量　　　　　　　　单位:mg/d

	起始剂量	推荐剂量
氯沙坦	25~50	50~100
缬沙坦	20~40	160×2
坎地沙坦	4~8	32
厄贝沙坦	150	300
替米沙坦	40	80
奥美沙坦	10~20	20~40

(3)β受体阻滞剂:慢性心力衰竭患者,肾上腺素受体通路持续、过度激活对心脏有害。人体衰竭心脏去甲肾上腺素浓度足以产生心肌细胞损伤,且慢性肾上腺素系统激活介导心肌重构,而 $β_1$ 受体信号转导的致病性明显大于 $β_2$、$α_1$ 受体。此为应用β受体阻滞剂治疗慢性心力衰竭的根本基础。由于β受体阻滞剂是负性肌力药,治疗初期对心功能有抑制作用,LVEF↓;长期治疗(>3 个月时)则改善心功能,LVEF↑;治疗 4~12 个月,能降低心室肌重和容量、改善心室形状,提示心肌重构延缓或逆转。

①β受体阻滞剂应用要点:慢性收缩性心力衰竭,NYHA Ⅱ、Ⅲ级病情稳定患者,及阶段B、无症状性心力衰竭或 NYHA I 级的患者(LVEF<40%),除非有禁忌证或不能耐受外均需无限期终身使用β受体阻滞剂;NYHA Ⅳ级心力衰竭患者,需待病情稳定(4d 内未静脉用药),已无液体潴留并体重恒定,达到"干重"后,在严密监护下应用。应在 ACEI 和利尿剂基础上加用β受体阻滞剂。

②β受体阻滞剂目标剂量或最大耐受量(表 1-7):清晨静息心率 55~60 次/min,不宜低于55 次/min。β受体阻滞剂应用需监测低血压、液体潴留和心力衰竭恶化、心动过缓、房室阻滞及无力等不良反应,酌情采取相应措施。

表 1-7 β受体阻滞剂制剂及剂量　　　　　　　　单位:mg/d

	起始剂量	目标剂量
比索洛尔	1.25	10
酒石酸美托洛尔	6.25×2	50×2
琥珀酸美托洛尔	12.5~25	200
卡维地洛	3.125×2	25×2

3)推荐应用琥珀酸美托洛尔、比索洛尔和卡维地洛。从极小剂量开始,每 2~4 周剂量加

倍。症状改善常在治疗 2～3 个月后才出现,即使症状不改善,亦能防止疾病的进展;不良反应常发生在治疗早期,一般不妨碍长期用药。

④β 受体阻滞剂禁忌证:支气管痉挛性疾病、心动过缓(心率<60 次/min)、Ⅱ度及以上房室阻滞(除非已安置起搏器):心力衰竭患者有明显液体潴留,需大量利尿者,暂时不能应用,应先利尿,达到干体重后再开始应用。

(4)醛固酮受体拮抗剂:醛固酮有独立于 AngⅡ 和相加于 AngⅡ 的对心肌重构的不良作用,特别是对心肌细胞外基质。衰竭心脏中心室醛固酮生成及活化增加,且与心力衰竭严重程度成正比。短期使用 ACEI 或 ARB 均可降低醛固酮水平,但长期应用时醛固酮水平却不能保持稳定、持续的降低,即"醛固酮逃逸"。在 ACEI 基础上加用醛固酮受体拮抗剂,进一步抑制醛固酮的有害作用,可望有更大的益处。

①应用要点:适用于中、重度心力衰竭,NYHA Ⅲ-Ⅳ 级患者;AMI 后并发心力衰竭且 LVEF<40% 患者亦可应用;螺内酯起始量 20mg/d,最大剂量为 60mg/d,隔日给予;应加用襻利尿剂,停用钾盐,ACEI 减量;监测血钾和肾功能,血钾>5.5mmol/L 即应停用或减量;螺内酯可出现男性乳房增生症,可逆性,停药后消失。

②醛固酮受体拮抗剂禁忌证、慎用情况:高钾血症和肾功能异常,此两种状况列为禁忌,有发生此两种状况潜在危险的慎用。应用醛固酮受体拮抗剂应权衡其降低心力衰竭死亡与住院的益处和致命性高钾血症的危险之间的利弊。

(5)神经内分泌抑制剂的联合应用

①ACEI 与 Ⅱ 受体阻滞剂:临床试验已证实两者有协同作用,可进一步降低 CHF 患者病死率,已是心力衰竭治疗的经典常规,应尽早合用。

②ACEI 与醛固酮受体拮抗剂:醛固酮受体拮抗剂的临床试验均是与以 ACEI 为基础的标准治疗作对照,证实 ACEI 加醛固酮受体拮抗剂可进一步降低 CHF 患者死亡率。

③ACEI 与 ARB:尚有争论,临床试验结论并不一致,目前大部分情况不主张合用。

④ACEI、ARB 与醛固酮受体拮抗剂:缺乏证据,可进一步增加肾功能异常和高钾血症的危险,不推荐联合应用。ACEI 与醛固酮拮抗剂合用,优于 ACEI 与 ARB 合用。

3.地高辛　是唯一被美国 FDA 确认能有效地治疗 CHF 的洋地黄制剂。主要益处与指征是减轻症状与改善临床状况,对总病死率的影响为中性,在正性肌力药中是唯一长期治疗不增加病死率的药物,且可降低死亡和因心力衰竭恶化住院的复合危险。

(1)应用要点:主要目的是改善慢性收缩性心力衰竭患者的临床状况,适用于已应用 ACEI/ARB、β 受体阻滞剂和利尿剂治疗,而仍持续有症状的心力衰竭患者。重症患者上述药物可同时应用;适用于伴快速心室率的心房颤动患者,合用 β 受体阻滞剂对运动时心室率增快的控制更有效;不推荐地高辛用于无症状的左室收缩功能不全(NYHA 1 级)的治疗;

临床多采用固定维持剂量疗法,0.125～0.25mg/d。70 岁以上,肾功能减退者宜用 0.125mg 每天或隔天 1 次。

(2)不良反应:主要见于大剂量时,包括:①心律失常(期前收缩、折返性心律失常和传导阻滞);②胃肠道症状(厌食、恶心和呕吐);③神经精神症状(视觉异常、定向力障碍、昏睡及精神错乱）。常出现于血清地高辛药物浓度＞2.0μg/L时,也可见于地高辛水平较低时,特别在低血钾、低血镁、甲状腺功能低下时发生。

（3）地高辛禁忌证和慎用的情况:①伴窦房传导阻滞、二度或高度AVB患者,禁忌使用。除非已安置永久心脏起搏器;②AMI后患者,特别是有进行性心肌缺血者应慎用或不用;③与能抑制窦房结或房室结功能的药物(如胺碘酮、β受体阻滞剂)合用时须谨慎;④奎尼丁、维拉帕米、胺碘酮、克拉霉素、红霉素等与地高辛合用时可使地高辛血药浓度增加,增加地高辛中毒的发生率,需懂慎,地高辛宜减量。

4.其他

（1）血管扩张剂:血管扩张剂可使外周循环开放,周围血管阻力下降,降低后负荷;同时可不同程度扩张静脉,减少回心血量,降低前负荷,减轻肺淤血和肺毛细血管楔压(PCWP);有利于心脏做功,改善血流动力学变化,缓解症状。不仅对急性左心力衰竭十分有效,而且对难治性和CHF也被证明有效。

（2）钙通道阻滞剂:缺乏CCB治疗心力衰竭的有效证据。当心力衰竭患者并发高血压或心绞痛需用CCB时,可选择氨氯地平。

（3）正性肌力药物的静脉应用:由于缺乏有效的证据并考虑到药物的毒性,对CHF者不主张长期间歇应用。阶段D患者可作为姑息疗法应用。心脏移植前终末期心力衰竭、心脏手术后心肌抑制所致的急性心力衰竭可短期应用3～5d。

应用方法:多巴酚丁胺剂量为100～250μg/min;多巴胺剂量为250～500μg/min;米力农负荷量为2.5～3mg,继以20～40μg/min,均静脉给予。

（三）CHF治疗流程

第一步:利尿剂应用:对于所有伴液体潴留的CHF患者均应首先应用利尿剂,直至处于"干重"状态。

第二步:ACEI或β受体阻滞剂:欧美指南均建议先用ACEI,再加用β受体阻滞剂。因为心力衰竭的临床试验几乎均是在ACEI的基础上加用β受体阻滞剂并证实有效的。

第三步:联合应用ACEI和β受体阻滞剂:这两种药物的联合可发挥协同作用,进一步改善患者预后,为"黄金搭档"。在ACEI不能耐受时改用ARB类。

第四步:其他药物应用:对于前三步治疗后效果不满意的患者,可考虑加用洋地黄制剂(地高辛)和醛固酮拮抗剂等。

（四）非药物治疗

1.心脏再同步化治疗　心脏再同步化(CRT)以其卓越的疗效逐渐成为一种CHF的有效治疗手段。大规模临床试验已证实,CRT不但能改善CHF患者生活质量,还能降低病死率。

在最佳药物治疗基础上NYHA Ⅲ～Ⅳ级,窦性心律,左心室射血分数≤35%;QRS时限≥120ms者;而NYHAⅡ级者,则要求QRS时限≥150ms;心房颤动合并心力衰竭者,QRS时限≥130ms作为CRT治疗的推荐。

2.ICD治疗　适应证:LVEF≤35%的心肌梗死40d以上患者,且NYHA Ⅱ～Ⅲ级者;LVEF≤35%的非缺血性心肌病患者,且NYHA Ⅱ～Ⅲ级者;LVEF≤30%的心肌梗死40d以上患者,且 NYHA Ⅰ 级者;LVEF≤40%的心肌梗死患者,存在非持续性室性心动过速,且可为电生理诱发心室颤动或持续性室性心动过速者。ICD 治疗对于预期寿命不足 1 年者,不能带来临床获益。因此,准确估算患者的预期寿命对是否 ICD 治疗十分必要。

3.心脏移植 可作为终末期心力衰竭的一种治疗方式,主要适用于无其他可选择治疗方法的重度心力衰竭患者。

(五)舒张性心力衰竭的治疗

1.积极控制血压 舒张性心力衰竭患者的达标血压宜低于单纯高血压患者的标准,即收缩压<17.3kPa(130mmHg),舒张压<10.7kPa(80mmHg)。

2.控制 AF 心率和心律 慢性 AF 应控制心室率;AF 转复并维持窦性心律,可能有益。

3.应用利尿剂 可缓解肺淤血和外周水肿,但不宜过度,以免前负荷过度降低而致低血压。

4.血运重建治疗 由于心肌缺血可以损害心室舒张功能,CHD 患者如有症状性或可证实的心肌缺血,应考虑冠状动脉血运重建。

5.逆转左室肥厚,改善舒张功能 可用 ACEI、ARB、β 受体阻滞剂等;维拉帕米有益于肥厚型心肌病。

(六)瓣膜性心脏病心力衰竭的治疗

治疗瓣膜性心脏病的关键就是修复瓣膜损害。国际上较一致的意见:所有有症状的瓣膜性心脏病心力衰竭(NYHA Ⅱ 级及以上),以及重度主动脉瓣病变伴有晕厥或心绞痛者,均必须进行手术置换或修补瓣膜。

(七)CHF 合并心律失常的治疗

心力衰竭常并发心律失常,包括室上性心律失常以 AF 最多见,以及室性心律失常。

处理要点:首先要治疗基本疾病、改善心功能、纠正神经内分泌过度激活;同时积极纠正其伴同或促发因素如感染、电解质紊乱、心肌缺血、高血压、甲状腺功能亢进症等。

1.室性心律失常 CHF 并发心脏性猝死约占总死亡的 40%～50%,其中部分由快速室性心律失常引起,少数可能与缺血事件如 AMI、电解质紊乱、栓塞及血管事件有关。

β 受体阻滞剂用于心力衰竭可降低心脏性猝死率,单独或与其他药物联合可用于持续或非持续性室性心律失常;抗心律失常药物仅适用于严重、症状性 VT,胺碘酮可作为首选药物;无症状、非持续性室性心律失常(包括频发室早、非持续 VT)不建议常规或预防性使用除 β 受体阻滞剂外的抗心律失常药物治疗(包括胺碘酮);Ⅰ 类抗心律失常药可促发致命性室性心律失常,增加病死率,应避免使用;胺碘酮可用于安置 ICD 患者以减少器械放电。

2.合并房颤 CHF 患者的 10%～30%可并发 AF,并与心力衰竭互为因果,使脑栓塞年发生率达 16%。

治疗要点:CHF 伴 AF 者采用复律及维持窦性心律治疗的价值尚未明确,因而目前治疗的主要目标是控制心室率及预防血栓栓塞并发症。

β 受体阻滞剂、洋地黄制剂或两者联合可用于心力衰竭伴 AF 患者心室率控制,如 β 受体阻滞剂禁忌或不能耐受,可用胺碘酮。胺碘酮可用于复律后维持窦性心律的治疗,不建议使用其他抗心律失常药物;有条件也可用多非力特;CHF 伴阵发或持续性 AF,或曾有血栓栓塞史患者,应给予华法林抗凝治疗。

(八)治疗效果的评估

根据患者的临床状况和心力衰竭生物学标志物(BNP/NT-proBNP)进行评估。

1.临床状况的评估　根据患者心力衰竭的症状和体征(包括血压)、运动耐受性和生活质量有无改善,心脏大小如心胸比例及超声心动图测定的左室舒张末与收缩末直径有无缩小、LVEF 和 6min 步行距离有无提高等进行判断。

2.BNP/NT-proBNP 测定　治疗后测定值应较基线降低≥30%。如与基线值相比较,其水平升高、不变或降幅较小,即便临床状况有所改善、心脏缩小、LVEF 有所提高,仍属于高危人群。

第二节　急性心力衰竭

一、概念

急性心力衰竭(AHF)临床上以急性左心衰竭最为常见。急性左心力衰竭指急性发作或加重的心功能异常所致的心肌收缩力明显降低、心脏负荷加重,造成急性心输出量骤降、肺循环压力突然升高、周围循环阻力增加,可引起肺循环充血而出现急性肺淤血、肺水肿并可伴组织器官灌注不足和心源性休克的临床综合征。急性右心力衰竭是指某些原因使右心室心肌收缩力急剧下降或右心室的前后负荷突然加重,从而引起右心输出量急剧降低的临床综合征。

在过去 10 年中,美国因急性心力衰竭而急诊就医者达 1 千万例次。急性心力衰竭患者中 15%~20% 为首诊心力衰竭,大部分则为原有的心力衰竭加重。每年心力衰竭的总发病率为 0.23%~0.27%,AHF 患者病情危重,预后极差,住院病死率为 3%,3 年和 5 年病死率分别高达 30% 和 60%。急性心肌梗死所致的急性心力衰竭病死率则更高。急性肺水肿患者的院内病死率为 12%,1 年病死率达 30%。

我国对 42 家医院在 1980、1990、2000 年的 3 个时段住院病历所做的回顾性分析表明,因心力衰竭住院占住院心血管病患者的 16.3%~17.9%,入院时心功能以 NYHA Ⅲ 级居多(42.5%~43.7%),基本为慢性心力衰竭的急性加重。

二、AHF 的临床诊断

(一)临床分类

国际上尚无统一的急性心力衰竭临床分类。根据急性心力衰竭的病因、诱因、血流动力学与临床特征作出的分类便于理解,也有利于诊断和治疗(表 1-8)。急性心力衰竭的临床分类如下:

表 1-8 急性心力衰竭的临床分类

急性左心衰竭
    慢性心力衰竭急性失代偿
    急性冠状动脉综合征
    高血压急症
    急性心瓣膜功能障碍
    急性重症心肌炎
    围生期心肌病
    急性严重心律失常
急性右心衰竭
非心源性急性心力衰竭
    高心输出量综合征(如甲状腺亢进危象、贫血、动静脉分流综合征、败血症等)
    严重肾脏疾病(心肾综合征)
    严重肺动脉高压
    大块肺栓塞

(二)AHF 诊断

主要依靠症状和体征,辅以适当的检查(心电图、胸部摄片、心脏超声、BNP 检查),必要时可选择血管造影、血流动力学监测和肺动脉球囊漂浮导管(PAC)等有创检查。

1.主要临床表现和体征

(1)呼吸困难:劳力性、夜间阵发性呼吸困难。

(2)急性肺水肿:突发严重的呼吸困难、端坐呼吸,咯粉红色泡沫痰。

(3)心源性休克:持续性低血压,收缩压<12.0kPa(90mmHg)、组织低灌注、心动过速(心率>110 次/min)、尿量减少(≤20mL/h)、意识障碍。

(4)查体:左心室扩大、奔马律、窦速、交替脉、两肺出现湿啰音和哮鸣音。

2.实验室检查

(1)胸部 X 线检查:肺门动脉和静脉均有扩张,肺门阴影范围和密度均有增加。急性肺水肿时,肺野呈云雾阴影。

(2)ECG 检查:明确有无心肌缺血和心律失常。

(3)超声心动图检查:了解左心室舒张末期内径(LVEDd)增大、LVEF 下降等。

(4)动脉血气分析:有无低氧血症、酸中毒。

(5)心力衰竭标志物:检测 BNP 和 NT-proBNP 水平,当 BNP>400ng/L 或 NT-proBNP>1500ng/L 心力衰竭可能性很大,阳性预测值为 90%。急诊就医的明显气急患者,如 BNP 和 NT-proBNP 水平正常或偏低,几乎可以排除急性心力衰竭的可能性。

(6)心肌坏死标志物:评价是否存在心肌损伤或坏死,检测肌钙蛋白(TnI、TnT)、肌酸磷酸激酶同工酶(CK-MB)、肌红蛋白水平。

(三)急性心力衰竭的分级

急性心力衰竭分级与预后密切相关,分级越高,病死率亦越高。主要有 3 种不同分级方案。

1.急性心肌梗死的 Killip 分级　详见表 1-9。

表 1-9　Killip 分级

分级	症状与体征
Ⅰ级	无心力衰竭
Ⅱ级	有心力衰竭,两肺中下部湿性啰音,占肺野下 1/2,可闻及奔马律,胸部 X 线片有肺淤血
Ⅲ级	严重心力衰竭,有肺水肿,细湿啰音遍布两肺(超过肺野下 1/2)
Ⅳ级	心源性休克、低血压[SBP≤12.0 kPa(90 mmHg)]、发绀、少尿、出汗

2.根据临床表现和血流动力学特点分级　详见表 1-10。

表 1-10　Forrester 分级

分级	PCWP(mmHg)	CI(mL/s·m²)	组织灌注状态
Ⅰ级	≤18	>36.7	无肺淤血,无组织灌注不良
Ⅱ级	>18	>36.7	有肺淤血
Ⅲ级	<18	≤36.7	无肺淤血,有组织灌注不良
Ⅳ级	>18	≤36.7	有肺淤血,有组织灌注不良

注:PCWP:肺毛细血管楔压;CI:心脏排血指数。

三、急性心力衰竭的治疗

目的:快速改善症状和稳定血流动力学状况,维持水、电解质平衡和避免心肾损伤。

1.氧疗　伴低氧血症患者应尽早使用氧疗,使氧饱和度≥95%。

常用鼻导管吸氧:低流量(1～2L/min);高流量吸氧(6～8L/min)可用于低氧血症,无 CO_2 潴留者;乙醇吸氧,可使肺泡内的泡沫表面张力降低而破裂,改善肺泡通气。方法:在湿化瓶中加 50%～70%酒精或有机硅消泡剂。

早期需要判断患者是否需要呼吸支持,包括气管插管或无创通气。

2.镇静或止痛　对于明显呼吸困难、焦虑或胸痛患者予以吗啡 3～5mg 稀释后静脉注射,必要时可在 5～10min 后重复给药 3mg,总量一般不超过 10mg。呼吸衰竭、明显 CO_2 潴留者、低血压、意识障碍者慎用。也可用哌替啶 30～100mg,肌内注射。

主要为减轻肺淤血和容量负荷过重。需静脉用药。如呋塞米 20～40mg(布美他尼 0.5～1mg,托拉塞米 10～20mg)静脉注射,可根据临床症状增加剂量或持续静脉滴注。呋塞米静脉滴注 5～40mg/h,在最初 6h<100mg,第一个 24h<240mg;与其他利尿剂联合应用,如醛固酮拮抗剂(螺内酯 20～40mg)

3.血管扩张剂　能降低患者收缩压、左心室和右心室充盈压及外周血管阻力,改善呼吸困难。

(1)适应证:收缩压>14.7kPa(110mmHg)的急性心力衰竭患者,推荐静脉注射硝酸甘油和硝普钠。收缩压在 12.0～14.7kPa(90～110mmHg)的患者慎用。

(2)使用方法:初始硝酸甘油静脉推荐剂量 $10\sim20\mu g/min$,如果需要,每 $3\sim5min$ 按 $5\sim10\mu g/min$ 增加剂量。注意监测血压,避免收缩压过度降低;慎用硝普钠,起始剂量 $0.3\mu g/(kg\cdot min)$,逐步滴定到 $5\mu g/(kg\cdot min)$,要建立动脉通路;奈西立肽静脉滴入速度可先按 $2\mu g/kg$,再以 $0.015\sim0.030\mu g/(kg\cdot mm)$ 的速度滴入。要严密监测血压,不推荐与其他扩血管药联用。

(3)不良反应:头痛、低血压。

4.正性肌力药物

(1)西地兰:增加急性心力衰竭患者的心输出量和降低充盈压。尤其用于伴有快速心室率的心房颤动患者。一般 $0.2\sim0.4mg$ 缓慢静脉注射,$2\sim4h$ 后可重复用药。

(2)多巴胺:通过刺激 β-肾上腺素受体来增加心肌收缩力和心输出量。一般 $3\sim5\mu g/(kg\cdot min)$ 即有正性肌力作用。多巴胺和多巴酚丁胺对心率>100 次/min 的心力衰竭患者应慎用。一般情况下,多采用小剂量多巴胺与较高剂量多巴酚丁胺联合使用。

(3)多巴酚丁胺:通过刺激 β-受体兴奋产生剂量—依赖正性肌力作用。起始剂量为 $2\sim3\mu g/(kg\cdot min)$ 静脉滴注,无负荷剂量。可依据临床症状、对利尿剂的反应和临床状态调整静脉滴注速度。可调至 $15\mu g/(kg\cdot min)$,同时监测血压。接受 β 受体阻滞剂治疗的患者,多巴酚丁胺剂量应增加至 $20\mu g/(kg\cdot min)$,才能恢复其正性肌力作用。

(4)米力农:磷酸二酯酶(PDE)抑制剂,可抑制环磷酸腺苷(cAMP)降解而发挥正性肌力和周围血管扩张的作用。同时增加心输出量和每搏输出量,而肺动脉压力、肺毛细血管楔嵌压、总外周及肺血管阻力下降。使用方法:每 $10\sim20min$ 给予 $25\sim75\mu g/kg$ 静脉注射,然后 $0.375\sim0.750\mu g/(kg\cdot min)$ 的速度静脉滴注。冠心病患者应慎用,因其可增加中期病死率。常见不良反应为低血压和心律失常。

(5)左西孟旦:是钙增敏剂,通过 ATP-敏感 K 通道介导作用和轻微 PDE 抑制作用以扩张血管。其可增加急性失代偿心力衰竭患者心输出量、每搏输出量,降低肺毛细血管楔嵌压、外周血管和肺血管阻力。使用方法:先 $3\sim12\mu g/kg$ 静脉滴注,10min 后以每分钟 $0.05\sim0.20\mu g/kg$ 的速度连续静脉滴注 24h。一旦病情稳定,滴注速度可增加。如收缩压<13.3kPa(100mmHg),不需要弹丸静脉注射,可直接先开始维持剂量静脉滴注,以避免发生低血压。

(6)去甲肾上腺素:不作为一线药物。如正性肌力药物仍不能将收缩压恢复到>12.0kPa(90mmHg),则患者处于心源性休克状态时,就应该 $0.2\sim1.0\mu g/(kg\cdot min)$ 使用。

5.AHF 的非药物治疗

(1)主动脉内球囊反搏(ICBP):是一种有效改善心肌灌注同时又降低心肌耗氧量和增加 CO 的治疗手段,适用于:①急性心肌梗死或严重心肌缺血并发心源性休克,且不能由药物治疗纠正;②伴有血流动力学障碍的严重冠心病(如急性心肌梗死伴机械并发症);③心肌缺血伴顽固性肺水肿。

(2)机械通气:急性心力衰竭者行机械通气的指征:①出现心跳呼吸骤停而进行心肺复苏时;②合并Ⅰ型或Ⅱ型呼吸衰竭。

机械通气的方式有无创呼吸机辅助通气、气道插管和人工机械通气,前者适用于呼吸频率≤25 次/min、能配合呼吸机通气的早期呼吸衰竭患者;后者适用于严重呼吸困难经常规治疗不能改善,尤其是出现明显的呼吸性和代谢性酸中毒并影响到意识状态的患者。

（3）血液净化治疗：对急性心力衰竭有益，但并非常规应用的手段，出现以下情况可以考虑：①高容量负荷如肺水肿或严重的外周组织水肿，且对襻利尿剂和噻嗪类利尿剂抵抗；②低钠血症（血钠＜110mmol/L）且有相应的临床症状如神智障碍、肌张力减退、腱反射减弱或消失、呕吐以及肺水肿等。③肾功能进行性减退，血肌酐＞500μmol/L 或符合急性血透指征的其他情况。

（4）心室机械辅助装置：急性心力衰竭经常规药物治疗无明显改善时，有条件的可应用此种技术。此类装置有：体外模式人工肺氧合器（ECMO）、心室辅助泵（如可置入式电动左心辅助泵、全人工心脏）。应用心室辅助装置只是短期辅助心脏恢复，作为心脏移植或心肺移植的过渡。

（5）急诊介入治疗或外科手术：对于急性心肌梗死并发低血压或心源性休克，有条件者应在 ICBP 或 ECMO 支持下，行急诊介入治疗以重建血运，甚至在体外循环支持下行冠状动脉旁路移植术（CABG）；对于心肌梗死后合并机械并发症，如心室游离壁破裂、室间隔穿孔、重度二尖瓣关闭不全，应在积极药物治疗，且 ICBP、ECMO、机械通气支持下行外科手术治疗。

四、急性心力衰竭处理原则

（一）急性右心衰竭

1.右心室梗死伴急性右心衰竭

（1）扩容治疗：如存在心源性休克，在监测中心静脉压的基础上首要治疗是大量补液，可应用 706 代血浆、低分子右旋糖酐或平衡液，直至 PCWP 上升至 2.00～2.40kPa（15～18mmHg），血压回升和低灌注症状改善。24h 的输液量为 3500～5000mL。对于充分扩容而血压仍低者，可予多巴酚丁胺或多巴胺。

（2）禁用的药物：治疗过程中禁用利尿剂、吗啡和硝酸甘油等血管扩张剂，以免进一步降低右心室充盈压。

（3）不可盲目扩容：如右室梗死同时合并广泛左心室梗死，则不宜盲目扩容，防止造成急性肺水肿。应考虑 ICBP 的使用。

2.急性大块肺栓塞所致急性右心力衰竭　给予吸氧、止痛、溶栓等治疗，经内科治疗无效的危重患者（如休克），若经肺动脉造影证实为肺总动脉或较大分支栓塞，可作介入治疗，必要时可在体外循环下紧急早期切开肺动脉摘除栓子。

3.右心瓣膜病所致的急性右心衰竭　治疗上主要应用利尿剂以减轻水肿，但要防止过度利尿造成的心输出量减少。

（二）急性心力衰竭稳定后处理

进行预后评估；针对原发疾病的治疗；优化的心力衰竭治疗（方案同慢性心力衰竭，应尽早应用 ACEI 或 ARB、β受体阻滞剂等）方案；对患者进行教育及随访。

第三节　顽固性心力衰竭

慢性心力衰竭患者，经过优化的内科治疗，消除并发症和诱因后，心力衰竭症状和临床状态未能得到改善甚至有恶化倾向者,称为顽固性心力衰竭(RHF)。

RHF 主要见于已进入末期的严重器质性心脏病患者,但并非心脏情况完全不可逆转。

一、RHF 的诊断

1.寻找临床背景 引起 RHF 的疾病主要有:①冠心病患者伴有多发性心肌梗死、心肌纤维化和乳头肌功能不全;②心肌病患者,尤其是扩张型心肌病患者晚期;③风湿性多瓣膜病伴有严重肺动脉高压患者。

2.识别心力衰竭加重的诱因 常见诱因为缺血、感染、快速心律失常、精神和体力负荷过重、肺栓塞、未控制的高血压、高动力状态、水、钠潴留等。

3.临床表现和分级 典型表现为休息或极轻微活动(包括大多数日常生活行为)时,即出现心力衰竭症状,往往需要反复或长时间住院接受治疗。NYHA 心功能分级 Ⅲ～Ⅳ 级或 AHA 分期 D 期。

4.评估血流动力学异常 RHF 最基本的血流动力学异常是存在肺毛细血管楔嵌压升高,肺毛细血管楔嵌压>2.0kPa(15mmHg),甚至肺毛细血管楔嵌压>2.4kPa(18mmHg)和低灌注,如心排血指数正常低值或下降(每分钟<2.2L/m^2)。

5.BNP 和 NT-pro BNP 水平 显著升高。

6.超声心动图 提示射血分数明显下降(EF<30%),甚至 EF<25%。

二、RHF 的治疗

对于 RHF 的治疗目的是迅速改善症状,延缓病程进展和降低病死率。

1.纠正血流动力学异常 根据充盈压和灌注水平,对 4 种不同类型的心力衰竭患者采用的治疗原则不同。

2.减轻水、钠潴留 真正的 RHF 患者往往因肾脏灌注不足,而对低剂量利尿药反应不佳。这些患者除应严格限制钠盐摄入(≤2g/d)外,还多需逐步增加袢利尿剂的剂量,并常常要联合使用作用互补的二线利尿药。可根据体重变化调整利尿剂剂量。以上方法不能奏效时,需静脉给予大剂量利尿剂 500～1000mg/d 持续泵入,有时还需联合应用增加肾血流量的药物[如小剂量多巴胺 2～3μg/(kg·min)]。超滤和血滤也是控制水、钠潴留的有效方法,同时还可以使肾脏对利尿剂的反应性得以恢复,因此对肾功能明显恶化或严重水肿难以消除的患者,可采用该治疗方法。

3.神经体液抑制剂的使用 多数 RHF 对 ACEI 及 β 受体阻滞剂治疗反应良好,且可明显改善临床预后。但同时神经体液的激活,又是这些终末期心力衰竭患者赖以维持循环稳态的重要机制之一,故 RHF 患者对这些抑制剂的耐受性较差,因此在临床实践中应注意如下。

(1)当收缩压<10.7kPa(80mmHg)或存在周围灌注不良的临床表现时,禁用 ACEI 及 β 阻滞剂。

(2)当体重达干重,并近期已不需使用静脉正性肌力药时,方可开始使用 β 受体阻滞剂。

(3)从小剂量开始,密切观察,缓慢增加剂量。另外,近年螺内酯也作为一种神经体液抑制剂用于治疗心力衰竭,在使用过程中应密切监测,防止出现高钾血症。

4.正性肌力药 对于 RHF 患者左室充盈压升高而收缩压≤12.0kPa(90mmHg),可静脉应用正性肌力药物(如洋地黄),非洋地黄类正性肌力药物(如多巴胺、多巴酚丁胺、米力农等)在心力衰竭患者中应用争议较大,但是对于临床心力衰竭严重,而常规治疗心力衰竭的药物和剂量都已到位,仍不能缓解患者症状者,可以短期应用非洋地黄类正性肌力药物。

5.改善心肌代谢药物 RHF 时心肌内生化的改变,导致能量代谢障碍,纠正代谢异常,有助于改善心脏舒缩功能和防治心律失常。如极化液(GIK),1,6-二磷酸果糖(FDP),左卡尼汀等。

6.肾上腺皮质激素 RHF 时肾上腺皮质功能减退,从而影响全身代谢及各器官功能,加重心力衰竭,形成恶性循环,小剂量强的松 5mg/d 替代治疗,可打破这一恶性循环。

7.非药物治疗 包括 CRT 安置、心脏移植、二尖瓣修补或置换术、机械辅助装置(如体外反搏、左室辅助泵)等,其中以心脏移植最成熟和疗效最肯定。

第二章 心律失常

第一节 快速性心律失常

一、室上性心律失常

(一)窦性心动过速

窦性心动过速简称窦速,常见于正常人体力活动、情绪激动或饮酒后。使用阿托品、肾上腺素、麻黄素等药物时也可出现窦速。持续性窦速多见于发热、失血、贫血、低血压、甲状腺功能亢进或充血性心力衰竭等。

1.临床表现 窦速发作的特征为开始时频率逐渐增加,终止时逐渐减慢,心动过速频率大多在150次/min以下,刺激迷走神经可使心率逐渐减慢,停止刺激又逐渐恢复至原来水平。

2.治疗 首先应去除诱发因素和治疗原发病,例如甲状腺功能亢进、上消化道出血等病因。必要时可选用镇静剂(如口服地西泮2.5mg)或β受体阻滞剂(如倍他乐克12.5～50mg,每天2次)。β受体阻滞剂可引起支气管痉挛,禁用于慢性阻塞性肺病或支气管哮喘的患者。

不适当窦性心动过速是指与生理活动不成比例的心率增加,患者常出现心悸、头昏等症状。一些患者在病毒感染后出现不适当窦性心动过速,提示病毒感染后自主神经功能紊乱,一般在3～12个月后可自行缓解。治疗可选用β受体阻滞剂。对于一些长期药物难以控制心率的窦速患者,可考虑导管消融改良窦房结,但存在一定的复发率和因过度消融导致窦房结功能低下而需植入心脏起搏器的风险。

(二)房性期前收缩和房室交界区期前收缩

房性期前收缩,是最常见的心律失常,随着年龄增加,房性期前收缩发生率也增加。房室交界区期前收缩,相对少见。

1.临床表现 房性期前收缩和房室交界区期前收缩的患者大多数无明显症状,部分感心悸。过早发生的房性期前收缩可能出现室内差异传导或者不能下传至心室,易误诊为室性期前收缩或者窦性停搏,应仔细寻找心电图上与T波重叠的P'波。

2.治疗 房性期前收缩和房室交界区期前收缩一般无需治疗,对于有症状的患者,应首先向患者解释这种期前收缩不会导致严重后果,必要时可使用β受体阻滞剂治疗(如倍他乐克12.5～50mg,每天2次或比索洛尔2.5～5mg,每天1次)或钙拮抗剂(维拉帕米80mg/8h)。但对于房性期前收缩未下传的患者,使用β受体阻滞剂可能导致更长的RR间期而使症状加重。

ⅠC类抗心律失常药物(心律平 150mg/8h)也可用于治疗房性期前收缩和交界区期前收缩,但应避免用于器质性心脏病的患者。对于药物治疗无效而症状严重的频发期前收缩,如果房性期前收缩为单一起源,可进行导管消融治疗。

(三)阵发性室上性心动过速

1.临床表现　阵发性室上性心动过速常指房室结折返性心动过速和房室折返性心动过速,主要症状为心悸,表现为突发突止的发作特点,如未能记录到发作时的心电图,可选择食管调搏或心腔内电生理检查以明确诊断。

2.治疗　房室结是房室结折返性心动过速和房室折返性心动过速折返环的必经之路,减慢房室结传导以终止折返即可使阵发性室上速停止发作。

(1)Valsalva动作或颈动脉窦按摩:可刺激迷走神经,常可终止阵发性室上性心动过速发作,应作为一线治疗方法。

(2)药物治疗:对于物理手法无效的患者,可首先选用维拉帕米 5mg 稀释成 20mL 后缓慢静脉注射(3～5min),如无效,15～30min 后重复 1 次相同剂量,可使 90% 的室上性心动过速终止。弹丸式注射腺苷 6mg 可一过性阻滞房室传导而使绝大多数阵发性室上性心动过速终止,亦可作为首选的治疗方法。静脉注射心律平 70mg(5～10min)或胺碘酮 150mg(10min)也可用于终止阵发性室上性心动过速。药物终止室上性心动过速时应持续心电和血压监护,过快注射维拉帕米和胺碘酮可导致低血压,应避免短期内使用多种抗心律失常药物,导致心动过速终止后出现长时间窦性停搏或房室传导阻滞。

(3)快速起搏或同步直流电复律:对于药物不能终止心动过速的患者,可通过食管调搏或同步直流电复律(50J)使其终止。而对于发作时血流动力学不稳定的患者,应首选同步直流电复律。

(4)导管消融慢径或旁道:可永久消除房室结折返性心动过速或房室折返性心动过速,对于不接受导管消融治疗而发作频发的患者,可长期口服维拉帕米或 β 受体阻滞剂预防发作。

(四)房性心动过速

1.临床表现　房性心动过速,简称房速,可分为局灶性、多源性和大折返性房速,其中大折返性房速的临床和电生理特征与房扑相同。局灶性房速的常见机制为自律性增高和微折返。自律性房速的频率在开始时逐渐加快,终止前可见频率逐渐减慢,异丙肾上腺素可诱发自律性房速而腺苷可使其终止。微折返性房速发作时频率通常恒定,程序刺激或房性期前收缩可诱发,腺苷不能减慢或终止这类房速。对于无结构性心脏病的患者,局灶性房速的起源部位大多位于界嵴、瓣环或者心脏静脉的肌袖(上腔静脉、冠状窦或肺静脉)。多源性房速最常见于严重肺部疾病的患者,房速时心电图上至少可见三种不同的 P' 波,频率通常在 100～150 次/min。

2.治疗　终止局灶性房速可静脉注射胺碘酮 150mg(10min)或心律平 70mg (5～10min),必要时可重复相同剂量,但应避免多种抗心律失常药物联合用药。对于药物不能终止的房速,可使用同步电复律。对于药物无效或者不愿长期药物治疗的患者,可选择导管消融治疗(成功率 90% 左右)。多源性房速的治疗首先改善基础疾病,如阻塞性或限制性肺病,控制房速可选用口服维拉帕米 80mg/8h,注意监测血压,防止低血压。

(五)心房扑动

1.临床表现　心房扑动,简称房扑。常发生于器质性心脏病的患者,可表现为持续发作或阵发性,发作时心房频率250～340次/min,未经治疗的房扑通常呈2:1下传心室,使心室率150次/min左右。围绕三尖瓣环折返的三尖瓣狭部(三尖瓣环至下腔静脉口之间的区域)依赖房扑是最常见的房扑类型,又称典型房扑。围绕三尖瓣逆钟向折返(激动沿房间隔上行,右房游离壁下行)的狭部依赖房扑在心电图上表现为Ⅱ、Ⅲ、aVF导联上出现负向锯齿形的心房扑动波,V$_1$导联正向扑动波。围绕三尖瓣环顺钟向折返的房扑在Ⅱ、Ⅲ、aVF导联上出现正向锯齿形的心房扑动波,V$_1$导联负向扑动波。非三尖瓣狭部依赖的房扑包括左房房扑、外科术后瘢痕相关房扑及房颤导管消融术后相关的左房房扑等。

房扑患者常表现为心悸、活动耐量下降或加重原有器质性心脏病的症状,长期无症状房扑伴快速心室率的患者可导致心动过速性心肌病而出现类似扩张型心肌病的临床表现。

2.治疗　房扑的治疗首先需判断是否需要即刻复律,对于房扑发作时出现低血压等不能耐受情况的患者,应采用同步直流电复律,50～100J能量能使绝大部分患者转为窦性心律。药物复律可静脉注射伊布利特或胺碘酮。对体重＞60kg的患者,伊布利特的用量为1mg在10min内静脉注射,如无效,10min后可重复静脉注射1mg,如体重＜60kg,每次伊布利特的用量为0.01mg/kg。对于持续时间不超过45d的房扑,静脉注射伊布利特能使约60%的患者转为窦性心律,转复时间大多在用药后30min内。伊布利特最主要的并发症为尖端扭转性室速,多发生在用药后4～6h内,要求备除颤器并维持心电监护6～8h,用药前QTc不能超过440ms,不能伴低血钾。经食管电极快速心房刺激亦可用于终止房扑,特别适用于慢快综合征的患者,以防房扑终止后出现长时间窦性停搏。

用于控制房扑快速心室率的常用药物包括β受体阻滞剂、钙通道阻滞剂或者洋地黄类药物。由于房扑的频率规则且相对较慢,因此药物控制心室率的效果不如房颤。即使药物能有效控制休息时的心室率,活动时交感神经兴奋常使心室率成倍增加。房扑伴快速心室率时,可使用维拉帕米2.5～10mg缓慢静脉注射(3～5min),控制不满意时,15～30min后可重复静脉注射5mg,或者静脉注射地尔硫革(恬尔心)0.25mg/kg(静脉注射3～5min,最大量20mg)。β受体阻滞剂艾司洛尔的半衰期为9min,可予负荷量0.5mg/kg静脉注射(1min),并以50μg/(kg·min)维持控制心室率。如果合用钙通道阻滞剂和β受体阻滞剂仍不能满意控制心室率,可加用洋地黄类药物,静脉注射西地兰0.2～0.4mg,单独使用洋地黄类药物控制房扑心室率的效果往往较差。对于合并心力衰竭的患者,控制心室率也可选择胺碘酮。

对于三尖瓣狭部依赖的房扑,导管射频消融阻断三尖瓣狭部可根治房扑,一次消融的成功率＞90%,应作为首选治疗。对于其他类型的房扑,亦可选择导管射频消融治疗。

房扑时心房不同部位顺序激动,使整个心房失去同步收缩的能力,心房内血流淤滞,心耳内易形成血栓,存在体循环动脉栓塞的风险。房扑患者预防动脉栓塞的建议与房颤相同。

(六)心房颤动

心房颤动,简称房颤,是最常见的持续性心律失常,其发病率随年龄的增加而增加,70岁以上的人群中,房颤发病率＞5%。房颤时心房电激动紊乱、快速,心室节律绝对不齐,心室率取决于房室结的传导功能,未经治疗的房颤心室率通常在 120～160 次/min,亦可＞200 次/min 或 ＜100 次/min。房颤常发生在高血压、心瓣膜病等器质性心脏病患者,但对于任何房颤患者均 应排除甲状腺功能亢进的可能。急性酒精中毒亦可引起房颤发作,称为"假日心脏综合征"。

1.房颤分类　2010 年,ESC/EHRA/EACTS 欧洲房颤指南根据房颤持续时间将房颤分为 初发性、阵发性、持续性、长期持续性和永久性房颤 5 类。阵发性房颤指能在 7d 内自行转复为 窦性心律者,一般持续时间＜48h;持续性房颤指持续 7d 以上,需要药物或电击才能转复为窦 性心律者;长期持续性房颤指持续时间＞1 年并拟采取节律控制策略者;房颤持续＞1 年,患者 已习惯房颤状态,不准备转复者为永久性房颤。

2.临床表现　房颤的临床表现与基础心脏疾病及心室率有关。部分患者可无明显症状, 大多数患者出现不同程度的心悸和活动耐量下降。二尖瓣狭窄患者心室舒张期的充盈较依赖 心房的收缩,一旦发生房颤可发生急性肺水肿。肥厚型心肌病或高血压性心脏病患者的心室 舒张功能减退,发生房颤常诱发心力衰竭或使原有的症状明显加重。病窦综合征的患者在房 颤终止时可发生长时间的窦性停搏,出现黑矇或晕厥等症状。

房颤时心电图上表现为特征性的心房颤动波和节律绝对不齐的 QRS 波。由于界嵴的电 学屏障作用,房颤时右房侧壁可出现相对一致的激动传导方向,有时在 V_1 导联上可见类似于 房扑的规则心房波,仔细观察其他导联的心房波有助于鉴别房颤与房扑。

房颤患者的评价应包括甲状腺功能,以排除甲状腺功能亢进,超声心动图以明确是否存在 结构性心脏病和心功能情况,并进行 24h 动态心电图以评价平均心室率等情况。部分患者需 进行经食管超声心动图检查以明确是否存在左心耳血栓。

房颤临床意义表现在以下 3 个方面:①心房收缩功能丧失;②快速心室率;③左心耳失去 收缩和排空能力,左心耳内血栓形成和脱落导致体循环栓塞。

3.治疗　房颤治疗目的是降低病死率、住院率和脑卒中率,提升患者的生活质量、心功能 和活动耐量,即所谓"三降三升"的治疗目标。房颤治疗的三大策略为抗凝、率律控制和上游 治疗。

(1)抗栓治疗:减少脑卒中的发生是降低房颤患者病死率的直接措施,因而抗凝治疗一跃 而居治疗策略的首位。华法林抗凝治疗是目前预防房颤患者动脉栓塞最有效的药物,但华法 林的治疗窗窄,个体差异大,抗凝作用还受许多药物和食物的影响,因此用药后需严密监测凝 血指标。中国人的华法林维持量平均 2～4mg,一般推荐起始剂量 2.5～3mg/d,用药初期每周 至少化验一次国际标准化率(INR),达到稳定的 INR 平均需要 2 周时间。用药 1～2 周后根据 INR 值调整剂量,每次增加或减少 1/4 片华法林,INR 达到目标值 2.0～3.0 并连续 2 周稳定 时可延长至每月化验一次 INR。

对于瓣膜病合并房颤患者,均建议使用华法林抗凝。对于非瓣膜病的房颤患者,目前最常 用 CHADS_2-VASc 评分系统。评分≥2 分的患者,不论房颤的类型,均建议使用华法林长期抗 凝并使 INR 维持 2～3。评分为 1 的患者,可使用华法林或者阿司匹林预防血栓栓塞,但推荐 使用华法林抗凝治疗。评分为零的患者可予阿司匹林或不采取抗栓药物。

新型的口服抗凝药物达比加群是合成的直接凝血酶抑制剂,与华法林比较,达比加群的主 要优势在于固定剂量,无须监测凝血指标,并且由于不依赖细胞色素 P-450 作用,因此药物-药物、药物-食物的相互作用较少。但达比加群需要增加服药次数(每天 2 次),并且有可能增加心肌梗死的发病率,因此,对于正在应用华法林治疗并密切监测 INR 的房颤患者,目前的指南并不推荐换用达比加群。

(2)节律和心率控制

①房颤发作导致急性左心衰竭或低血压的患者,应紧急转复为窦性心律,最可靠和安全的方法是电复律,通常采用 200J 同步直流电复律,可使 90% 以上的房颤转复。药物复律可选择伊布利特或者胺碘酮,对于发作持续时间少于 2d 的房颤,静脉注射伊布利特可使 60%～70% 的患者转复,胺碘酮可使 40%～50% 的患者转复,但伊布利特不能用于左室射血分数(LVEF)<35% 的患者。对于发作时间<48h 的患者,可静脉注射胺碘酮 300mg(30min),随后静脉滴注或微泵 50～100mg/h,24h 内不转复者加用同步直流电复律,复律后口服胺碘酮维持。使用伊布利特复律时,对体重>60kg 的患者,用量为 1mg 在 10min 内静脉注射,如无效,10min 后可重复静脉注射 1mg,如体重<60kg,每次伊布利特的用量为 0.01mg/kg。

②血流动力作用稳定的阵发性房颤,通常首选控制心室率治疗。常用药物包括 β 受体阻滞剂和(或)非二氢吡啶类钙通道阻滞剂(维拉帕米或地尔硫革),单独使用静脉注射洋地黄类药物(西地兰等)控制心室率的疗效较差,可合并使用相关药物(药物的剂量与用法详见房扑的心室率控制)。大多数阵发性房颤在 24～48h 内可自行转为窦性心律,因此一般无需急诊使用转复房颤的药物。对于房颤持续时间超过 12h 的患者,应同时使用抗凝药物预防血栓形成。

初发房颤,转复为窦性心律后可临床观察而无需长期使用抗心律失常药物。对于频繁发作的阵发性房颤,可用药预防房颤发作,常用的药物包括胺碘酮、索他洛尔或心律平。合并冠心病的患者可选择胺碘酮或索他洛尔,对于合并左室收缩功能下降的患者可首选胺碘酮,对于合并器质性心脏病的患者应慎用或禁用心律平。胺碘酮使用方案为第 1 周 200mg,3 次/d;第 2 周 200mg,2 次/d;以后 200mg,1 次/d 长期维持。胺碘酮预防房颤发作的疗效最好,但易导致心动过缓和长时间窦性停搏,使用期间应注意监测心率。长期服用胺碘酮的副作用为甲状腺功能减退或亢进,肺间质纤维化等,需定期随访。索他洛尔常用口服剂量为 40～80mg,每 12 小时 1 次,随访 3d,可增加剂量至 80～160mg,每 12 小时 1 次,24h 剂量不能超过 320mg。索他洛尔可延长 QT 间期导致尖端扭转性室速,因此要求用药初期住院心电监护,定期复查心电图,监测 QT 间期。心律平的口服剂量为 150～300mg,每 8 小时 1 次,应注意心律平的生物利用度随剂量增加而上升,增加剂量时要注意血药浓度与剂量呈非线性关系,例如剂量从 300mg/d 增加到 900mg/d(3 倍),其血药浓度将增加 10 倍。对于发作次数较少的无器质性心脏病的阵发性房颤患者,亦可仅在发作时顿服心律平 300～600mg 转复房颤,首次使用应有心电监护,如该方法有效且无不良反应,以后患者可在房颤发作时自行服药。由于这些抗心律失常药物同时可抑制房室结传导功能而减慢房颤时的心室率,用药后可使原有房颤发作时的症状减弱或消失,因此判断抗心律失常药物疗效时不能单存依靠患者的主诉,特别是对于有栓塞危险因素的患者,停用抗凝药物前应采用长时间心电记录来排除无症状房颤发作。

③持续性房颤可选择节律控制或频率控制两种策略。节律控制可采用药物复律或电复律。常用的转复房颤和维持窦性心律的药物包括胺碘酮、心律平和索他洛尔。对于房颤持续时间超过 7d 的患者,药物转复房颤的成功率低,电复律转复的成功率高,但容易复发,因此常

在使用抗心律失常药物的基础上进行电复律,并在成功转复为窦性心律后继续使用药物维持。即使采用电复律后长期抗心律失常药物维持,只有 40% 的患者在一年后仍能维持窦性心律。由于抗心律失常药物的不良反应相对较大,对于持续性房颤的患者,也可选择药物控制房颤的心室率,减轻房颤的症状和预防心动过速性心肌病,即频率控制。地高辛对于休息时的心室率控制较好,但对于活动时的心室率控制效果不佳,常需联合使用 β 受体阻滞剂和(或)非二氢吡啶类钙通道阻滞剂(维拉帕米或恬尔心)。2011 年,美国心脏病学基金会(ACCF)/美国心脏病协会(AHA)/美国心律协会(HRS)房颤治疗指南推荐相对宽松的心室率控制标准(静息状态下心室率<110 次/min)。

④发作频繁、症状明显、药物治疗无效或不愿长期服药的阵发性房颤患者,可选择导管射频消融治疗。目前最常用肺静脉前庭大环隔离的术式可使 70% 左右的房颤获得根治。对于持续性房颤患者也可选择射频消融治疗,但有效率低于阵发性房颤。

(3)上游治疗:2010 年欧洲心脏病学会(ESC)房颤指南首次将上游治疗正式确定为治疗策略之一。房颤的"上游治疗"这一名词为既往"非抗心律失常药物的抗心律失常作用"的另一名称,其本质为房颤的一、二级预防,具体指医生应用血管紧张素转换酶抑制剂(ACEI)、他汀类、血管紧张素Ⅱ受体拮抗剂(ARB)等药物,治疗可引发房颤的高危疾病,进而预防新发房颤,同时避免已发生房颤者的房颤复发和病情发展。

(七)非阵发性交界区心动过速

1.临床表现 非阵发性交界区心动过速的心电图表现为加速的房室交界区性心律,心率在 70 次/min 至 120 次/min。由于交界区的逸搏心率为 40~60 次/min,>70 次/min 的交界区心律即为心动过速,并且心率逐渐加快,与阵发性室上性心动过速的突发突止不同,因此称为非阵发性交界区心动过速。

2.治疗 引起非阵发性交界区心动过速最常见的原因为洋地黄类药物过量、急性下壁心肌梗死或心肌炎(常见为风湿性心肌炎)。由于非阵发性交界区心动过速的心率较慢,一般不引起血流动力学变化,因此主要治疗原发病而无须处理心律失常,停用相关的药物或等疾病急性期过后心律失常可自行消失。

二、室性心律失常

(一)室性期前收缩

1.临床表现 室性期前收缩,常称室性早搏,简称室早,心电图上表现为提早出现的宽大畸形的 QRS 波群(通常>140ms),QRS 波群前没有 P 波,常有完全性的代偿间歇,T 波出现继发性改变。同一导联出现不同 QRS 形态的室性期前收缩称为多源性室性期前收缩,连续 2 个室性期前收缩称为成对室性期前收缩,连续 3 个或以上室性期前收缩并且频率>100 次/min 称为室性心动过速。心电图上房性期前收缩伴室内差异传导亦表现为宽大畸形的 QRS 波群,仔细寻找可能与前一 T 波重叠的房波有助于鉴别诊断。由于室性期前收缩通常不逆传心房干扰窦性频率,因此常伴有完全性代偿间歇。并且由于室性期前收缩的起源点通常远离传导系统,如果 QRS 波为典型的右束支或左束支图形,则支持差异性传导。

心悸是室性期前收缩最常见的症状,是由于室性期前收缩后的第一次心搏增强所致。部分频发室性期前收缩的患者可出现心律失常相关的心肌病,临床表现类似扩张型心肌病.消除室性期前收缩后可逆转心肌病。

对于室性期前收缩患者的评价应包括心电图、24h 动态心电图、超声心动图和血电解质、肌钙蛋白等,以明确是否合并器质性心脏病、急性心肌损伤或电解质紊乱等情况。

2.治疗　对于无器质性心脏病的室性期前收缩患者,预后良好,如无症状,无需治疗。对于症状明显的患者,可首选 β 受体阻滞剂治疗,如无效可选择慢心律 150mg/8h 或心律平 150mg/8h 治疗,但 I C 类药物可能增加冠心病的死亡率,因此心律平应避免用于冠心病或心功能不全的患者。胺碘酮对室性期前收缩也有较好的疗效,但长期使用副作用较多,因此只作为二线用药或者伴有心功能不全的患者。器质性心脏病患者出现频发室性期前收缩或短阵室速可能增加病死率,但目前无证据显示使用抗心律失常药物治疗室性期前收缩可降低病死率,事实上抗心律失常药物可能出现传导阻滞或尖端扭转室速等并发症而增加病死率。对于症状明显的频发室性期前收缩,特别是考虑室性期前收缩引起或加重心功能不全的患者,可进行导管射频消融治疗。低血钾或低血镁也可引起室性期前收缩,应注意纠正。

(二)加速性室性自主心律

加速性室性自主心律常见于急性心肌梗死、心肌炎或地高辛中毒等情况,由于自律性增高,室性自主频率>40 次/min,一般≤120 次/min。与慢频率的室性心动过速比较,加速性室性自主心律一般表现为逐渐开始和终止,周长变化较大,增加窦性频率可使其终止。加速性室性自主心律通常为短暂和自限性的心律失常,无需特殊处理。

(三)室性心动过速

1.分类　根据室性心动过速(简称室速)持续的时间,可分为非持续性(或短阵)室速和持续性室速。持续性室速指发作时间超过 30s 或发作时需紧急复律的室速。根据发作时心电图 QRS 波形态,可分为单形性室速和多形性室速。多形性室速指发作时心电图同一导联上 QRS 波呈多种形态。单形性室速常见于冠心病、扩张型心肌病、致心律失常性右室心肌病或特发性室速。多形性室速常见于先天/获得性长 QT 综合征或急性心肌缺血等。

2.临床表现　室性心动过速的临床表现取决于发作时的血流动力学状态,最严重者可蜕化为心室颤动导致患者死亡,其次表现为晕厥或近似晕厥,血流动力学稳定的患者可表现为胸闷、心悸、头昏等。心律失常引起晕厥的患者中,室速是最常见的原因。室速发作时血流动力学是否稳定与室速的频率、心功能状态、是否合并冠心病以及发作时的体位等因素有关。血流动力学稳定的宽 QRS 波心动过速需与室上性心动过速伴差异性传导或合并预激综合征等情况鉴别。由于约 80% 的宽 QRS 波心动过速为室速,因此如果不能确定是否为室速时,应先假定为室速,并进行相关的处理和进一步检查。

3.诊断　鉴别室速和室上速伴差异性传导时,常用 Brugada 四步法:①若胸导联 $V_1 \sim V_6$ 的 QRS 均无 RS(包括 rS、Rs)图形,则诊断室速(敏感性 21%,特异性 100%);②若胸导联有 RS,任一导联 R-S 间期(QRS 波开始至 S 波最低点)>100ms,则诊断室速(敏感性 82%,特异性 98%);③若发现房室分离,则诊断室速(敏感性 82%,特异性 98%);④第一,宽 QRS 波群心动过速为 RBBB 时，V₁ 呈 R、qR、Rs，同时 V₆ 呈 QS，或 R/S<1，诊断室速；第二，宽 QRS 波群心动过速为 LBBB 时，V₁ 或 V₂ 的 R 波宽度>30ms，或 R-S 间期>60ms，同时 V₆ 呈 qR 或 QS，则诊断室速（敏感性 98.7%，特异性 96.5%）。如上述 4 条均不符合，则诊断为室上速伴差异性传导。应注意 Brugada 四步法并不适合鉴别存在预激综合征的患者。另外，临床上诊断宽 QRS 波心动过速时，应避免就图论图，需结合病史和体格检查的结果。首先要明确患者有无器质性心脏病，对于既往有心肌梗死或心脏扩大的患者，宽 QRS 心动过速绝大多数为室速。其他重要的病史还包括心动过速病史的长短、有无电解质紊乱、既往未发作时的心电图有无显性预激、长 QT 间期或 Brugada 样的表现等。体格检查时应重点关注有无室房分离的一些体征，如第一心音强弱不等或颈静脉搏动情况等。

冠心病、扩张型心肌病是引起的单形性室速的常见病因，其他病因包括致心律失常性右室心肌病、肥厚型心肌病等。发病机制大多为折返。无结构性心脏病的室速又称特发性室速。特发性单形性室速包括流出道室速（左、右室流出道起源）、束支折返性室速（左前分支、左后分支和左上间隔起源）、房室瓣起源室速（靠近二尖瓣或三尖瓣环起源）等。特发性多形性室速包括长 QT 综合征、Brugada 综合征、短 QT 综合征、儿茶酚胺敏感多形性室速和特发性室颤等。

4.治疗

（1）急诊处理：室速发作时的处理方法取决于血流动力学是否稳定。对于发作时出现意识丧失或严重低血压的患者，应紧急行同步直流电复律。对于发作时血流动力学稳定的患者，可静脉使用胺碘酮治疗，首先静脉注射 150mg（10min），如无效可间隔 10~15min 重复 150mg，3~4 次，仍不能转复者加用同步电复律，复律后，静脉滴注胺碘酮 1mg/min 6h，随后 0.5mg/min，18h，24h 累积剂量不超过 2200mg。对于急性心肌梗死出现室速的患者，也可选用利多卡因静脉注射，先予负荷量 1mg/kg 静脉注射，5min 后可重复相同剂量，随后以 1~4mg/min 静脉滴注维持。对于特发性左后间隔室速，应选用维拉帕米 5mg 缓慢静脉注射（3~5min），15~30min 后可重复相同剂量。如果药物治疗不能终止室速，应考虑同步直流电复律。对任何室速患者，应同时注意纠正酸中毒、低氧或电解质紊乱等诱发因素。室速终止后，应及时记录和分析体表 12 导联心电图，以判断有无急性心肌梗死、长 QT 间期或 Brugada 综合征的心电图表现。

（2）预防发作：室速的长期预防发作应强调个体化治疗，需先明确室速的类型、基础心脏疾病、心脏功能及发作时的临床表现等。除了基础心脏病的治疗，预防室速发作的方法包括抗心律失常药物治疗、植入式心脏复律除颤器（ICD）和射频消融治疗。

ⅠB 类抗心律失常药物（慢心律）单独使用时预防室速的作用较弱，可与其他药物合并使用。ⅠC 类抗心律失常药物（心律平等）具有中等抗心律失常作用，但可有一定的促心律失常作用，仅可用于无器质性心脏病的患者。对于运动诱导的室速和先天性长 QT 间期综合征，应使用 β 受体阻滞剂。冠心病合并的室速，常合并使用 β 受体阻滞剂和其他抗心律失常药物。Ⅲ 类抗心律失常药物胺碘酮是目前最常用的预防室速发作的药物，长期使用时应注意甲状腺功能异常、肺纤维化等不良反应，建议每半年复查甲状腺功能、肺功能、肝功能和眼科检查。索他洛尔也可用于室速的治疗，用药初期和增加药物时应监测心电图 QT 间期，防止并发尖端扭转性室速。已有的大规模临床试验显示，对于冠心病和左室收缩功能下降的高危室速患者，目前尚无抗心律失常药物(包括胺碘酮)治疗可降低病死率。

植入 ICD 可有效终止室速或室颤,从而防止患者猝死。对于室速发作,ICD 可采用超速起搏的方式终止室速而无需电复律,患者常无不适感觉。综合分析显示 ICD 作为二级预防时可降低 50% 的猝死风险,作为一级预防时可降低 37% 的猝死风险。由于 ICD 并不能预防室速发作,因此植入 ICD 后仍应合并使用药物治疗和/或射频消融治疗,以减少 ICD 的放电。对于有器质性心脏病的持续性室速、先天性长 QT 综合征或 Brugada 综合征的患者,植入 ICD 是标准治疗。ICD 的禁忌证包括无休止室速或可逆性病因引起的室速(例如药物、电解质紊乱或急性心肌缺血引起的室速等)。

导管射频消融可治愈大部分特发性单形性室速,包括右室流出道室速、左室流出道室速、左后间隔室速等。扩张型心肌病引起的束支折返性室速,也可以通过导管射频消融而得到根治。即使对于冠心病、致心律失常性右室心肌病引起的室速,导管射频消融也可起辅助作用,以减少 ICD 的放电。

第二节　缓慢性心律失常

缓慢性心律失常可发生于心脏冲动形成或传导障碍。病窦综合征和房室传导阻滞是临床常见的缓慢性心律失常类型,电解质紊乱(高钾血症)和药物因素也是心动过缓的常见原因。缓慢性心律失常通常无明显症状,但也可出现疲劳、活动耐量下降或晕厥等症状。对于有症状的持续缓慢性心律失常,如果无明确的可逆原因,应安装永久心脏起搏器。

一、窦性心动过缓

窦性心动过缓是指窦房结发放冲动的频率低于 60 次/min,心电图 P 波形态与正常窦性节律时一致。窦性心动过缓常见于身体健康者,特别是长期进行体育锻炼者或运动员。病理情况下,例如急性下壁心肌梗死、低温、甲状腺功能减退、高钾血症或使用减慢心率的药物时可出现窦性心动过缓。窦性心动过缓通常无症状,无需特殊处理,如有基础病因,应首先去除病因。

二、病态窦房结综合征

病态窦房结综合征(SSS)简称病窦综合征,是指由于窦房结及其周围组织病变造成其起搏和/或冲动传出障碍,引起一系列心律失常和多种症状的综合病征。

窦房结位于上腔静脉与右心房交接处的心外膜,由窦房结动脉供血(55%～60% 的人窦房结动脉起源于右冠状动脉,40%～45% 起源于左回旋支动脉),窦房结富含交感神经和副交感神经支配。各种病因(如炎症、淀粉样蛋白沉积等)导致窦房结和(或)其与心房连接组织退化,被纤维组织替代,是病窦综合征最常见的病理表现。

1.临床表现　Rubenstein 标准把病窦综合征分为三型。

Ⅰ型:持续窦性心动过缓;Ⅱ型:窦性停搏或窦房传导阻滞;Ⅲ型:心动过缓-心动过速综合

征(慢快综合征)。持续窦性心动过缓(清醒状态心率<40次/min)可出现疲劳、乏力等症状，部分患者可出现典型的心力衰竭症状和体征。Ⅲ型患者首先符合病窦中的缓慢心律失常的诊断标准，在此基础上出现房颤、房扑等快速心律失常，即为慢快综合征，在心动过速停止时常出现较长时间的心脏停搏，患者可出现头昏、黑矇或晕厥等症状。30%～50%的病窦综合征患者会出现快速心律失常，通常为房颤或房扑，部分患者由于出现房性心律失常而使原本持续缓慢心率导致的症状获得改善。约25%的病窦综合征患者合并房室传导功能异常，但只有少部分患者会发展为高度房室传导阻滞。

病窦综合征的心电图表现包括窦性心动过缓、窦性停搏、窦性静止、窦房阻滞和心率变时功能不全。单次常规心电图对于诊断病窦综合征的价值有限，往往需要动态心电图等长时间的心电记录并评价心律和症状的相关性来明确诊断。运动试验常被用于诊断心率变时功能不全，最大运动量时心率不能达到预测最大心率的85%或者最快心率≤100次/min时，可称为变时功能不全。同时使用普萘洛尔0.2mg/kg和阿托品0.04mg/kg，阻滞心脏交感和副交感神经后的心率为固有心率，用于排除迷走神经张力过高导致的心动过缓。固有心律<[117.2-(0.53×年龄)]次/min提示窦房结功能不全。电生理试验评价窦房结功能常用窦房结恢复时间(SNRT)和窦房传导时间(SACT)测定，SNRT正常值<1500ms，SACT正常值<125ms。

2.治疗 窦房结功能不全一般不增加病死率，治疗的主要目的是缓解症状。对有症状的窦房结功能不全患者，植入永久心脏起搏器是主要的治疗手段。长期使用药物治疗病窦综合征的疗效有限。静脉注射阿托品(0.5～1mg)或静脉滴注异丙肾上腺素(1～3μg/min)可用于紧急情况下改善窦房结功能，长期使用茶碱有利于提高心率，但茶碱可增加房性心律失常的发生率，不适合用于慢快综合征的患者。在决定植入永久心脏起搏器前，应排除一过性或可逆因素导致的窦房结功能不全，常见的原因为药物(如抗心律失常药物、降压药物可乐定和利血平等)、急性下壁心肌梗死或甲状腺功能减退等。

三、房室传导阻滞

1.概述 房室传导系统由房室结、希氏束、左右束支和浦肯野纤维构成，其中房室结由致密房室结和周围的移行区域构成，左束支又分为左前分支和左后分支。致密房室结位于Koch三角(前缘为间隔侧三尖瓣环，后缘为冠状静脉窦口，下缘为Todaro韧带)的顶端。房室结易受交感和迷走神经影响，但希氏束及以下组织的传导功能几乎不受自主神经影响。心房和致密房室结之间的移行组织具有递减传导的特性，当心房频率过快时，其传导速度减慢或出现传导阻滞，有利于避免过快的心房激动下传心室而出现血流动力学不稳定。

房室传导阻滞(AVB)的病因可分为功能性和结构性。迷走神经张力过高、高钾血症或药物导致的功能性房室传导阻滞，在病因解除后房室传导功能可恢复。而多种病因导致房室传导系统损伤、局部纤维化导致的房室传导阻滞通常为持续性。随着年龄增长而发生的房室传导系统特发性纤维化是常见导致房室传导阻滞的原因。急性心肌梗死患者中房室传导阻滞的发生率为10%～25%，最常见为Ⅰ度和Ⅱ度房室传导阻滞，也可见Ⅲ度传导阻滞。急性下壁心肌梗死比前壁心肌梗死更容易发生Ⅱ度或高度房室传导阻滞，但阻滞的部位多在房室结，常为一过性,逸搏心律较稳定。而前壁心肌梗死引起传导阻滞的部位多在房室结远端、希氏束或束支水平,常为持续性,逸搏的 QRS 波增宽,心律不稳定,预后较差。

2.临床表现 Ⅰ度 AVB 在体表心电图上表现为 PR 间期>200ms,阻滞的部位多位于房室结,但也可位于心房内、希氏束或束支水平,阻滞部位较低的患者预后不良。Ⅱ度 AVB 可分为莫氏Ⅰ型(文氏),和莫氏Ⅱ型。心电图上莫氏工型表现为 PR 间期逐渐延长直至 R 波脱落,周而复始,由于 PR 间期延长的程度逐渐减少,因此心电图上 RR 间期逐渐缩短。由于递减传导是房室结具有的特性,因此莫氏Ⅰ型的阻滞部位多在房室结,预后较好。莫氏Ⅱ型阻滞的部位大多位于希氏束内或以下的传导系统,无递减传导特性,心电图上表现为 PR 间期固定,按一定比例出现 R 波脱落。莫氏Ⅱ型房室传导阻滞的阻滞位置较低,易进展为高度房室传导阻滞,预后较差。Ⅲ度 AVB 的部位可位于房室结、希氏束或以下水平,逸搏的 QRS 波宽度有利于判断阻滞的部位,Ⅲ度 AVB 伴宽 QRS 波逸搏提示阻滞发生于希氏束远端或束支水平,窄 QRS 波逸搏提示阻滞的部位在近端希氏束或房室结内。窄 QRS 波较宽 QRS 波逸搏的起源部位高,心率较快(>40 次/min),较稳定。

AVB 的预后和治疗不仅取决于阻滞的程度,还取决于阻滞的部位。由于房室结受交感和迷走神经支配,因此刺激迷走神经或抑制交感神经(例如颈动脉窦按摩)可使传导阻滞加重,而房室结以下的传导系统缺乏自主神经支配,因此刺激迷走神经不引起传导阻滞加重,并且可能因心率减慢而使传导阻滞减轻。同样,使用阿托品、异丙肾上腺素或运动可使房室结阻滞减轻而可能加重结下水平的阻滞。心腔内电生理检查可直接记录心房、希氏束和心室电位,通过测量 P-A、A-H、H-V 间期等数值,可准确地判断传导阻滞的部位。

3.治疗 临时或永久人工心脏起搏器植入是治疗症状性房室传导阻滞患者最可靠的方法。临时心脏起搏支持可使用经皮心脏起搏或经静脉植入临时起搏电极。静脉注射阿托品(0.5~1mg)或静脉滴注异丙肾上腺素(1~3μg/min)对于阻滞部位在房室结的患者有效。在决定植入永久心脏起搏前,应排除药物、电解质紊乱或急性心肌缺血等可逆性因素。

第三章　冠状动脉粥样硬化性心脏病

第一节　稳定型心绞痛

一、概述

心绞痛是心肌暂时性供氧和需氧之间失平衡引起心肌缺血、缺氧所致,表现为以发作性胸痛为主要表现的临床综合征。慢性稳定型心绞痛是指心绞痛发作的程度、频率、性质和诱因在数周内无显著变化。心绞痛症状也可发生于瓣膜性心脏病、肥厚型心肌病和未控制的高血压以及甲状腺功能亢进、严重贫血等患者。冠状动脉痉挛、微血管病变以及某些非心脏性疾病也可引起类似心绞痛的症状,临床上需注意鉴别。

二、临床表现

稳定型心绞痛临床表现包括以下几个方面:①部位:常位于胸骨后或左前胸,范围常不局限,可以放射到颈部、咽部、颌部、上腹部、肩背部、左臂、左手指侧,以及其他部位。每次心绞痛发作部位往往是相似的。②性质:常呈紧缩感、绞榨感、压迫感、烧灼感、胸憋、胸闷或有窒息感、沉重感,有的患者只诉胸部不适,主观感觉个体差异较大。③持续时间:呈阵发性发作,持续数分钟,一般不会超过10min。④诱发因素及缓解方式:发作与体力活动或情绪激动有关,停下休息即可缓解。舌下含服硝酸甘油可在2~5min内迅速缓解。慢性稳定型心绞痛时,疼痛发作的诱因、次数、程度、持续时间及缓解方式一般在较长时间内(>3个月)大致不变。

三、诊断要点

1.病史询问　有或无上述症状出现。

2.体格检查　常无明显异常,心绞痛发作时可有心率增快、血压升高、焦虑、出汗,有时可闻及第四心音、第三心音或奔马律,或出现心尖部收缩期杂音,第二心音逆分裂,偶闻双肺底啰音。体检尚能发现其他相关情况,如心脏瓣膜病、心肌病等非冠状动脉粥样硬化性疾病,也可发现高血压、肥胖、脂质代谢障碍所致的黄色瘤等危险因素,颈动脉杂音或周围血管病变。

3.实验室检查　了解冠心病危险因素:空腹血糖、血脂检查,必要时检查糖耐量。了解贫血、甲状腺功能。胸痛较明显患者,查血肌钙蛋白、肌酸激酶。

4.心电图及运动试验　静息心电图通常正常。当胸痛伴ST-T波改变符合心肌缺血时,有助于心绞痛诊断。24 小时动态心电图记录时，如出现与症状相一致的 ST-T 波改变时，对诊断也有一定的参考价值。极量或亚极量运动试验（平板或踏车）有助于明确诊断，并可进行危险分层。

5.负荷超声心动图和核素心肌显像　静脉推注或滴注药物行负荷超声心动图和核素心肌显像。主要表现为病变冠状动脉供血区域的心室壁节段活动异常（超声心动图）或缺血区心肌放射性核素（铊[201]）摄取减低。

6.CT 和磁共振显像　多排螺旋 CT 或电子束 CT 平扫可检出冠状动脉钙化，但不推荐其作为心绞痛患者的诊断评价。CT 造影（CTA），尤其应用 64 排或以上 CT 时，能较清晰显示冠状动脉近段的解剖，对冠状动脉病变的阴性预测价值较高，但对狭窄病变及程度的判断仍有一定的限度，是否作为冠心病的筛选工具尚未定论。磁共振显像（MRI）在冠状动脉病变检出中的作用有待进一步研究。

7.冠状动脉造影和血管内超声（IVUS）　冠状动脉造影可以明确冠状动脉病变的存在及严重程度，也有利于治疗决策的选择和预后的判断。对糖尿病、>65 岁老年患者、>55 岁女性的胸痛患者冠状动脉造影更有价值，也可用于肾功能不全或合并其他严重疾病的患者。IVUS 虽能精确测定冠状动脉内径、管壁结构、斑块性质，指导介入治疗的操作和疗效评估，但不作首选的检查方法。

四、治疗方案及原则

1.一般防治

(1)控制易患因素。

(2)治疗可加重心绞痛的疾病。

2.心绞痛治疗

(1)药物治疗：轻度心绞痛患者，可选用 β 受体阻滞剂或合并硝酸酯类药物。严重心绞痛者，必要时加用除短效二氢吡啶类外的钙离子通道阻滞剂。

(2)介入治疗：对心绞痛症状不能药物控制，或无创检查提示较大面积心肌缺血，且冠状动脉病变适合经皮冠状动脉介入治疗（PCI）者，可行冠状动脉内支架术（包括药物洗脱支架）治疗。对相对高危患者和多支血管病变的患者，PCI 缓解临床症状更为显著，但生存率获益还不明确。对低危患者，药物治疗在减少缺血事件和改善生存率方面与 PCI 一样有效。

(3)冠状动脉旁路移植术（CABG）：糖尿病伴多支血管病变、严重左心室功能不全和无保护左主干病变患者，CABG 疗效优于 PCI。以往接受 CABG 者如有症状且解剖适合，可行再次 CABG，但风险明显增大。PCI 可以作为某些患者再次手术缓解症状的替代疗法。

(4)其他特殊治疗：对药物治疗不能控制症状且又无行血运重建可能性的难治性患者，可试行激光血运重建术、增强型体外反搏、脊髓电刺激等。

3.二级预防

(1)抗血小板：阿司匹林可降低心肌梗死、脑卒中或心血管性死亡的风险，最佳剂量范围为 75～150mg/d。氯吡格雷主要用于 PCI（尤其是药物洗脱支架术）后，及阿司匹林有禁忌证患者。

（2）调脂治疗：他汀类药物能有效降低总胆固醇和低密度脂蛋白胆固醇，并可减少心血管事件发生。加用胆固醇吸收抑制剂或贝特类药物可使血脂水平得到更有效的控制。

（3）ACEI：合并糖尿病、心力衰竭或左心室收缩功能不全的高危患者从 ACEI 治疗获益大，但低危患者获益可能较小。

（4）β受体阻滞剂：可降低心肌梗死后患者的死亡率。

（5）PCI 治疗：对二级预防无明显作用。

第二节　不稳定型心绞痛和非 ST 段抬高型心肌梗死

一、概述

不稳定型心绞痛和非 ST 段抬高型心肌梗死都属于急性冠状动脉综合征。急性冠状动脉综合征是一大类包含不同临床特征、临床危险性及预后的临床综合征，它们有共同的病理机制，即冠状动脉硬化斑块破裂、血栓形成，并导致病变血管不同程度的阻塞。根据心电图有无 ST 段持续性抬高，可将急性冠状动脉综合征区分为 ST 段抬高和非 ST 段抬高两大类，前者主要为 ST 段抬高型心肌梗死（大多数为 Q 波心肌梗死，少数为非 Q 波心肌梗死），后者包括不稳定型心绞痛和非 ST 段抬高型心肌梗死。非 ST 段抬高型心肌梗死大多数为非 Q 波心肌梗死，涉及急性冠状动脉综合征中的不稳定型心绞痛和非 ST 段抬高型心肌梗死两部分。

二、临床表现

1.不稳定型心绞痛的临床表现

（1）静息型心绞痛：心绞痛发作在休息时，并且持续时间通常在 20min 以上。

（2）初发心绞痛：1 个月内新发心绞痛，可表现为自发性发作与劳力性发作并存。

（3）恶化劳力型心绞痛：既往有心绞痛病史，近 1 个月内心绞痛恶化加重，发作次数频繁、时间延长或痛阈降低。

（4）变异型心绞痛也是不稳定型心绞痛的一种，通常是自发性。其特点是一过性 ST 段抬高，多数自行缓解，不演变为心肌梗死，但少数可演变成心肌梗死。

不稳定型心绞痛可发展为非 ST 段抬高型心肌梗死或 ST 段抬高型心肌梗死。

2.非 ST 段抬高型心肌梗死的临床表现　与不稳定型心绞痛相似，但症状更严重，持续时间更长。

三、诊断要点

（1）有上述典型的心绞痛症状。

（2）体格检查：大部分不稳定型心绞痛和非 ST 段抬高型心肌梗死可无明显体征。高危患者心肌缺血引起的心功能不全可有新出现的肺部啰音或原有啰音增加，出现第三心音、心动过缓或心动过速,以及新出现二尖瓣关闭不全等体征。

(3)有典型的缺血性心电图改变(新发或一过性 ST 段压低≥0.1mV,或 T 波倒置≥0.2mV)。

(4)心肌损伤标志物[心脏肌钙蛋白 T(cTnT)、心脏肌钙蛋白 I(cTnI)或肌酸激酶同工酶(CK-MB)]升高可以帮助诊断非 ST 段抬高型心肌梗死。

(5)冠状动脉造影仍是诊断冠心病的金指标,可以直接显示冠状动脉狭窄程度,并对决定治疗策略有重要意义。

四、治疗方案及原则

1.一般治疗 急性期卧床休息 1～3 日,吸氧、持续心电监护。

2.抗缺血治疗

(1)硝酸酯类药物:能降低心肌需氧,同时增加心肌供氧,对缓解心肌缺血有帮助。心绞痛发作时,可舌下含服硝酸甘油,每次 0.5mg,必要时每间隔 5min 可以连用 3 次,或使用硝酸甘油喷雾剂,还可以静脉滴注硝酸甘油。

(2)吗啡:应用硝酸酯类药物后症状不缓解或是充分抗缺血治疗后症状复发,且无低血压及其他不能耐受的情况时,可静脉注射硫酸吗啡。

(3)β 受体阻滞剂:通过负性肌力和负性频率作用,降低心肌需氧量和增加冠状动脉灌注时间。高危及进行性静息性疼痛的患者,先静脉使用,然后改为口服。常用的有普萘洛尔、美托洛尔、阿替洛尔、比索洛尔等。

(4)钙离子通道阻滞剂:已经使用足量硝酸酯和 β 受体阻滞剂的患者,或不能耐受硝酸酯和 β 受体阻滞剂的患者或变异型心绞痛的患者,可以使用钙离子通道阻滞剂。

3.抗血小板与抗凝治疗

(1)阿司匹林:如果既往没有用过阿司匹林,可以首剂嚼服阿司匹林,或口服水溶性制剂 0.3g,以后 75～150mg/d。

(2)二磷酸腺苷(ADP)受体拮抗剂:氯吡格雷:负荷剂量 300mg,然后 75mg/d;噻氯匹定:负荷剂量 500mg,然后 250mg,2 次/d,2 周后改为 250mg/d。

(3)血小板膜糖蛋白(GP)Ⅱb/Ⅲa 受体拮抗剂:有阿昔单抗、依替巴肽和替罗非班。用于准备行 PCI 的不稳定型心绞痛患者,或不准备行 PCI,但有高危特征的急性冠状动脉综合征患者。

(4)肝素:应早期使用,可以降低患者急性心肌梗死和心肌缺血的发生率。

4.他汀类药物 急性冠状动脉综合征患者应在 24 小时内检查血脂,早期给予他汀类药物,在出院前尽早给予较大剂量他汀类药物。

5.冠状动脉血运重建治疗(包括 PCI 或 CABG) 目的是治疗反复发作的心肌缺血以防进展为心肌梗死或猝死。患者具有下列高危因素者,应该早期进行冠状动脉血运重建治疗:

(1)尽管已采取强化抗缺血治疗,但是仍有静息或低活动量的复发性心绞痛或心肌缺血。

(2)cTnT 或 cTnI 明显升高。

(3)新出现的 ST 段下移。

(4)复发性心绞痛或心肌缺血伴有与缺血有关的心力衰竭症状、S3 奔马律、肺水肿、肺部啰音增多或恶化的二尖瓣关闭不全。

(5)血流动力学不稳定。

第三节　ST 段抬高型心肌梗死

一、概述

ST 段抬高型心肌梗死(STEMI)是在冠状动脉病变的基础上,发生冠状动脉血供急剧减少或中断,使相应的心肌严重而持久的急性缺血导致心肌坏死,多由于冠状动脉粥样硬化斑块破裂、血栓形成,并导致病变血管的完全阻塞所致。心电图有 ST 段持续性抬高,大多为 Q 波心肌梗死。对 STEMI 的诊断应及时准确,治疗以血运重建(包括溶栓和急诊经皮冠状动脉介入治疗)为主,目标是尽快开通闭塞的冠状动脉,尤其对于合并心源性休克或心力衰竭的重症STEMI。

二、临床表现

疼痛常是最先出现的症状,疼痛部位和性质与心绞痛相同,但诱因多不明显,常于安静时发生,程度较重,持续时间可长达数小时,休息和含用硝酸甘油多不缓解。患者常烦躁不安、出汗、恐惧,或有濒死感。部分患者疼痛可位于上腹部,或放射至颈部、咽部、颌部、肩背部、左臂、左手指侧,以及其他部位。少数患者无疼痛,一开始即表现为休克或急性心力衰竭。可有发热等全身症状,部分患者可伴有恶心、呕吐和腹胀等消化道症状。

三、诊断要点

(1)有上述典型症状,要注意与急性肺动脉栓塞、急性主动脉夹层、急性心包炎及急性胸膜炎等引起的胸痛相鉴别。

(2)体格检查:心脏浊音界可正常或轻度至中度增大,心率多增快,也有少数减慢,可有各种心律失常。心尖区第一心音减弱,可出现第四心音奔马律,少数有第三心音奔马律。二尖瓣乳头肌功能失调或断裂的患者可出现心尖部粗糙的收缩期杂音或伴收缩中晚期喀喇音。早期血压可增高,多数患者血压降低,甚至休克。合并心力衰竭的患者可有新出现的肺部啰音或原有啰音增加。

(3)18 导联心电图有典型的动态改变:发病数小时内可为正常或出现异常高大两肢不对称的 T 波;数小时后 ST 段明显抬高,弓背向上;数小时至 2 日内出现病理性 Q 波。部分患者可表现为新出现的左束支传导阻滞。

(4)心肌损伤标标志:包括肌钙蛋白(cTnI 或 cTnT)、肌酸激酶同工酶(CK-MB)和肌红蛋白,其动态变化有助于心肌梗死的诊断,且有助于罪犯血管的开通和预后的判定。

（5）超声心动图：可在缺血损伤数分钟内发现节段性室壁运动障碍，有助于心肌梗死的早期诊断，对疑诊主动脉夹层、心包炎和肺动脉栓塞的鉴别诊断具有特殊价值。

四、治疗方案及原则

STEMI 的治疗原则是尽快恢复心肌的血液灌注（到达医院 30min 内开始溶栓或 90min 内开始介入治疗）以挽救濒死的心肌、防止梗死扩大或缩小心肌缺血范围，保护和维持心脏功能，及时处理严重心律失常、泵衰竭和各种并发症，防止猝死。

1.一般治疗和药物治疗

（1）监护：持续心电、血压和血氧饱和度监测，及时发现和处理心律失常、血流动力学异常和低氧血症。

（2）卧床休息和吸氧：可降低心肌耗氧量，减少心肌损害。对血流动力学稳定且无并发症的患者卧床休息 1～3 天，对病情不稳定及高危患者卧床时间应适当延长。

（3）建立静脉通道：保持给药途径畅通。

（4）镇痛：吗啡 3mg 静脉注射，必要时每 5min 重复 1 次，总量不宜超过 15mg。

（5）硝酸甘油：无禁忌证者通常使用硝酸甘油静脉滴注 24～48 小时，然后改用口服硝酸酯制剂。硝酸甘油的禁忌证有低血压（收缩压＜90mmHg）、严重心动过缓（＜50 次/min）或心动过速（＞100 次/min）。下壁伴右心室梗死时，因更易出现低血压也应慎用。

（6）抗血小板药物：无禁忌证者即服水溶性阿司匹林或嚼服肠溶阿司匹林 150～300mg，然后每日 1 次，3 日后改为 75～150mg 每日 1 次长期服用；氯吡格雷初始剂量 300mg，以后剂量 75mg/d 维持；GPⅡb/Ⅲa 受体拮抗剂用于高危患者。

（7）抗凝治疗：肝素（或低分子肝素）应常规使用或与溶栓、PCI 联合应用。

（8）β 受体阻滞剂：无禁忌证者常规使用。

（9）ACEI：适用于前壁 STEMI、伴肺淤血、LVEF＜40％的患者，不能耐受者可使用 ARB 替代。

（10）抗焦虑剂：应常规使用。

（11）纠正水、电解质及酸碱平衡失调。

（12）阿托品：主要用于下壁 STEMI 伴有窦性心动过缓、心室停搏和房、室传导阻滞患者，可给阿托品 0.5～1.0mg 静脉注射，必要时每 3～5min 可重复使用，总量应＜2.5mg。阿托品非静脉注射和用量太小（＜0.5mg）可产生矛盾性心动过缓。

（13）饮食和通便：需禁食至胸痛消失，然后给予流质、半流质饮食，逐步过渡到普通饮食。所有患者均应使用缓泻剂，以防止便秘时排便用力导致心脏破裂或引起心律失常、心力衰竭。

2.再灌注治疗 包括溶栓和急诊 PCI。

（1）优先溶栓的指征：①发病≤3 小时；②不能行 PCI 者；③PCI 耽误时间（急诊室至首次球囊扩张时间＞90min），而溶栓相对更快。

（2）优先急诊 PCI 的指征：①PCI 条件好（急诊室至首次球囊扩张时间＜90min），有心外科支持；②高危患者（如：心源性休克或合并心力衰竭）；③溶栓禁忌者（有出血或颅内出血风险);④发病>3小时;⑤疑诊为 STEMI 者。

3.并发症的治疗

(1)急性左心衰竭:吸氧、吗啡、速尿、硝酸甘油、多巴胺、多巴酚丁胺和 ACEI 等。

(2)低容量低血压:补液、输血、对因和升压药等。

(3)心源性休克:升压+增加组织灌注。

(4)心律失常:抗心律失常药物、电复律或起搏对症处理。

(5)机械并发症:尽快行外科手术治疗。

4.置入 ICD 的指征 STEMI 后 48 小时以上未发生 VT 或室颤,1 个月时 LVEF<30%;或 LVEF 30%～40%,合并心电不稳定加上电生理检查阳性者。

5.出院后的二级预防 控制危险因素。

(1)戒烟。

(2)控制血压(β受体阻滞剂和 ACEI)。

(3)降血脂(他汀类药物,必要时加用贝特类或烟酸)。

第四节 其他临床类型的冠状动脉疾病

一、无症状冠心病

(一)概述

无症状冠心病的诊断是依据有心肌梗死的病史、血运重建病史和(或)心电图缺血的证据、冠状动脉造影异常或负荷试验异常而无相应症状者。无症状冠心病的发生与心肌供血的需求平衡失调及冠状动脉痉挛密切相关,可导致严重心律失常、心肌梗死和猝死,平均死亡率2%～3%。

(二)临床表现

多在体检时偶然发现。通常伴有冠心病危险因素。一般预后较好,但可发展为心绞痛、心脏扩大、心力衰竭及心律失常甚至猝死。

(三)诊断要点

1.高危人群 伴有 1 个或以上冠心病危险因素。

2.具有以下心肌缺血客观证据

(1)动态心电图:最常用。

(2)运动试验。

(3)核素运动心肌灌注显像。

(4)冠状动脉造影术:可明确诊断并确定血管病变部位及狭窄程度。

3.临床分型

(1)Ⅰ型:完全无症状性心肌缺血。

(2)Ⅱ型:心肌梗死后的无症状性心肌缺血。

(3)Ⅲ型:心绞痛同时伴有无症状性心肌缺血。

(四)治疗方案及原则

(1)控制冠心病危险因素。

(2)药物治疗:参照慢性稳定型和不稳定型心绞痛。

(3)冠状动脉血运重建治疗:适用于药物治疗后有频繁、持续性无症状性心肌缺血发作者。

二、心脏 X 综合征

(一)概述

心脏 X 综合征是稳定型心绞痛的一个特殊类型,又称微血管性心绞痛,患者表现劳力诱发心绞痛,有客观缺血证据或运动试验阳性,但选择性冠状动脉造影正常,且可除外冠状动脉痉挛。心脏 X 综合征的近远期预后通常良好,治疗主要是缓解症状。

(二)临床表现

多见于青年或中年女性患者,常常缺乏冠心病危险因素。具有典型或不典型的劳力型心绞痛症状。部分患者对硝酸甘油治疗有效。

(三)诊断要点

(1)患者具有心绞痛或类似于心绞痛的胸痛发作。

(2)运动负荷心电图或心肌核素检查显示心肌缺血证据。

(3)冠状动脉造影阴性。

(四)治疗方案及原则

治疗目的主要是缓解症状。

1.Ⅰ类

(1)使用硝酸酯类、β受体阻滞剂和钙离子通道阻滞剂单一治疗或联合治疗。

(2)合并高脂血症的患者使用他汀类药物。

(3)合并高血压、糖尿病的患者使用 ACEI 治疗。

2.Ⅱa 类　其他抗心绞痛药物,包括尼可地尔和代谢类药物曲美他嗪。

3.Ⅱb 类

(1)心绞痛持续而使用Ⅰ类药物无效时,可试用氨茶碱。

(2)心绞痛持续而使用Ⅰ类药物无效时,可试用抗抑郁药。

三、心肌桥

(一)概述

心肌桥是一种先天性异常,一段冠状动脉(通常为前降支)走行于心肌内,这束心肌纤维称为心肌桥。冠状动脉造影检出率为 0.5%~2.5%,尸检率为 15%~85%,大部分心肌桥无临床意义。由于心肌桥的存在,导致心肌桥近端的收缩期前向血流逆转导致该处血管内膜损伤,易有动脉粥样硬化斑块形成。心肌桥内冠状动脉外部长期受压易发生斑块破裂、血栓形成及冠状动脉痉挛,从而导致心绞痛,甚至急性冠状动脉综合征。

（二）临床表现

（1）很多患者可没有或无明显临床症状。

（2）心肌缺血表现:体力活动或情绪激动时出现胸闷、胸痛等症状,甚至出现急性冠状动脉综合征、严重心律失常,甚至猝死。

（3）胸痛时硝酸甘油疗效欠佳,甚至加重症状。

（4）心肌桥可与心肌病、冠心病及心脏瓣膜病并存。

（三）诊断要点

1.冠状动脉造影　主要根据该节段收缩期血管腔被挤压、舒张期又恢复正常的"挤奶现象"。

2.冠状动脉内超声　特征性的半月形无回声区现象有诊断价值,必要时可在冠状动脉内注射硝酸甘油诱发。

3.冠状动脉内多普勒检查　压力曲线在舒张早期的"指尖样"征象有诊断价值。

（四）治疗方案及原则

1.避免剧烈运动

2.药物治疗

（1）β受体阻滞剂可作为首选,以改善患者症状和提高运动耐量。

（2）钙离子通道阻滞剂用于β受体阻滞剂有禁忌或合并冠状动脉痉挛者。

（3）抗血小板药物用于心肌桥伴不稳定型心绞痛或心肌梗死患者。

（4）应避免使用硝酸酯类药物。

3.介入治疗　冠状动脉内支架置入术选择有持续性心绞痛且药物治疗无效者。

4.手术治疗　主要有心肌松解术或冠状动脉旁路移植术,应严格掌握适应证。

第四章　心脏瓣膜病

第一节　二尖瓣疾病

一、二尖瓣狭窄

(一)概述

各种原因损害二尖瓣装置结构(包括二尖瓣环、二尖瓣前、后瓣叶、腱索和乳头肌)中的某一部分,致使二尖瓣口不能适当地开放,引起二尖瓣口的阻塞,即称二尖瓣狭窄。正常二尖瓣口面积约 $4\sim6cm^2$,瓣口面积 $<2cm^2$ 称为二尖瓣狭窄,$1.5\sim2.0cm^2$ 为轻度狭窄,$1\sim1.5cm^2$ 为中度狭窄,$<1.0cm^2$ 为重度狭窄。最常见病因为风湿病,患者中 2/3 有风湿热史,青、中年多见。其他非风湿性病因有:左心房黏液瘤、先天畸形、结缔组织病、二尖瓣环钙化、缩窄性心包炎(局限于左房室沟处的心包缩窄)等。成人二尖瓣狭窄几乎均由风湿热引起,二尖瓣环及环下区钙化造成的二尖瓣狭窄多发生于老年人。二尖瓣狭窄的基本病变是瓣膜炎症粘连、开放受限,造成狭窄。

(二)临床表现

瓣口面积 $>1.5cm^2$ 时多无症状,或仅在劳力活动时出现气促、咳嗽。常在瓣口面积 $<1.5cm^2$ 时出现明显症状。

1.呼吸困难　随病情进展可依次出现劳力性呼吸困难、日常活动引起呼吸困难及端坐呼吸。劳累或情绪激动等应激情况下可出现急性肺水肿。

2.咳嗽　多在夜间睡眠时及劳动后。多为干咳,并发感染时可咳黏液样或脓痰。

3.咯血　可表现为痰中带血或血痰、大量咯血或粉红色泡沫痰。其中后者为急性肺水肿的特征。

4.嘶哑　为左心房扩大和左肺动脉扩张压迫左喉返神经所致。

5.胸痛　约15%的患者有胸痛表现。

6.右心衰竭症状　病情进展至右心衰时,可出现腹胀、胃胀痛、腹泻、少尿、水肿等症状。

7.并发症　主要并发症有心律失常(以房性期前收缩、房速、房扑、房颤等房性心律失常多见)、急性肺水肿、充血性心衰、血栓栓塞、肺部感染、感染性心内膜炎。

(三)诊断要点

(1)有或无上述症状出现。

（2）心尖区闻及隆隆样舒张期杂音。

（3）X线、心电图显示左心房扩大。

（4）超声心动图有二尖瓣狭窄的征象是重要的诊断依据。

（四）治疗方案及原则

1.内科治疗 病因治疗（如积极预防和治疗风湿活动）；减少或避免剧烈体力活动；治疗并发症（包括咯血、左心衰和右心衰、心律失常、抗凝治疗血栓栓塞等）。

2.介入治疗 对单纯二尖瓣狭窄患者，可予经皮穿刺导管球囊二尖瓣扩张成形术。介入治疗适应证为：①心功能Ⅱ～Ⅳ级；②瓣膜无钙化，腱索、乳头肌无明显病变；③二尖瓣狭窄瓣口面积在 0.6～1.5cm²；④左心房内无血栓；⑤近期无风湿活动，或感染性心内膜炎已完全控制，无动脉栓塞的病史等。

3.外科治疗 手术目的在于扩张瓣口，改善瓣膜功能。①二尖瓣分离术：适于单纯狭窄，无瓣膜明显关闭不全、明显钙化，瓣叶柔软，无风湿活动，心功能Ⅱ～Ⅲ级者；②人工瓣膜置换术：适于瓣膜病变严重（如粘连、钙化、缩短变形、无弹性之漏斗型二尖瓣狭窄等）或伴有明显关闭不全者，心功能不超过Ⅲ级。

二、二尖瓣关闭不全

（一）概述

二尖瓣装置结构（包括二尖瓣环，二尖瓣前、后瓣叶，腱索和乳头肌）中的任一部分发生结构异常或功能障碍造成二尖瓣口不能完全密闭，使心室在收缩时，左心室血液反流入左心房，即称二尖瓣关闭不全。二尖瓣关闭不全的病因大多为风湿病，患者中约1/2合并有二尖瓣狭窄，男性多见。其他非风湿性病因有：冠心病等多种疾病导致的乳头肌功能衰竭、二尖瓣脱垂、左心室增大致功能性二尖瓣关闭不全、先天性畸形、二尖瓣环钙化、结缔组织病等。慢性二尖瓣关闭不全的主要病理生理改变是左心室每搏量的一部分反流入左心房，使向前射出的每搏量减少，随病程进展，由于左心房、左心室的扩大和压力的增高，可导致肺淤血、肺动脉高压和右心负荷增大，而使右心室、右心房肥大，最终引起右心衰竭。而急性二尖瓣关闭不全患者由于原左心房大小和顺应性正常，一旦出现急性二尖瓣反流，左心房压和肺毛细血管楔压会迅速升高，导致肺淤血、急性肺水肿发生。

（二）临床表现

急性重度二尖瓣关闭不全常很快出现气促、乏力、心悸等症状。慢性者病程较长，症状出现很晚。

（1）轻度二尖瓣关闭不全者，多无明显自觉症状。

（2）中度以上二尖瓣关闭不全，因回流入左心房血量增多，心搏量减少，可出现疲倦、乏力和活动后气促等症状。

(3)重度二尖瓣关闭不全可出现劳力性呼吸困难、疲乏、端坐呼吸等,活动耐力显著下降。

(4)较晚期时可出现急性肺水肿、咯血和右心衰竭症状,但发生率较二尖瓣狭窄低。

(5)晚期右心衰竭时可出现肝脏淤血肿大、有触痛、踝部水肿、胸腔积液或腹腔积液。

(6)急性二尖瓣关闭不全可很快发生急性左心衰竭或肺水肿。

(7)体征:心尖部可闻及全收缩期吹风样杂音,吸气时减弱;可伴第一心音减弱。若系二尖瓣脱垂所致者在心尖区可闻及收缩中晚期杂音伴收缩中期咯喇音;心界向左下扩大,呈抬举样搏动;肺动脉高压和右心衰竭时,可有颈静脉怒张、肝大、下肢水肿。

(8)并发症:呼吸道感染、心力衰竭、房颤(慢性者多见,出现较晚)、感染性心内膜炎(较二尖瓣狭窄患者多见)、栓塞等。

(三)诊断要点

(1)既往有风湿热史或手术创伤史。

(2)心尖区有抬举样搏动并闻及响亮的全收缩期杂音向左腋下传导。

(3)X线、心电图提示左心房扩大、左心室肥厚。

(4)超声心动图有二尖瓣关闭不全的征象是重要的诊断依据,并有助于明确病因。

(四)治疗方案及原则

1.急性二尖瓣关闭不全　①内科治疗:急性者如果平均动脉压正常,可使用减轻心脏负荷的血管扩张剂治疗,包括静脉滴注硝普钠或硝酸甘油、酚妥拉明以降低肺动脉高压、增加心排血量、减少反流量,ACEI、肼屈嗪等亦有助于减少反流量;②经皮主动脉内球囊反搏装置(IABP)治疗:对于无左室肥厚、扩张而出现急性肺水肿、心源性休克者,尤其心肌梗死后发生乳头肌、腱索断裂时,IABP治疗有助于稳定病情过渡到外科手术治疗;③外科治疗:医源性或感染性心内膜炎和腱索断裂引起的急性二尖瓣关闭不全,经内科或IABP治疗无效者需立即行二尖瓣成形术或瓣膜置换术。

2.慢性二尖瓣关闭不全　①内科治疗:病因治疗(如积极预防和治疗风湿活动);限制体力活动和钠盐摄入;治疗并发症(包括心力衰竭、房颤、抗凝治疗预防血栓栓塞等);无症状、左心功能正常的患者可长期随访,无需特殊治疗;②外科治疗:二尖瓣关闭不全和反流会增加心脏负荷,最终只能靠外科手术恢复瓣膜的完整。应正确把握手术时机,早期手术能取得良好的远期预后,一旦出现左心室功能严重受损,LVEF<30%、左心室舒张末内径>80mm,已不适于手术治疗。

可选择的外科术式包括二尖瓣置换术和二尖瓣成形术。二尖瓣置换术适应证为:①二尖瓣狭窄伴关闭不全以关闭不全为主或虽有狭窄,但为漏斗型病变;②心功能Ⅲ~Ⅳ级或有急性二尖瓣关闭不全,症状进行性恶化并出现急性左心衰时;③年龄>75岁的老年患者;④连枷样瓣叶引起的二尖瓣反流;⑤左心室功能衰竭,LVEF<50%、左心室收缩末径>45mm、平均动脉压>20mmHg者,可考虑瓣膜置换术。二尖瓣成形术适应证:为瓣环扩张或瓣膜病变轻、活动度好、非风湿性关闭不全的病例,如二尖瓣脱垂、腱索断裂等。

第二节 主动脉瓣疾病

一、主动脉瓣狭窄

(一)概述

主动脉瓣狭窄的病因包括先天性和获得性两大类。先天性主动脉瓣狭窄主要见于单叶、二叶型主动脉瓣;获得性主动脉瓣狭窄主要为瓣膜退行性改变和钙化以及动脉粥样硬化性主动脉瓣狭窄,风湿性主动脉瓣狭窄发病率明显下降。主动脉瓣狭窄的主要病理生理改变为左心室射血阻力增加,左心室压力负荷过重。

(二)临床表现

成人主动脉瓣狭窄病情进展缓慢,可多年无症状,轻或重度主动脉瓣狭窄可终身无症状。而一旦出现症状,如不及时解除狭窄,则预后很差。

1.心绞痛 表现类似冠心病劳力型心绞痛,无冠状动脉病变者也可发生。主要由于肥厚心肌需氧量增加及冠状动脉储备血流减少所致。约50%患者合并明显的冠状动脉狭窄。

2.晕厥 常发生于运动或用力时。主要因脑血流灌注下降所致;室上性和室性心律失常可引起心排出量突然下降,导致晕厥,甚至猝死。

3.心力衰竭 因左心室肥厚导致的舒张性心力衰竭。表现为劳力性呼吸困难、夜间阵发性呼吸困难、端坐呼吸和肺水肿。

(三)诊断要点

(1)有或无上述症状。

(2)主动脉瓣区收缩期喷射性杂音。

(3)心电图、胸片显示左心室肥厚、扩大。

(4)超声心动图显示主动脉瓣开放受限,瓣口血流速度加快,左心室肥厚。

(四)治疗方案及原则

1.随访 无症状患者应定期随访,评价症状、体征,定期行超声心动图检查,预防感染性心内膜炎。

2.内科治疗 无症状者无特殊药物治疗,一旦出现症状应尽快手术治疗。对不能手术者,可用药物控制心力衰竭症状,慎用硝酸酯类及血管紧张素转换酶抑制剂等扩血管药物。

3.主动脉瓣瓣膜置换术 有主动脉瓣狭窄症状,超声心动图提示主动脉瓣中或重度狭窄的患者应施行主动脉瓣置换术。可显著改善患者预后。

4.主动脉瓣球囊成形术 已证明不能降低死亡率,且有较高的再狭窄率。仅用于有严重心力衰竭,但无法承受外科手术患者缓解症状,或作为高风险的瓣膜置换术前的过渡治疗。

二、主动脉瓣关闭不全

(一)概述

主动脉瓣关闭不全可以由主动脉瓣及主动脉根部的异常所致。导致瓣膜异常的常见病因为风湿性心脏病、感染性心内膜炎、退行性瓣膜钙化以及二叶主动脉瓣；主动脉根部异常的病因主要为马方综合征、主动脉夹层、梅毒性主动脉炎、结缔组织病及其他原因引起的主动脉瓣环扩张。根据病程分为慢性主动脉瓣关闭不全和急性主动脉瓣关闭不全。急性主动脉瓣关闭不全主要发生于感染性心内膜炎和主动脉夹层。主动脉瓣关闭不全的血流动力学改变为左心室容量负荷增加，导致左心室扩张和肺淤血。

（二）临床表现

轻中度的慢性主动脉瓣关闭不全患者通常无症状，重度关闭不全患者也可多年无症状，但一旦出现症状，则病情迅速进展。主要症状为：

1.心悸。

2.心绞痛　因舒张期低血压使冠状动脉灌注减少所致，可发生于冠状动脉正常的患者。

3.慢性心力衰竭　表现为夜间阵发性呼吸困难、劳力性呼吸困难、端坐呼吸和外周水肿。

急性主动脉瓣关闭不全患者主要表现为急性肺水肿和低血压。

（三）诊断要点

（1）有或无上述症状。

（2）主动脉瓣第二听诊区舒张期吹风样递减型杂音，脉压增大，出现周围血管征。

（3）心电图、胸片示左心室肥大。

（4）超声心动图：多普勒超声心动图可发现主动脉瓣反流并评价反流程度；二维超声心动图可显示瓣膜和主动脉根部的形态，提供病因线索，并测定心腔大小和左心室功能。

（四）治疗方案及原则

1.内科治疗　病因治疗：①无症状者可定期随访，进行系列超声心动图检查；②血管扩张剂：一可减轻左心室负荷，降低外周血管阻力，增加前向血流，减少反流量，延缓心室扩张和收缩功能下降。

2.外科治疗　包括瓣膜置换术和瓣膜修补术。有症状的严重慢性主动脉瓣关闭不全患者，左心室收缩功能受损、左心室显著扩大（左心室收缩末径≥45～50mm，或 LVEF≤50%）的无症状患者，或主动脉根部严重扩张的患者应手术治疗。急性主动脉瓣反流的患者均应手术治疗，血流动力学不稳定者应紧急手术。

第三节　三尖瓣和肺动脉瓣疾病

一、三尖瓣狭窄

（一）概述

三尖瓣狭窄以女性多见，病理改变类似于二尖瓣狭窄，但损伤较轻。舒张期跨三尖瓣压差＞2mmHg 时狭窄诊断即可成立，但应注意运动、深呼吸、快速补液和阿托品的影响。本病最常见于风湿性心脏病，其他病因包括先天性三尖瓣闭锁和类癌等，右心房肿瘤也可导致类似本病的表现。三尖瓣狭窄多合并关闭不全以及二尖瓣和主动脉瓣损害,单独存在者极少见。

(二)临床表现

1.症状 心排量低引起疲乏,体循环淤血致腹胀。可并发心房颤动和肺栓塞。

2.体征

(1)颈静脉扩张;

(2)胸骨左下缘有三尖瓣开瓣音。

(3)胸骨左缘第4、5肋间或剑突附近有紧随着开瓣音后的,较二尖瓣狭窄杂音弱而短的舒张期隆隆样杂音,伴舒张期震颤。杂音和开瓣音均在吸气时增强,呼气时减弱。

(4)肝大伴收缩期前搏动。

(5)腹水和全身水肿。

(三)诊断要点

(1)具典型听诊表现和体循环静脉淤血而不伴肺淤血,当三尖瓣狭窄和二尖瓣狭窄并存时,后者所致的肺淤血症状可减轻。

(2)心电图提示右心房扩大,X线显示心影增大,右心房和上腔静脉突出。

(3)典型的多普勒超声心动图征象是重要诊断依据。

(四)治疗方案及原则

1.内科治疗 以限盐、利尿为主,目的在于减轻体循环淤血症状;房颤患者应控制心室率。

2.外科治疗 本病的主要治疗手段,舒张期跨三尖瓣压差>5mmHg或瓣口面积<2.0cm时应手术治疗。

二、三尖瓣关闭不全

(一)病因

三尖瓣关闭不全多为功能性,由于右心室扩张、瓣环扩大,心脏收缩时瓣叶不能闭合,多见于有右心室收缩压增高或肺动脉高压的心脏病,如二尖瓣疾病、先天性心血管病(肺动脉瓣狭窄、艾森曼格综合征)和肺心病等。器质性三尖瓣关闭不全包括三尖瓣下移畸形、风湿性心脏病、三尖瓣脱垂、感染性心内膜炎、冠心病等。三尖瓣病变也是类癌综合征的表现之一。

(二)临床表现

1.症状 当不合并肺动脉高压时,三尖瓣关闭不全多可耐受;当合并肺动脉高压时可出现疲乏、腹胀等右心功能不全症状。并发症有心房颤动和肺栓塞。

2.体征

(1)颈静脉扩张伴明显的收缩期搏动,吸气时增强,反流严重者伴颈静脉收缩期杂音和震颤。

(2)重度反流时,胸骨左下缘有第三心音,吸气时增强。

(3)胸骨左下缘或剑突区高调、吹风样和全收缩期杂音。

(4)三尖瓣脱垂有收缩期喀喇音。

(5)可触及肝脏收缩期搏动。

(6)有体循环淤血体征。

(三)诊断要点

(1)胸骨左下缘收缩期杂音随吸气增强。

(2)X线、心电图显示右心房扩大。

(3)多普勒超声心动图有助于检测、诊断并定量三尖瓣反流程度。

(四)治疗方案及原则

1.内科治疗　主要针对右心功能不全,并控制房颤患者的心室率。

2.外科治疗　不合并肺动脉高压者不需手术;继发于二尖瓣或主动脉瓣疾病者在人工瓣膜置换术的术中可探测三尖瓣反流程度以决定不手术、行瓣环成形术还是人工瓣膜置换术;三尖瓣下移畸形、感染性心内膜炎等需行人工瓣膜置换术;静脉药瘾患者可先切除三尖瓣并控制感染,6~9个月后再植入人工瓣膜。三尖瓣行机械瓣置换易出现血栓栓塞并发症,故多使用生物瓣。

三、肺动脉瓣狭窄

(一)病因

肺动脉瓣狭窄以先天性畸形最为常见。风湿性心脏病所致者极少见,且病变较轻,多合并其他瓣膜病变。其他病因还包括类癌综合征等。心脏肿瘤和 Vasalva 窦瘤也可导致类似肺动脉瓣狭窄的表现。

(二)临床表现

(1)初为隐匿性,可被伴随疾病的症状所掩盖。当肺动脉瓣压力阶差增加时,症状可逐步出现,如劳力性呼吸困难、胸痛和乏力等。

(2)肺动脉瓣第二心音减弱。于胸骨左下缘常可闻及第四心音。典型的肺动脉狭窄在收缩晚期递增、递减性杂音出现前,于胸骨左上缘可闻及高调的收缩期喀喇音。

(三)诊断要点

(1)心电图可出现右心室劳损、肺动脉高压表现。

(2)多普勒超声心动图可确定肺动脉狭窄的性质、部位和程度。

(四)治疗方案及原则

以球囊扩张为主。轻度狭窄(峰压力阶差≤40mmHg)无须治疗;有症状的中度狭窄(峰压力阶差 41~79mmHg)应进行球囊瓣膜成形术;重度狭窄(峰压力阶差≥80mmHg)更应进行球囊瓣膜成形术。瓣膜无弹性的肺动脉瓣狭窄球囊瓣膜成形术效果差,需行生物瓣置换术或肺动脉瓣同种异体移植。

四、肺动脉瓣关闭不全

(一)病因

肺动脉瓣关闭不全的最常见病因为继发于肺动脉高压或肺动脉扩张的肺动脉瓣环扩张,其次为感染性心内膜炎,亦有医源性损伤如法洛四联症手术所致者。其他病因包括先天畸形、创伤、类癌综合征、风湿性心脏病和梅毒等。

(二)临床表现

(1)不合并肺动脉高压者常可耐受,合并肺动脉高压者可出现右心功能不全表现;在多数患者中,肺动脉瓣关闭不全的症状常被原发疾病所掩盖。

(2)胸骨左缘第2肋间可扪及肺动脉收缩期搏动,可伴收缩或舒张期震颤。肺动脉高压时,肺动脉瓣第二心音增强或分裂,胸骨左缘第2肋间可闻及收缩期喷射音。胸骨左缘第4肋间常有第三和第四心音。继发于肺动脉高压者,在胸骨左缘第2~4肋间有第二心音后立即开始的舒张早期叹气样高调递减型杂音,称为Graham Steell杂音。

(三)诊断要点

(1)胸骨左上缘吸气性增强的舒张期杂音。第二音分裂和肺动脉第二心音亢进。
(2)X线有右心室和肺动脉干扩大,心电图有右心室肥厚征。
(3)多普勒超声心动图对诊断敏感且可定量确定反流程度。

(四)治疗方案及原则

主要治疗原发疾病,仅在严重病变导致难治性右心衰时方考虑生物瓣置换术或肺动脉瓣同种异体移植,除此之外也可采用经皮肺动脉瓣置换术。

第四节　多瓣膜病

一、概述

多瓣膜病又称联合瓣膜病,是指两个或两个以上瓣膜的病变同时存在。病因多为风湿性,少数为老年性退行性改变,累及并损伤两个或以上瓣膜,以二尖瓣狭窄或关闭不全合并主动脉瓣关闭不全或狭窄最为多见,其次为二尖瓣、主动脉瓣和三尖瓣病变同时存在,而肺动脉瓣极少受累发病。功能性三尖瓣关闭不全在二尖瓣病变晚期很常见。此外,感染性心内膜炎,瓣膜黏液样变性,马方综合征,系统性红斑狼疮等也可造成联合瓣膜损害。

多瓣膜损伤的临床进展和自然病程取决于每一种病变相对的严重程度以及病变进展的速度及顺序。每一种瓣膜损害都将对心脏和循环系统造成特定的影响。总的来说,联合瓣膜病变在病理生理上往往使病情加重,病程发展更快,对心脏功能造成综合性的不良影响。而且其预后比单一瓣膜病变的预后差。

1.主动脉瓣狭窄伴二尖瓣关闭不全　由于左心室流出道受阻,加重了二尖瓣反流,并使左心室向主动脉的搏出量减少更明显,故左心房失代偿及肺淤血提早发生,临床上乏力症状及运动耐量的降低更明显。

2.主动脉瓣狭窄合并二尖瓣狭窄　当前者重后者轻时,左心室舒张末期压力增高,舒张期二尖瓣跨瓣压力阶差缩小,易致左心房衰竭。当前者轻后者重,则因左心室充盈压下降,左心室心搏量明显降低。

3.主动脉瓣关闭不全伴二尖瓣关闭不全　由于主动脉瓣关闭不全,心室舒张期回心血量大大增多,左心室舒张期容量负荷大大加重,左心室极易扩大和发生衰竭;而在收缩期反流入左心房的血流量也加大,易致左心房失代偿。

有一种情况是一个瓣膜的病变减弱了另一个瓣膜病变对心脏损害的影响,这些相互抵消的"血流动力学效应的改善"常混淆了临床表现:使症状、杂音及其他体征发生变化。从而给诊断带来困难,如:二尖瓣狭窄合并主动脉瓣狭窄时主动脉瓣区收缩期杂音减弱,第四心音减弱或消失;同时,心尖区舒张期杂音亦可减弱。二尖瓣狭窄伴主动脉瓣关闭不全时,可使二尖瓣狭窄之舒张晚期杂音减弱或消失。

二、临床表现

1.症状　常见症状有:劳累后心悸气促、胸闷、疲乏无力或呼吸困难乃至端坐呼吸,常易发生呼吸道感染或痰中血丝、头晕,甚至晕厥或一过性意识丧失。病情进展至右心衰时可出现腹胀、纳差、少尿、水肿等。心律失常以房性和室性期前收缩、心房颤动多见。

2.体征　口唇发紫或两颧潮红,颈静脉充盈或怒张,颈动脉搏动显著,心界扩大,心尖搏动下移。合并主动脉瓣关闭不全者,有体循环动脉压升高或脉压增大,枪击音,毛细血管搏动和水冲脉等。心尖区、主动脉瓣区可闻及收缩期和(或)舒张期杂音,S_1亢进或减弱、P_2亢进或分裂。出现右心衰的患者常常有肝脏淤血性肿大、压痛、腹水及下肢凹陷性水肿等。

三、诊断要点

1.上述的症状和体征。

2.X线检查　以二尖瓣病变为主的患者,可呈二尖瓣型心脏,左心房及右心室扩大,肺动脉段突出,两肺淤血;以主动脉瓣病变为主的患者,可呈主动脉瓣型心脏,左心房、左心室扩大,升主动脉迂曲增宽,上腔静脉影增宽等。联合瓣膜病变合并有全心衰的患者,往往有二尖瓣型心脏和主动脉瓣型心脏并存的表现。

3.心电图　心电图示电轴右偏或左偏,左心房、右心室或左心室扩大。可出现二尖瓣型P波或心房颤动。房性或室性期前收缩、心肌劳损或缺血。传导阻滞以左束支或右束支阻滞多见。

4.超声心动图　超声心动图对诊断和鉴别某个心脏瓣膜病具有重要意义,尤其是联合瓣膜病更为突出。可观察瓣膜形态或结构改变和血流通过瓣膜的状况,各心腔大小,测算肺动脉压力、跨瓣压差及心功能状态等。同时能够评价治疗效果及对心功能进行随访。

5.心导管检查和心血管造影 联合瓣膜病可经右心导管测定肺毛细血管楔压、肺动脉压以及右心房、右心室压力。经左心导管行升主动脉造影,可观察到主动脉增宽、瓣环扩大、狭窄和反流情况;经左心导管也可以测定跨主动脉瓣压力阶差、了解主动脉及二尖瓣反流量、心功能状况等,对判断手术适应证和预后具有重要意义。

40 岁以上的患者,尤其是男性患者,多需行冠状动脉造影,以排除冠状动脉病变。如同时存在冠状动脉狭窄或闭塞,应在瓣膜置换术的同期行冠状动脉旁路移植术(CABG),否则将影响瓣膜置换术的疗效。

四、治疗原则及方案

联合瓣膜病的治疗,应全面分析纠治某一瓣膜病变的利弊关系,有时纠正了某一瓣膜的病变,会明显加重另一瓣膜病变的异常血流动力学改变。因此,通常情况下是对合并存在的瓣膜病变同时进行纠正。同时,应警惕和积极处理因风湿活动、长期压力负荷或容量负荷过重及心肌缺血造成的心肌损害所导致的潜在并发症。

1.内科治疗 心功能尚处于代偿阶段或病变较轻者,可予内科对症治疗,预防风湿活动和感染性心内膜炎,治疗并发症(如心律失常、血栓形成或栓塞、咯血等),控制好心功能。

2.手术治疗

(1)二尖瓣和主动脉瓣置换术。适应证:风湿性主动脉瓣和二尖瓣病变、二尖瓣及主动脉瓣黏液样变性或退行性变、感染性心内膜炎造成上述两个瓣膜严重损伤(严重的瓣膜关闭不全、钙化和瓣膜下粘连),已经造成心腔和主动脉管腔明显增大,心功能失代偿。

(2)主动脉瓣置换术和二尖瓣成形术。适应证:风湿性主动脉瓣病变合并二尖瓣狭窄属隔膜型或二尖瓣关闭不全仅以瓣环扩大为主。

(3)二尖瓣、主动脉瓣与三尖瓣同期手术,其中 80% 的患者可行三尖瓣成形术。适应证:风湿性二尖瓣与主动脉瓣严重病变,合并三尖瓣病变多为功能性关闭不全,即使为风湿性三尖瓣病变,其程度也较二尖瓣为轻。

3.术后主要并发症及处理要点 联合瓣膜病变,特别是二尖瓣、主动脉瓣与三尖瓣病变的同期手术,因其术前心肌损害严重、病程长、心脏扩大显著以及肺动脉高压形成,对手术创伤的耐受性差,且术中体外循环和主动脉阻断时间长,更加重心肌损害。因此,术前应充分改善其心功能,术后则必须加强循环和呼吸系统的功能支持和治疗措施。

第五章 心肌疾病

第一节 扩张型心肌病

一、概述

扩张型心肌病(DCM)是一类常见的既有遗传又有非遗传原因造成的复合型心肌病,以左室、右室或双心腔扩大和收缩功能障碍等为特征,临床表现为左室收缩功能降低、进行性心力衰竭、室性和室上性心律失常、传导系统异常、血栓栓塞和猝死。

DCM 是心肌疾病的常见类型,是心力衰竭的第 3 位原因。DCM 中 30%～50%有基因突变和家族遗传背景,部分原因不明。不同的基因产生突变和同一基因的不同突变都可以引起DCM 并伴随不同的临床表型。到目前为止,在 DCM 的家系中采用候选基因筛查和连锁分析策略已定位了 26 个染色体位点与该病相关,并从中成功找出 22 个致病基因。

扩张型心肌病病程长短不等,病死率很高。从症状出现 10 年内病死率为 70%,一般认为症状出现后 5 年存活率为 40%,10 年存活率 22%。病死原因多为心力衰竭和严重心律失常。

二、DCM 的诊断

(一)临床表现

临床将 DCM 分为 3 期。

1.早期 仅仅心脏结构改变,超声心动图显示心脏扩大、收缩功能下降但无心力衰竭症状;超声心动图测量左心室舒张末期内径为 5～6.5cm,射血分数为 40%～50%。

2.中期 超声心动图显示心脏扩大、LVEF 减低并有心力衰竭的症状(气急、乏力、心悸、水肿等)及体征(舒张早期奔马律等),超声心动图测量左心室舒张末期内径为 6.5～7.5cm,左室射血分数(LVEF)为 20%～40%。

3.晚期 超声心动图显示心脏扩大、LVEF 明显降低并有顽固性终末期心力衰竭的临床表现(常有肝大、水肿、腹水;奔马律、肺循环、体循环淤血征等)。

DCM 临床表现主要表现为心力衰竭、心律失常、血栓栓塞或猝死。

(二)辅助检查

1.心电图 QRS 低电压,ST-T 改变,少数病例有病理性 Q 波;各种心律失常以室性心律失常、房颤、房室传导阻滞及束支传导阻滞多见。

2.胸部 X 线检查　心影增大,心胸比>0.5,肺淤血征。

3.超声心动图　主要表现为大、薄、弱。大即心脏增大以左心室扩大为主,左心室流出道扩大;薄为室间隔和左心室室壁变薄;弱为室壁运动弥漫性减弱,LVEF 降低;附壁血栓多发生于左心室心尖部,多合并有二尖瓣、三尖瓣反流;左心室舒张末期内径(LVEDd)>2.7cm/m²、舒张末期容积>80>mL/m²。

4.心导管检查　左心导管检测左心室舒张末压和射血分数,心室和冠状动脉造影有助于与冠心病鉴别。

5.心内膜心肌活检　有助于特异性心肌疾病和急性心肌炎鉴别。

(三)诊断与鉴别诊断

1.诊断标准

(1)临床常用 LVEDd>5.0cm(女性)和>5.5cm(男性)。

(2)LVEF<45%和(或)左心室缩短速率(FS)<25%。

(3)更为科学的是 LVDl>2.7Cm/m²[体表面积(m²)=0.0061×身高(cm)+0.0128 那些人体重(kg)-0.1529]。更为保守的评价 LVEDd>年龄和体表面积预测值的 117%。

临床上主要根据临床表现和超声心动图作出诊断。X 线胸片、心脏同位素、心脏计算机断层扫描有助于诊断。

2.鉴别诊断　DCM 诊断时需要排除引起心肌损害的其他疾病,如冠心病、心瓣膜病、先天性心脏病、酒精性心肌病、心动过速性心肌病、心包疾病、系统性疾病、肺源性心脏病和神经肌肉性疾病等。

(1)缺血性心肌病:表现类似扩张型心肌病,但患者有明显相关的冠状动脉病变。

(2)瓣膜性心肌病:表现为与异常负荷状态不符的心室功能障碍,超声心动图可明确诊断。

(3)家族遗传性 DCM 的诊断:符合 DCM 的诊断标准,家族性发病是依据在一个家系中包括先证者在内有两个或两个以上 DCM 患者,或在 DCM 患者的一级亲属中有不明原因的 35 岁以下猝死者。仔细询问家族史对于 DCM 的诊断极为重要。

(4)继发性心肌病:继发性心肌病特指心肌病变是由其他疾病、免疫或环境因素等引起心脏扩大的病变,心脏受累的程度和频度变化很大。临床常见的继发性 DCM 如下。

①感染/免疫性 DCM:由多种病原体感染,如病毒、细菌、立克次体、真菌、寄生虫等引起心肌炎而转变为 DCM。诊断依据:符合 DCM 的诊断标准;心肌炎病史或心肌活检证实存在炎症浸润、检测到病毒 RNA 的持续表达、血清免疫标志物抗心肌抗体等。

②酒精性心肌病:诊断标准:符合 DCM 的诊断标准;长期过量饮酒(WHO 标准:女性>40g 次/d,男性>80g 次/d,饮酒 5 年以上);既往无其他心脏病病史;早期发现戒酒 6 个月后 DCM 临床状态得到缓解。饮酒是导致心功能损害的独立原因。建议戒酒 6 个月后再作临床状态评价。

③围产期心肌病:诊断标准:符合扩张型心肌病的诊断标准;妊娠最后 1 个月或产后 5 个月内发病。

④心动过速性 DCM：符合 DCM 的诊断标准；慢性心动过速发作时间超过每天总时间的 12%～15% 以上，包括窦房折返性心动过速、房性心动过速、持续性交界性心动过速、心房扑动、心房颤动和持续性室性心动过速等；心室率多在 160 次/长期过量饮酒以上，少数可能只有 110～120 次/长期过量饮酒，与个体差异有关。

⑤代谢性心肌病：包括内分泌性：毒性甲状腺肿、甲状腺功能减弱、肾上腺皮质功能不全、嗜铬细胞瘤、肢端肥大症、糖尿病；家族性累积性或浸润性疾病：如血色病、糖原累积症、Hurler 综合征、Refsum 综合征、Niemann-Pick 病、Hand-Schuller-Christian 病、Fabry-Anderson 病、Morquio-Ullrich 病；营养物质缺乏，如钾代谢异常、镁缺乏、营养异常（Kwashiorkor 病、贫血、脚气病、硒缺乏）；淀粉样变，如原发性、继发性、家族性、遗传性的心脏淀粉样变；家族性地中海热、老年淀粉样变性等。

（5）心室肌致密化不全：是一种先天性心室肌发育不全性心肌病。表现为左心室和（或）右心室腔内存在大量粗大突起的肌小梁及深陷隐窝，常伴或不伴有心功能不全、心律失常及血栓栓塞等。超声心动图显示：心室壁异常增厚并呈现两层结构，即薄而致密的心外膜层和厚而致密的心内膜层，后者由粗大突起的肌小梁和小梁间的隐窝构成，且隐窝与左室腔交通而具有连续性。成人非致密化的心内膜层最大厚度/致密化的心外膜层厚度＞0.2，幼儿则＞1.4（心脏收缩末期胸骨旁短轴）；主要受累心室肌为心尖部、心室下壁和侧壁；小梁间的深陷隐窝充满直接来自于左心室腔的血流，但不与冠状动脉循环交通；排除其他先天性或获得性心脏病的存在。

（6）应激性心肌病：因心尖部呈气球样扩张，基底部收缩增强，形态类似章鱼篓而称为 Tako-Tsudo（日本捕章鱼的篓子）。常见于老年女性，由精神、情绪应激诱发，表现一过性左室收缩功能减低，心电图出现 ST 段抬高，但冠状动脉造影正常，治疗得当，预后良好。

三、治疗

治疗目标：阻止基础病因介导的心肌损害，有效的控制心力衰竭和心律失常，预防猝死和栓塞，提高 DCM 患者的生活质量和生存率。

（一）病因及诱因治疗

对于不明原因的 DCM 要积极寻找病因，排除任何引起心肌疾病的可能病因并给予积极的治疗，如控制感染、严格限酒或戒酒、控制体重，低盐饮食，改变不良的生活方式等。

（二）药物治疗

DCM 初次诊断时患者的心功能状态各异。

1.早期阶段　应积极进行早期药物干预治疗，包括 β 受体阻滞剂、ACEI/ARB，可减少心肌损伤和延缓病变发展。在 DCM 早期针对病因和发病机制的治疗更为重要。

2.中期阶段

（1）液体潴留者应限制盐的摄入和合理使用利尿剂：利尿剂通常从小剂量开始，如呋塞米每天 20mg 或氢氯噻嗪每天 25mg，并逐渐增加剂量直至尿量增加，体重每天减轻 0.5～1.0kg。

（2）所有无禁忌证者应积极使用 ACEI，不能耐受者使用 ARB。ACEI 治疗前应注意利尿剂已维持在最合适的剂量,从很小剂量开始,逐渐递增,直至达到目标剂量,滴定剂量和过程需个体化。

(3)所有病情稳定、LVEF<40%的患者应使用β受体阻滞剂。目前有证据用于心力衰竭的β受体阻滞剂是卡维地洛、美托洛尔和比索洛尔。在ACEI和利尿剂的基础上加用β受体阻滞剂(无液体潴留、体重恒定),需从小剂量开始,患者能耐受则每2~4周将剂量加倍,以达到静息心率≥55次/min为目标剂量或最大耐受量。

(4)在有中、重度心力衰竭表现,又无肾功能严重受损的患者可使用螺内酯20mg/d、地高辛0.125mg/d。

(5)对于心律失常导致心源性猝死发生风险的患者,可针对性选择抗心律失常药物治疗,如胺碘酮等。

3.晚期阶段 在上述利尿剂、ACEI或ARB、地高辛等药物治疗基础上,可考虑短期应cAMP正性肌力药物3~5d,推荐剂量为多巴酚丁胺2~5μg/(kg·min),磷酸二酯酶抑剂米力农50μg/kg负荷量,继以0.315~0.750μg/kg;药物不能改善症状者建议考虑心移植等非药物治疗方案。

4.栓塞的预防 对于有心房颤动或深静脉血栓形成等发生栓塞性疾病风险且没有禁忌证的患者口服阿司匹林75~100mg/d,预防附壁血栓形成。对于已经有附壁血栓形成和发生血栓栓塞的患者必须长期抗凝治疗,口服华法林,调节剂量使国际化标准比值(INR)保持在2.0~2.5。

5.改善心肌代谢 家族性DCM由于存在与代谢相关酶缺陷,改善心肌代谢紊乱可应用能量代谢药。辅酶Q10参与氧化磷酸化及能量的生成过程,并有抗氧自由基及膜稳定作用。用法:辅酶Q10片10mg,每天3次;曲美他嗪通过抑制游离脂肪酸β氧化,促进葡萄糖氧化,利用有限的氧,产生更多ATP,优化缺血心肌能量代谢作用,有助于心肌功能的改善,曲美他嗪20mg口服,每天3次。

(三)非药物治疗

1.双腔起搏器同步刺激左、右心室(CRT) 约1/3LVEF降低和NYHA心功能Ⅲ~Ⅳ级的心力衰竭患者,QRS增宽>120ms,提示心室收缩不同步。有证据表明,心室收缩不同步导致心力衰竭病死率增加,通过CRT可纠正不同步收缩,改善心脏功能和血流动力学而不增加氧耗,并使衰竭心脏产生适应性生化改变,能改善严重心力衰竭患者的症状、提高6min步行能力和显著改善生活质量。CRT适应证:窦性心律、LVEF<35%、心功能NYHAⅢ~Ⅳ级、QRS间期>120ms伴有室内传导阻滞的严重心力衰竭患者是CRT的适应证。

2.猝死的预防 室性心律失常和猝死是DCM常见症状。预防猝死主要是控制诱发室性心律失常的可逆性因素:①纠正心力衰竭,降低室壁张力;②纠正低钾低镁;③改善神经激素功能紊乱,选用ACEI/ARB和β受体阻滞剂;④避免药物因素如洋地黄、利尿剂的毒副作用;⑤胺碘酮(200mg/d)有效控制心律失常,对预防猝死有一定作用。少数DCM患者心率过于缓慢,有必要置入永久性心脏起搏器。少数患者有严重的心律失常,危及生命,药物治疗不能控制,LVEF<30%,伴轻至中度心力衰竭症状、预期临床状态预后良好的患者建议置入心脏电复律除颤器(ICD),预防猝死发生。

（四）外科治疗

近年来,药物和非药物治疗的广泛开展,多数 DCM 患者生活质量和生存率提高,但部分患者尽管采用了最佳的治疗方案仍进展到心力衰竭的晚期,需要考虑特殊治疗策略。

左室辅助装置治疗可提供血流动力学支持,建议:①等待心脏移植;②不适于心脏移植的患者或估计药物治疗 1 年病死率＞50％的患者,给予永久性或"终生"左室辅助装置治疗。

对于常规内科或介入等方法治疗无效的难治性心力衰竭,心脏移植是目前唯一已确立的外科治疗方法。

1.心脏移植的绝对适应证　①心力衰竭引起的严重血流动力学障碍,包括难治性心源性休克、明确依赖静脉正性肌力药物维持器官灌注、峰耗氧量＜10mL/(kg·min)达到无氧代谢;②所有治疗无效的反复发作的室性心律失常。

2.心脏移植的相对适应证　①峰耗氧量＜11～14mL/kg(或预测值的 55％)及大部分日常活动受限;②反复发作症状又不适合其他治疗;③反复体液平衡或肾功能失代偿,而不是由于患者对药物治疗依从性差。

（五）探索中的治疗方法

目前 DCM 的治疗主要针对心力衰竭和心律失常。现有的抗心力衰竭药物能在一定程度上提高患者的生存率,但至今仍无有效的治疗措施从根本上逆转心肌细胞损害、改善心脏功能。对于 DCM 病因及发病机制的阐明,有助于探索针对 DCM 的早期防治。

1.免疫学治疗　DCM 患者抗心肌抗体介导心肌细胞损害机制已阐明,临床常规检测抗心肌抗体进行病因诊断,有助于对早期 DCM 患者进行免疫学治疗。①阻止抗体效应:针对 DCM 患者抗 ANT 抗体选用地尔硫䓬、抗 β1 受体抗体选用 β 受体阻滞剂,可以阻止抗体介导的心肌损害,防止或逆转心肌病的进程;②免疫吸附抗体:几项研究表明免疫吸附清除抗 β_1 受体抗体使 DCM 患者 LVEF、LVEDd 明显改善,临床试验证明自身抗体在 DCM 发病中有作用;③免疫调节:新近诊断的 DCM(出现症状时间在 6 个月内)患者静脉注射免疫球蛋白,通过调节炎症因子与抗炎因子之间的平衡,产生良好的抗炎症效应和改善患者心功能;④抑制抗心肌抗体的产生:实验研究发现:抗 CD4 单抗可以抑制 CD4＋Th2 细胞介导产生抗心肌自身抗体,可望早期阻止 DCM 的进展。

2.中医药疗法　临床实践发现生脉饮、真武汤等中药可以明显改善 DCM 患者心功能。黄芪具有抗病毒、调节免疫和正性肌力的功效。

3.细胞移植　骨髓干细胞具有多向分化能力,可产生与亲代表型和基因一致的子代细胞。DCM 心力衰竭细胞治疗在美国已初步形成规则,用统一的细胞株培养、扩增后由导管或手术注入心脏,主要用肌原细胞作为研究实践应用,部分进入 Ⅱ 期临床。

4.基因治疗　随着分子生物学技术的发展和对 DCM 认识的深入,发现基因缺陷是部分患者发病机制中的重要环节,通过基因治疗 DCM 也成为目前研究热点。近年实验研究发现补充正常 delta-SC 基因、肝细胞生长因子基因治疗 DCM 仓鼠,可改善心功能、延长寿命;转染单核细胞趋化蛋白-1 基因治疗可明显减轻自身免疫性心肌炎。基因治疗方法的探索将有助于寻找治疗家族遗传性 DCM 的方法。

第二节　肥厚型心肌病

一、概述

肥厚型心肌病(HCM)是一种原发于心肌的遗传性疾病,以心肌肥厚、心室腔变小为特征,以左心室血流充盈受阻、舒张期顺应性下降为基本病变的心肌病。

HCM 是一种异质性心脏病,从婴儿到高龄所有年龄阶段可有不同的临床表现和病程进展。HCM 的自然病程可以很长,呈良性进展,最高年龄＞90 岁,75 岁以上的达到 23%。HCM 的主要死亡原因是心源性猝死 51%;心力衰竭 36%;卒中 13%。16%猝死者在中等到极量体育活动时发生。本病为青少年猝死的常见原因之一。目前,已确定 HCM 是由 8 个编码肌纤维节和肌丝的基因突变所导致的常染色体显性遗传疾病,在 8 个基因中,至少确定了 1400 个突变。

二、诊断

(一)临床表现

1.呼吸困难　90%以上有症状的 HCM 患者出现劳力性呼吸困难,阵发性呼吸困难、夜间发作性呼吸困难较少见。

2.胸痛　1/3 的 HCM 患者劳力性胸痛,但冠状动脉造影正常,胸痛可持续较长时间或间发,或进食过程引起。HCM 患者胸痛与以下因素相关:心肌细胞肥大、排列紊乱、结缔组织增加,供血、供氧不足,舒张储备受限,心肌内血管肌桥压迫冠状动脉,小血管病变。

3.心律失常　HCM 患者易发生多种形态室上性心律失常,室性心动过速、心室颤动、心源性猝死,心房颤动、心房扑动等房性心律失常也多见。恶性室性心律失常是安置 ICD 的适应证之一。

4.晕厥　15%～25%的 HCM 至少发生过一次晕厥。约 20%患者主诉黑矇或瞬间头晕。左室舒张末容量降低、左心腔小、不可逆性梗阻和肥厚,非持续性室性心动过速等因素与晕厥发生相关。

5.猝死　HCM 是青少年和运动员猝死的主要原因,占 50%。恶性心律失常、室壁过厚、流出道阶差≥6.67kPa(50mmHg)是猝死的主要危险因素。

(二)辅助检查

1.心电图　可表现左心室肥厚,胸导联 T 波深倒置,多导联出现异常 Q 波。

2.动态心电图　有助于发现室性心律失常、房颤等。

3.超声心动图　典型表现:室间隔明显肥厚≥1.5cm,室间隔厚度/左室游离壁厚度之比＞1.3;二尖瓣前叶收缩期前移贴近室间隔(SAM 征);左心室流出道狭窄;主动脉瓣收缩中期呈部分性关闭。彩色多普勒血流显像可评价左心室流出道压力阶差。

4.心脏磁共振(CMR)　可直接反映心室壁肥厚和心室腔狭窄,对于特殊部位心肌壁肥厚和对称性肥厚更具有诊断价值;对可疑 HCM 患者,但超声心动图诊断不确定时,可行 CMR 检查。

5.心内膜心肌活检 心肌细胞畸形肥大,排列紊乱。

诊断 HCM 应包括临床诊断,基因表型和基因筛选,猝死高危因素评估等方面。

(三)诊断标准

1.主要标准

(1)超声心动图左心室壁和(或)室间隔厚度超过 15mm 和(或)左室流出道(LVOT)梗阻/合并二尖瓣瓣叶收缩期前向漂移(SAM 征)并与室间隔接触,无左室扩张。

(2)组织多普勒、CMR 发现心尖、近心尖室间隔部位肥厚,心肌致密或间质排列紊乱。

2.次要标准

(1)35 岁以内患者,12 导联心电图Ⅰ、aVL、$V_{4\sim6}$ 导联 ST 下移,深对称性倒置 T 波。

(2)二维超声室间隔和左室壁厚 11~14mm。

(3)基因筛查发现已知基因突变,或新的突变位点,与 HCM 连锁。

3.排除标准

(1)系统疾病、高血压、风湿性心脏病、先天性心脏病(房间隔、室间隔缺损)及代谢性疾病伴发心肌肥厚。

(2)运动员心肌肥厚是与体育训练相关的生理性重构(即"运动员型心脏")。HCM 以特征性肌纤维节突变或显著左室壁增厚(>15mm)和(或)左室流出道(LVOT)梗阻和(或)合并二尖瓣瓣叶收缩期前向漂移(SAM 征)并与室间隔接触为特点。而运动员心脏常有左室、右室和左房腔的扩大、室间隔增厚甚至主动脉扩大、舒张功能正常且左室肥厚形式不同。

临床确诊 HCM 标准:符合以下所述任何一项者:1 项主要标准＋排除标准;1 项主要标准＋次要标准第 3 项,即阳性基因突变;1 项主要标准＋排除标准第 2 项;次要标准第 2 项和第 3 项;次要标准第 1 项和第 3 项。

(四)HCM 猝死危险评估

对 HCM 患者心源性猝死(SCD)危险分层,主要包括以下 5 点。

(1)心室颤动、持续性室性心动过速或 SCD 事件,包括对室性快速心律失常进行合理的 ICD 治疗等病史。

(2)SCD 家族史,包括对室性快速心律失常合理的 ICD 治疗。

(3)不能解释的晕厥。

(4)动态心电图记录到 3 阵以上心率≥120 次/min 的非持续性室性心动过速。

(5)最大左室壁厚度≥30mm。

(五)特殊类型 HCM 诊断

1.心尖 HCM 的诊断 肥厚病变集中在室间隔和左室心尖部,心电图Ⅰ,aVL,$V_{4\sim6}$导联(深度、对称、倒置 T 波)提供重要诊断依据,确定诊断依靠二维超声心动图、多普勒、磁共振等影像检查。

2.梗阻性 HCM(HOCM) 应包括在 HCM 大类中,其特点为左室与主动脉流出道压差>4.0kPa(30mmHg)。该类患者呼吸困难、胸痛明显,是发生晕厥和猝死的 HCM 高危人群。

三、治疗

因 HCM 管理策略绝大部分取决于有或无梗阻所致临床症状,故将其区分为梗阻和非梗阻性至关重要。在临床实践中,常通过心脏超声计算高峰瞬时 LVOT 斜度来评估是否存在梗阻及梗阻程度。

1.无症状 HCM 患者治疗

(1)无症状的 HCM 患者是否用药存在分歧。部分学者主张无症状不用药。因 HCM 病程呈现典型的心室重构进程,为了延缓和逆转重构,部分学者建议服用 β 受体阻滞剂或非二氢吡啶类钙拮抗剂,小到中等剂量,美托洛尔 25～50mg 次/d;地尔硫草 30～90mg 次/d;维拉帕米 240～480mg 次/d,缓释片更好。

对于存在流出道梗阻的 HCM 患者,应用单纯血管扩张剂和大剂量利尿剂均有潜在危害。

(2)推荐低强度的有氧训练作为 HCM 患者健康生活方式的一部分。

(3)无论梗阻的严重程度,不推荐无症状 HCM 成人患者和具有正常耐受力的患儿接受间隔消融术、切除术治疗。

2.症状明显 HCM 患者治疗

(1)药物治疗:推荐有或无梗阻的 HCM 成年患者使用 β 受体阻滞剂治疗心绞痛或呼吸困难等症状。但窦性心动过缓或严重传导阻滞患者慎用;若不能耐受 β 受体阻滞剂或有禁忌证可考虑维拉帕米,但严重心力衰竭或窦性心动过缓患者慎用;不能耐受或有维拉帕米禁忌证的患者可考虑地尔硫草。单用 β 受体阻滞剂或维拉帕米无反应患者,可考虑丙吡胺联合 β 受体阻滞剂或维拉帕米。丙吡胺 100～150mg 每天 4 次。

ACEI 和(或)ARB 对有症状、收缩功能正常 HCM 患者的作用尚不明确,在有 LVOT 梗阻的患者中慎用

(2)手术治疗

①室间隔心肌切除术:经全面评估后对药物治疗无效、症状严重的 LVOT 梗阻患者可行室间隔心肌切除术。适应证:尽管进行了最佳药物治疗,仍存在严重的呼吸困难(NYHAⅢ或Ⅳ级)或胸痛;或有时出现妨碍日常活动和生活质量的其他劳力性症状;静息或随体力激发的动态 LVOT 梯度 ≥6.67kPa(50mmHg),伴有室间隔肥厚和收缩期二尖瓣前向运动(SAM 征)。

②经皮穿刺腔内间隔心肌消融术(PTSMA)是通过冠状动脉导管,进入间隔分支,在间隔支内注入无水乙醇 1～3mL,造成该血供区间隔心肌坏死。达到减缓和解除流出道压差。

PTSMA 适应证:

A.临床症状:患者有明显临床症状,且乏力、心绞痛、劳累性气短、晕厥等进行性加重,充分药物治疗效果不佳或不能耐受药物不良反应;外科间隔心肌切除失败或 PTSMA 术后复发;不接受外科手术或外科手术高危患者。

B.有创左心室流出道压力阶差:静息 LVOT 压力阶差≥6.67kPa(50mimHg);激发 LVOT 压力阶差≥9.33kPa(70mmHg);有晕厥,可除外其他原因者,LVOTG 可适当放宽。

C.超声心动图:符合 HOCM 诊断,梗阻位于室间隔基段,并有与 SAM 征相关的左心室流

出道梗阻，心肌声学造影确定拟消融的间隔支动脉支配肥厚梗阻的心肌；室间隔厚度≥15mm。

D.冠状动脉造影：间隔支动脉适于行 PTSMA。

PTSMA 禁忌证：非梗阻性肥厚型心肌病；合并需要同时进行心脏外科手术的疾病，如严重二尖瓣病变、冠状动脉多支病变等；室间隔弥漫性增厚；终末期心力衰竭。

PTSMA 治疗的主要并发症为即刻发生Ⅲ度房室传导阻滞。另外，由于间隔消融产生的瘢痕可能引起恶性室性心律失常甚至猝死。

③心脏移植：严重心力衰竭、其他治疗干预无效、EF<50%、非梗阻性 HCM 患者，可考虑心脏移植。

（3）起搏治疗：药物治疗无效且间隔缩小治疗不是最佳选择的梗阻性、有症状的 HCM 患者，可考虑永久起搏治疗。起搏治疗后约 90% 患者症状改善，主要表现在运动时间延长和压力曲线斜度减小。

（4）对房颤的处理：对合并阵发性、持续性、慢性房颤 HCM 患者的房颤管理，主要从抗凝、节律控制和室率控制 3 个方面进行治疗。①抗凝：建议应用维生素 K 拮抗剂抗凝，如华法林，INR 目标值为2~3。直接凝血酶抑制剂（如达比加群酯）是抗凝另一选择，但目前尚无 HCM 合并心房颤动患者相关证据；②室率控制：可使用大剂量 β 受体阻滞剂和非二氢吡啶类钙拮抗剂进行室率控制；③节律控制：可采用胺碘酮治疗进行节律控制。若患者症状顽固或不能耐受抗心律失常药物治疗，可采用房颤射频消融术。对于有房颤病史且进行心肌间隔切除术的 HCM 患者可考虑行迷宫手术和左心耳封堵术。鉴于多数患者房颤药物治疗效果不满意，而能进行外科手术的患者又很少，无疑导管消融成为此类患者治疗的主要手段。

（5）ICD 置入：适应证：①过去已经证实发生了心脏骤停、室颤、或有血流动力学意义的室性心动过速的 HCM 患者；②一个或多个一级亲属的猝死推测是由 HCM 引起的；最大左室壁厚度≥30mm；最近有一次或多次不能解释的晕厥发作；③存在其他 SCD 危险因素、有非持续性室性心动过速的 HCM 患者（尤其年龄<30 岁）者；建议置入 ICD。

第三节　限制型心肌病

一、概述

限制型心肌病（RCM）以单侧或双侧心室充盈受限和舒张容量下降为特征，但收缩功能和室壁厚度正常或接近正常。可见间质纤维化增加。可为特发性，也可伴有其他疾病，如心肌淀粉样变、心内膜病变伴或不伴有嗜酸性细胞增多症等。

二、诊断

（一）临床表现

分为左心室型、右心室型和混合型，以左心室型常见。在早期可无症状，随着病情进展出现运动耐量降低、乏力、劳力性呼吸困难和胸痛、水肿等。体征可表现出体循环和肺循环淤血的表现。肺部湿性啰音、心脏可闻及舒张期奔马律、颈静脉怒张、吸气时颈静脉压增高（Kussmaul 征）、肝大、腹水、下肢或全身水肿。此外，血压常偏低，脉压小，心房压高导致心房颤动、栓塞，可发生猝死。

（二）辅助检查

1.心电图检查　ST-T 非特异性改变，病理性 Q 波，束支传导阻滞，心律失常等。

2.胸部 X 线检查　心影正常或轻中度增大，可有肺淤血表现，偶见心内膜钙化影。

3.超声心动图检查　舒张期快速充盈随之突然终止。可有心房扩大，心室腔大致正常，心室壁增厚，偶见附壁血栓。

4.心导管检查　心房压力曲线出现右房压升高和快速的 Y 下陷；左心充盈压高于右心充盈压；心室压力曲线表现为舒张早期下降和中晚期高原波；肺动脉高压。

5.心内膜心肌活检　可证实嗜酸性细胞增多症患者的心内膜心肌损害，对心内膜弹力纤维增生症和原发性限制型心肌病的组织学诊断具有重要价值。

（三）诊断及鉴别

RCM 临床诊断较困难，对于出现倦怠、乏力、劳力性呼吸困难、胸痛、腹水、水肿等症状，心室无明显扩大而心房扩大者，应考虑本病。心内膜心肌活检有助于确定限制型心肌病的诊断。需与缩窄性心包炎相鉴别。

三、治疗

RCM 缺乏特异性治疗方法。治疗原则：缓解临床症状，改善心脏舒张功能，纠正心力衰竭，针对原发病治疗。

（一）对症治疗

1.改善心室舒张功能

（1）钙离子拮抗剂：可阻滞心肌细胞钙超负荷引起的细胞僵直，改善心室舒张期顺应性，降低舒张压，从而改善心室舒张功能。可用地尔硫䓬 30mg，每天 3 次；氨氯地平 5mg，每天 1 次。

（2）β受体阻滞剂：减慢心率、延长心室充盈时间，减少心肌耗氧量，降低室壁张力，从而有利于改善心室舒张功能。美托洛尔从小剂量开始，酌情逐渐增加剂量。

（3）ACEI 可以常规应用，如卡托普利 12.5mg，每天 2 次；培哚普利 4mg，每天 1 次等。

（4）利尿剂：能有效降低心脏前负荷，减轻肺循环和体循环淤血，降低心室充盈压，改善气急和乏力等症状。

2.洋地黄类药物　对于伴有快速心房颤动或心力衰竭者，可从小剂量使用。

3.抗心律失常药物　房颤者可用胺碘酮转复和维持心律。

4.抗凝治疗　给予阿司匹林抗血小板。如心腔内附壁血栓者，应予华法林等抗凝。

（二）特殊治疗

对嗜酸性细胞增多症引起的心内膜心肌病变，皮质激素能有效减少嗜酸细胞，阻止内膜心肌纤维化进展。

（三）手术治疗

对严重的心内膜心肌纤维化可行心内膜剥脱术，切除纤维性心内膜。

第四节 致心律失常性右室心肌病

一、概述

致心律失常性右室心肌病（ARVC）又称为右室心肌病、致心律失常性右室发育不良/心肌病（ARVD/C），为运动猝死中常见的病因，是常染色体显性遗传性疾病。ARVC 以青年常见，80％以上病例年龄在 7～40 岁间，平均年龄 29 岁。男性发病率高于女性。临床上 ARVC 是一种以心律失常、心力衰竭及心源性猝死为主要表现的非炎性非冠状动脉心肌疾病。患者右心室常存在功能及结构异常，以右室心肌，特别是右室游离壁心肌逐渐被脂肪及纤维组织替代为特征。典型的心律失常为左束支阻滞图形的单形性室性心动过速（提示心动过速为右心室起源）。

二、诊断及鉴别诊断

（一）临床表现

1.心律失常　室性心律失常是该病最常见的表现，以反复发生和非持续性的室性心动过速为特征。室性心动过速发生时可出现头晕、心悸、晕厥甚至室颤而猝死，情绪激动或劳累等可诱发室性心动过速的发生。

2.晕厥　由于本病常并发严重的室性心律失常或心室颤动影响血流动力学所致。

3.猝死　多见≤35 岁的青年人，在情绪激动或剧烈运动时可诱发猝死。少数人有猝死的家族史。

主要体征：右心室增大，相对性三尖瓣关闭不全之收缩期杂音及肺动脉瓣听诊区第二心音固定性分裂，少数可有第三或第四心音。右心室病变广泛者可发生右心衰竭，出现体循环淤血的各种临床表现。

根据长期的临床资料观察，将 ARVC 的病程发展分为 4 个时期。

1.隐匿期　右室结构仅有轻微改变，室性心律失常可以存在或不存在，突发心源性猝死可能是首次表现，且多见于剧烈活动或竞争性体育比赛的年轻人群。

2.心律失常期　表现为症状性右室心律失常，这种心律失常可以导致猝死，同时伴有明显的右心室结构功能异常。

3.右心功能障碍期　由于进行性及迁延性心肌病变导致症状进一步加重，左心室功能相对正常。

4.终末期　由于累及左室导致双室泵功能衰竭，终末期患者较易与双室扩张的 DCM 混淆。

（二）辅助检查

1.心电图检查　包括除极异常和复极异常。

（1）除极异常表现：①不完全性或完全性右束支传导阻滞；②无右束支传导阻滞患者右胸

导联($V_{1\sim3}$)QRS波增宽,超过110ms;③右胸导联 R 波降低,出现率较低;④部分患者常规心电图可以出现 epsilon 波,是由部分右室纤维延迟激活形成,使用高倍放大及校正技术心电图可以在 75％的患者中记录到 epsilon 波。

（2）复极异常表现:右胸导联($V_{1\sim3}$)出现倒置的 T 波,与右束支传导阻滞无关。

ARVC 患者常存在室性心律失常,严重程度可存在个体差异。多数患者 Holter 检查有频发室性期前收缩(>1000 个/4h),伴有非持续性和(或)持续性室性心动过速,多呈左束支传导阻滞形态。

2.胸部 X 线检查　心脏正常或增大,轮廓呈球形,肺动脉流出道扩张,左侧缘膨隆,多数患者心胸比率≥0.5。

3.超声心动图检查　可见右心室舒张末期内径扩大,右室普遍性或局限性活动降低,右室壁呈节段性膨出;右心室与左心室的舒张末期内径比>0.5。

4.心脏核磁共振检查（CMR）　可显示右室流出道扩张,右室壁变薄,舒张期膨隆及左右心室游离壁心肌脂质浸润。

5.血管造影　冠状动脉造影多无异常。右室造影:可见右心室扩大、右心室壁运动异常,右室弥漫或局限性扩张、舒张期膨隆、室壁运动异常等。

6.心肌活检　对于证实脂质的存在具有较好的特异性,但敏感性较低,活检时需要采集到异常的区域,往往错过了小的纤维脂肪组织,且活检多在室间隔上取样,该部位少有病变累及,而右室游离壁活检易引起穿孔及心脏压塞,右室游离壁活检的敏感性约为 67％,特异性约为 92％。

7.电生理检查　通过心内膜标测技术可发现激动通过右室,尤其病变部位的传导缓慢。该项检查还可确定室性心动过速的起源部位而有助于消融定位。

（三）鉴别诊断

需排除右室心肌梗死、瓣膜病、左向右分流、其他先天性疾病如 Ebstein 畸形等疾病。

（四）诊断标准

1.整体和(或)局部运动障碍和结构改变

（1）主要条件

①二维超声:右室局部无运动,运动障碍或室壁瘤。伴以下表现之一:a.右室流出道胸骨旁长轴(PLAXRVOT)≥32mm(体表面积校正后[PLAX/BSA]≥19mm/m²);b.右室流出道胸骨旁短轴(PSAXRVOT)≥36mm(体表面积校正后[PSAX/BSA]≥21mm/m²);c.或面积变化分数≤33％。

②MRI:右室局部无运动、运动障碍或右室收缩不协调。伴以下表现:右室舒张末容积/BSA≥110mL/m²(男),≥100mL/m²(女);或右室射血分数(RVEF)≤40％。

③右室造影:右室局部无运动、运动减弱或室壁瘤。

（2）次要条件

①二维超声:右室局部无运动或运动障碍,伴以下表现之一:a.PLAXRVOT≥29mm 至<32mm(体表面积校正后[PLAX/BSA]≥16 至<19mm/m²);b.PSAXRVOT≥32mm 至<36mm(体表面积校正后[PSAlBSA]≥18 至<21<21mm/m²);c.面积变化分数>33 至

≤40%。

②MRI：右室局部无运动、运动障碍或右室收缩不协调。伴以下表现：a.右室舒张末容积/BSA≥100mL/m² 至＜110mL/m²（男）≥90mL/m² 至＜100mL/m²（女）；b.RVEF＞40% 至≤45%。

2.室壁组织学特征

(1)主要条件：至少一份活检标本形态学分析显示残余心肌细胞＜60%（或估计＜50%），伴有右室游离壁心肌组织被纤维组织取代，伴有或不伴有脂肪组织取代心肌组织。

(2)次要条件：至少一份活检标本形态学分析显示残余心肌细胞 60%～75%（或估计50%～65%），伴有右室游离壁心肌组织被纤维组织取代，伴有或不伴有脂肪组织取代心肌组织。

3.复极障碍

(1)主要条件：右胸导联 T 波倒置（V$_1$～V$_3$），或异常（14 岁以上不伴右束支传导阻滞，QRS≥120ms）。

(2)次要条件：V$_1$ 和 V$_2$ 导联 T 波倒置（14 岁以上，不伴右束支传导阻滞），或 V$_4$、V$_5$ 或 V$_6$ 导联 T 波倒置；V$_1$～V$_4$ 导联 T 波倒置（14 岁以上，伴有完全性右束支传导阻滞）。

4.除极/传导异常

(1)主要条件：右胸导联（V$_1$～V$_3$）Epsilon 波（在 QRS 综合波终末至 T 波之间诱发出低电位信号）。

(2)次要条件：标准心电图无 QRS 波群增宽，QRS＜110ms 情况下，信号平均心电图至少1/3 参数显示出晚电位：QRS 滤过时程≥114ms，＜40μV QRS 终末时程（低振幅信号时程）≥38ms；终末 40ms 平方根电压≤20μV；QRS 终末激动时间≥55ms，测量 V$_1$ 或 V$_2$ 或 V$_3$ 导联QRS 最低点至 QRS 末端包括 R'波，无完全性 RBBB。

5.心律失常　主要条件为持续性或非持续性左束支传导阻滞型室性心动过速，伴电轴向上（Ⅱ、Ⅲ、aVFQRS 正向，aVL 负向），或电轴不明确；Holter 显示室早 24h＞500 个。

6.家族史

(1)主要条件：一级亲属中有符合专家组诊断标准的 ARVD 的患者；一级亲属中有尸检或手术病理确诊为 ARVD 的患者；经评估明确患者具有 ARVC 致病基因有意义的突变。

(2)次要条件：一级亲属中有可疑 ARVC 患者但无法证实患者是否符合目前诊断标准；可疑 ARVC 引起早年猝死家族史（＜35 岁）；二级亲属中有病理证实或符合目前专家组诊断标准的 ARVC 患者。

ARVD/C 诊断标准：①具有 2 项主要条件；②1 项主要条件加 2 项次要条件，或 4 项次要条件。

临界诊断：①具备 1 项主要条件和 1 项次要条件；②3 项不同方面的次要条件。

可疑诊断：①具备 1 项主要条件；②2 项不同方面的次要条件。

（五）危险度分层

主要评估 ARVC 患者心源性猝死的危险度，以下情况属于高危患者：①以往有心源性猝死事件发生；②存在晕厥或者记录到伴血流动力学障碍的室性心动过速；③QRS 波离散度增加;④经超声心动图或心脏核磁共振证实的严重右心室扩张;⑤累及左室,如局限性左室壁运动异常或扩张伴有收缩功能异常;⑥疾病早期即有明显症状,特别是有晕厥先兆者。

三、治疗

目前对 ARVC 可选择药物治疗、射频消融、置入 ICD 或心脏移植。

(一)药物治疗

Ⅲ类抗心律失常药物,如索他洛尔、胺碘酮治疗或联合治疗。其中,索他洛尔效果最好,疗效可达 68%～82.8%,可作为首选。胺碘酮有一定疗效,但未证明比索他洛尔更有效。联合用药方面胺碘酮和 β 受体阻滞剂合用较为有效。

(二)导管射频消融术

射频消融不是长期治本的措施。ARVC 的心律失常多灶位点决定了它的复发性。射频消融仅是一种姑息性治疗或 ICD 的辅助治疗。

(三)置入心脏自动复律除颤器(ICD)

ICD 是预防猝死最主要的手段。对于危险度评估为高危的患者进行 ICD 治疗。

(四)手术治疗

适用于药物治疗无效的致死性心律失常患者。视病情,并结合标测的室性心动过速起源部位,可施行右心室局部病变切除术、心内膜电灼剥离术。

(五)心脏移植

对难治性反复发作的室性心动过速和顽固性慢性心力衰竭患者,心脏移植是最后的选择。

第六章　气管支气管疾病

第一节　慢性咳嗽

临床上通常将以咳嗽为唯一症状或主要症状,时间超过 8 周、胸部 X 线检查无明显异常者称为不明原因慢性咳嗽,简称慢性咳嗽。慢性咳嗽的常见病因主要为咳嗽变异型哮喘、上气道咳嗽综合征、嗜酸性粒细胞性支气管炎、胃食管反流性咳嗽,这些病因占慢性咳嗽的 70％～95％,另外 5％～30％为其他慢性咳嗽病因或原因不明的慢性咳嗽。这些慢性咳嗽病因虽然比例不高,但涉及病因种类繁多。这些少见病因中相对常见的病因包括变应性咳嗽、慢性支气管炎、支气管扩张等。

一、嗜酸性粒细胞性支气管炎

有一类慢性咳嗽患者,临床上表现为慢性刺激性干咳或咳少许黏痰,诱导痰嗜酸性粒细胞(Eos)增高,糖皮质激素治疗效果良好,但患者肺通气功能正常,无气道高反应性、峰流速变异率正常,无法诊断为支气管哮喘,澳大利亚学者 Gibson 于 1989 年首先将其定义为嗜酸性粒细胞性支气管炎(EB)。近年来国内外研究发现有 10％～30％的慢性咳嗽是由 EB 引起。EB 作为慢性咳嗽的常见病因已成为广大专家的共识,2005 年中国《咳嗽的诊断与治疗指南》和 2006 年美国咳嗽的诊断与治疗指南均将 EB 作为一种独立的疾病列入慢性咳嗽的常见病因。

(一)病因与发病机制

本病的病因尚未明了。部分患者存在变应性因素,与吸入变应原有关,如尘螨、花粉、蘑菇孢子等,也有职业性接触化学试剂或化学制品所致的报道,如乳胶手套、丙烯酸盐、布西拉明。为何 EB 患者存在类似哮喘的嗜酸性粒细胞性炎症却缺乏气道高反应性,机制并未完全明确,可能与气道炎症分布的类型、部位,以及气道重塑的差异有关。诱导痰检查 EB 和 CVA 患者的嗜酸性粒细胞水平无明显差异,支气管黏膜病理检查表明 EB 和哮喘的气道炎症病理特点存在类似之处,均涉及多种炎症细胞,包括 Eos、T 淋巴细胞和肥大细胞等,但 EB 的气道炎症程度比哮喘更轻,炎症范围更为局限。相对于哮喘,EB 的炎症细胞往往以浸润气道黏膜的黏膜层为主,因此,这些炎症细胞分泌的炎性介质或细胞因子对黏膜下层平滑肌的作用相对减弱,可能是 EB 不出现气道高反应性的原因之一。肥大细胞定位、数量及活化不同也是 EB 缺乏气道高反应性的原因。EB 患者支气管刷样本中肥大细胞数量明显高于哮喘患者,而哮喘患者气道平滑肌中肥大细胞浸润的数量明显高于 EB 患者和健康对照组,痰液中组胺与前列腺

素 D_2 浓度增加只见于 EB,提示气道浅部结构的肥大细胞激活是 EB 的特征。肥大细胞数量与浸润部位与气道高反应性有关,其在平滑肌浸润引起气道高反应性与气道阻塞,而在上皮浸润引起支气管炎与咳嗽。而 EB 中增高的组胺和前列腺素 D_2 是与咳嗽密切相关的炎症介质。此外,有研究报道,EB 患者可保持气道构型能预防发展成 AHR,而哮喘患者气道增厚可能加速 AHR 发生。

(二)临床表现

本病可发生于任何年龄,但多见于青壮年,男性多于女性。主要症状为慢性刺激性咳嗽,一般为干咳,偶尔咳少许黏痰,可在白天或夜间咳嗽,相对哮喘夜间咳嗽的比例要低,部分患者对油烟、灰尘、异味或冷空气比较敏感,常为咳嗽的诱发因素。患者病程可长达数年以上。部分患者伴有变应性鼻炎症状。体格检查无异常发现。

(三)辅助检查

外周血象正常,少数患者 Eos 比例及绝对计数轻度增高。诱导痰细胞学检查 Eos>2.5%,多数在 10%~20%,个别患者可高达 60% 以上。肺通气功能正常,支气管扩张试验,组胺或醋甲胆碱激发试验气道高反应阴性,气道峰流速变异率正常。X 线胸片或 CT 检查无异常表现,偶见肺纹理增粗。呼出气一氧化氮水平显著增高,有可能用于 EB 患者的辅助诊断。辣椒素咳嗽敏感性增高。部分患者皮肤过敏原点刺试验可呈阳性反应。

(四)临床诊断

临床上以刺激性干咳或伴少许黏痰为唯一症状或主要症状,肺通气功能正常,无气道高反应性,诱导痰 Eos>2.5%,糖皮质激素治疗有效即可诊断为 EB。通过诱导痰与治疗反应可与其他慢性咳嗽病因相鉴别。须注意与咳嗽变异性哮喘(CVA)相鉴别:CVA 与 EB 均以刺激性咳嗽为主要临床症状,诱导痰 Eos 增高,通气功能正常,但 CVA 表现为气道反应性增高,组胺或醋甲胆碱支气管激发试验阳性,或气道峰流速变异率>20%。支气管扩张剂治疗能够有效缓解 CVA 咳嗽症状可作为鉴别点。

(五)治疗

通常采用吸入中等剂量的糖皮质激素进行治疗,二丙酸倍氯米松 250~500μg/次,或等效剂量的其他吸入型糖皮质激素治疗,每日 2 次,持续应用 4~8 周。严重的病例需加用泼尼松口服 10~30mg/d,持续 3~7 天。EB 对糖皮质激素治疗反应良好,治疗后很快咳嗽消失或明显减轻,痰 Eos 数明显下降至正常或接近正常。个别病例需要长期吸入糖皮质激素甚至系统应用糖皮质激素治疗,才能控制痰 Eos 增高。

(六)预后

关于 EB 患者的预后,治疗结束后病情是否会反复,目前尚无确定的结论。据学者的初步临床观察,多数患者治疗后症状消失,部分患者还有轻微的咳嗽症状,亦有些患者出现症状复发。后者需注意有无持续接触变应原,或合并胃食管反流、鼻后滴流综合征、支气管扩张等疾病,部分患者症状反复,少数患者发展成支气管哮喘。国外还有 EB 患者发展为 COPD 的个案报道。

二、咳嗽变异性哮喘

咳嗽变异性哮喘(CVA)是指以慢性咳嗽为主要或唯一临床表现,没有明显喘息、气促等症状,但有气道高反应性的一种特殊类型哮喘。CVA 最早由 Glause 于 1972 年提出,我国对 CVA 的研究主要从 20 世纪 80 年代开始。国内一项多中心的支气管哮喘大型流行病学调查,显示 CVA 占全部哮喘患者的 8.4%。成人可能高于此比例。国内外多项研究发现,CVA 是成人慢性咳嗽最常见的病因,比例从 10%~50% 不等。广州呼吸疾病研究所的研究显示 CVA 占成人慢性咳嗽病因的 14%~28%。

(一)病因与发病机制

CVA 的病因还不十分清楚,目前认为与典型哮喘类似,同时受遗传因素和环境因素的双重影响。

发病机制与气道高反应性、神经机制、多种细胞参与的气道慢性炎症和 IgE 介导的变态反应有关,但程度可能相对较轻。之所以 CVA 仅出现咳嗽而无明显喘息,目前认为主要有以下原因:①CVA 咳嗽敏感性相对较高;②CVA 气道反应性较哮喘低;③CVA 喘鸣域值较典型哮喘高,其需更大程度的刺激才能生产气道痉挛和喘鸣。目前认为咳嗽反射敏感性与气道反应性是两种独立存在而又相互关联的反射类型。咳嗽受体主要分布在大气道,炎症介质的化学刺激和支气管收缩致气道机械性变形的物理刺激,均可作用于大气道的咳嗽受体,患者表现以咳嗽为主。在相对缺乏咳嗽受体的小气道产生病变,主要症状多为喘息。

(二)临床表现

CVA 主要表现为刺激性干咳,通常咳嗽比较剧烈,夜间咳嗽为其重要特征。感冒、冷空气、灰尘、油烟等容易诱发或加重咳嗽。患者通常有反复发作的咳嗽史,多于天气转变(尤其是春秋季)时发病,夜间或清晨出现咳嗽或加重。多为比较剧烈的刺激性的咳嗽,干咳或咳少量白色黏液痰。较严重的病例,在剧烈咳嗽时可伴有呼吸不畅、胸闷、呼吸困难或不典型的喘息。

(三)辅助检查

1.血常规　一般正常,少数患者外周血检查嗜酸性粒细胞轻度增高。

2.血清 IgE　部分患者增高。

3.皮肤点刺试验　60%~80% 对变应原呈阳性反应,最常见的变应原屋尘螨、粉尘螨。

4.诱导痰检查　多数患者诱导痰嗜酸性粒细胞也常可增高,但研究报道其增高比例不如典型哮喘。诱导痰分析不仅可用于 CVA 的辅助诊断,还可判断气道炎症程度及治疗反应,指导临床治疗。有报道显示,结合诱导痰检测来指导哮喘的临床治疗要优于单纯依靠症状及肺功能指标。另外有研究显示,诱导痰嗜酸性粒细胞较高者发展为典型哮喘的概率较高。

5.呼出气 NO 检测　呼出气 NO 检测的水平能反应气道炎性细胞的总数、嗜酸性粒细胞的气道炎症以及气道高反应性。对诊断支气管哮喘其阳性预测值为 100%,阴性预测值为 80%。

6.支气管激发试验　诊断 CVA 最关键和最有价值的方法,目前激发剂常用组胺或醋甲胆碱,其敏感性高,特异性相对较低,但同样存在假阴性情况。最终的结果判断还需要结合操作过程的患者配合程度和近期用药情况等综合分析。治疗有效方可明确诊断。

7.支气管舒张试验　目前国内以 FEV_1 增加 >15%,绝对值增加 >200mL 为阳性标准,是判断存在可逆气道阻塞的重要指标。由于 CVA 的通气功能一般正常,因此对 CVA 的诊断价值不大。

8.最高呼气流量(PEF)监测 阳性判断标准是日内变异率＞20％,提示存在可逆的气道阻塞。敏感性和特异性均较低,不宜用 PEF 监测作为 CVA 的常规诊断方法。

（四）诊断

CVA 诊断标准需要满足下列 4 个条件:①慢性咳嗽,常为明显的夜间或清晨刺激性咳嗽。②支气管激发试验阳性,或支气管舒张剂试验阳性或 PEF 日内变异率＞20％。③支气管扩张剂、糖皮质激素治疗有效。④排除其他原因导致的慢性咳嗽。

（五）鉴别诊断

1.慢性支气管炎 慢性支气管炎患者多为中老年,病史较长,常有明显的咳痰症状,支气管激发试验和诱导痰细胞学检查可资鉴别。

2.嗜酸性粒细胞性支气管炎 临床表现类似,诱导痰检查嗜酸性粒细胞比例亦同样增高,但气道高反应性测定阴性,PEF 日间变异率正常,对支气管扩张剂治疗无效。

3.支气管结核 少数患者以咳嗽为唯一症状,X 线检查未见明显异常,有时可闻及喘鸣音。但与哮喘不同的是,喘鸣音较局限,以吸气期为主。支气管扩张剂无效。纤维支气管镜检查和刷检涂片可确诊。

4.胃食管反流性咳嗽、上气道咳嗽综合征等。

（六）治疗

CVA 的治疗原则与哮喘治疗相同,大多数患者吸入小剂量糖皮质激素加 β 受体激动剂即可,很少需要口服糖皮质激素治疗。治疗时间不少于 8 周。多数患者对治疗有非常好的反应,病情缓解后可数年不复发。但部分病人停药后复发,需要长期使用预防治疗。对于采用 ICS 和支气管舒张剂治疗无效的难治性 CVA 咳嗽,排除依从性差和其他病因后,可加用白三烯受体拮抗剂或中药治疗。有报道白三烯受体拮抗剂孟鲁斯特联合 β_2 受体激动剂克伦特罗可显著抑制 CVA 所致干咳,并可增加早晚 PEF 值。

（七）预后

大约 30％～40％的 CVA 患者会逐渐发展为典型哮喘,发展为典型哮喘的危险因素包括诱导痰嗜酸性粒细胞过高、重度气道高反应性等。对于具有高危因素的患者,长期吸入糖皮质激素具有积极的预防作用。

三、上气道咳嗽综合征

上气道咳嗽综合征(UACS)是指引起咳嗽的各种鼻咽喉疾病的总称,既往称之为鼻后滴流综合征(PNDS)。UACS 是慢性咳嗽的常见病因,在欧美一些研究其至为慢性咳嗽的第一病因,占慢性咳嗽病因 41％,在国内相对较低,大约为 18％。

鼻后滴流感、频繁清喉,咽后黏液附着、鹅卵石样征为其典型表现。UACS 的基础疾病以各种类型的鼻炎、鼻窦炎最为常见。临床诊断需结合基础疾病、咳嗽及相关症状、鼻咽检查及治疗反应进行综合判断。在建立诊断以前应排除引起慢性咳嗽的其他常见原因。其治疗的选择取决于其基础疾病。对于病因明确的病人需要制定具有针对性的病因治疗方法。而病因不明确,应在明确诊断之前可给予经验性药物治疗。第一代抗组胺药联合盐酸伪麻黄碱是常用的经验治疗药物。

(一)病因与发病机制

UACS 的基础疾病主要为变应性鼻炎与鼻窦炎,其他病因包括慢性咽喉炎、慢性扁桃体炎、血管舒缩性鼻炎、嗜酸性粒细胞增多性非变应性鼻炎、感染性鼻炎、细菌性鼻窦炎、真菌变应性鼻窦炎、解剖异常诱发的鼻炎、理化因素诱发的鼻炎、职业性鼻炎、药物性鼻炎、妊娠期鼻炎等。一般而言,除变应性鼻炎外其他类型的鼻炎均可归入非变应性鼻炎的范畴,约占鼻炎患者的 20%～50%。

临床研究发现,上气道咳嗽综合征引起咳嗽的机制是通过兴奋上气道咳嗽反射的传入神经起作用。其中一种可能的机制是鼻腔或鼻窦的分泌物流入下咽部或喉部,并兴奋分布在这些区域的咳嗽感受器。同时,在上气道咳嗽综合征诱发的咳嗽病人中,上气道的咳嗽反射比普通人更加敏感。另外可能的机制是咳嗽反射的传入神经被周围的各种物理或化学刺激物直接兴奋,从而导致部分咳嗽中枢反应的增强。此外,上气道咳嗽综合征引起的咳嗽还可以由吸入鼻腔分泌物通过刺激下气道咳嗽感受器来诱发,但目前还缺乏大量的数据来支持这种机制。

(二)临床表现

UACS 的咳嗽多伴咳痰,以日间为主,入睡后很少有咳嗽。常伴有鼻后滴流感、清喉、喉痒、鼻塞、流涕等,有时还会主诉声音嘶哑。多有上呼吸道疾病的病史。典型者查体可见咽部黏膜鹅卵石样观、咽部黏液附着。这些临床表现比较常见,但并不具有特异性,其他病因咳嗽的患者也常有这些表现。

少数 UACS 患者并没有相应的上呼吸道症状或体征,但对第一代抗组胺剂和减充血剂的治疗有效,Irwm 等认为这是隐匿性 UACS 所致。学者认为单凭治疗反应来诊断 UACS 依据不足。因为 AC、EB 等可能亦有类似的反应。

(三)诊断

咳嗽特征、时间和伴随症状对典型 UACS 的诊断具有一定的价值。但单纯依靠临床表现诊断 UACS 的特异性和敏感性并不高。UACS 涉及多种鼻部基础疾病,其诊断主要是根据病史和相关检查综合判断,所以在建立诊断以前应排除引起慢性咳嗽的其他常见原因。中国《咳嗽的诊断与治疗指南诊断(草案)》提出的 PNDs(UACS)标准如下:①发作性或持续性咳嗽,以白天咳嗽为主,入睡后较少咳嗽;②鼻后滴流和(或)咽后壁黏液附着感;③有鼻炎、鼻窦炎、鼻息肉或慢性咽喉炎等病史;④检查发现咽后壁有黏液附着、鹅卵石样观;⑤经针对性治疗后咳嗽缓解。

长期以来用以 UACS 的经验性治疗的第一代抗组胺剂可能有一定的中枢镇咳作用,因此,缺乏 PNDS 征象的咳嗽患者使用第一代抗组胺剂治疗,咳嗽缓解并不能完全确定 UACS 的诊断。咳嗽对第一代抗组胺剂和减充血剂的治疗反应较慢,通常需要几天或几周,治疗药物也有可能直接影响外周组胺水平,从而减少组胺对咳嗽受体的刺激作用,与 UACS 是否存在无关。

（四）治疗

对于 UACS,其治疗的选择某种程度上取决于其基础疾病。对于病因明确的病人则需要制定具有针对性的特异性治疗方法。而病因不明确,应在明确诊断之前给予有效的经验性药物治疗。对每种疾病的针对性治疗将在下面讨论,而一般治疗可分为:①避免诱因;②消除或减少炎症反应和分泌物;③抗感染;④异常组织结构的修复。

1.变应性鼻炎　对于变应性鼻炎,通过改善环境、避免接触变应原是最有效的治疗方法,但是往往难以完全实现。鼻吸入皮质激素类药物、抗组胺类药物是治疗变应性鼻炎的一线药物,并能有效治疗变应性鼻炎引起的咳嗽。无镇静作用的第二代抗组胺类药物优于第一代抗组胺药物。抗组胺药/减充血剂联合用药（A/D）是治疗变应性鼻炎的有效方法,可以通过抗组胺作用减少肥大细胞的脱颗粒、通过血管收缩作用减少血浆渗出和黏膜水肿,阻止炎性细胞进入抗原沉积区域。也有文献显示白三烯受体阻滞剂可以有效缓解变应性鼻炎的症状。

如有明确的变应原且药物治疗效果不佳时,可考虑特异性变应原免疫治疗,但需时较长。如果通过改善环境和鼻内药物治疗,变应性鼻炎的咳嗽和其他症状得以控制,则未必一定要进行变应原免疫治疗。

2.血管运动性鼻炎　第一代 A/D 制剂治疗通常有效,异丙托溴铵鼻腔喷雾也一定效果。如果第一代 A/D 制剂治疗无效或者有禁忌证如青光眼、良性前列腺肥大等,可先选用异丙托溴铵治疗。鼻用皮质类固醇血管运动性鼻炎的疗效尚不确定。

3.细菌性鼻窦炎　虽然通常认为鼻窦炎是由细菌感染引起,但急性鼻窦炎大多由于病毒侵入引起。由于临床上难以区分急性细菌性鼻窦炎和急性病毒性鼻窦炎,所以延迟使用抗生素而先给予第一代 A/D 治疗 1 周更为合理。急性鼻窦炎并发细菌感染,最常见病原菌为肺炎链球菌和流感嗜血杆菌,其他病原菌包括厌氧菌、卡他莫拉菌、金黄色葡萄球菌等,卡他莫拉菌尤其在儿童多见。

急性细菌性鼻窦炎的治疗包括抗生素、鼻内皮质激素以及减充血药。不管急性还是慢性鼻窦炎,鼻内皮质激素治疗均有帮助。

慢性鼻窦炎诊断明确后,内科药物治疗为首选。应用抗生素治疗宜先进行细菌培养与药物敏感试验,经验治疗可选择广谱耐 β-内酰胺酶类抗生素,如头孢噻肟、阿莫西林-克拉维酸等。通常抗流感嗜血杆菌、口腔厌氧菌、肺炎链球菌治疗至少 3 周。单纯抗生素治疗效果并不明显,特别是合并过敏因素者,需联合使用抗组胺药、减充血剂、鼻用激素及促纤毛运动药。口服第一代 A/D 制剂至少 3 周,鼻黏膜减充血剂一天 2 次,用药 5 天。使用上述方法治疗咳嗽消失后,鼻内激素治疗还应持续 3 个月。慢性鼻窦感染对药物治疗不敏感且存在解剖异常导致鼻腔阻塞的病人,应考虑鼻内镜手术治疗。

4.变应性真菌性鼻窦炎　对于变应性真菌性鼻窦炎的治疗,主要是手术清除过敏霉菌黏液。功能性鼻内镜手术是首选有效的治疗方式,术中可以彻底清除鼻窦内的病变黏膜、变应性黏蛋白及真菌成分,减少机体对真菌的免疫反应,对所累及的鼻窦进行通气引流治疗。

与变应性支气管肺曲菌不同,不主张使用类固醇激素治疗。局部抗真菌剂具有一定的疗效。变应性真菌性鼻窦炎与侵袭性真菌性鼻窦炎的治疗原则也不相同,抗真菌药多具有严重的毒副作用,一般不主张全身使用,手术治疗的患者可在术前应用。

5.理化刺激性鼻炎 当环境剌中明确实存在刺激物时,避免暴露,增强通风,采取相应的个人防护措施,如使用带有高效空气微粒过滤器防尘、防雾或防烟面具。

6.药物性鼻炎 治疗的关键是停止使用当前药物,有时可一次一侧鼻内用药,A/D制剂或者鼻内皮质激素治疗较为合理,但其效果没有确切的数据考究。

四、胃食管反流性咳嗽

胃食管反流(CER)是指胃酸和其他胃或十二指肠内容物反流进入食管的现象,正常人也存在一定程度的反流,称为生理性反流。非生理性的GER可以引起临床症状,甚至组织病理学的改变。当引起食管症状与并发症,和(或)组织病理学的改变时,统称为GERD。CERD在西方国家较为常见,患病率约为7%~15%,甚至更高,而国内的患病率相对要低,但有上升的趋势。

胃食管反流病(GERD)的特征性症状为反酸、嗳气、烧心或胸骨后烧灼感,其食管外表现为咳嗽、胸闷、喘息、咽喉疼痛、心前区痛等。其中,以慢性咳嗽为主要临床表现的GERD称为胃食管反流性咳嗽(GERC),GERC是慢性咳嗽的常见原因,占慢性咳嗽病因的8%~41%。学者的研究结果显示GERC约占慢性咳嗽病因的12%。

(一)病因与发病机制

很多因素可以加重或诱发胃食管反流性疾病。

(1)药物:①阿仑唑奈(alendronate,治疗绝经后骨质疏松的药物);②口服激素;③支气管扩张药物:β_2-肾上腺素激动剂,氨茶碱;④前列腺素类;⑤钙通道阻滞剂;⑥抗胆碱能药物;⑦吗啡、哌替啶。

(2)肥胖。

(3)吸烟、酒精、咖啡因、高脂肪食物/巧克力、刺激性食物、柑橘类酸性饮料等。

(4)剧烈运动。

(5)长期胃肠插管、肺移植、肺切除术、腹膜透析。

(6)支气管哮喘、阻塞性睡眠呼吸障碍等。

(7)职业:致使腹压增加的一些职业,如歌剧歌手、管弦乐器家、长笛及双簧乐器家等。

GERC的发病机制涉及食管,支气管反射、微量误吸、食管运动功能失调、自主神经功能失调与气道炎症等,传统观点认为微量误吸起着主要作用,但食管pH监测发现GERC多数情况下只存在远端反流,现在认为食管-气道之间的神经反射引起的神经源性炎症及相关神经肽可能起着更为重要的作用。

(二)临床表现

多为刺激性干咳,亦可表现为有痰的咳嗽。绝大多数为白天咳嗽,个别表现为夜间咳嗽。学者观察发现72%以白天咳嗽为主,28%日夜均有咳嗽,没有发现以夜间咳嗽为主的患者。过去认为GERC常发生在夜间,通过24小时食管pH监测表明,实际上反流多发生于清醒和直立体位时。因为,熟睡后以及平卧位状态时,食管下段的括约肌为收缩状,发生一过性的括约肌松弛和反流的可能性比日间小。相反,直立体位时,食管下段括约肌发生松弛,出现GERC的可能性反而更大。52.2%的患者在进食,尤其是进食刺激性食物后有咳嗽加重的表现。因为,进食也可以导致反流加重,其机制主要有:进食后使胃扩张,并通过咽-食管反射导致短暂的食管下段括约肌松弛;食物直接作用导致食管下段压力降低;进食刺激性食物损伤食管黏膜等。

典型反流症状表现为胸骨后烧灼感、反酸、暖气、胸闷等。有微量误吸的 GERD 患者,早期更易出现咳嗽及咽喉部症状。很多患者合并反流相关症状,但临床上也有不少 GERC 患者完全没有反流症状,咳嗽是其唯一的临床表现。

(三)辅助检查

检查手段包括食管 pH 监测、胆汁反流测定、腔内阻抗测定、食管钡餐、食管镜、食管内压力测定等。

1.食管 pH 监测　通过食管 24 小时 pH 监测观察反流情况以及咳嗽与症状的相关概率(SAP)是目前诊断 GERC 最敏感、最特异的方法。食管 pH 监测虽是目前最好的检测方法,但仍存在如下问题:①若反流间歇发生,可能导致假阴性结果;②非酸反流如胆汁反流,酸性反流合并碱性反流时其 pH 可能正常,所以结果阴性者也不能完全排除 GERC 诊断。最终确诊GERC,需要根据抗反流治疗的效果来判断。

2.腔内阻抗监测　可动态测定气、液体在食管腔内的运动情况,根据特定的阻抗变化图形,可以识别 95% 的食管反流。若同时进行 24 小时食管 pH 监测可以精确观察酸和非酸反流事件。对于临床上经充分抗酸治疗后仍有症状者,可评价其是否仍有持续存在的反流和非酸反流,从而为进一步确诊或调整治疗方案提供依据。

3.胆红素测定　可诊断胆汁反流。

4.食管压力测定　通过连续灌注导管测压系统进行食管测压,能了解 LES 长度、位置和压力、食管体部吞咽蠕动波的振幅和速度,从而为 CERD 患者食管运动功能提供客观、定量的数据资料。

5.内镜检查　内镜检查是诊断反流性食管炎的主要方法,尤其对有食管炎症、糜烂甚至溃疡的患者,内镜检查意义更大。但多数 GERC 无食管炎的表现,胃镜检查也不能确定反流与咳嗽的相关性。

6.其他检查　除以上检查方法外,钡餐、放射性核素、食管内灌酸试验、B 超等也可用于诊断胃食管反流病。钡餐检查特异性低,敏感性也仅为 26%～33%,除非考虑合并食管裂孔疝等解剖学变异,一般不用钡餐检查诊断 GERC。

(四)诊断标准

CERC 的诊断应结合病史、检查结果(尤其是食管 pH 监测)及治疗反应综合考虑。根据中国《咳嗽的诊断与治疗指南(2009 年版)》,GERC 的诊断标准如下:

(1)慢性咳嗽,以白天咳嗽为主。

(2)24 小时食管 pH 监测 Demeester 积分≥12.70,和(或)SAP≥75%。

(3)排除 CVA、EB、PNDs 等疾病。

(4)抗反流治疗后咳嗽明显减轻或消失。

抗反流治疗有效是诊断 GERC 最重要的标准,但抗反流治疗无效并不能完全排除 GERC 的存在,因为可能抗反流治疗力度不够,或内科药物治疗无效,或者为非酸性反流等。

对于高度怀疑 CERC 或没有 pH 监测仪器或患者不能耐受检查时,可进行经验性诊断治疗。一般采用奥美拉唑口服(20mg,每日 2 次),连续 2~4 周。

GERC 的鉴别诊断要涵盖常见的慢性咳嗽病因。由于 CERD 的发病较为常见,要注意鉴别在部分合并有反流症状或反流病的咳嗽患者中,其反流症状或反流病可能仅仅是伴随现象,并非导致咳嗽的原因。

(五)治疗

1.一般措施　　主要是生活饮食习惯的调整,如高蛋白低脂饮食,少食多餐,睡前忌食。避免食用松弛食管下端括约肌的食物,如脂肪、咖啡、坚果、巧克力等;忌烟酒、酸性或辛辣刺激性饮料或食物,如薄荷、洋葱、大蒜。若患者夜间平卧时症状明显,可予以抬高床头,左侧卧位。

2.制酸治疗　　根据制酸药的作用机制,目前制酸药分为 2 种类型:

(1)H_2 受体阻断药:通过阻断壁细胞上 H_2 受体,抑制基础胃酸和夜间胃酸的分泌,对促胃液素及 M 受体激动药引起的胃酸分泌也有抑制作用。常用的 H_2 受体阻断药有西咪替丁(甲氰咪胍)、雷尼替丁、法莫替丁等。

(2)质子泵抑制剂:通过抑制胃 H^+-K^+-ATP 酶,发挥强力抑酸作用,作用持久,可使胃内pH 升高至 7.0,一次用药大部分胃酸分泌被抑制 24 小时以上。其对幽门螺杆菌也有一定的抑制作用。奥美拉唑为第一代质子泵抑制剂,新一代质子泵抑制剂如泮托拉唑和雷贝拉唑抑制胃酸作用更强。

3.促胃动力药　　促胃动力药如多潘立酮、西沙必利等可增加贲门括约肌张力,松弛幽门,加速胃的排空,防止食物反流。

4.胃黏膜保护剂　　胃黏膜保护剂如前列腺素衍生物类(米索前列醇、恩前列素)、硫糖铝、枸橼酸铋钾、替普瑞酮等可通过增强胃黏膜的细胞屏障和(或)黏液-碳酸氢盐屏障功能发挥作用。

药物治疗多为联合应用或单用质子泵抑制剂、H_2 受体阻滞剂及胃肠促动药。部分患者单用抑酸治疗即有效。如果采用 H_2 受体阻滞剂无效,改用质子泵抑制剂可能有效。临床研究表明,质子泵抑制剂奥美拉唑相比 H_2 受体阻滞剂雷尼替丁具有更好的治疗效果。药物治疗起效快者数天,慢者需 2~4 周以上方可起效。咳嗽消失后一般再继续治疗 3 个月。

5.手术治疗　　如采用足够的强度和疗程治疗,咳嗽仍无改善时,可以考虑采取抗反流手术治疗。手术治疗效果各家报道不一,咳嗽缓解率大约在 41％~82％,国内缺乏这方面的资料。由于手术可能发生胃轻瘫等并发症,且有一定的复发率,因此应严格把握手术治疗指征。

五、变应性咳嗽

变应性咳嗽于 1989 年由日本学者藤村政树定义,当时命名为过敏性支气管炎,1992 年改名为变应性咳嗽。患者通常存在特应征的基础因素,唯一或最主要的临床症状是慢性咳嗽,无气道高反应性或可逆性气道阻塞,支气管舒张剂治疗无效,抗组胺药物和(或)糖皮质激素能有效控制咳嗽。由于大部分患者诱导痰嗜酸性粒细胞(Eos)升高,可以诊断为非哮喘性嗜酸性粒细胞性支气管炎,部分诱导痰嗜酸性粒细胞正常而抗组胺药物治疗有效者可能为沉默型鼻后滴流综合征,因此变应性咳嗽未得到除日本和我国外的其他国家承认。国内虽采用变应性咳嗽的名称,但未将非哮喘性嗜酸性粒细胞性支气管炎包括在内,定义与日本有所不同。

变应性咳嗽在日本占慢性咳嗽36%～49%,是最主要的慢性咳嗽病因。国内报道占慢性咳嗽的13%,作为慢性咳嗽的病因不如咳嗽变异型哮喘、鼻后滴流综合征和非哮喘性嗜酸性粒细胞性支气管炎重要。鉴于变应性咳嗽在定义和临床表现上与非哮喘性嗜酸性粒细胞性支气管炎和鼻后滴流综合征界限不清,很可能是两者的混合体,能否作为一种独立的疾病尚需明确。

(一)病因

尚不清楚。特应征体质和环境职业因素可能是发病的危险因素。理论上导致气道变应性炎症的各种特异性吸入物如尘螨、花粉和动物毛屑,呼吸道感染或定植的细菌和真菌及部分食物等均可为病因,但目前仅证实来自环境中或上呼吸道感染及定植的真菌如白念珠菌、担子菌、皮状丝孢酵母、季也蒙毕赤酵母、棕黑腐质霉和白色链霉菌等吸入可以引起变应性咳嗽。

(二)病理和病理生理

80%以上患者诱导痰中Eos比例升高,气管或支气管黏膜下层组织内存在明显的Eos浸润,但程度轻于哮喘或咳嗽变异型哮喘患者。支气管肺泡灌洗液中Eos不增多可能是与非哮喘性嗜酸性粒细胞性支气管炎的最大区别,提示变应性咳嗽的嗜酸性粒细胞气道炎症仅累及支气管树的中央部位,而不涉及外周小气道。变应性咳嗽气道是否存在咳嗽变异型哮喘或非哮喘性嗜酸性粒细胞性支气管炎的基底膜增厚等气道结构重构改变尚无报道。

变应性咳嗽的病理生理特征包括肺通气功能正常,无气道可逆性和高反应性,但咳嗽敏感性明显增高。经治疗咳嗽缓解或消失后,咳嗽敏感性可以恢复正常。

国内定义的变应性咳嗽尚缺乏病理及病理生理改变的研究。

(三)临床表现

可发生于任何年龄,但好发于中年人,尤以中年女性最多见,男女之比约为1∶3。常可追溯到既往过敏史和家族过敏史,但无哮喘病史。

1.症状 咳嗽是唯一或最主要的临床症状,常为干咳,多为阵发性,夜间睡眠或清晨起床后咳嗽较剧烈。吸入油烟、灰尘、冷热空气、刺激性气体、汽车尾气、讲话、运动和大笑等可诱发或加重咳嗽。可伴有咽喉痒或痰液黏附在咽喉的感觉。女性患者可因咳嗽出现压力性尿失禁。

2.体征 无明显阳性体征。

3.辅助检查

(1)血液检查:可有外周血Eos比例或绝对数升高,或血清总IgE增高,血清过敏原特异性IgE抗体阳性。

(2)诱导痰细胞学检查:80%～90%的患者诱导痰Eos比例增高(>2.5%)。但国内定义的变应性咳嗽诱导痰Eos比例正常。

(3)咳嗽敏感性检查:常明显增高。

(4)过敏原皮试检查:过敏原皮肤针刺试验可阳性。

(5)肺功能检查：肺通气功能正常。支气管舒张试验和激发试验阴性，峰流速变异率正常。

(6)影像学检查：X 线胸片或胸部 CT 检查无异常发现或仅见肺纹理增多。

(7)纤维支气管镜检查：没必要常规进行。除支气管黏膜充血外，一般无其他异常发现。支气管黏膜活检病理检查可见黏膜下层较多 Eos 浸润。支气管肺泡灌洗液中 Eos 无明显增多。

(8)咽拭子真菌培养：部分患者可检出白念珠菌等。

(四)诊断

应综合分析症状、体征和辅助检查结果建立。

日本呼吸病学会制定的临床研究条件下的变应性咳嗽诊断标准为：

(1)干咳 8 周或以上，无喘息和呼吸困难。

(2)诱导痰中嗜酸性粒细胞增多，或有下列 1 个及 1 个以上特应性体质表现：①目前或既往不包括哮喘在内的过敏性疾病史；②外周血 Eos 增多；③血清总 IgE 升高；④过敏原特异性 IgE 抗体阳性；⑤过敏原皮肤针刺试验阳性。

(3)无气道可逆性。即支气管舒张试验阴性，表现为应用足够剂量的支气管扩张剂后 FEV_1 增加<10%。

(4)支气管激发试验阴性。

(5)咳嗽敏感性增高。

(6)口服或吸入支气管扩张剂 1 周或以上治疗无效。

(7)胸片正常。

(8)肺通气功能正常。FEV_1>80%预计值，FVC>80%预计值，FEV_1/FVC>70%。

符合上述所有条件，可诊断为变应性咳嗽。如再加上下列条件，对确诊有帮助：①气管或支气管活检标本黏膜下层有 Eos 浸润；②支气管肺泡灌洗液中缺乏 Eos；③抗组胺药物和(或)糖皮质激素治疗能控制咳嗽。

日本呼吸病学会为一般临床应用制定的简化变应性咳嗽诊断标准为：

(1)干咳 3 周以上，无喘息和呼吸困难。

(2)支气管扩张剂治疗无效。

(3)诱导痰中嗜酸性粒细胞增多，或有下列 1 个及 1 个以上特应性体质表现：①目前或既往不包括哮喘在内的过敏性疾病史；②外周血 Eos 增多；③血清总 IgE 升高；④过敏原特异性 IgE 抗体阳性；⑤过敏原皮肤针刺试验阳性。

(4)抗组胺药物和(或)糖皮质激素治疗能控制咳嗽。

符合上述所有四项条件，可以做出变应性咳嗽的临床诊断。从日本的诊断标准可以看出，日本定义的变应性咳嗽事实上包括了嗜酸性粒细胞性支气管炎的诊断。

中华医学会呼吸病学分会提出的变应性咳嗽诊断标准为：

(1)慢性咳嗽。

(2)肺通气功能正常，气道高反应性检测阴性。

(3)具有下列指征之一：①过敏物质接触史；②过敏原皮肤针刺试验阳性；③血清总 IgE 或特异性 IgE 增高；④咳嗽敏感性增高。

（4）排除咳嗽变异型哮喘、非哮喘性嗜酸性粒细胞性支气管炎、鼻后滴流综合征等其他原因引起的慢性咳嗽。

（5）抗组胺药物和（或）糖皮质激素治疗有效。

和日本的诊断标准相比，我国制定的诊断标准中不包括诱导痰 Eos 增高条件，因此中国定义的变应性咳嗽不包括嗜酸性粒细胞性支气管炎的诊断，将嗜酸性粒细胞性支气管炎作为一种单列的病因。

（五）鉴别诊断

主要和引起慢性咳嗽的其他疾病相鉴别。

1.非哮喘性嗜酸性粒细胞性支气管炎　临床上表现为慢性咳嗽，胸片和肺通气功能正常，气道反应性检查阴性，支气管扩张剂治疗无效以及糖皮质激素能控制咳嗽等与变应性咳嗽非常相似，两者具有较多的共同点而不易鉴别。日本较少使用非哮喘性嗜酸性粒细胞性支气管炎的病名，变应性咳嗽的定义中事实上包括非哮喘性嗜酸性粒细胞性支气管炎。我国定义的变应性咳嗽没有诱导痰中 Eos 增高的诊断条件，与非哮喘性嗜酸性粒细胞性支气管炎鉴别并不困难。

2.咳嗽变异型哮喘　慢性咳嗽的主要病因，大部分患者诱导痰中 Eos 可增高，气道高反应性阳性，支气管扩张剂治疗有效等可鉴别。需要注意的是极个别咳嗽变异型哮喘患者气道高反应性检查可呈假阴性，此时可给予 1 周或以上的支气管扩张剂进行诊断性治疗，如咳嗽不缓解基本可以排除咳嗽变异型哮喘的诊断。

3.鼻后滴流综合征　鼻后滴流综合征也有慢性咳嗽的症状，抗组胺药物治疗有效，变应性鼻炎引起者可有特应性体质表现，甚至合并无症状的嗜酸性粒细胞性支气管炎，应注意与变应性咳嗽相鉴别。典型鼻后滴流综合征有慢性鼻炎病史，伴有鼻后滴流感或咽喉清洁感，少部分患者有鼻塞和流涕症状，鼻黏膜充血或咽后壁淋巴细胞增生呈卵石样外观可资鉴别。美国将缺乏慢性鼻病史和上呼吸道症状体征及抗组胺治疗有效者称"沉默型鼻后滴流综合征"，可能事实上就是所定义的变应性咳嗽。

4.病毒感染后咳嗽　病毒感染后咳嗽绝大多数为急性或亚急性咳嗽，但个别可能持续达数月之久，用抗组胺药物治疗咳嗽能减轻或消失，有时易与变应性咳嗽相混淆，但病毒感染后咳嗽在咳嗽症状出现前有明确的上呼吸道感染史。

5.慢性支气管炎　慢性支气管炎多与吸烟或空气污染有关，除咳嗽外，多有咳痰，戒烟或脱离污染环境 1 个月后咳嗽能明显减轻，抗胆碱能药物、支气管扩张剂和祛痰剂有助于改善症状等可与变应性咳嗽鉴别。

（六）治疗

1.抗组胺药物　抗组胺药物治疗对 60％左右的变应性咳嗽有效。可供选择的抗组胺药物品种很多，不同药物对变应性咳嗽的疗效有无可差别尚不清楚。常用药物有氯雷他定、西替利嗪、依巴斯汀和非索非那定等。

2.糖皮质激素　抗组胺药物虽能明显缓解咳嗽，但要完全消除咳嗽常需加用糖皮质激素治疗。吸入糖皮质激素是最合适的方法。对咳嗽剧烈或不适合吸入糖皮质激素者，短期（1～2周）每天口服泼尼松 20～30mg 有助于快速控制症状。

3.Th2 细胞因子抑制剂　如甲磺司特，为 Th1/Th2 平衡调节剂，是一种新颖抗变态反应药，有研究显甲磺司特 300mg/d 治疗 4 周能提高变应性咳嗽患者的咳嗽阈值，并可降低外周血中嗜酸性粒细胞水平和血清 IgE 水平。

4.其他治疗　如针对病因治疗，避免接触过敏原。有日本学者证实气道担子菌感染引起的 AC，用低剂量抗真菌药伊曲康唑(50～100mg/d)治疗 2 周后缓解，并认为低剂量抗真菌药可能是治疗真菌在气道定值引起 AC 的治疗策略。

（七）预后

本病呈良性经过，不会向哮喘或慢性阻塞性肺病演变。长期随访肺功能下降速度与正常人无异。但咳嗽控制停药后，约 50% 的患者在 4 年内复发。

六、慢性咳嗽其他病因

慢性咳嗽的常见病因主要为咳嗽变异型哮喘、嗜酸性粒细胞性支气管炎、胃食管反流性疾病、上气道咳嗽综合征，这些病因占慢性咳嗽的 70%～95%，另外 5%～30% 为相对少见的其他慢性咳嗽病因或原因不明的慢性咳嗽。这些少见的慢性咳嗽病因虽然比例不高，但涉及病因种类繁多。

1.慢性支气管炎　慢性支气管炎定义为咳嗽、咳痰达 3 个月以上，连续 2 年或更长，并除外其他已知原因引起的慢性咳嗽。

慢性支气管炎约占慢性咳嗽病因 5%～10%。由于慢支诊断标准缺乏客观依据，因此容易造成误诊。国内广州呼吸疾病研究所调查显示，近 80% 慢性咳嗽患者被诊断为"支气管炎、慢性支气管炎或慢性咽喉炎"，其中绝大多数系误诊，对慢性咳嗽病因认识不足和未开展相关慢性咳嗽检查是主要原因。

2.支气管扩张症　支气管扩张症是由于慢性炎症引起气道壁破坏，导致非可逆性支气管扩张和管腔变形，主要病变部位为亚段支气管。临床表现为咳嗽、咳脓痰甚至咯血。典型病史者诊断并不困难，无典型病史的轻度支气管扩张症则容易误诊。X 线胸片改变(如卷发样)对诊断有提示作用，怀疑支气管扩张症时，最佳诊断方法为胸部高分辨率 CT。

3.气管-支气管结核　气管-支气管结核在慢性咳嗽病因中所占的比例尚不清楚，但在国内并不罕见，多数合并肺内结核，也有不少患者仅表现为单纯性支气管结核，其主要症状为慢性咳嗽，可伴有低热、盗汗、消瘦等结核中毒症状，有些患者咳嗽是唯一的临床表现，查体有时可闻及局限性吸气期干啰音。X 线胸片无明显异常改变，临床上容易误诊及漏诊。

对怀疑气管-支气管结核的患者应首先进行痰涂片找抗酸杆菌。部分患者结核杆菌培养可阳性。X 线胸片的直接征象不多，可发现气管、主支气管的管壁增厚、管腔狭窄或阻塞等病变。CT 特别是高分辨率 CT 显示支气管病变征象较胸片更为敏感，尤其能显示叶以下支气管的病变，可以间接提示诊断。支气管镜检查是确诊气管-支气管结核的主要手段，镜下常规刷检和组织活检阳性率高。

4.ACEI 诱发的咳嗽　咳嗽是服用 ACEI 类降压药物的常见副作用，发生率约为 10%～30%，占慢性咳嗽病因的 1%～3%。停用 ACEI 后咳嗽缓解可以确诊。通常停药 4 周后咳嗽消失或明显减轻。可用血管紧张素Ⅱ受体拮抗剂替代 ACEI 类药物。

5.**支气管肺癌**　支气管肺癌初期症状轻微且不典型,容易被忽视。咳嗽常为中心型肺癌的早期症状,早期普通 X 线检查常无异常,故容易漏诊、误诊。因此在详细询问病史后,对有长期吸烟史,出现刺激性干咳、痰中带血、胸痛、消瘦等症状或原有咳嗽性质发生改变的患者,应高度怀疑肺癌的可能,进一步进行影像学检查和支气管镜检查。

6.**心理性咳嗽**　心理性咳嗽是由于患者严重心理问题或有意清喉引起,又有文献称为习惯性咳嗽、心因性咳嗽。小儿相对常见,在儿童 1 个月以上咳嗽病因中占 3%～10%。典型表现为日间咳嗽,可表现为轻微或剧烈干咳,专注于某一事物及夜间休息时咳嗽消失,常伴随焦虑症状。

心理性咳嗽的诊断系排他性诊断,只有其他可能的诊断排除后才能考虑此诊断。儿童主要治疗方法是暗示疗法,可以短期应用止咳药物辅助治疗。对年龄大的患者可辅以心理咨询或精神干预治疗,适当应用抗焦虑药物。儿童患者应注意与抽动秽语综合征相鉴别。

7.**其他病因**　肺间质纤维化、支气管异物、支气管微结石症、骨化性支气管病、纵隔肿瘤及左心功能不全等。近年来学者还发现以慢性咳嗽为主要表现的心律失常(期前收缩)、颈椎病、舌根异位涎腺症等罕见病因。

第二节　上气道梗阻

上气道梗阻(UAO)是一类由多种原因所致的上气道气流严重受阻的临床急症,其临床表现不具特异性,易与支气管哮喘及慢性阻塞性肺疾病等疾病相混淆。临床上,该症以儿童多见,在成人则较为少见。引起上气道梗阻的原因较多,其中,以外源性异物所致者最为常见,其余较常见者有喉运动障碍、感染、肿瘤、创伤以及医源性等。对上气道梗阻的及时认识和治疗具有极为重要的临床意义,因为大多数患者既往身体健康,经有效治疗后可以完全康复。

一、上气道解剖

呼吸系统的传导气道包括鼻、咽喉、气管、主支气管、叶支气管、段支气管、细支气管直至终末细支气管等部分。根据周围小气道和中心大气道在机械力学等呼吸生理功能上的不同,一般将呼吸道分为三个部分,即:①小气道,指管径小于 2mm 的气道;②大气道,指隆凸以下至直径 2mm 的气道;③上气道,为自鼻至气管隆凸的一段呼吸道,包括鼻、咽、喉及气管等。

通常以胸腔入口或胸骨上切迹为界将上气道分为胸腔外上气道和胸腔内上气道两个部分。胸腔外上气道包括下颌下腔(包括可产生 Ludwig 咽峡炎的区域)、咽后腔(包括可生产咽后脓肿的区域)和喉部。广义的喉部范围上至舌根部,下至气管,可分为声门上喉区(会厌、杓会厌皱襞及假声带)、声门(包括杓状软骨的声带平面内的结构)和声门下区(为一长约 1.5～2.0cm,由环状软骨所包绕的气道)。

成人气管的总长度为 10～13cm,其中胸腔内的长度约 6～9cm。胸腔外气管的长度约为 2～4cm,从环状软骨的下缘至胸腔入口,其在前胸部约高于胸骨上切迹 1～3cm。正常气管内冠状直径，男性为 13~25mm，女性为 10~21mm。引起气管管径缩小的因素有以下几种：①Saber鞘气管；②淀粉样变性；③复发性多软骨炎；④坏死性肉芽肿性血管炎；⑤气管支气管扁骨软骨成形术；⑥鼻硬结病；⑦完全性环状软骨；⑧唐氏综合征。

二、上气道梗阻的病理生理学

正常情况下，吸气时，呼吸肌收缩使胸内压力降低，气道内压力低于大气压，气体由外界进入肺内；相反，呼气时，呼吸肌松弛使胸内压力升高，气体由肺内排出体外。急性上气道阻塞则可直接影响机体的通气功能，外界的氧气不能被吸入肺内，机体代谢所产生的二氧化碳亦不能排出体外，引起急性呼吸衰竭，如未能获得及时救治，每因严重缺氧和二氧化碳潴留导致患者死亡。

上气道的胸外部分处于大气压之下，胸内部分则在胸内压作用之下。气管内外两侧的压力差为跨壁压。当气管外压大于胸内压，跨壁压为正值，气道则趋于闭合；当跨壁压为负值时，即气管内压大于气管外压，气管通畅。上气道阻塞主要影响患者的通气功能，由于肺泡通气减少，在患者运动时可产生低氧血症，但其弥散功能则多属正常。上气道阻塞的位置、程度、性质（固定型或可变型）以及呼气或吸气相压力的变化，引起患者出现不同的病理生理改变，产生吸气气流受限、呼气气流受限、抑或两者均受限。临床上，根据呼吸气流受阻的不同可将上气道阻塞分为以下三种：可变型胸外上气道阻塞、可变型胸内上气道阻塞和固定型上气道阻塞。

1.可变型胸外上气道阻塞 可变型阻塞指梗阻部位气管内腔大小可因气管内外压力改变而变化的上气道阻塞。可变型胸外上气道阻塞，见于患气管软化及声带麻痹等疾病的患者。正常情况下，胸外上气道外周的压力在整个呼吸周期均为大气压，吸气时由于气道内压降低，引起跨壁压增大，其作用方向为由管外向管内，导致胸外上气道倾向于缩小。存在可变型胸外上气道阻塞的患者，当其用力吸气时，由于 Venturi 效应和湍流导致阻塞远端的气道压力显著降低，跨壁压明显增大，引起阻塞部位气道口径进一步缩小，出现吸气气流严重受阻；相反，当其用力呼气时，气管内压力增加，由于跨壁压降低，其阻塞程度可有所减轻。

2.可变型胸内上气道阻塞 可变型胸内上气道阻塞，见于胸内气道的气管软化及肿瘤患者。由于胸内上气道周围的压力与胸内压接近，管腔外压（胸内压）与管腔内压相比为负压，跨壁压的作用方向由管腔内向管腔外，导致胸内气道倾向于扩张。当患者用力呼气时，Venturi效应和湍流可使阻塞近端的气道压力降低，亦引起阻塞部位气道口径进一步缩小，出现呼气气流严重受阻。

3.固定型上气道阻塞 固定型上气道阻塞指上气道阻塞性病变部位僵硬固定，呼吸时跨壁压的改变不能引起梗阻部位的气道口径变化者，见于气管狭窄和甲状腺肿瘤患者。这类患者，其吸气和呼气时气流均明显受限且程度相近，出现明显的呼吸困难。

（一）病因

临床上，上气道阻塞虽较为少见，但可由多种疾病引起，这类原因主要包括：①气道瘢痕狭窄：多为气管结核、外伤、气管插管或切开术等治疗所致；②气道壁病变：如咽喉部软组织炎、咽后壁脓肿、扁桃体肿大、声带麻痹、喉或气管肿瘤、气管软化以及复发性多软骨炎等；③气道腔内病变:以气道内异物为多见,以及带蒂气管内息肉或肿瘤和炎性肉芽肿;④气道外部压迫:气道周围占位性病变如甲状腺癌、食管癌、淋巴瘤、脓肿、血肿或气体的压迫;⑤气道内分泌物潴留:呼吸道出血或大量痰液未能咳出,胃内容物大量吸入等。兹将引起成人和儿童不同解剖部位上气道阻塞的常见原因,供临床诊断时参考。极少数情况下,功能性声带异常或心理性因素,亦可引起上气道阻塞。

成人和儿童上气道阻塞的常见原因:

(1)化脓性腮腺炎

(2)扁桃体肥大/扁桃体周围脓肿

(3)化脓性颌下腺炎(Ludwig 咽峡炎)

(4)舌:①巨舌症;②舌下血肿;③舌蜂窝织炎

(5)咽后壁脓肿

(6)喉:①喉癌;②错构瘤;③喉部狭窄;④喉部水肿:a.血管性水肿:过敏反应;C_1 酯酶抑制剂缺乏;血管紧张素转换酶抑制剂;b.气管插管拔管后;c.烧伤;⑤喉结核;⑥会厌:会厌炎;杓会厌皱襞肥大;⑦声带:a.息肉及乳头状瘤;b.声带麻痹:单侧麻痹(鳞癌;喉返神经损伤;迷走神经损伤);双侧麻痹(喉张力障碍:帕金森病,Gerhardt 综合征,镇静药物过量,Shy-Drager 综合征,橄榄体脑桥小脑萎缩;代谢原因:低血钾,低血钙,复发性多软骨炎;颅内肿瘤);喉运动障碍;类风湿关节炎;c.异物

(7)气管:①气管软化;②肿瘤:a.鳞癌,腺样囊腺癌;b.霍奇金淋巴瘤;c.卡波西肉瘤;③气管受压迫:a.甲状腺肿/甲状腺癌;b.食管源性:食管异物,食管癌,食管失迟缓症;c.血管原因:动脉穿刺出血,胸主动脉破裂,上腔静脉阻塞,主动脉创伤,肺血管悬吊,无名动脉瘤;d.液体从中心导管外渗;e.支气管囊肿;f.霍奇金淋巴瘤纵隔转移;④气管狭窄:a.声门下狭窄:喉气管支气管炎,坏死性肉芽肿性血管炎;b.气管:气管切开后,气管插管后,外伤,气管结核;⑤气管缩窄;⑥气管导管源性黏液瘤;⑦气管炎;⑧异物

(二)临床表现

上气道阻塞的症状和体征与气道阻塞的程度和性质有关。上气道阻塞早期一般无任何表现,往往在阻塞较严重时始出现症状。急性上气道阻塞起病急骤,病情严重,甚至导致窒息而死亡,常有明显的症状和体征。上气道阻塞的临床表现并无特异性,可表现为刺激性干咳、气喘和呼吸困难,患者往往因呼吸困难而就诊;其呼吸困难以吸气困难为主,活动可引起呼吸困难明显加重,且常因体位变化而出现阵发性发作。少数患者夜间出现打鼾,并可因呼吸困难加重而数次惊醒,表现为睡眠呼吸暂停综合征。吸入异物所致者,可有呛咳史,常有明显的呼吸窘迫,表情异常痛苦,并不时抓搔喉部。偶见慢性上气道阻塞引起肺水肿反复发生而出现肺水肿的表现。

临床上所见的大多数上气道阻塞为不完全性阻塞。主要体征为吸气性喘鸣,多在颈部明显,肺部亦可闻及但较弱,用力吸气可引起喘鸣明显加重。出现喘鸣提示气道阻塞较为严重,此时气道内径往往小于 5mm。吸气性喘鸣多提示胸外上气道阻塞,多见于声带或声带以上部位;双相性喘鸣提示阻塞在声门下或气管内;屈颈时喘鸣音的强度发生变化多提示阻塞发生于胸廓入口处。儿童出现犬吠样咳嗽,特别是夜间出现,多提示为喉支气管炎,而流涎、吞咽困

难、发热而无咳嗽则多见于严重的会厌炎。一些患者可出现声音的改变,其改变特点与病变的部位和性质有关,如单侧声带麻痹表现为声音嘶哑;双侧声带麻痹声音正常,但有喘鸣;声门以上部位病变常出现声音低沉,但无声音嘶哑;口腔脓肿出现含物状声音。

(三)特殊检查

1.肺功能检查　气道阻塞时,流量-容积曲线出现明显的变化,具有一定的诊断价值。但肺功能检查对有急性窘迫的患者不能进行,且对上气道梗阻的敏感性并不高。因此,目前已逐渐为内镜检查所替代。

2.影像学检查

(1)颈部平片:气道平片对上气道阻塞的诊断虽可提供重要信息,但其准确性较差,应与病史和体征相结合进行判断,目前已较少使用。

(2)CT 扫描:气道 CT 扫描可以了解阻塞处病变的大小和形态,气道狭窄的程度及其与气道壁的关系,以及病变周围组织的情况,是目前诊断上气道梗阻的主要检查手段之一。对疑为上气道梗阻的患者应进行颈部和胸部的 CT 扫描,必要时进行气道三维重建。增强 CT 扫描尚有助于明确病变的血供情况。

(3)MRI 检查:具有很好的分辨能力,可预计气道闭塞的程度和长度,对评价纵隔情况具有较好的价值。

3.内镜检查　内镜如纤维喉镜或纤维支气管镜检查能直接观察上气道情况,观察声带、气管环的变化以及呼吸过程中病变的动态特征,且可采集活体组织进行病理学检查,故对诊断具有决定性作用,其价值优于影像学检查。因此,对疑为上气道阻塞者,均应考虑进行内镜检查。但严重呼吸困难者不宜进行检查,且对血管性疾病严禁进行活组织检查。

(四)诊断

要对上气道梗阻作出及时而准确的诊断,关键在于要考虑到上气道梗阻的可能性。虽然呼吸困难为上气道梗阻的主要表现,但呼吸困难常见于其他疾病。因此,对临床上存在以下情况者,应及时进行 CT 扫描和内镜检查:①以气促、呼吸困难为主要表现,活动后明显加重,有时症状的加重与体位有关,经支气管扩张剂治疗无效者;②存在上气道炎症、损伤病史,特别是有气管插管和气管切开史者;③肺功能检查示最大呼气流速、最大通气量进行性下降,肺活量不变,FEV_1 降低不明显,与最大通气量下降不成比例者。根据影像学检查和内镜检查,即可作出上气道梗阻的诊断。

(五)治疗

由于引起上气道梗阻的原因较多,治疗方法的选择须根据其病因和严重程度而定。对严重的上气道梗阻应采取紧急处理措施,解除呼吸道阻塞,挽救患者生命。对一些类型的上气道梗阻,改变体位可以使其症状得以减轻;对感染性疾病所致者,如会厌炎、咽后壁脓肿等应及时给予敏感而有效的抗生素治疗。

急性上气道梗阻常发生在医院外,如不能及时获得诊断和处理,易导致患者死亡。由于上气道梗阻不可能允许进行临床治疗的对比研究,其治疗措施均基于有限的临床观察资料,且存在较大的争议。但有关内镜下治疗上气道梗阻,近年来获得长足的发展,取得了较为满意的疗效。

1.上气道异物阻塞的救治

（1）吸入异物的急救手法：首先使用牙垫或开口器开启口腔，并清除口腔内异物；以压舌板或食指刺激咽部，同时以 Heilnlich 手法使患者上腹部腹压急速增加，可排出一些气道内异物；对清醒可直立的患者，施救者可从患者后面抱住其上腹部，右手握拳，拇指指向剑突下方，左手紧压右拳，急速地向上向内重压数次；对于仰卧的患者，施救者可面向患者跪于其双腿两侧，上身前倾，右手握拳置于剑突下方，左手置于右手之上，急速地向下向前内重压上腹部。

（2）支气管镜摘除异物：经上述手法不能取出的异物，或不适宜手法取出的异物如鱼刺，应尽快在喉镜或支气管镜的窥视下摘除异物。

2.药物治疗　对于喉或气管痉挛所致的上气道梗阻，以及一些炎症性疾病引起的黏膜水肿所致上气道梗阻，药物治疗具有重要的价值。对这类上气道梗阻有效的药物主要为肾上腺素和糖皮质激素，常可挽救患者的生命；但应注意，这两类药物对会厌炎的治疗效果不佳，甚至导致不良反应而不宜使用。

（1）肾上腺素：可兴奋 α 肾上腺素受体，引起血管收缩，减轻黏膜水肿，对喉支气管炎具有良好的治疗作用，也可用于治疗喉水肿。使用时，多采用雾化吸入或气管内滴入，每次 1～2mg，亦可选用皮下或肌内注射，每次 0.5～1mg，起效迅速，但维持时间短暂，应多次用药。

（2）糖皮质激素：具有消除水肿，减轻局部炎症的作用，可用于多种原因所致的上气道阻塞，如气管插管后水肿等。对于病毒性喉支气管炎，吸入激素具有良好的效果。Durward 等发现给予布地奈德吸入治疗，可明显降低插管率。但激素治疗对上气道瘢痕或肿瘤性狭窄所致者无效。

3.气管插管或气管切开术　气管插管或切开可建立有效的人工气道，为保持气道通畅和维持有效呼吸提供条件。尤其对需要转院治疗者，气管插管可明显降低患者的死亡率。对于喉水肿、喉痉挛、功能性声带功能失调、吸入性损伤、咽峡炎、会厌炎、喉和气管肿瘤等，可考虑进行气管插管或切开。但应注意，气管插管或切开本身亦可引起上气道阻塞，故对接受这类治疗的患者更应密切观察。

4.手术治疗　对于喉或气管肿瘤或狭窄所致的上气道阻塞，可采用喉气管切除和重建进行治疗，87%的患者可获得良好的治疗效果。对于扁桃体肥大的上气道阻塞，进行扁桃体摘除可使其症状明显改善。对于口咽部狭窄所致者，进行咽部手术具有一定的治疗作用。对于内镜下无法摘除的异物，亦应行手术治疗。

5.激光治疗　激光治疗可使肿瘤、肉芽肿等病变组织碳化、缩小，并可部分切除气管肿瘤，从而达到解除气管狭窄，缓解症状，具有一定的治疗作用。激光治疗可经纤维支气管镜使用。目前临床上使用的激光主要是以钇铝石榴石晶体为其激活物质的激光（Nd:YAG 激光），其穿透力较强。

6.气管支架　气道支架置入即通过气管镜将支架安置于气道的狭窄部位，以达到缓解患者呼吸困难的目的。可用于气管肉芽肿、瘢痕所致的良性狭窄或肿瘤所致的恶性狭窄。近年来，纤维支气管镜下支架置入在临床使用较多且疗效显著。诸多文献对其疗效及并发症等进行评价，大部分作者认为，支架置入的近期疗效显著，并发症较少，远期疗效尚待评估。目前广泛使用的镍钛记忆合金制备的气管支架,具有较好的临床效果,且长期置入后无变形及生锈变色等,对气道不产生严重的炎症反应和刺激。一般先将支架置于冰水中冷却并塑形为细管状,并装入置入器内,经纤维支气管镜检查将导引钢丝送入狭窄气道,让患者头部尽量后仰,将置入器沿导引钢丝置入气道狭窄部位,然后拔出导引钢丝。再次纤维支气管镜检查确定支架良好地置于狭窄部位。置入后,支架受机体温度的影响,恢复其原有形状与气道紧密贴合,并逐渐将狭窄部位撑开扩张,达到解除狭窄的效果。

第三节　慢性阻塞性肺疾病

慢性阻塞性肺疾病(COPD)由于其患患者数多,死亡率高,社会经济负担重,已成为一个重要的公共卫生问题。COPD 目前居全球死亡原因的第四位,世界银行/世界卫生组织(WHO)公布,至 2020 年 COPD 将位居世界疾病经济负担的第五位。在我国 COPD 同样是严重危害人民身体健康的重要慢性呼吸系统疾病。近期对我国七个地区 20245 人群调查,COPD 患病率占 40 岁以上人群的 8.2%。可见其患病率之高是十分惊人的。

一、定义和概述

COPD 是一种具有气流受限特征的可以预防和治疗的疾病,气流受限不完全可逆、呈进行性发展,与气道和肺部对有害颗粒或有害气体的慢性炎症反应增强有关。急性加重和合并症对个体患者的整体疾病严重程度产生影响。COPD 的一些危险因素可以作为 COPD 一级预防,如吸烟、室内空气污染及控制不佳的哮喘。戒烟对于吸烟的 COPD 患者是最重要的干预措施。由于 COPD 是有害物质累积暴露的结果,其他暴露包括粉尘、烟雾和烟草应尽可能避免。

肺功能检查对确定气流受限有重要意义。在吸入支气管舒张剂后,一秒钟用力呼气容积(FEV$_1$)/用力肺活量(FVC)<70%表明存在气流受限,并且不能完全逆转。但由于肺功能测值受年龄的影响,这一固定比值在老年人可能会导致 COPD 诊断过度,而在低于 45 岁的成人可能会导致诊断不足,特别是对于轻度疾病。

慢性咳嗽、咳痰常先于气流受限许多年存在;但不是所有有咳嗽、咳痰症状的患者均会发展为 COPD。部分患者可仅有不可逆气流受限改变而无慢性咳嗽、咳痰症状。

COPD 与慢性支气管炎和肺气肿密切相关,多数患者是由慢性支气管炎和肺气肿发展而来。通常,慢性支气管炎是指在除外慢性咳嗽的其他已知原因后,患者每年咳嗽、咳痰 3 个月以上,并连续 2 年者。肺气肿则指肺部终末细支气管远端气腔出现异常持久的扩张,并伴有肺泡壁和细支气管的破坏而无明显的肺纤维化。当慢性支气管炎、肺气肿患者肺功能检查出现气流受限,并且不能完全可逆时,则能诊断 COPD。如患者只有"慢性支气管炎"和(或)"肺气肿",而无气流受限,则不能诊断为 COPD。可将具有咳嗽、咳痰症状的慢性支气管炎视为 COPD 的高危者。

支气管哮喘及一些已知病因或具有特征病理表现的气流受限疾病,如支气管扩张症、肺结核纤维化病变、肺囊性纤维化、弥漫性泛细支气管炎以及闭塞性细支气管炎等,均不属于COPD。

二、危险因素

引起 COPD 的主要危险因素是遗传与环境共同作用的结果。比如具有相同吸烟的人,只有其中一些人发展为 COPD,这是由于遗传性疾病易感性或其生存时间不同所致。

(一)基因

COPD 是一种多基因疾病。已知的遗传因素为 α_1-抗胰蛋白酶缺乏。α_1-抗胰蛋白酶是一种主要的血液循环中蛋白酶的抑制剂。重度 α_1-抗胰蛋白酶缺乏与非吸烟者的肺气肿形成有关。在我国 α_1-抗胰蛋白酶缺乏引起的肺气肿迄今尚未见正式报道。在患有严重 COPD 的吸烟同胞中,已观察到气流阻塞具有显著的家族性风险,这提示遗传因素可能影响对本病的易感性。通过对遗传血统分析,已证实基因组中有数个区域可能含有 COPD 易感基因,包括染色体 2q。遗传相关性研究已涉及 COPD 发病中一系列基因,包括转移生长因子 β_1(TGF-β_1),微粒环氧化物水解酶 1(MEPHX1),肿瘤坏死因子 α(TNFα)。然而,这些遗传相关性研究的结果还很不一致,且影响 COPD 发病的功能性基因变异(除外 α_1-抗胰蛋白酶缺乏)还没有被明确证实。

支气管哮喘和气道高反应性是 COPD 的危险因素,气道高反应性可能与机体某些基因和环境因素有关。

(二)环境因素

1.有害物质接触　由于个体一生中可能暴露于一系列不同类型的可吸入颗粒,各种颗粒,根据其大小和成分,致病风险各不同,总的风险取决于暴露的浓度和时间总体情况。在个体一生中可能遇到的吸入性暴露中,仅有烟草烟雾、职业性粉尘及化学物质(蒸汽,刺激剂,烟雾)是已知的可导致 COPD 的危险因素。

(1)吸烟:吸烟是目前最常见的导致 COPD 的危险因素。吸烟者出现呼吸道症状和肺功能异常的概率更高,每年 FEV_1 下降的速度更快,COPD 的死亡率更高。但并非所有的吸烟者均发展成具有显著临床症状的 COPD,这提示遗传因素必定影响每个个体的患病风险。在严重 COPD 患者,与男性比较,女性的气道管腔更小,气道壁(相对于管腔周径)增厚更为明显,肺气肿则较为局限,其特征为气腔更小,外周病变相对较少。

被动吸烟也会致使出现呼吸道症状和 COPD,这是由于增加肺脏的可吸入颗粒和气体负担所致。怀孕期间吸烟,可能会影响宫内胎儿的肺脏生长发育及免疫系统的形成,进而使胎儿面临日后患病的风险。

(2)职业粉尘与化学物质:当职业性粉尘及化学物质(烟雾、过敏原、有机与无机粉尘,化学物质及室内空气污染等)的浓度过大或接触时间过久,均可导致与吸烟无关的 COPD 发生。

(3)室内空气污染:木材、动物粪便、农作物残梗、煤炭、以明火在通风功能不佳的火炉中燃烧,可导致很严重的室内空气污染,是导致 COPD 的一个很重要的危险因素,尤其是发展中国家的女性。

（4）室外空气污染：城镇严重的空气污染对已有心肺疾病的个体很有害。室外空气污染在COPD致病中的地位尚不清楚，与吸烟相比似乎不很重要。此外，也很难评价长期暴露于大气污染中的单一污染物的作用。然而，城市中因燃烧石油造成的空气污染，主要源于机动车辆排放的尾气，与呼吸功能下降有关。

2.肺脏生长与发育　肺脏生长与妊娠，出生及童年时暴露史等过程有关。肺功能的最大测定值降低（通过肺功能仪测定），可识别出那些具有发展成为COPD的高危人群。在妊娠及童年时期，任何可影响肺脏生长的因素均具有潜在的增加个体发生COPD风险的作用。

3.感染　感染（细菌或病毒）在COPD的发生与疾病进展中起一定作用，细菌定植与气道炎症有关，并在急性发作中发挥重要作用。曾患肺结核，幼年时有严重的呼吸道感染史与成年时肺功能下降及呼吸道症状增加有关。

4.社会经济状态　发生COPD的风险与社会经济状态呈负相关。这可能与低社会经济状态与暴露于室内及室外空气污染物、拥挤、营养状态差或其他因素有关。

三、发病机制

香烟烟雾等慢性刺激物作用于气道，使气道发生异常炎症反应。氧化与抗氧化失衡和肺部的蛋白酶和抗蛋白酶失衡进一步加重COPD肺组织炎症。遗传因素可能参与其中。这些机制共同促进COPD病理改变。

（一）炎症

COPD表现为以中性粒细胞、肺巨噬细胞、淋巴细胞为主的炎症反应。这些细胞释放炎症介质，并与气道和肺实质的结构细胞相互作用。

COPD以气道、肺实质和肺血管的慢性炎症为特征，在肺的不同部位有肺泡巨噬细胞、T淋巴细胞（尤其是$CD8^+$）和中性粒细胞增加，部分患者有嗜酸性粒细胞增多。激活的炎症细胞释放多种介质，包括白三烯B4（LTB4）、白介素8（IL-8）、肿瘤坏死因子α（TNF-α）和其他介质。这些介质能破坏肺的结构和（或）促进中性粒细胞炎症反应。吸入有害颗粒或气体可导致肺部炎症；吸烟能诱导炎症并直接损害肺脏；COPD的各种危险因素都可产生类似的炎症过程，从而导致COPD的发生。

炎症介质：COPD患者多种炎症介质增加，吸引循环中的炎症细胞（趋化因子）、增加炎症反应（致炎细胞因子）、引起气道壁结构变化（生长因子）。

（二）氧化应激

氧化应激是加重COPD炎症的重要机制。COPD患者呼出气浓缩物、痰、体循环中氧化应激的生物标志（如过氧化氢和8-前列烷）增加。COPD急性加重时氧化应激进一步增加。香烟烟雾和其他吸入颗粒能产生氧化物，由活化的炎症细胞如巨噬细胞和中性粒细胞释放。COPD患者内源性抗氧化物产生下降。氧化应激对肺组织造成一些不利的影响，包括激活炎症基因、使抗蛋白酶失活、刺激黏液高分泌，并增加血浆渗出。这些有害反应大多数是由过硝酸盐介导，通过超氧阴离子和一氧化氮的相互作用产生。而一氧化氮是由诱导型一氧化氮合酶产生，主要表达在COPD患者的外周气道和肺实质。氧化应激也能引起COPD患者肺组织组蛋白去乙酰酶活型下降,导致炎症基因表达增加,同时糖皮质激素的抗炎活性下降。

(三)蛋白酶和抗蛋白酶的失衡

COPD 患者肺组织中分解结缔组织的蛋白酶和对抗此作用的抗蛋白酶之间存在失衡。COPD 患者中炎症细胞和上皮细胞释放的几种蛋白酶表达增加,并存在相互作用。弹性蛋白是肺实质结缔组织的主要成分,蛋白酶引起弹性蛋白破坏,是导致肺气肿的重要原因,而肺气肿是不可逆的。

(四)自主神经系统功能紊乱

胆碱能神经张力增高也在 COPD 发病中起重要作用。参与的主要因素有:①迷走神经反射增强:由于气道的慢性非特异性炎症,使得分布于气道上皮细胞间及上皮细胞下的刺激性受体的活性阈值降低,对烟雾等化学机械性刺激的敏感性提高,通过迷走神经反射,使乙酰胆碱(Ach)释放增加。②突触前受体的功能异常:在胆碱能神经末梢存在一些对 Ach 释放起着负反馈抑制作用的受体,如组织胺 H_3 受体,肾上腺素 β_2 受体、α_2 受体及 M_2 受体,这些突触前受体的功能障碍,均导致 Ach 释放的增加。③抑制性非肾上腺素非胆碱能(iNANC)神经功能障碍:iNANC 神经释放的血管活性肠肽(VIP)除能拮抗 Ach 所致的气道平滑肌痉挛外,还能抑制胆碱能神经传递,抑制 Ach 的释放。VIP 分泌减少或功能障碍均可导致 Ach 释放增加。④基础迷走神经张力作用增强:正常人在安静状态下,迷走神经持续发放一定的冲动,以维持气道一定的张力,给正常人抗胆碱能药物或肺移植时切断迷走神经均能引起支气管舒张,证实了基础迷走神经张力的存在。在 COPD 患者,由于气道黏膜充血水肿,黏液腺肥大,黏液栓塞,导致管腔狭窄,使迷走神经的基础张力明显增强。⑤副交感神经节后纤维所释放的 Ach 是通过靶细胞上 M 受体而发挥作用,COPD 患者存在 M 受体的数量或功能的异常,参与了胆碱能神经张力增高。

四、病理

COPD 特征性的病理学改变存在于中央气道、外周气道、肺实质和肺的血管系统。在中央气道(气管、支气管以及内径大于 $2\sim4mm$ 的细支气管),表层上皮炎症细胞浸润,黏液分泌腺增大和杯状细胞增多使黏液分泌增加。在外周气道(内径小于 2mm 的小支气管和细支气管)内,慢性炎症导致气道壁损伤和修复过程反复循环发生。修复过程导致气道壁结构重构,胶原含量增加及瘢痕组织形成,这些病理改变造成气腔狭窄,引起固定性气道阻塞。

COPD 患者典型的肺实质破坏表现为小叶中央型肺气肿,涉及呼吸性细支气管的扩张和破坏。病情较轻时,这些破坏常发生于肺的上部区域,但病情发展,可弥漫分布于全肺,并有肺毛细血管床的破坏。

COPD 肺血管的改变以血管壁的增厚为特征,这种增厚始于疾病的早期。内膜增厚是最早的结构改变,接着出现平滑肌增加和血管壁炎症细胞浸润。COPD 加重时,平滑肌、蛋白多糖和胶原的增多进一步使血管壁增厚。COPD 晚期继发肺心病时,部分患者可见多发性肺细小动脉原位血栓形成。

五、病理生理

在COPD肺部病理学改变的基础上出现相应COPD特征性病理生理学改变,包括黏液高分泌、纤毛功能失调、气流受限、肺过度充气、气体交换异常、肺动脉高压和肺心病以及全身的不良效应。黏液高分泌和纤毛功能失调导致慢性咳嗽及多痰。呼气气流受限,是COPD病理生理改变的标志,是疾病诊断的关键,主要是由气道固定性阻塞及随之发生的气道阻力增加所致。

小气道炎症程度、纤维化和腔内渗出物与FEV_1,FEV_1/FVC降低相关,并且可能与COPD的特征性表现FEV_1进行性下降相关。外周气道阻塞使得在呼气时气体陷闭,导致过度充气。尽管肺气肿引起气体交换异常比引起FEV_1下降更为常见,但在呼气时能促进气体陷闭,尤其是当疾病发展到重度时,肺泡与小气道的附着受到破坏。过度充气使吸气容积下降,导致功能残气量增加,尤其是在运动时,引起呼吸困难和运动能力受限。目前认为,过度充气在疾病早期即可出现,是引起劳力性呼吸困难的主要原因。作用在外周气道的支气管扩张剂能减轻气体陷闭,因此可降低肺容积,改善症状和运动能力。

随着COPD的进展,外周气道阻塞、肺实质破坏及肺血管的异常等减少了肺气体交换能力,产生低氧血症,以后可出现高碳酸血症。长期慢性缺氧可导致肺血管广泛收缩和肺动脉高压,常伴有血管内膜增生,某些血管发生纤维化和闭塞,造成肺循环的结构重组。COPD晚期出现的肺动脉高压是其重要的心血管并发症,并进而产生慢性肺源性心脏病及右心衰竭,提示预后不良。

COPD的炎症反应不只局限于肺部,也可以导致全身不良反应。全身炎症表现为全身氧化负荷异常增高、循环血液中细胞因子浓度异常增高以及炎症细胞异常活化等。患者骨质疏松、抑郁、慢性贫血及心血管疾病风险增加。COPD的全身不良效应具有重要的临床意义,它可加剧患者的活动能力受限,使生活质量下降,预后变差。

六、临床表现

(一)病史特征

1.吸烟史　多有长期较大量吸烟史。

2.职业性或环境有害物质接触史　如较长期粉尘、烟雾、有害颗粒或有害气体接触史。

3.家族史　COPD有家族聚集倾向。

4.发病年龄及好发季节　多于中年以后发病,症状好发于秋冬寒冷季节,常有反复呼吸道感染及急性加重史。随病情进展,急性加重愈渐频繁。

5.慢性肺源性心脏病史　COPD后期出现低氧血症和(或)高碳酸血症,可并发慢性肺源性心脏病和右心衰竭。

(二)症状

1.慢性咳嗽　通常为首发症状。初起咳嗽呈间歇性,早晨较重,以后早晚或整日均有咳嗽,但夜间咳嗽并不显著。少数病例咳嗽不伴咳痰。也有部分病例虽有明显气流受限但无咳嗽症状。

2.咳痰 咳嗽后通常咳少量黏液性痰,部分患者在清晨较多;合并感染时痰量增多,常有脓性痰。

3.气短或呼吸困难 这是COPD的标志性症状,是使患者焦虑不安的主要原因,早期仅于劳力时出现,后逐渐加重,以致日常活动甚至休息时也感气短。

4.喘息和胸闷 不是COPD的特异性症状。部分患者特别是重度患者有喘息;胸部紧闷感通常于劳力后发生,与呼吸费力、肋间肌等容性收缩有关。

5.全身性症状 在疾病的临床过程中,特别在较重患者,可能会发生全身性症状,如体重下降、食欲减退、外周肌肉萎缩和功能障碍、精神抑郁和(或)焦虑等。合并感染时可咳血痰或咯血。

(三)体征

COPD早期体征可不明显。随疾病进展,常有以下体征:①视诊及触诊:胸廓形态异常,包括胸部过度膨胀、前后径增大、剑突下胸骨下角(腹上角)增宽及腹部膨凸等;常见呼吸变浅,频率增快,辅助呼吸肌如斜角肌及胸锁乳突肌参加呼吸运动,重症可见胸腹矛盾运动;患者不时采用缩唇呼吸以增加呼出气量;呼吸困难加重时常采取前倾坐位;低氧血症者可出现黏膜及皮肤发绀,伴右心衰竭者可见下肢水肿、肝脏增大。②叩诊:由于肺过度充气使心浊音界缩小,肺肝界降低,肺叩诊可呈过度清音。③听诊:两肺呼吸音可减低,呼气延长,平静呼吸时可闻干性啰音,两肺底或其他肺野可闻湿啰音;心音遥远,剑突部心音较清晰响亮。

七、实验室检查

1.肺功能检查 肺功能检查尤其是通气功能检查是判断气流受限的客观指标,其重复性好,对COPD的诊断、严重度评价、疾病进展、预后及治疗反应等均有重要意义。气流受限是以第一秒用力呼气容积(FEV_1)和FEV_1与用力肺活量(FVC)之比(FEV_1/FVC)降低来确定的。FEV_1/FVC是COPD的一项敏感指标,可检出轻度气流受限。FEV_1占预计值的百分比是中、重度气流受限的良好指标,它变异性小,易于操作,应作为COPD肺功能检查的基本项目。吸入支气管舒张剂后FEV_1/FVC%<70%者,可确定为不能完全可逆的气流受限。呼气峰流速(PEF)及最大呼气流量-容积曲线(MEFV)也可作为气流受限的参考指标,但COPD时PEF与FEV_1的相关性不够强,PEF有可能低估气流阻塞的程度。气流受限可导致肺过度充气,使肺总量(TLC)、功能残气量(FRC)和残气容积(RV)增高,肺活量(VC)减低。TLC增加不及RV增加的程度大,故RV/TLC增高。肺泡隔破坏及肺毛细血管床丧失可使弥散功能受损,一氧化碳弥散量(DLCO)降低,DLCO与肺泡通气量(VA)之比(DLCO/VA)比单纯DLCO更敏感。深吸气量(IC)是潮气量与补吸气量之和,IC/TLC是反映肺过度膨胀的指标,它在反映COPD呼吸困难程度甚至反映COPD生存率上具有意义。作为辅助检查,支气管舒张试验结果与基础FEV_1值及是否处于急性加重期和以往的治疗状态等有关,在不同时期检查结果可能不尽一致,因此要结合临床全面分析。但其在临床应用中仍有一定价值,因为:

①有利于鉴别 COPD 与支气管哮喘,或二者同时存在;②可获知患者能达到的最佳肺功能状态;③与预后有更好的相关性;④可能预测患者对支气管舒张剂的治疗反应。

2.胸部 X 线检查　X 线检查对确定肺部并发症及与其他疾病(如肺间质纤维化、肺结核等)鉴别有重要意义。COPD 早期胸片可无明显变化,以后出现肺纹理增多、紊乱等非特征性改变;主要 X 线征为肺过度充气:肺容积增大,胸腔前后径增长,肋骨走向变平,肺野透亮度增高,横膈位置低平,心脏悬垂狭长,肺门血管纹理呈残根状,肺野外周血管纹理纤细稀少等,有时可见肺大疱形成。并发肺动脉高压和肺源性心脏病时,除右心增大的 X 线征外,还可有肺动脉圆锥膨隆,肺门血管影扩大及右下肺动脉增宽等。

3.胸部 CT 检查　CT 检查一般不作为常规检查。但是,在鉴别诊断时,CT 检查有益,高分辨 CT(HRCT)对辨别小叶中心型或全小叶型肺气肿及确定肺大疱的大小和数量,有很高的敏感性和特异性,对预计肺大疱切除或外科减容手术等的效果有一定价值。

4.血气检查　当 FEV_1<40%预计值时或具有呼吸衰竭或右心衰竭的 COPD 患者,均应做血气检查。血气异常首先表现为轻、中度低氧血症。随疾病进展,低氧血症逐渐加重,并出现高碳酸血症。呼吸衰竭的血气诊断标准为海平面吸空气时动脉血氧分压(PaO_2)<8.0kPa(60mmHg)伴或不伴动脉血二氧化碳分压($PaCO_2$)>6.7kPa(50mmHg)。

5.其他实验室检查　COPD 患者可见血红蛋白及红细胞增高或减低。并发感染时,痰涂片可见大量中性白细胞,痰培养可检出各种病原菌,常见者为肺炎链球菌、流感嗜血菌、卡他摩拉菌、肺炎克雷伯杆菌等。反复住院和行机械通气的患者可见不动杆菌的和铜绿假单胞菌等。

八、严重度分级

以往 COPD 严重度分级是基于气流受限的程度。气流受限是诊断 COPD 的主要指标,也反映了病理改变的严重度。由于 FEV_1 下降与气流受限有很好的相关性,在吸入支气管舒张剂后 FEV_1/FVC%<70%的基础上,FEV_1 的变化是严重度分级的主要依据。Ⅰ级:FEV_1≥80%预计值;Ⅱ级:50%≤FEV_1<80%预计值;Ⅲ级:30%≤FEV_1<50%预计值;Ⅳ级:FEV_1<30%预计值。

但 FEV_1 并不能完全反映 COPD 复杂的严重性判断,在全球慢性阻塞性肺病诊治指南(GOLD)2011 年版中,从四个方面对疾病严重程度进行评价。包括症状评估、肺功能评估、急性加重风险评估及合并症的评估。第一,采用 COPD 评估测试(CAT,COPD 患者生活质量评估问卷,0~40 分)或呼吸困难指数评分(mMRC 评分 0~4 级)进行症状评估;第二,应用肺功能测定结果对气流受限程度进行严重度分级;第三,依据急性加重发作史和肺功能测定进行加重风险评估,如最近 1 年加重≥2 次者,或第 1 秒用力呼气量(FEV_1)小于预计值 50%者,是加重的高危因素;第四,评估合并症。按照这种联合评估模式将患者分为 A、B、C 和 D 四级。

BODE 指数也被用于评价 COPD 疾病的严重程度。除 FEV_1 以外,已证明体重指数(BMI)和呼吸困难分级在预测 COPD 生存率等方面有意义。

B(BMI):体重指数,等于体重(以 kg 为单位)除以身高的平方(以 m^2 为单位),BMI<21kg/m^2 的 COPD 患者死亡率增加。

O:气流受限,以 FEV_1 作为评价指标。

D:呼吸困难,用呼吸困难量表评价:0级:除非剧烈活动,无明显呼吸困难;1级:当快走或上缓坡时有气短;2级:由于呼吸困难比同龄人步行得慢,或者以自己的速度在平地上行走时需要停下来呼吸;3级:在平地上步行100m或数分钟后需要停下来呼吸;4级:明显的呼吸困难而不能离开房屋或者当穿脱衣服时气短。

E:运动耐力,用6min步行距离作为评价指标。将这四方面综合起来建立的多因素分级系统,即BODE指数。

生活质量评估:广泛应用于评价COPD患者的病情严重程度、药物治疗的疗效、非药物治疗的疗效(如肺康复治疗、手术)和急性发作的影响等。生活质量评估还可用于预测死亡风险,而与年龄、FEV_1 及体重指数无关。常用的生活质量评估方法有圣乔治呼吸问卷(SGRQ)和治疗结果研究(SF-36)等。

COPD病程可分为急性加重期与稳定期。COPD急性加重期是指患者出现超越日常状况的持续恶化,并需改变基础COPD的常规用药者,通常在疾病过程中,患者短期内咳嗽、咳痰、气短和(或)喘息加重,痰量增多,呈脓性或黏脓性,可伴发热等炎症明显加重的表现。稳定期则指患者咳嗽、咳痰、气短等症状稳定或症状轻微。

九、诊断

COPD的诊断应根据临床表现、危险因素接触史、体征及实验室检查等资料,综合分析确定。

1.病史　既往史和系统回顾:童年时期有无哮喘、变态反应性疾病、感染及其他呼吸道疾病史如结核病史;COPD和呼吸系统疾病家族史;吸烟史(以包年计算)及职业、环境有害物质接触史等。

2.症状　主要为慢性咳嗽,咳痰和(或)呼吸困难,多于冬季发作或加重。

3.肺功能检查　存在不完全可逆性气流受限是诊断COPD的必备条件,支气管舒张剂后 $FEV_1/FVC < 70\%$ 可确定为不完全可逆性气流受限,它是诊断COPD的金标准。凡具有吸烟史,及/或环境职业污染接触史,及/或咳嗽、咳痰或呼吸困难史者,均应进行肺功能检查。COPD早期轻度气流受限时可有或无临床症状,当吸入支气管扩张剂后 $FEV_1/FVC < 70\%$,除外其他疾病后也可诊断为COPD。

在不具备肺功能检查的情况下,可采用简单的呼气峰流速仪对COPD进行筛查,其敏感性和特异性可达到80%,亦可根据病史、症状和体征,排除其他疾病后作出临床诊断,并进行病情评估。

十、鉴别诊断

一些已知病因或具有特征病理表现的气流受限疾病,如支气管扩张症、肺结核纤维化病变、肺囊性纤维化、弥漫性泛细支气管炎以及闭塞性细支气管炎等,均不属于COPD。

COPD与支气管哮喘的鉴别有时存在一定困难。COPD多于中年后起病,哮喘则多在儿童或青少年期起病;COPD 症状缓慢进展,逐渐加重,哮喘则症状起伏大;COPD 多有长期吸烟史和(或)有害气体、颗粒接触史,哮喘则常伴过敏体质、过敏性鼻炎和(或)湿疹等,部分患者有哮喘家族史;COPD 时气流受限基本为不可逆性,哮喘时则多为可逆性。然而,部分病程长的哮喘患者已发生气道重塑,气流受限不能完全逆转;而少数 COPD 患者伴有气道高反应性,气流受限部分可逆。此时应根据临床及实验室所见全面分析,必要时作支气管舒张试验和(或)最大呼气流量(PEF)昼夜变异率来进行鉴别。在一部分患者中,这两种疾病可重叠存在。

支气管哮喘主要症状为喘息、两肺广泛呼气相哮鸣音,多与接触变应原有关,对糖皮质激素治疗反应良好。虽然哮喘与 COPD 都是慢性气道炎症性疾病,但二者的发病机制不同。大多数哮喘患者的气流受限具有显著的可逆性,是其不同于 COPD 的一个关键特征;但是,部分哮喘患者随着病程延长,可出现较明显的气道重建,导致气流受限的可逆性明显减小,临床很难与 COPD 相鉴别。COPD 和哮喘可以发生于同一位患者,由于二者都是呼吸系统最常见的疾病,因此,这种概率并不低。

十一、治疗

COPD 疾病管理包括:缓解症状、改善运动耐力、改善健康状态、阻止疾病进展、预防和治疗急性加重、降低病死率。其中前 3 项主要针对缓解症状,后 3 项主要是降低风险。

(一)稳定期治疗

1.教育与管理　通过教育与管理可以提高患者及有关人员对 COPD 的认识和自身处理疾病的能力,更好地配合治疗和加强预防措施,减少反复加重,维持病情稳定,提高生活质量。主要内容包括:①教育与督促患者戒烟;②使患者了解 COPD 的病理生理与临床基础知识;③掌握一般和某些特殊的治疗方法;④学会自我控制病情的技巧,如腹式呼吸及缩唇呼吸锻炼等;⑤了解赴医院就诊的时机;⑥社区医生定期随访管理。

2.控制职业性或环境污染　避免或防止粉尘、烟雾及有害气体吸入。

3.药物治疗　药物治疗用于预防和控制症状,减少急性加重的频率和严重程度,提高运动耐力和生活质量。根据疾病的严重程度,逐步增加治疗,如果没有出现明显的药物副作用或病情的恶化,应在同一水平维持长期的规律治疗。根据患者对治疗的反应及时调整治疗方案。

(1)支气管舒张剂:支气管舒张剂可松弛支气管平滑肌、扩张支气管、缓解气流受限,是控制 COPD 症状的主要治疗措施。短期按需应用可缓解症状,长期规则应用可预防和减轻症状,增加运动耐力,但不能使所有患者的 FEV_1 得到改善。与口服药物相比,吸入剂副作用小,因此多首选吸入治疗。

主要的支气管舒张剂有 β_2 激动剂、抗胆碱药及甲基黄嘌呤类,根据药物的作用及患者的治疗反应选用。定期用短效支气管舒张剂较为便宜,但不如长效制剂方便。不同作用机制与作用时间的药物联合可增强支气管舒张作用、减少副作用。β_2 受体激动剂、抗胆碱药物和(或)茶碱联合应用,肺功能与健康状况可获进一步改善。

①β_2 受体激动剂:主要有沙丁胺醇、特布他林等,为短效定量雾化吸入剂,数分钟内开始起效,15～30min 达到峰值,持续疗效 4～5 小时,每次剂量 100～200μg(每喷 100μg),24 小时

不超过 8～12 喷。主要用于缓解症状,按需使用。福莫特罗为长效定量吸入剂,作用持续 12 小时以上,与短效 β_2 激动剂相比,作用更有效与方便。福莫特罗吸入后 1～3min 起效,常用剂量为 4.5～9μg,每日 2 次。

②抗胆碱药:主要品种有异丙托溴铵气雾剂,可阻断 M 胆碱受体。定量吸入时,开始作用时间比沙丁胺醇等短效 β_2 受体激动剂慢,但持续时间长,30～90min 达最大效果。维持6～8小时,剂量为 40～80μg(每喷 20μg),每天 3～4 次。该药副作用小,长期吸入可改善 COPD 患者健康状况。噻托溴铵选择性作用于 M_3 和 M_1 受体,为长效抗胆碱药,作用长达 24 小时以上,吸入剂量为 18μg,每日 1 次。长期吸入可增加深吸气量(IC),减低呼气末肺容积(EELV),进而改善呼吸困难,提高运动耐力和生活质量,也可减少急性加重频率。对于轻症患者效果可能会更好一些。

③茶碱类药物:可解除气道平滑肌痉挛,在 COPD 应用广泛。另外,还有改善心搏血量、舒张全身和肺血管,增加水盐排出,兴奋中枢神经系统、改善呼吸肌功能以及某些抗炎作用等。但总的来看,在一般治疗量的血药浓度下,茶碱的其他多方面作用不很突出。缓释型或控释型茶碱每日 1 次或 2 次口服可达稳定的血浆浓度,对 COPD 有一定效果。茶碱血药浓度监测对估计疗效和副作用有一定意义。血茶碱浓度>5mg/L,即有治疗作用;>15mg/L 时副作用明显增加。吸烟、饮酒、服用抗惊厥药、利福平等可引起肝脏酶受损并缩短茶碱半衰期;老人、持续发热、心力衰竭和肝功能明显障碍者,同时应用西咪替丁、大环内酯类药物(红霉素等)、氟喹诺酮类药物(环丙沙星等)和口服避孕药等都可能使茶碱血药浓度增加。

(2)糖皮质激素:COPD 稳定期长期应用糖皮质激素吸入治疗并不能阻止其 FEV_1 的降低趋势。长期规律地吸入糖皮质激素较适用于 FEV_1<50%预计值(Ⅲ级和Ⅳ级)并且有临床症状以及反复加重的 COPD 患者。这一治疗可减少急性加重频率,改善生活质量。联合吸入激素和 β_2 激动剂,比各自单用效果好,目前已有布地奈德/福莫特罗、氟地卡松/沙美特罗两种联合制剂。但在 FEV_1 低于 60%的患者,长效 β_2 激动剂、吸入糖皮质激素及其联合药物治疗,减低了肺功能下降速率。对 COPD 患者,不推荐长期口服糖皮质激素治疗。

(3)其他药物

①祛痰药(黏液溶解剂):COPD 气道内可产生大量黏液分泌物,可促使继发感染,并影响气道通畅,应用祛痰药似有利于气道引流通畅,改善通气,但除少数有黏痰患者获效外,总的来说效果并不十分确切。常用药物有盐酸氨溴索、乙酰半胱氨酸等。

②抗氧化剂:COPD 气道炎症使氧化负荷加重,促使 COPD 的病理、生理变化。应用抗氧化剂如 N-乙酰半胱氨酸、羧甲司坦等可降低疾病反复加重的频率。

③免疫调节剂:对降低 COPD 急性加重严重程度可能具有一定的作用。但尚未得到确证,不推荐作常规使用。

④疫苗:流感疫苗可减少 COPD 患者的严重程度和死亡,可每年给予 1 次(秋季)或 2 次(秋、冬)。它含有杀死的或活的、无活性病毒,应每年根据预测的病毒种类制备。肺炎球菌疫苗含有 23 种肺炎球菌荚膜多糖,已在 COPD 患者应用,但尚缺乏有力的临床观察资料。

⑤中医治疗:辨证施治是中医治疗的原则,对 COPD 的治疗亦应据此原则进行。实践中体验到某些中药具有祛痰、支气管舒张、免疫调节等作用,值得深入的研究。

4.氧疗　COPD 稳定期进行长期家庭氧疗(LTOT)对具有慢性呼吸衰竭的患者可提高生存率。对血流动力学、血液学特征、运动能力、肺生理和精神状态都会产生有益的影响。LTOT 应在 Ⅳ 级极重度 COPD 患者应用,具体指征是:①$PaO_2 \leqslant 7.3kPa$(55mmHg)或动脉血氧饱和度(SaO_2)$\leqslant 88\%$,有或没有高碳酸血症。②PaO_2 7.3~8.0kPa(55~60mmHg),或 $SaO_2 < 89\%$,并有肺动脉高压、心力衰竭水肿或红细胞增多症(红细胞比积>55%)。LTOT 一般是经鼻导管吸入氧气,流量 1.0~2.0L/min,吸氧持续时间>15h/d。长期氧疗的目的是使患者在海平面水平,静息状态下,达到 $PaO_2 \geqslant 60mmHg$ 和(或)使 SaO_2 升至 90%,这样才可维持重要器官的功能,保证周围组织的氧供。

5.康复治疗　康复治疗可以使进行性气流受限、严重呼吸困难而很少活动的患者改善活动能力、提高生活质量,是 COPD 患者一项重要的治疗措施。它包括呼吸生理治疗,肌肉训练,营养支持,精神治疗与教育等多方面措施。在呼吸生理治疗方面包括帮助患者咳嗽,用力呼气以促进分泌物清除;使患者放松,进行缩唇呼吸以及避免快速浅表的呼吸以帮助克服急性呼吸困难等措施。在肌肉训练方面有全身性运动与呼吸肌锻炼,前者包括步行、登楼梯、踏车等,后者有腹式呼吸锻炼等。在营养支持方面,应要求达到理想的体重;同时避免过高碳水化合物饮食和过高热量摄入,以免产生过多二氧化碳。

6.外科治疗

(1)肺大疱切除术:在有指征的患者,术后可减轻患者呼吸困难的程度并使肺功能得到改善。术前胸部 CT 检查、动脉血气分析及全面评价呼吸功能对于决定是否手术是非常重要的。

(2)肺减容术:是通过切除部分肺组织,减少肺过度充气,改善呼吸肌做功,提高运动能力和健康状况,但不能延长患者的寿命。主要适用于上叶明显非均质肺气肿,康复训练后运动能力仍低的一部分患者,但其费用高,属于实验性姑息性外科的一种手术。不建议广泛应用。

(3)肺移植术:对于选择合适的 COPD 晚期患者,肺移植术可改善生活质量,改善肺功能,但技术要求高,花费大,很难推广应用。

(二)急性加重期的治疗

1.确定 COPD 急性加重的原因　引起 COPD 加重的最常见原因是气管-支气管感染,主要是病毒、细菌的感染。部分病例加重的原因难以确定,环境理化因素改变可能有作用。肺炎、充血性心力衰竭、心律失常、气胸、胸腔积液、肺血栓栓塞症等可引起酷似 COPD 急性发作的症状,需要仔细加以鉴别。

2.COPD 急性加重的诊断和严重性评价　COPD 加重的主要症状是气促加重,常伴有喘息、胸闷、咳嗽加剧、痰量增加、痰液颜色和(或)黏度改变以及发热等,此外亦可出现全身不适、失眠、嗜睡、疲乏抑郁和精神紊乱等症状。当患者出现运动耐力下降、发热和(或)胸部影像异常时可能为 COPD 加重的征兆。气促加重,咳嗽痰量增多及出现脓性痰常提示细菌感染。

与加重前的病史、症状、体征、肺功能测定、动脉血气检测和其他实验室检查指标进行比较,对判断 COPD 加重的严重度甚为重要。应特别注意了解本次病情加重或新症状出现的时间,气促、咳嗽的严重度和频度,痰量和痰液颜色,日常活动的受限程度,是否曾出现过水肿及其持续时间,既往加重时的情况和有无住院治疗,以及目前的治疗方案等。本次加重期肺功能和动脉血气结果与既往对比可提供极为重要的信息,这些指标的急性改变较其绝对值更为重要。对于严重 COPD 患者,意识变化是病情恶化和危重的指标,一旦出现需及时送医院救治。是否出现辅助呼吸肌参与呼吸运动,胸腹矛盾呼吸、发绀、外周水肿、右心衰竭,血流动力学不稳定等征象亦有助于判定 COPD 加重的严重程度。

肺功能测定:加重期患者,常难以满意地完成肺功能检查。$FEV_1 < 1L$ 可提示严重发作。

动脉血气分析:在海平面呼吸空气条件下,$PaO_2 < 60mmHg$ 和(或)$SaO_2 < 90\%$,提示呼吸衰竭。如 $PaO_2 < 50mmHg$,$PaCO_2 > 70mmHg$,$pH < 7.30$ 提示病情危重,需进行严密监护或入住 ICU 行无创或有创机械通气治疗。

胸部 X 线影像、心电图(ECG)检查:胸部 X 线影像有助于 COPD 加重与其他具有类似症状的疾病相鉴别。ECG 对心律失常、心肌缺血及右心室肥厚的诊断有帮助。螺旋 CT、血管造影和血浆 D-二聚体检测在诊断 COPD 加重患者发生肺栓塞时有重要作用,但核素通气灌注扫描在此诊断价值不大。低血压或高流量吸氧后 PaO_2 不能升至 $60mmHg$ 以上可能提示肺栓塞的存在,如果临床上高度怀疑合并肺栓塞,则应同时处理 COPD 和肺栓塞。

其他实验室检查:血红细胞计数及血细胞比容有助于了解有无红细胞增多症或出血。部分患者血白细胞计数增高及中性粒细胞核左移可为气道感染提供佐证。但通常白细胞计数并无明显改变。

当 COPD 加重症状有脓性痰者,应给予抗生素治疗。肺炎链球菌、流感嗜血杆菌及卡他莫拉菌是 COPD 加重患者最普通的病原菌。若患者对初始抗生素治疗反应不佳时,应进行痰培养及细菌药物敏感试验。此外,血液生化检查有助于确定引起 COPD 加重的其他因素,如电解质紊乱(低钠、低钾和低氯血症等),糖尿病危象或营养不良等,也可发现合并存在的代谢性酸碱失衡。

3. 院外治疗　对于 COPD 加重早期,病情较轻的患者可以在院外治疗,但需注意病情变化,及时决定送医院治疗的时机。

COPD 加重期的院外治疗包括适当增加以往所用支气管舒张剂的量及频度。若未曾使用抗胆碱药物,可以用异丙托溴铵或噻托溴铵吸入治疗,直至病情缓解。对更严重的病例,可给予数天较大剂量的雾化治疗。如沙丁胺醇 $2500\mu g$,异丙托溴铵 $500\mu g$,或沙丁胺醇 $1000\mu g$ 加异丙托溴铵 $250 \sim 500\mu g$ 雾化吸入,每日 $2 \sim 4$ 次。

全身使用糖皮质激素对加重期治疗有益,可促进病情缓解和肺功能的恢复。如患者的基础 $FEV_1 < 50\%$ 预计值,除支气管舒张剂外可考虑口服糖皮质激素,泼尼松龙,每日 $30 \sim 40mg$,连用 $7 \sim 10$ 天。也可糖皮质激素联合长效 β_2-受体激动剂雾化吸入治疗。

COPD 症状加重,特别是咳嗽痰量增多并呈脓性时应积极给予抗生素治疗。抗生素选择应依据患者肺功能及常见的致病菌结合患者所在地区致病菌及耐药流行情况,选择敏感抗生素。在院外治疗的 COPD 急性加重患者,通常病情都不很重。主要病原体多为流感嗜血杆菌、肺炎链球菌、卡他莫拉菌、病毒等。因此,除确诊为单纯病毒感染可不应用抗菌药物外,都应给予适当的抗菌药物。可选择以下药物:青霉素、β-内酰胺类/酶抑制剂(阿莫西林/克拉维酸)、大环内酯类(阿奇霉素、克拉霉素、罗红霉素等),第一代或二代头孢菌素(头孢呋辛、头孢克洛)、多西环素、左氧氟沙星等,这些药物除青霉素外,可使用口服制剂,较重者注射给药。

4.住院治疗 COPD 急性加重病情严重者需住院治疗。COPD 急性加重到医院就诊或住院治疗的指标：①症状显著加剧，如突然出现的静息状况下呼吸困难；②出现新的体征或原有体征加重（如发绀、外周水肿）；③新近发生的心律失常；④有严重的伴随疾病；⑤初始治疗方案失败；⑥高龄 COPD 患者的急性加重；⑦诊断不明确；⑧院外治疗条件欠佳或治疗不力。

COPD 急性加重收入重症监护治疗病房（ICU）的指征：①严重呼吸困难且对初始治疗反应不佳；②精神障碍，嗜睡，昏迷；③经氧疗和无创正压通气（NIPPV）后，低氧血症（$PaO_2 <$ 50mmHg）仍持续或呈进行性恶化，和（或）高碳酸血症（$PaCO_2 > 70mmHg$）无缓解甚至有恶化，和（或）严重呼吸性酸中毒（pH＜7.30）无缓解，甚至恶化。

COPD 加重期主要的治疗方案：

（1）根据症状、血气、X 线胸片等评估病情的严重程度。

（2）控制性氧疗：氧疗是 COPD 加重期住院患者的基础治疗。无严重合并症的 COPD 加重期患者氧疗后易达到满意的氧合水平（$PaO_2 > 60mmg$ 或 $SaO_2 > 90\%$）。但吸入氧浓度不宜过高，需注意可能发生潜在的 CO_2 潴留及呼吸性酸中毒，给氧途径包括鼻导管或 Venturi 面罩，其中 Ventruri 面罩更能精确地调节吸入氧浓度。氧疗 30min 后应复查动脉血气，以确认氧合满意，且未引起 CO_2 潴留及（或）呼吸性酸中毒。

（3）抗生素：COPD 急性加重多由细菌感染诱发，故抗生素治疗在 COPD 加重期治疗中具有重要地位。当患者呼吸困难加重，咳嗽伴有痰量增多及脓性痰时，应根据 COPD 严重程度及相应的细菌分层情况，结合当地区常见致病菌类型及耐药流行趋势和药物敏情况尽早选择敏感抗生素。如对初始治疗方案反应欠佳，应及时根据细菌培养及药敏试验结果调整抗生素。通常 COPD Ⅰ级轻度或 Ⅱ级中度患者加重时，主要致病菌多为肺炎链球菌、流感嗜血杆菌及卡他莫拉菌。属于 COPD Ⅲ级重度及 Ⅳ级严重患者急性加重，除以上常见细菌外，尚可有肠杆菌科细菌、铜绿假单孢菌及耐甲氧西林金黄色葡萄球菌。发生铜绿假单孢菌的危险因素有：近期住院、频繁应用抗菌药物、以往有铜绿假单孢菌分离或寄植的历史等。要根据细菌可能的分布采用适当的抗菌药物治疗。抗菌治疗应尽可能将细菌负荷降低到最低水平，以延长 COPD 急性加重的间隔时间。长期应用广谱抗生素和糖皮质激素易继发深部真菌感染，应密切观察真菌感染的临床征象并采用防治真菌感染措施。抗生素使用疗程一般情况下 3～7 天，根据病情需要可适当延长。在我国，目前疗程往往偏长。

（4）支气管舒张剂：短效 $β_2$ 受体激动剂较适用于 COPD 急性加重期的治疗。若效果不显著，建议加用抗胆碱能药物（为异丙托溴铵，噻托溴铵等）。对于较为严重的 COPD 加重者，可考虑静脉滴注茶碱类药物。由于茶碱类药物血清浓度个体差异较大，治疗窗较窄，监测血清茶碱浓度对于评估疗效和避免副作用的发生都有一定意义。$β_2$ 受体激动剂，抗胆碱能药物及茶碱类药物由于作用机制不同，药代及药动学特点不同且分别作用于不同大小的气道，所以联合应用，可获得更大的支气管舒张作用。不良反应的报道亦不多。

（5）糖皮质激素：COPD 加重期住院患者宜在应用支气管舒张剂基础上，口服或静脉滴注糖皮质激素，激素的剂量要权衡疗效及安全性，建议口服泼尼松 30～40mg/d，连续 7～10 天后逐渐减量停药。也可以静脉给予甲泼尼松龙，40mg 每日 1 次，3～5 天后改为口服。延长给药时间不能增加疗效，相反会使副作用增加。

(6)机械通气：可通过无创或有创方式给予机械通气，根据病情需要，可首选无创性机械通气。机械通气无论是无创或有创方式都不是一种治疗，而是生命支持的一种方式，在此条件下，通过药物治疗消除 COPD 加重的原因使急性呼吸衰竭得到逆转。进行机械通气患者应有动脉血气监测。

①无创性机械通气：COPD 急性加重期患者应用无创性正压通气（NIPPV）可降低 $PaCO_2$，减轻呼吸困难，从而降低气管插管和有创呼吸机的使用，缩短住院天数，降低患者死亡率。使用 NIPPV 要注意掌握合理的操作方法，提高患者依从性，避免漏气，从低压力开始逐渐增加辅助吸气压和采用有利于降低 $PaCO_2$ 的方法，从而提高 NIPPV 的效果。

②有创性机械通气：在积极药物和 NIPPV 治疗条件下，患者呼吸衰竭仍进行性恶化，出现危及生命的酸碱异常和（或）意识改变时宜用有创性机械通气治疗。

在决定终末期 COPD 患者是否使用机械通气时还需充分考虑到病情好转的可能性，患者自身及家属的意愿以及强化治疗的条件是否允许。

使用最广泛的三种通气模式包括辅助控制通气（A-CMV），压力支持通气（PSV）或同步间歇强制通气（SIMV）与 PSV 联合模式（SIMV＋PSV）。因 COPD 患者广泛存在内源性呼气末正压（PEEPi），为减少因 PEEPi 所致吸气功耗增加和人机不协调，可常规加用一适度水平（约为 PEEPi 的 70％～80％）的外源性呼气末正压（PEEP）。COPD 的撤机可能会遇到困难，需设计和实施一周密方案。NIPPV 已被用于帮助早期脱机并初步取得了良好的效果。

(7)其他住院治疗措施：在出入量和血电解质监测下适当补充液体和电解质；注意维持液体和电解质平衡；注意补充营养，对不能进食者需经胃肠补充要素饮食或予静脉高营养；对卧床、红细胞增多症或脱水的患者，无论是否有血栓栓塞性疾病史均需考虑使用肝素或低分子肝素；注意痰液引流，积极排痰治疗（如刺激咳嗽，叩击胸部，体位引流等方法）。

（三）合并症的治疗

识别并治疗伴随疾病对 COPD 的预后有着重要的影响。COPD 经常合并存在其他疾病，对预后产生重要影响。一般来说，存在合并症并不需要改变 COPD 的治疗，合并症亦应按照其应有的治疗方案进行。心血管疾病是 COPD 最常见和最主要的合并症。骨质疏松和抑郁症也是其重要的合并症，这二者在临床实际中可能诊断不足，对健康状态和疾病预后产生不良影响。肺癌在 COPD 患者常见，是轻度 COPD 患者的主要死亡原因。休克，弥散性血管内凝血，上消化道出血，胃功能不全等是急性加重期经常遇到的问题，需要及时正确处理。

第七章 肺炎

第一节 社区获得性肺炎

社区获得性肺炎(CAP)又称医院外肺炎,是指在医院外罹患的感染性肺实质(含肺泡壁,即广义上的肺间质)炎症,包括具有明确潜伏期的病原体感染而在入院后平均潜伏期内发病的肺炎。随着社会人口老龄化以及慢性病患者的增加,老年护理院和长期护理机构大量建立。伴随而来的护理院获得性肺炎(NHAP)作为肺炎的一种独立类型被提出。曾经认为 NHAP 在病原谱的分布上介于 CAP 和医院获得性肺炎(HAP)之间,即肺炎链球菌和流感嗜血杆菌趋于减少,而肠杆菌科细菌趋于增加。但近年来的研究表明 NHAP 的病原谱更接近于 HAP,而且以多耐药(MDR)菌为主。

一、病原学

细菌、真菌、衣原体、支原体、病毒、寄生虫等病原微生物均可引起 CAP,其中以细菌性肺炎最为常见。由于地理位置的差异、研究人群的构成比不同、采用的微生物诊断技术及方法各异等原因,各家报道 CAP 病原体分布或构成比不尽一致。近年来 CAP 病原谱变迁的总体情况和趋势是:①肺炎链球菌仍是 CAP 最主要的病原体。据 1966~1995 年 122 篇英文文献荟萃分析,CAP 病原体中肺炎链球菌占 65%。2006 年日本呼吸学会(JRS)发表的 CAP 指南引证的该国资料表明,在全科和大学医院门诊 CAP 中肺炎链球菌分别占 22.10% 和 12.13%;而欧洲 10 个国家 26 篇研究 5961 例住院 CAP 中肺炎链球菌占 28.1%。近 30 年间北美 15 篇研究显示,住院 CAP 中肺炎链球菌占 20%~60%;门诊 CAP 痰培养肺炎链球菌占 9%~22%;入住 ICU 的重症 CAP 肠杆菌科细菌和军团菌比例增加,但肺炎链球菌仍占 1/3 左右,仍然是最主要的病原体。常规检测技术阴性或所谓"病原体未明"的 CAP,仍以肺炎链球菌最为常见。②非典型病原体所占比例在增加。1995 年以来包括世界不同地区,3 篇病例数≥150 例的 CAP 病原学研究报告显示非典型病原体达 40%,其中肺炎支原体、肺炎衣原体和军团菌分别为 1%~36%、3%~22% 和 1%~16%。国内初步研究前二者亦在 20%~30% 之间。与过去认识不同的是这些非典型病原体有 1/3~1/2 与作为 CAP 主要病原体的肺炎链球菌合并存在,并加重肺炎链球菌肺炎的临床病情,尤其多见于肺炎衣原体。③流感嗜血杆菌和卡他莫拉菌也是 CAP 的重要病原体,特别是合并 COPD 基础疾病者。④酒精中毒、免疫抑制和结构性肺病(囊性肺纤维化、支气管扩张症)等患者革兰阴性杆菌增加,在结构性肺病患者铜绿假单胞菌是相当常见的病原体。⑤有报道耐甲氧西林金黄色葡萄球菌(MR-SA)、分泌杀白细胞素的金黄色葡萄球菌也正成为 CAP 重要病原体。⑥新病原体不断出现,如引起汉塔病毒肺综合征的 SNV 及其相关病毒和引起 SARS 的新冠状病毒(另述)。⑦耐药肺炎链球菌(PRSP)增加,在我国肺炎链球菌对青霉素耐药近年来快速增加,肺炎链球菌对大环内酯类耐药也在增加,对第三代喹诺酮亦出现耐药。

二、流行病学

虽然强杀菌、超广谱抗微生物药物不断问世,CAP 仍然是威胁人类健康的重要疾病,尤其是随着社会人口老龄化、免疫受损宿主增加、病原体的变迁和抗生素耐药性的上升,CAP 面临着许多问题和挑战。其患病率约占人群的 12‰。在美国,人口死亡顺位中肺炎居第六位,每年因肺炎的直接医疗费用和间接劳动力损失约 200 亿美元。英国每年用于治疗 CAP 的费用预计高达 44 亿英镑,其中约 32% 患者需要住院治疗,这部分患者的医疗支出占总数的 90%。美国总体人群 CAP 预计发病率为 258/10 万,而在 65 岁以上人群中 962/10 万需要住院治疗。我国尚缺乏可靠的 CAP 流行病学资料。有资料预计一年我国有 250 万 CAP 患者,超过 12 万人死于 CAP。如果与美国按人口总数比较,估计国内的上述预计数字显然被低估。年龄、社会地位、居住环境、基础疾病和免疫状态、季节等诸多因素可影响 CAP 的发病,尤其与 CAP 病原体的差异密切相关。

三、临床表现

CAP 通常急性起病。发热、咳嗽、咳痰、胸痛为最常见的临床症状。重症 CAP 可有呼吸困难、缺氧、休克、少尿甚至肾衰竭等相应表现。CAP 可出现肺外的症状,如头痛、乏力、腹胀、恶心、呕吐、纳差等,发生率约 10%～30% 不等。老年、免疫抑制患者发热等临床症状发生率较青壮年和无基础疾病者低。患者常有急性病容。肺部炎症出现实变时触诊语颤增强,叩诊呈浊音或实音,听诊可有管状呼吸音或湿啰音。CAP 患者外周血白细胞总数和中性粒细胞的比例通常升高。但在老年人、重症、免疫抑制等患者可不出现血白细胞总数升高,甚至下降。急性期 C 反应蛋白、降钙素原、血沉可升高。

X 线影像学表现呈多样性,与肺炎的病期有关。在肺炎早期急性阶段病变呈渗出性改变,X 线影像学表现为边缘模糊的片状或斑片状浸润影。在慢性期,影像学检查可发现增殖性改变,或与浸润、渗出性病灶合并存在。病变可分布于肺叶或肺段,或仅累及肺间质。

四、诊断

(一)CAP 的临床诊断依据和严重度评价

对于新近发生咳嗽、咳痰和(或)呼吸困难的患者,尤其是伴有发热、呼吸音改变或出现啰音的患者都应怀疑是否存在 CAP。老年或免疫力低下的患者往往无发热,而仅仅表现为意识模糊、精神萎靡或原有基础疾病加重,但这些患者常有呼吸增快及胸部体检异常。疑似 CAP

的患者可以通过 X 线胸片检查进行确诊,胸片同时可以根据观察是否存在肺脓肿、肺结核、气道阻塞或胸腔积液,以及肺叶累及范围来评价病情严重程度。因此,各国的 CAP 指南都认为怀疑 CAP 时应进行胸片检查。一部分免疫受损的 CAP 患者虽然病史和体格检查高度提示CAP,但胸片检查常为阴性,如肺孢子菌肺炎患者中约 30% 胸片检查阴性,但在免疫力正常的成人中很少存在这种情况。

具体的诊断依据如下:①新出现或进展性肺部浸润性病变;②发热$\geqslant 38℃$;③新出现的咳嗽、咳痰,或原有呼吸道疾病症状加重,并出现脓性痰,伴或不伴胸痛;④肺实变体征和(或)湿性啰音;⑤白细胞$>10\times 10^9 /L$ 或$<4\times 10^9 /L$ 伴或不伴核左移。以上①+②~⑤项中任何一项,并除外肺结核、肺部肿瘤、非感染性肺间质病、肺水肿、肺不张、肺栓塞、肺嗜酸性粒细胞浸润症、肺血管炎等,CAP 的临床诊断确立。

依据临床必要的实验室资料对 CAP 病情严重程度作出评估,从而决定治疗场所(门诊、住院或入住 ICU),也是选择药物及用药方案的基本依据。评估病情主要有 PSI 和英国胸科学会(BTS)CRB-65 标准简单分类,包括 5 个易测因素,即意识模糊(经一种特定的精神检测证实,或患者对人物、地点、时间的定向障碍)、BUN$>7mmol/L$($20mg/dl$)、呼吸频率$\geqslant 30$ 次$/min$、低血压(收缩压$<90mmHg$,或舒张压$\leqslant 60mmHg$)、年龄$\geqslant 65$ 岁,取其首字母缩写即为CURB-65。评分 0~1 分的患者应门诊治疗,2 分者应住院治疗,$\geqslant 3$ 分者则需进入 ICU。其简化版(CRB-65)无须检测 BUN,适于社区初诊。回顾性研究显示,按这些标准入住 ICU 显得过于敏感,特异性较差,2007 年美国指南对重症 CAP 的标准进行了较大修改,凡符合 1 条主要标准或 3 条次要标准即可诊断为重症肺炎。

(二)病原学诊断

1.痰标本采集、送检和实验室处理检查　痰液是最方便和无创伤性病原学诊断标本,但易受到口咽部细菌的污染。因此痰标本质量的好坏、送检及时与否、实验室质控如何,将直接影响细菌的分离率和结果的解释。①采集:需在抗生素治疗前采集标本。嘱患者先行漱口,并指导或辅助患者深咳嗽,留取脓性痰送检。无痰患者检查分枝杆菌或肺孢子菌可用高渗盐水雾化导痰。②送检:一般要求在 2 小时内送检。延迟送检或待处理标本应置于 4℃保存(不包括疑及肺炎链球菌感染),且在 24 小时内处理。③实验室处理:挑取脓性部分涂片进行瑞氏染色,镜检筛选合格标本(鳞状上皮细胞<10 个/低倍视野、多核白细胞>25 个/低倍视野,或两者比例<1:2.5)。用血琼脂平板和巧克力平板两种培养基接种合格标本,必要时加用选择性培养基或其他培养基。可用 4 区划分法接种进行半定量培养。涂片油镜见到典型形态肺炎链球菌或流感嗜血杆菌有诊断价值。

2.检测结果诊断意义的判断

(1)确定的病原学诊断:从无污染的标本(血液、胸液、经支气管吸引或经胸壁穿刺)发现病原体,或者从呼吸道分泌物发现不在上呼吸道定植的可能病原体(如结核分枝杆菌、军团菌、流感病毒、呼吸道合胞病毒、副流感病毒、腺病毒、SARS-CoV、肺孢子菌和致病性真菌)。

(2)可能的病原学诊断:①呼吸道分泌物(咳痰或支气管镜吸引物)涂片或培养发现可能的肺部病原体且与临床相符;②定量培养达到有意义生长浓度或半定量培养中至重度生长。

3.病原学诊断技术的运用和选择　门诊患者病原学检查不列为常规,但对怀疑有通常抗菌治疗方案不能覆盖的病原体感染(如结核)或初始经验性抗菌治疗无反应以及怀疑某些传染性或地方性呼吸道病原体等需要进一步进行病原学检查。住院患者应进行血培养(2次)和呼吸道分泌物培养。经验性抗菌治疗无效者、免疫低下者、怀疑特殊感染而咳痰标本无法获得或缺少特异性者、需要鉴别诊断者可选择性通过纤支镜下呼吸道防污染采样或BAL采样进行细菌或其他病原体检测。非典型病原体(肺炎支原体、肺炎衣原体)血清学检测仅用于流行病学调查的回顾性诊断,不作为临床个体患者的常规处理依据,重症CAP推荐进行军团菌抗原或抗体检测。

五、治疗

(一)治疗原则

1.及时经验性抗菌治疗　临床诊断CAP患者在完成基本检查以及病情评估后应尽快进行抗菌治疗,有研究显示30min内给予首次经验性抗菌治疗较4小时后给予治疗的患者预后提高达20%,表明越早给予抗菌治疗预后越好。药物选择的依据应是CAP病原谱的流行病学分布和当地细菌耐药监测资料、临床病情评价、抗菌药物理论与实践知识(抗菌谱、抗菌活性、药动学/药效学、剂量和用法、不良反应、药物经济学)和治疗指南等。还应强调抗菌治疗包括经验性治疗尚应考虑我国各地社会经济发展水平等多种因素。

2.重视病情评估和病原学检查　由于经验性治疗缺乏高度专一性和特异性,在治疗过程中需要经常评价整体病情的治疗反应。初始经验性治疗48～72小时或稍长一些时间后病情无改善或反见恶化,按无反应性肺炎寻找原因并进行进一步处理(见后)。

3.初始经验性治疗　要求覆盖CAP最常见病原体按病情分组覆盖面不尽相同(见后)。近年来非典型病原体及其与肺炎链球菌复合感染增加。经验性推荐β-内酰胺类联合大环内酯类或呼吸喹诺酮类(左氧氟沙星、莫昔沙星、加替沙星)单用。增殖期杀菌剂和快速抑菌剂联合并未证明会产生过去所认为的拮抗作用。

4.减少不必要住院和延长住院治疗　在轻中度和无附加危险因素的CAP提倡门诊治疗,某些需要住院者应在临床病情改善后将静脉抗生素治疗转为口服治疗,并早期出院。凡病情适合于住普通病房治疗者均提倡给予转换治疗,其指征:①咳嗽气急改善;②体温正常;③白细胞下降;④胃肠能耐受口服治疗。选择转换药物如β-内酰胺类口服剂型其血药浓度低于静脉给药,称为降级治疗,不影响疗效;而如果选择氟喹诺酮类或大环内酯类,则其血药浓度与静脉给药相近称为序贯治疗。事实上序贯治疗常与转化治疗概念混用,降级治疗一词应用相对较少。

5.抗菌治疗疗程视病原体决定　肺炎链球菌和其他细菌肺炎一般疗程7～10天,肺炎支原体和肺炎衣原体肺炎10～14天;免疫健全宿主军团菌病10～14天,免疫抑制宿主则应适当延长疗程。疗程尚需参考基础疾病、细菌耐药及临床病情严重程度等综合考虑,既要防止疗程不足,更要防止疗程过长。目前,疗程总体上趋于尽可能缩短。

(二)经验性抗菌治疗方案

1.门诊患者经验性治疗

(1)无心肺基础疾病和附加危险因素患者:常见病原体为肺炎链球菌、肺炎支原体、肺炎衣原体(单独或作为复合感染)、流感嗜血杆菌、呼吸道病毒及其他如军团菌、结核分枝杆菌、地方性真菌。推荐抗菌治疗:新大环内酯类(阿奇霉素、克拉霉素等)、多西环素。在我国抗生素应用水平较低、预计肺炎链球菌很少耐药的地区仍可选用青霉素或第一代头孢菌素,但不能覆盖非典型病原体。大环内酯类体外耐药性测定(MIC)显示耐药特别是 M-表型耐药(mef 基因,MIC≤16μg/mL)与临床治疗失败并无相关,此类药物细胞内和肺泡衬液中浓度高,其对临床疗效的影响较血清水平更重要。

(2)伴心肺基础疾病和(或)附加危险因素患者:这里附加危险因素指:①肺炎链球菌耐药(DRSP)危险性,包括年龄>65 岁、近 3 个月内接受(内酰胺类抗生素治疗、免疫低下、多种内科合并症和密切接触托幼机构生活儿童者;②感染肠道革兰阴性杆菌危险性,包括护理院内生活、基础心肺疾病、多种内科合并症、近期接受过抗生素治疗。此类患者常见病原体为肺炎链球菌(包括 DRSP)、肺炎支原体、肺炎衣原体、复合感染(细菌+非典型病原体)、流感嗜血杆菌、肠道革兰阴性杆菌、呼吸道病毒、卡他莫拉菌、军团菌、厌氧菌、结核分枝杆菌等。推荐抗菌治疗为 β-内酰胺类[口服第二、三代头孢菌素、高剂量阿莫西林(3.0g/d)、阿莫西林/克拉维酸、氨苄西林/舒巴坦,或头孢曲松/头孢噻肟与第三代口服头孢菌素转换治疗]+大环内酯类/多西环素,或呼吸喹诺酮类(左氧氟沙星、莫昔沙星、加替沙星)单用。

2.住院(普通病房)患者经验治疗

(1)伴心肺疾病和(或)附加修正因素(同上):常见病原体为肺炎链球菌(包括 DRSP)、流感嗜血杆菌、肺炎支原体、肺炎衣原体、复合感染(细菌+非典型病原体)、厌氧菌、病毒、军团菌、结核分枝杆菌、肺孢子菌等。推荐抗菌治疗为静脉应用 β-内酰胺类(头孢噻肟、头孢曲松)或 β-内酰胺类-酶抑制剂复方制剂联合口服或静脉应用大环内酯类/多西环素,或呼吸喹诺酮类先静脉给药然后转换为口服给药。

(2)无心肺疾病和附加修正因素(同上):常见病原体为肺炎链球菌、流感嗜血杆菌、肺炎支原体、肺炎衣原体、复合感染、病毒、军团菌等。推荐抗菌治疗为静脉应用大环内酯类或 β-内酰胺类,或呼吸喹诺酮类。

3.入住 ICU 重症肺炎的经验性治疗

(1)无铜绿假单胞菌危险:主要病原体为肺炎链球菌(包括 DRSP)、军团菌、流感嗜血杆菌、肠道革兰阴性杆菌、金黄色葡萄球菌、肺炎衣原体、呼吸病毒等。推荐治疗方案为静脉应用 β-内酰胺类(头孢噻肟、头孢曲松)+静脉大环内酯类,或喹诺酮类。

(2)伴铜绿假单胞菌危险:其危险因素为结构性肺病(支气管扩张症)、糖皮质激素治疗(泼尼松>10mg/d)、近 1 个月内广谱抗生素治疗>7 天、营养不良等。推荐治疗为静脉抗假单胞 β-内酰胺类(头孢吡肟、哌拉西林/他唑巴坦、头孢他啶、头孢哌酮/舒巴坦、亚胺培南、美罗培南)+静脉抗假单胞菌喹诺酮类(环丙沙星、左氧氟沙星),或静脉抗假单胞菌 β-内酰胺类+静脉氨基糖苷类+大环内酯类/非抗假单胞菌喹诺酮类。

CAP 抗菌治疗选择存在一个重要争议,即第四代喹诺酮类药物抗肺炎链球菌活性明显提高的莫昔沙星、吉米沙星等呼吸喹诺酮类(也包括左氧氟沙星)是否可以作为第一线选。择1999 年美国 CDC 肺炎链球菌耐药工作组(DRSPWG)主张呼吸喹诺酮类仅能用于:①大环内酯类和 β-内酰胺类治疗无效或过敏患者;②高水平 PRSP(MIC≥4μg/mL)感染患者。主要是担心其耐药和交叉耐药。但近年来随着研究深入,这一主张已趋于松动。2003 年美国感染病学会(IDSA)发表新修订的 CAP 指南推荐门诊患者近 3 个月内用过抗生素者可首选呼吸喹诺酮类。另一个争议是大环内酯类的地位问题。如前所述如果肺炎链球菌没有耐药危险因素或者大环内酯类仅是 mef 基因介导耐药(泵出机制),而非 erm 基因介导耐药(靶位改变),大环内酯类仍可应用,因为它覆盖呼吸道胞外菌和非典型病原体,在无基础疾病的轻症 CAP 可以单用。在中重症或有基础疾病患者大环内酯类和 β-内酰胺类联合治疗是公认"经典"方案,目的是用大环内酯类覆盖非典型病原体。

(三)支持治疗

重症 CAP 需要积极的支持治疗,如纠正低蛋白血症、维持水电解质和酸碱平衡,循环及心肺功能支持包括机械通气等。

无反应性肺炎:应按照以下临床途径进行评估:①重新考虑 CAP 的诊断是否正确,是否存在以肺炎为表现的其他疾病,如肺血管炎等;②目前治疗针对的病原是否为致病病原,是否有少见病原体如分枝杆菌、真菌等感染的可能性;③目前针对的病原体是否可能耐药,判断用药是否有必要针对耐药菌进行抗感染升级治疗;④是否有机械性因素如气道阻塞造成的抗感染不利情况;⑤是否忽视了应该引流的播散感染灶,如脑脓肿、脾脓肿、心内膜炎等;⑥是否存在药物热可能性。

其原因包括:①治疗不足,治疗方案未覆盖重要病原体(如金黄色葡萄球菌、假单胞菌)或细菌耐药(耐药肺炎链球菌或在治疗过程中敏感菌变为耐药菌);②少见病原体(结核分枝杆菌、真菌、肺孢子菌、肺吸虫等);③出现并发症(感染性或非感染性);④非感染性疾病。如果经过评估认为治疗不足可能性较大时,可以更改抗菌治疗方案再进行经验性治疗,一般说如果经过一次更换方案仍然无效则应进一步拓展思路寻找原因并进行更深入的诊断检查,如 CT、侵袭性采样、血清学检查、肺活检等。

六、预后

meta 分析显示不需要住院的 CAP 的病死率小于 1%,需要住院的 CAP 总体病死率为13.7%,老年患者约 17.6%,并发败血症为 19.6%,而需要入住 ICU 的 CAP 病死率可达36.5%。

七、预防

在流感暴发流行时应用盐酸金刚烷胺可明显减轻症状,缩短病程,能否减少肺炎并发症有待证明。多价肺炎链球菌疫苗可使 85% 以上的健康老年人减少肺炎链球菌肺炎的发生。但是对于有一定基础疾病者保护率较低。流感嗜血杆菌疫苗亦有较好保护效果。

第二节 医院获得性肺炎

医院获得性肺炎(HAP),简称医院内肺炎(NP),是指患者入院时不存在、也不处于感染潜伏期,而于入院 48 小时后在医院内发生的肺炎,包括在医院内获得感染而于出院后 48 小时内发生的肺炎。呼吸机相关肺炎(VAP)是指建立人工气道(气管插管/切开)同时接受机械通气 24 小时后,或停用机械通气和拔除人工气道 48 小时内发生的肺炎,是 HAP 一种常见而严重的类型。

目前对医院获得性肺炎的定义未能完全统一。2004 年由美国胸科学会(ATS)和美国感染病学会(IDSA)发布的诊治指南中,规定医院获得性肺炎(HAP)包括呼吸机相关肺炎和卫生保健相关肺炎(HCAP)。并定义 HCAP 是指以下任何一种情况出现的社区获得性肺炎,即感染发生前 90 天内曾入住急性病医院 2 天以上、住于疗养院或一些长期护理机构,或感染发生前 30 天内接受过静脉抗生素治疗或化疗或伤口护理、在医院或血透诊所照料患者的工作人员。2008 年美国 CDC 则对沿用 20 年的医院感染定义进行了大的修订,决定使用"医疗相关感染"或缩写 HAI,不再使用 nosocomial(医院内的)一词。医院获得性肺炎也改用医疗相关肺炎,英文缩写仍为 HAP,停止使用 nosocomial pneumonia 一词。为避免混淆,本节仍采用传统的定义。HCAP 可理解为一组特别的类型,虽然属于社区获得性肺炎,但是病原学构成、抗菌药物选择更接近于 HAP。

一、病原学

HAP 多数由细菌引起,在免疫正常患者很少发生真菌或病毒引起的肺炎。由于患者组成、应用的诊断措施和标准不同,HAP 的病原学报告有所不同。细菌仍是当前 HAP 最常分离到的病原体,约 1/3 为混合感染。国外有报告在明确的 HAP 中,高达 54% 的标本未培养出微生物病原体,可能与细菌培养前患者已使用抗菌药物、检验技术不足或病毒和非典型病原体的检测措施没有常规开展有关。常见细菌包括革兰阴性杆菌,如铜绿假单菌胞、肺炎克雷伯菌、不动杆菌;革兰阳性球菌,如金黄色葡萄球菌(金葡菌)特别是 MRSA。金葡菌引起的感染在糖尿病、头颅外伤和 ICU 住院患者中常见。

不同的起病时间、基础状况、病情严重程度,甚至不同的地区、医院和部门,HAP 的病原谱存在明显差异。早发性 HAP,以流感嗜血杆菌、肺炎链球菌、甲氧西林敏感金葡菌(MSSA)和肠杆菌科细菌为常见;晚发性 HAP,则以耐药率高的革兰阴性杆菌,如铜绿假单胞菌、鲍曼不动杆菌、产广谱 β-内酰胺酶(ESBL)的肺炎克雷伯菌以及革兰阳性球菌如甲氧西林耐药金葡菌(MRSA)等多重耐药菌常见。多重耐药菌(MDR)引起 HAP 的比例逐年上升,铜绿假单胞菌仍是 HAP 十分重要的病原体。鲍曼不动杆菌近年来则增加显著,在 ICU 中常引起小规模的暴发。肺炎克雷伯菌中,产 ESBL 菌株的比例越来越高。

军团菌肺炎罕见,多为散发病例,但在免疫抑制患者中比例增加。在水源被军团菌污染的医院中,军团菌引起的 HAP 常见。国内尚未见到确切的发病统计资料。厌氧菌所致的 HAP

报道少见,可发生于误吸的非插管患者,如容易出现误吸的基础疾病如脑卒中、昏迷,VAP中少见。

真菌引起的HAP,多发生于免疫受损患者。虽然痰培养真菌分类率很高,但HAP证实由真菌引起者很少。临床分离株中以念珠菌最常见,占80%以上,由于念珠菌可定植在免疫健全的患者,因此即使气管内吸引物中分离出念珠菌也并不代表感染,多数不需要治疗;医院内曲霉菌肺炎甚少,多见于粒细胞缺乏症等免疫功能严重受损宿主。

病毒引起的HAP可呈现暴发,通常有季节性。成人散发病例中以巨细胞病毒(CMY)为重要,常伴免疫抑制。流感病毒、副流感病毒、腺病毒、呼吸道合胞病毒占病毒性肺炎的70%。呼吸道合胞病毒引起的细支气管炎和肺炎在儿科病房更常见。这些病毒感染的诊断通常依靠抗原检测、病毒培养和抗体检查以确诊。流感病毒A是最常见的引起医院内病毒性肺炎的病原。流感可通过喷嚏、咳嗽等在人与人之间传播。在易感人群中接种流感疫苗,早期抗病毒治疗可有效降低医院或护理机构内流感的传播。

二、流行病学

根据全国医院感染监测资料,HAP是我国最常见的医院感染类型。在欧美等发达国家也居第2~3位。全球范围内HAP的发病率为0.5%~5.0%。文献报告的HAP发病率中,教学医院是非教学医院的2倍;ICU是普通病房的数倍至数十倍;胸腹部手术是其他手术的38倍;机械通气是非机械通气的7~21倍。在美国骨髓移植患者HAP发病率20%,实质脏器移植后最初,3个月有4%发生细菌性肺炎,其中心肺移植22%,肝移植17%,心脏移植5%,肾移植1%~2%。

HAP病死率为20%~50%,明显高于社区获得性肺炎的5%~6.3%。感染致死病例中HAP占60%。机械通气患者中,VAP累积发病率为18%~60%。按机械通气日(VDs)计,内外科ICU成年VAP发病率为15~20例次/1000VDs;ARDS患者VAP发病率高达42例次/1000VDs;VAP病死率25%~76%,归因病死率24%~54%。近年来,美国采用组合干预方法(bundle)后,VAP发病率已经明显下降。在美国,肺炎使患者的住院日平均延长7~9天,每例患者要为此额外付出40000美元以上的费用。

meta分析显示我国HAP总体发病率为2.33%。不同人群HAP发病率差异也很大,老年、ICU和机械通气患者HAP发病率分别为普通住院患者的5倍、13倍和43倍。51篇研究报告共监测的4468例HAP中死亡1076例,病死率为24.08%。上海市监测资料显示,因HAP造成住院日延长31天,每例平均增加直接医疗费用高达18386.1元。

三、发病机制与危险因素

误吸口咽部定植菌是HAP最主要的发病机制。50%~70%健康人睡眠时可有口咽部分泌物吸入下呼吸道。吞咽和咳嗽反射减弱或消失如老年、意识障碍、食管疾患、气管插管、鼻胃管、胃排空延迟及张力降低者更易发生误吸。正常成人口咽部革兰阴性杆菌(GNB)分离率少于5%,住院后致病菌定植明显增加。口咽部GNB定植增加的相关因素还有抗生素应用、胃液反流、大手术、基础疾病和内环境紊乱如慢性支气管肺疾病、糖尿病、酒精中毒、白细胞减少或增高、低血压、缺氧、酸中毒、氮质血症等。

研究表明胃腔内细菌可能是口咽部定植致病菌的重要来源。正常情况下,胃液 pH 为 1.0,胃腔内极少细菌。胃液酸度下降、老年、酗酒、各种胃肠道疾病、营养不良和接受鼻饲者、应用止酸剂或 H_2 受体阻滞剂可使胃内细菌定植大量增加。胃液 pH>4.0 时细菌检出率为 59%,pH<4.0 时仅 14%。笔者调查外科术后患者也发现胃液 pH 2~8,胃内细菌定植率由 13.3%升至 100.0%,平均浓度由 $10^{3.0}$ CFU/mL 升至 $10^{6.3}$ CFU/mL。胃内细菌引起 HAP 的机制可能为直接误吸胃液,也可能是细菌先逆向定植于口咽部,再经吸入而引发肺炎。

带菌气溶胶吸入是 HAP 的另一发病机制。曾有报告雾化器污染导致 HAP 暴发流行。对呼吸机雾化器、氧气湿化瓶水污染引发 HAP 的危险也不能低估。曾调查国内氧气湿化瓶,微生物污染率为 45%,部分细菌浓度高达 10^6 CFU/mL。在儿科病房的医院内病毒性肺炎是通过咳嗽、打喷嚏甚至谈话、呼吸散布的飞沫或气溶胶传播。流行病学资料显示,SARS 的传播途径主要为近距离飞沫传播,部分可为接触污染分泌物经黏膜感染。受军团菌污染的淋浴水和空调冷凝水可产生气溶胶引起 HAP。一般认为,经空气或气溶胶感染 HAP 的主要病原体为多种呼吸道病毒、结核分枝杆菌、曲霉菌等,而普通细菌经此发病机制引起 HAP 者较少见。经人工气道或鼻腔/口腔吸痰过程中细菌的直接种植不应忽视,特别是医院感染管理不严、控制措施实施不佳的 ICU。血道播散引起的 HAP 较少,多见于机体免疫功能低下、严重腹腔感染、大面积皮肤烧伤等易于发生菌血症的患者。

宿主和治疗相关因素导致防御功能降低在肺炎发病中起了重要作用。HAP 多见于大于 65 岁的老年人、有严重基础疾病、免疫抑制状态、心肺疾病、胸腹手术后的患者。危险因素可分为四大类。

(1)患者自身的因素,如高龄(70 岁以上),营养不良,导致免疫抑制的严重基础疾病包括烧伤、严重外伤。

(2)增加细菌在口咽部和(或)胃部的定植,如抗菌药物的应用、入住 ICU、慢性呼吸系统疾病、用西咪替丁预防应激性胃出血(不论是否用制酸剂)。

(3)促进气溶胶或定植菌吸入和反流,包括平卧位,中枢神经系统疾病,意识障碍特别是闭合式颅脑损伤或昏迷,气管插管,鼻胃管留置,头颈部、胸部或上腹部的手术,因严重创伤或疾病导致的活动受限。其中气管内插管/机械通气损坏了患者的第一线防御,是 HAP 最重要的危险因素。

(4)医护人员的手被细菌污染、有细菌定植、被污染的呼吸设施使用延长,或呼吸机回路管道频繁更换(≤24 小时)、近期有过支气管镜检查等。

四、临床表现

多为急性起病,但不少可被基础疾病掩盖,或因免疫功能差、机体反应削弱致使起病隐匿。咳嗽、脓痰常见,部分患者因咳嗽反射抑制而表现轻微甚至无咳嗽,甚至仅表现为精神萎靡或呼吸频率增加;不少患者无痰或呈现少量白黏痰;在机械通气患者仅表现为需要加大吸氧浓度或出现气道阻力上升。发热最常见,有时会被基础疾病掩盖,应注意鉴别。少数患者体温正常。重症 HAP 可并发急性肺损伤和 ARDS、左心衰竭、肺栓塞等。查体可有肺湿性啰音甚至实变体征,视病变范围和类型而定。

胸部 X 线可呈现新的或进展性肺泡浸润甚至实变,范围大小不等,严重者可出现组织坏死和多个小脓腔形成。在 VAP 可以因为机械通气肺泡过度充气使浸润和实变阴影变得不清,也可以因为合并肺损伤、肺水肿或肺不张等发生鉴别困难。粒细胞缺乏、严重脱水患者并发 HAP 时 X 线检查可以阴性,肺孢子虫肺炎有 10%～20%患者 X 线检查完全正常。

五、诊断

(一)HAP 的临床诊断

X 线显示新出现或进展性肺部浸润性病变合并以下之一者,在排除其他基础疾病如肺不张、心力衰竭、肺水肿、药物性肺损伤、肺栓塞和 ARDS 后,可作出临床诊断。①发热>38℃;②近期出现咳嗽、咳痰,或原有呼吸道症状加重,并出现脓痰,伴或不伴胸痛;③肺部实变体征和(或)湿性啰音;④WBC>$10×10^9$/L 伴或不伴核左移。早期诊断有赖于对 HAP 的高度警惕性,高危人群如昏迷、免疫功能低下、胸腹部手术、人工气道机械通气者,出现原因不明发热或热型改变;咳嗽、咳痰或症状加重、痰量增加或脓性痰;氧疗患者所需吸氧浓度增加,或机械通气者所需每分通气量增加,均应怀疑 HAP 的可能,及时进行 X 线检查。

值得指出的是,现行有关 HAP 诊断标准中,普遍存在特异性较低的缺陷,尤其是 VAP。肺部实变体征和(或)湿啰音对于 VAP 很少有诊断意义。脓性气道分泌物虽有很高的敏感性,但特异性差。据尸检研究发现,气道脓性分泌物而 X 线阴性,可以是一种肺炎前期征象。另外,有研究显示机械通气患者出现发热、脓性气道分泌物、白细胞增高和 X 线异常,诊断特异性不足 50%。即使经人工气道直接吸引下呼吸道分泌物进行细菌培养,特异性也不理想。研究表明采用综合临床表现、X 线影像、氧合指数和微生物检查的"临床肺部感染评分(CPIS)"法诊断 VAP 可提高其敏感性和特异性。CPIS≥6 分时,VAP 的可能性较大。最早的 CPIS 系统需要病原学结果,不能被用来筛查 HAP。有人应用改良的 CPIS 系统,无须病原学结果。另一种方法是利用 BAL 或保护性毛刷(PSB)采样标本的革兰染色结果计算 CPIS 得分,证实 VAP 患者得分较未证实的 VAP 患者得分明显升高。一些临床低度怀疑 VAP 的患者(CPIS 得分不超过 6 分)可在第 3 天之后安全停用抗生素。

(二)病情严重程度评价

出现以下任何一项者,应认为是重症 HAP:①需入住 ICU;②呼吸衰竭需要机械通气或 FiO_2>35%才能维持 SaO_2>90%;③X 线上病变迅速进展,累及多肺叶或空洞形成;④严重脓毒血症伴低血压和(或)器官功能紊乱的证据(休克:收缩压<90mmHg 或舒张压<60mmHg,需要血管加压药>4 小时;肾功能损害:尿量<20mL/h 或<80mL/4h,除外其他可解释原因),急性肾衰竭需要透析。除重症外均归入轻中症。晚发 HAP 和 VAP 大多为多重耐药菌感染,在处理上不论其是否达到重症标准,一般亦按重症治疗。

（三）病原学诊断

虽然一些基础疾病和危险因素有助于对感染病原体的判定,如昏迷、头部创伤、近期流感病毒感染、糖尿病、肾衰竭者容易并发金葡菌肺炎;铜绿假单胞菌的易感因素为长期住 ICU,长期应用糖皮质激素、广谱抗生素,支气管扩张症,粒细胞缺乏症,晚期 AIDS;军团菌的易感因素则为应用糖皮质激素、地方性或流行性因素;腹部手术和吸入史者,则要考虑厌氧菌感染,但由于 HAP 病原谱复杂、多变,而且多重耐药菌频发,应特别强调开展病原学诊断。

呼吸道分泌物细菌培养要重视半定量培养,HAP 特别是 VAP 的痰标本病原学检查存在的问题主要是假阳性。培养结果意义的判断需参考细菌浓度,同时建议常规进行血培养。普通咳痰标本分离到的表皮葡萄球菌、除诺卡菌外的其他革兰阴性杆菌、除流感嗜血杆菌外的嗜血杆菌属细菌、微球菌、肠球菌、念珠菌属和厌氧菌临床意义不明确,一般不予考虑。建立人工气道的患者,则可将气管插管吸引物(ETA)送检,污染可减少。对于部分重症肺炎在经验性治疗失败后,应尽早衡量利弊开展微创伤性病原学采样技术如 PSB 采样和防污染 BAL。

应用 ETA、BAL、PSB 标本定量培养的方法判断肺炎病原体:细菌生长浓度超过规定阈值,可判断为肺炎的病原体;低于规定阈值浓度则可认为是定植或污染菌。ETA 采用 10^6CFU/mL 的阈值,诊断肺炎的敏感性为 $76\%\pm9\%$,特异性为 $75\%\pm28\%$;BAL 标本采用 10^4CFU/mL 或 10^5CFU/mL 的阈值。含较多鳞状上皮的标本提示可能存在上呼吸道分泌物污染,敏感性为 $73\%\pm18\%$,特异性为 $82\%\pm19\%$。应用回收细胞的胞内含病原诊断肺炎的敏感性为 $69\%\pm20\%$,特异性为 $75\%\pm28\%$,此法可快速得出肺炎的诊断,但不能准确判断病原体种类;PSB 的阈值为 10^3CFU/mL,标本质量较难确定,敏感性和特异性分别为 $66\%\pm19\%$ 和 $90\%\pm15\%$。不能用支气管镜采集 BAL 或 PSB 时,可用盲法取样。盲法取材与经支气管镜取材的敏感性及特异性类似,应用同样的阈值,前者的阳性率更高。

在免疫损害宿主应重视特殊病原体(真菌、肺孢子菌、分枝杆菌、CMV)的检查,临床采样可考虑经支气管肺活检甚至开胸活检。开胸肺活检采集标本进行病原学检查是诊断肺炎最准确的方法,临床较少使用,仅限于病情持续恶化,经多种检测无法证明感染或需尽快作出某种特异性诊断时。

六、治疗

包括抗感染治疗、呼吸治疗如吸氧和机械通气、免疫治疗、支持治疗以及痰液引流等,以抗感染治疗最重要。早期正确的抗生素治疗能够使 HAP 患者的病死率至少下降一半。对于那些使用了错误的经验性抗菌药物的患者,即使根据微生物学资料对药物进行调整,也不能显著改善病死率。因此,在临床怀疑 HAP 时,尤其是重症肺炎,应立即开始正确的经验性抗感染治疗。

选择经验性抗菌药物时,需要考虑患者的病情严重程度、早发还是晚发、有无 MDR 危险因素等诸多因素,力求覆盖可能的致病菌。2005 年美国 ATS/IDSA 发布的指南,将 HAP 分成两类,即无 MDR 危险因素的早发性 HAP 和有 MDR 危险因素的晚发或重症 HAP。

在重症 HAP 或 VAP 最初经验性抗生素治疗覆盖面不足会增加病死率,是影响其预后最重要的或独立的危险因素。病原学诊断的重要价值在于证实诊断和为其后更改治疗特别是改用窄谱抗菌治疗提供可靠依据。对重症 HAP 的最初经验性治疗应覆盖铜绿假单胞菌、不动杆菌和 MRSA 等高耐药菌。VAP 气管吸引物涂片发现成堆的革兰阳性球菌,最初治疗应联合万古霉素。

抗感染疗程提倡个体化,时间长短取决于感染的病原体、严重程度、基础疾病及临床治疗反应等。根据近年临床研究结果,不少学者对抗菌治疗的建议疗程有明显缩短倾向,对许多细菌包括流感嗜血杆菌、肠杆菌科细菌、不动杆菌、铜绿假单胞菌、金黄色葡萄球菌等引起的 HAP 使用有效的抗菌治疗总疗程可短至 7~10 天,少数可至 14 天。出现脓肿,伴有免疫功能损害者可适当延长疗程。

七、预防

(1)只要无反指征,应采取半卧位(头部抬高 30°),以有效减少吸入和 HAP 的发病。尽量避免使用可抑制呼吸中枢的镇静药、止咳药。

(2)口腔卫生。对降低 HAP 非常重要和有效。国外积极推荐对 ICU 患者要求每天多次刷牙。自主活动困难,尤其是昏迷患者或气管插管患者,要用 0.1%~0.3%氯己定冲洗口腔,每 2~6 小时 1 次。

(3)对呼吸治疗器械要严格消毒、灭菌。直接或间接接触下呼吸道黏膜的物品,如面罩、气管插管和气管套管、呼吸机的管道回路、Y 接口、纤维支气管镜及其配件、直接喉镜、咬口、肺功能测试管道、湿化器、雾化器与储液罐、人工口和鼻、吸引管等,须经灭菌或高水平消毒。高水平消毒可采用 76℃ 30min 加热,或选用有关的化学消毒剂浸泡 20min。化学消毒后的物品应经适当的水淋洗、干燥、包装,处理过程中要避免物品再次污染。

(4)尽量使用无创通气预防 VAP。

(5)使用气囊上方带侧腔的气管插管有利于积存于声门下气囊上方分泌物的引流,减少 VAP 发生。对同一患者使用的呼吸机,其呼吸回路管道,包括接管、呼气活瓣以及湿化器,目前主张更换时间不要过于频繁即短于 48 小时的间隔,除非有肉眼可见的分泌物污染;不同患者之间使用时,则要经过高水平消毒。在呼吸回路的吸气管道与湿化罐之间放置滤菌器对预防 HAP 的作用不确切。湿化器水要用无菌水。呼吸机的内部机械部分,不需常规灭菌或消毒。不同患者间进行下呼吸道吸引时,要更换整个长条吸引管和吸引瓶。去除吸引管上的分泌物,要用无菌水。连接呼吸机管道上的冷凝水要及时除去,操作时要当心避免冷凝水流向患者侧。使用热-湿交换器(人工鼻)可减少或避免冷凝水形成。尽早撤去呼吸机,拔除气管插管前应确认气囊上方的分泌物已被清除。

(6)手部清洁和洗手是预防 HAP 简便而有效的措施。严格执行手卫生规则,可减少 ICU 内 HAP 至少 20%~30%。不论是否戴手套,接触黏膜、呼吸道分泌物及其污染的物品之后,或接触带气管插管或气管切开的患者前后,或接触患者正在使用的呼吸治疗设施前后,或接触同一患者污染的身体部位后,均应进行手卫生。WHO 推荐使用含有皮肤保护成分的酒精擦手液进行手卫生,替代常规洗手(当手部明显可见污垢时须洗手),消毒效果和临床对手卫生的依从性明显增加。

(7)对粒细胞减少症、器官移植等高危人群,除应用粒细胞巨噬细胞集落刺激因子(GM-CSF)外,应采用保护性隔离技术如安置于层流室,医务人员进入病室时戴口罩、帽子和穿无菌隔离衣。

(8)预防应激性溃疡时,要使用不会导致胃液 pH 升高的药物,如采用硫糖铝而避免使用 H_2 受体阻滞剂和抗酸剂。已有研究报告鼻饲液酸化可降低胃腔细菌定植,在进一步证实其有效性以前,目前不推荐常规应用。

(9)选择性胃肠道脱污染和口咽部脱污染,虽然能减少 HAP 发病,但有诱发耐药菌株的危险,研究显示此法并不能明显降低重症患者的死亡率,因此不提倡普遍使用。为减少耐药菌产生,要避免呼吸道局部使用抗生素。

(10)细菌疫苗在肺炎链球菌肺炎的预防上取得较明显效果,对易感人群如老年、慢性心肺疾病、糖尿病、免疫抑制者,可采用肺炎链球菌酯多糖疫苗预防感染,但对于其他细菌感染尚无有效的特异性疫苗供应。

在强调各种预防措施的同时,不能忽视感染控制教育的重要性。研究表明,单纯依靠感染控制教育,可以使肺炎的发病率从 4.0% 下降至 1.6%。

第三节 细菌性肺炎

细菌性肺炎是感染性肺炎最常见的类型。20 世纪初,肺炎是人类主要致死原因。抗生素问世后细菌性肺炎的预后显著改善。然而过去 30～40 年中,由于细菌耐药率升高,大量广谱或超广谱抗生素投入临床并未使肺炎的死亡率持续下降,一些研究显示已出现回升趋势。呼吸机相关肺炎中,对临床常用抗菌药物全部耐药的细菌也时有发生,甚至出现小规模暴发。

肺炎临床表现的多样化、病原谱多元化以及耐药菌株不断增加,是当前细菌性肺炎的重要特点。所谓"难治性"肺炎屡见不鲜,尤其在建立人工气道患者、婴幼儿、老年人和免疫抑制患者中病死率极高。提高肺炎的病原学诊断水平,合理应用抗生素,避免或延缓耐药菌的产生以及改善支持治疗,是细菌性肺炎临床处理方面迫切需要强调和解决的问题。

一、病原

肺炎的病原体因宿主年龄、伴随疾病与免疫功能状态、获得方式(社区获得性肺炎或医院获得性肺炎)而有较大差异。社区获得性肺炎的常见病原体为肺炎链球菌、流感嗜血杆菌、肺炎衣原体、肺炎支原体、军团菌和病毒等,而医院获得性肺炎中则以铜绿假单胞菌、鲍曼不动杆菌、肺炎克雷伯菌(尤其是产 ESBL 菌株)、耐甲氧西林金葡菌(MRSA)等常见。吸入性肺炎中厌氧菌感染甚为多见。而粒细胞缺乏、骨髓移植、HIV/AIDS 等人群中,曲霉菌、巨细胞病毒感染比例明显增加。

二、发病机制

健全免疫防御机制使气管、支气管和肺泡组织保持无菌状态。免疫功能受损(如受寒、饥饿、疲劳、醉酒、昏迷、毒气吸入、低氧血症、肺水肿、尿毒症、营养不良、病毒感染以及应用糖皮质激素、人工气道、鼻胃管等)或进入下呼吸道的病原菌毒力较强或数量较多时,则易发生肺炎。细菌入侵方式主要为口咽部定植菌误吸和带菌气溶胶吸入,前者是肺炎最重要的发病机制,特别在医院获得性肺炎和革兰阴性杆菌肺炎。细菌直接种植、邻近部位感染扩散或其他部位经血道播散者少见。

三、病理

肺炎链球菌肺炎典型的病理变化分为 4 期:早期主要为水肿液和浆液析出;中期为红细胞渗出;后期有大量白细胞和吞噬细胞聚集,肺组织实变;最后为肺炎吸收消散。抗菌药物应用后,发展至整个大叶性炎症已不多见,典型的肺实变则更少,而代之以肺段性炎症。病理特点是在整个病变过程中没有肺泡壁和其他肺结构的破坏或坏死,肺炎消散后肺组织可完全恢复正常而不遗留纤维化或肺气肿。其他细菌性肺炎虽也有上述类似病理过程,但大多数伴有不同程度的肺泡壁破坏。金葡菌肺炎中,细菌产生的凝固酶可在菌体外形成保护膜以抗吞噬细胞的杀灭作用。而各种酶的释放可导致肺组织的坏死和脓肿形成。病变侵及或穿破胸膜则可形成脓胸或脓气胸。病变消散时可形成肺气囊。革兰阴性杆菌肺炎多为双侧小叶性肺炎,常有多发坏死性空洞或脓肿,部分患者可发生脓胸。消散常不完全,可引起纤维增生、残余性化脓灶或支气管扩张。

四、临床表现

常有受寒、劳累等诱因或伴慢性阻塞性肺疾病、心力衰竭等基础疾病,1/3 患者病前有上呼吸道感染史。多数起病较急。部分革兰阴性杆菌肺炎、老年人肺炎、医院获得肺炎起病隐匿。发热常见,多为持续高热,抗生素治疗后热型可不典型。咳嗽、咳痰甚多,早期为干咳,渐有咳痰,痰量多少不一。痰液多呈脓性,金葡菌肺炎较典型的痰为黄色脓性;肺炎链球菌肺炎为铁锈色痰;肺炎克雷伯菌肺炎为砖红色黏冻样;铜绿假单胞菌肺炎痰呈淡绿色;厌氧菌感染痰常伴臭味。抗菌治疗后发展至上述典型的痰液表现已不多见。咯血少见。部分有胸痛,累及胸膜时则呈针刺样痛。下叶肺炎刺激膈胸膜,疼痛可放射至肩部或腹部,后者易误诊为急腹症。全身症状有头痛、肌肉酸痛、乏力,少数出现恶心、呕吐、腹胀、腹泻等胃肠道症状。重症患者可有嗜睡、意识障碍、惊烦等神经系统症状。体检患者呈急性病容,呼吸浅速,部分有鼻翼扇动。常有不同程度的发绀和心动过速。

少数可出现休克,多见于老年。早期胸部体征可无异常发现或仅有少量湿啰音。随疾病发展,渐出现典型体征。单侧肺炎可有患侧呼吸运动减弱、叩诊音浊、呼吸音降低和湿性啰音。实变体征常提示为细菌性感染。老年人肺炎、革兰阴性杆菌肺炎和慢性支气管炎继发肺炎,多同时累及双肺,查体有背部两下肺湿性啰音。

血白细胞总数和中性粒细胞多有升高。老年体弱者白细胞计数可不增高,但中性粒细胞百分比仍高。肺部炎症显著但白细胞计数不增高常提示病情严重。动脉血氧分压常显示下降。

五、诊断与鉴别诊断

根据典型的症状、体征和 X 线检查常可建立肺炎的临床诊断。少数非感染性病症可有肺炎类似表现，如 ARDS、充血性心力衰竭、肺栓塞、过敏性肺泡炎、放射性肺炎、结缔组织疾病累及肺部、白血病或其他恶性肿瘤肺内浸润或转移、肺泡蛋白沉积症等，应注意鉴别，必要时可采用诊断性治疗方法以明确诊断。

病原体变迁和多重耐药菌株的频繁出现使肺炎病原学诊断更为重要。但由于途经口咽部的咳痰受正常菌群污染，未经筛选的单次普通痰培养不可靠。痰涂片镜检有助早期初步的病原诊断，并可借此剔除口咽部菌群污染严重的"不合格"痰标本而选取"合格"（每低倍视野鳞状上皮细胞＜10 个、白细胞＞25 个，或鳞状上皮细胞:白细胞＜1∶2.5）标本进行检查。涂片上见呈短链状或双个排列的革兰阳性球菌（肺炎链球菌可能）或多形短小革兰阴性杆菌（流感嗜血杆菌可能）极具诊断意义。痰定量或半定量培养，是提高痰培养结果判断正确性的有效方法，痰中浓度超过 10^7 CFU/mL 或 4（＋）的致病菌或条件致病菌多为肺炎的病原菌，而低于 10^4 CFU/mL 或 1（＋）者多为污染菌。

对重症、疑难病例或免疫抑制宿主肺炎，为取得精确的病原诊断，可采用自下呼吸道直接采样的方法，如防污染样本毛刷（PSB）采样、防污染支气管肺泡灌洗（PBAL）和经胸壁穿刺肺吸引（LA）等。血和胸腔积液污染机会少，在病原诊断方法中不应忽视。免疫学和分子生物学方法可用于部分肺炎的病原学诊断，对于传统培养方法繁复且不能在短期内检测出的病原体如军团菌、支原体、肺炎衣原体等，尤为适用。尿可溶性抗原检测早期诊断军团菌和肺炎链球菌感染，特异性和敏感性均较高，国外已广泛应用于临床，对提高抗菌药物的应用水平和改善肺炎的预后具有重要意义，值得在国内推广。

胸部 X 线检查，通常无助于肺炎病原的确定，但某些特征对诊断可有所提示，如肺叶实变、空洞形成或较大量胸腔积液多见于细菌性肺炎。葡萄球菌肺炎可引起明显的肺组织坏死、肺气囊、肺脓肿或脓胸。革兰阴性杆菌肺炎常呈下叶支气管肺炎型，易形成多发性小脓腔。

六、治疗

抗菌治疗是决定细菌性肺炎预后的关键。正确选择和及早使用抗菌药物可降低病死率。起始治疗常常缺乏病原学检查资料，但如能正确运用临床微生物、抗菌药物与流行病学知识，多数经验性治疗可取得较好效果。同时，应根据药动学/药效学原理，设计合理的给药剂量、间隔和途径。不同人群中，肺炎的常见病原体和抗菌药物选择，参见社区获得性肺炎和医院获得性肺炎。在对老年、重症、医院感染或伴随其他肺部疾病、免疫功能抑制、人工气道机械通气、先前应用大量抗生素或经验性治疗失败的病例，引起感染的病原谱复杂、耐药率较高，在经验性治疗的同时，应积极开展病原学检查和药敏试验。

抗感染治疗后 48～72 小时应对病情和诊断进行评价。有效治疗反应首先表现为体温下降，呼吸道症状亦可以有改善，咳嗽、痰量减少，痰色由脓性转为非脓性，气急好转，肺部啰音减少或消失，提示选择方案正确，维持原方案治疗，不一定考虑痰病原学检查结果如何。白细胞恢复和 X 线病灶吸收一般出现较迟。如果症状改善显著,胃肠外给药者可用同类,或抗菌谱相近,或病原体明确并经药敏试验证明敏感的口服制剂,执行治疗转换。

初始治疗 72 小时后症状无改善或一度改善复又恶化,视为治疗无效,可能原因和处理如下。(1)药物未能覆盖致病菌或细菌耐药。根据痰培养和药敏试验结果,调整抗菌药物。无病原学资料可依,则应重新审视肺炎的可能病原,进行新一轮的经验性治疗。(2)特殊病原体感染如结核分枝杆菌、真菌、病毒。应重新对有关资料进行分析并进行相应检查包括对通常细菌的进一步检测,必要时采用侵袭性检查技术。(3)出现并发症如脓胸、迁徙性病灶,或存在影响疗效的宿主因素如免疫损害。(4)非感染性疾病误诊肺炎。

轻中度肺炎总疗程可于症状控制如体温转为正常后 3～7 天结束;病情较重者为 10～14 天;金葡菌肺炎、免疫抑制患者肺炎疗程宜适当延长;吸入性肺炎或肺脓肿,总疗程应为数周至数月。

其他治疗应根据病情选用,如吸氧、止咳化痰、输液与抗休克等。合并肺脓肿或脓胸时需局部引流,甚至外科治疗。

七、预后

老年、伴严重基础疾病、免疫抑制患者肺炎预后较差。抗菌药物广泛应用后,肺炎链球菌肺炎病死率已从过去的 30% 下降至 6% 左右,但耐药菌如广泛耐药的铜绿假单胞菌和不动杆菌、产 ESBL 的肺炎克雷伯菌、MRSA 引起的细菌性肺炎,病死率高。增强体质、避免上呼吸道感染、在高危患者选择性应用疫苗(主要为肺炎链球菌疫苗)、戒烟、尽量采用无创通气而少用人工气道等,是预防肺炎的重要方法。

第四节　病毒性肺炎

病毒性肺炎是由病毒侵犯肺实质而造成的肺部炎症,常由上呼吸道病毒感染向下蔓延发展而引起,亦可由体内潜伏病毒或各种原因如输血、器官移植等引起病毒血症进而导致肺部病毒感染。临床表现主要为发热、头痛、全身酸痛、干咳及肺部浸润等,重者胸闷、气促、呼吸困难,甚至死亡。病毒性肺炎好发于冬春季节,暴发或散在流行,免疫低下患者全年均可发病。在社区获得性肺炎中病毒性肺炎约占 5%～15%,而非细菌性肺炎中约 25%～50% 为病毒性肺炎所致。患者多为儿童,成人相对少见。近年来,由于免疫抑制药物广泛应用于肿瘤、器官移植等,以及艾滋病的发病人数逐年增多,单纯疱疹病毒、水痘-带状疱疹病毒,尤其是巨细胞病毒(CMV)引起的严重肺炎有所增加。

一、病因和传播途径

可引起肺炎的病毒很多,临床常见有流行性感冒病毒、副流感病毒、腺病毒、呼吸道合胞病毒、巨细胞病毒、麻疹病毒、水痘-带状疱疹病毒等。亦可有肠道病毒如柯萨奇病毒、埃可病毒等。病毒性肺炎中以流感病毒导致的流感病毒性肺炎较多见,常见于年幼者、孕妇以及 65 岁以上老人,好发于原有心肺疾患及慢性消耗性疾病者,尤易发生于左心房压力增高如二尖瓣狭窄者,但亦可发生于正常人,为流感病毒直接侵犯肺部所致。小儿感染中腺病毒和呼吸道合胞病毒占重要地位。而器官移植患者中巨细胞病毒的感染发生率有明显升高的趋势。近十余年来不断发现可引起肺炎的新病毒,1993年在美国西南部发现以肺间质浸润、非心源性肺水肿和ARDS为主要临床表现的汉塔病毒,其引起的汉塔病毒肺综合征(HPS)死亡率50%。1997年香港地区首次报告的高致病性人禽流感,已在世界多个地方有致死报道,病死率高达60%。又如2002年底开始于我国广东,2003年春季在国内和世界一些国家发生并流行的SARS,病原体为一种新的冠状病毒,可导致严重急性呼吸综合征(SARS)。

病毒性肺炎主要经飞沫吸入,或通过污染的食具或玩具以及与患者的直接接触感染,由上呼吸道病毒感染向下蔓延所致,常伴有鼻炎、气管-支气管炎。动物如禽、马、猪等有时带有某种流行性感冒病毒,亦可见经接触传染至人;粪-口传染见于肠道病毒;呼吸道合胞病毒通过尘埃传染;病毒亦可以通过输血、器官移植途径、母婴间的垂直传播等感染。如器官移植受者可因多次输血,甚至供者的器官引进病毒特别是巨细胞病毒而引起感染。

二、病理

病毒性肺炎通常是由于上呼吸道病毒感染蔓延累及肺实质。病毒感染累及下呼吸道,引起气道上皮的广泛破坏,纤毛功能损害,黏膜坏死、溃疡形成,黏液增加,细支气管阻塞,并进而累及肺实质。单纯性病毒性肺炎常呈细支气管及其周围炎和肺间质性炎症,肺泡间隔有大单核细胞的浸润、肺泡水肿、透明膜形成,导致呼吸膜增厚,弥散距离增大。肺泡细胞和吞噬细胞内可见病毒包涵体。呼吸道合胞病毒、麻疹病毒、巨细胞病毒引起者,肺泡腔内尚可见散在的多核巨细胞。肺炎病灶可为局灶性或弥漫性.甚至实变。病变吸收后可遗留肺纤维化。

三、临床表现

各种病毒感染起始症状各异。一般起病缓慢,临床症状通常较轻,病程多在2周左右。绝大部分患者先有咽痛、鼻塞、流涕、发热、头痛等上呼吸道感染症状。少数可急性起病,肺炎进展迅速。病变进一步向下发展累及肺实质发生肺炎,咳嗽多呈阵发性干咳,可伴气急、胸痛、持续高热。婴幼儿以及存在免疫缺损患者,病毒性肺炎病情多较严重,有持续的高热、剧烈咳嗽、血痰、心悸、气促、意识异常等,可伴休克、心力衰竭、氮质血症。由于肺泡间质和肺泡内水肿,严重者会发生呼吸窘迫综合征。流感病毒性肺炎常在急性流感症状尚未消散时,即可出现咳嗽、少量白黏痰、胸闷、气急等症状。腺病毒性肺炎约半数以上病例尚有呕吐、腹胀、腹泻等消化道症状,一般认为可能与腺病毒在肠道内繁殖有关。呼吸道合胞病毒性肺炎绝大部分发生于2岁以下儿童,约2/3病例有一过性高热,阵发性连声剧咳、呼吸喘憋症状明显。皮肤偶可出现红色斑疹,肺部可闻及较多湿啰音和哮鸣音,亦可出现肺实变体征。水痘、麻疹常先有特征性的皮疹。口腔黏膜Koplik斑和全身性的特征性皮疹是麻疹的典型表现。麻疹并发麻疹病毒性肺炎时呼吸道症状持续加重,高热持续不退,肺部可闻及干湿啰音。水痘—带状疱疹病毒性肺炎多发生于成年人中。典型皮疹于躯干、四肢先后分批出现,发展极快。肺炎症状多发生于出疹后2～6天,亦可出现于出疹前或出疹后10天。除某些病毒感染时有特征性皮疹出现外,多数病毒性肺炎的体征常不明显,部分患者可于下肺部闻及小水泡音。重症病毒性肺炎者可有呼吸频率加快、发绀、肺部干湿啰音、心动过速等。严重者可见三凹征和鼻翼扇动,肺部可闻及较为广泛的干、湿啰音及哮鸣音,并可出现ARDS、心力衰竭和急性肾衰竭,甚至休克。

临床检查外周血白细胞计数一般正常,也可稍高或偏低。继发细菌感染时白细胞总数和中性粒细胞均增多。血沉、C反应蛋白多正常。痰液检查痰涂片所见的白细胞以单核细胞为主。痰培养常无致病菌生长。

胸部X线征象常与症状不相称,往往症状严重而无明显的X线表现。一般以间质性肺炎为主。可见两肺间质性改变,肺纹理增多,或多叶散在斑片样密度增高模糊影,病情严重者显示双肺弥漫性结节性浸润,亦有病灶融合呈大片状改变,伴局限性肺不张或肺气肿。但大叶实变及胸腔积液者均不多见。病灶多见于两肺的中下2/3肺野。不同病毒引起的肺炎X线表现有所不同。呼吸道合胞病毒性肺炎常有肺门阴影扩大,肺纹理增粗,在支气管周围有小片状阴影,或有间质病变,肺气肿明显;腺病毒性肺炎肺局部有小点状、不规则网状阴影,可融合成片状浸润灶,严重者两肺呈弥漫性浸润阴影与急性呼吸窘迫综合征的表现相仿。巨细胞病毒性肺炎的胸部影像学表现常见为双侧支气管血管周围肺间质和肺泡浸润性表现,主要累及肺下叶,极少呈局限性实质性浸润。

四、诊断

临床有急性呼吸系统感染的症状,外周血白细胞正常,胸部X线上有弥漫性间质性改变或散在渗出性病灶,排除细菌性或其他病原体感染的可能,可考虑病毒性肺炎的诊断。特征性皮疹、有某些危险暴露因素、处于病毒感染流行期等对诊断有提示作用。由于各型肺炎间缺乏明显的特异性,最后确诊往往需要借助病原学方面的检查,包括病毒分离、血清学检测以及病毒和病毒抗原、DNA的检测等。

咳痰中细胞核内的包涵体可提示病毒感染,但并非一定来自肺部,需发病早期进一步收集肺活检标本或下呼吸道分泌物尤其是下呼吸道的防污染标本进行培养分离病毒。亦有用免疫荧光和酶联免疫吸附试验测定下呼吸道分泌物中病毒抗原,阳性率可达85%～90%。快速培养将传统细胞培养与荧光标记单克隆抗体检测CMV即刻早期抗原α、β蛋白相结合,可提高细胞培养的敏感性,并大大缩短检查时间。

血清学方法可检测病毒特异性IgG、IgM,协助诊断病毒性肺炎。免疫学常用检测方法如补体结合试验、血凝抑制试验、中和试验或免疫荧光试验、酶联免疫吸附试验、放射免疫试验等均可用于检测。IgG的检查常需抽取急性期和恢复期的双份血清,早期诊断价值不大,多用于流行病学调查。而急性期病毒特异性IgM的检测可用于早期诊断。如采用急性期单份血清检测呼吸道合胞病毒、副流感病毒的特异性IgM抗体,敏感性、特异性均较高。血清学检测鼻咽分泌物中特异性IgA亦有早期诊断价值,但早期特异性IgM升高不宜作为婴幼儿呼吸道合胞病毒感染的诊断依据。

病毒抗原和核酸的检测已广泛应用于病毒性肺炎如 CMV、SARS、人禽流感等的诊断。下呼吸道标本如经纤支镜肺活检标本、支气管肺泡灌洗液等可用来检测其中的 CMV 包涵体、抗原、DNA、mRNA，特异性高。通过免疫荧光染色技术检测外周血多形核粒细胞中的晚期抗原结构 pp65 有较高的特异性及敏感性，定量分析 2×10^5 个外周血白细胞中的 CMV 阳性细胞数水平，可预测 CMV 肺炎的发生及预后，指导治疗，但预测治疗后复发方面效果不佳。PCR 尤其定量 PCR 技术及分子杂交技术可用于 McV 的 DNA 检测。原位分子杂交、逆转录 PCR、核酸序列扩增方法检测病毒 mRNA 耗时少，特异性及敏感性高，尤其是即刻早期 mRNA 被认为是 CMV 活动性感染的最特异指标，因其还能区别潜伏或活动性感染，在 CMV 肺炎的检测及早期诊断方面具有良好前景。

五、治疗

目前对多数病毒尚缺少特异性治疗。利巴韦林体外虽有广谱抗病毒作用，但在临床，其疗效缺少充分评价，仅可能对呼吸道合胞病毒感染有效，该药可口服或静脉给药，但可产生骨髓抑制毒副作用。阿昔洛韦可用于治疗水痘—带状疱疹肺炎，用量一般为 $10 \sim 12 mg/kg$，静脉用药，每 8 小时 1 次，共 7 天，疗效虽未完全肯定，但入院 36 小时内开始用药，可能是最佳治疗。更昔洛韦对巨细胞病毒性肺炎按不同宿主推荐治疗为：①艾滋病患者：更昔洛韦 $5 mg/kg$，静脉用药，每天 2 次，应用 $2 \sim 3$ 周；②骨髓移植：更昔洛韦 $7.5 \sim 10 mg/(kg \cdot d)$，静脉用药 20 天（或加维持治疗 $5 mg/kg$，$3 \sim 5$ 次/周，共 $8 \sim 20$ 次）联合静脉用丙种球蛋白 $500 mg/kg$，隔天 1 次，共 10 次，或 $400 mg/(kg \cdot d)d1,d4,d8$ 和 $200 mg/kg$ d14；③实体器官移植：更昔洛韦 $7.5 \sim 10 mg/(kg \cdot d)$，$10 \sim 20$ 天，随后应用维持量。阿糖腺苷能抑制病毒 DNA 合成。常用于疱疹病毒性肺炎的治疗。金刚烷胺、金刚乙胺对甲型流感病毒和人禽流感病毒有效，48 小时内尽早用药较好，但对流感病毒性肺炎的疗效尚未有定论。另外，早期使用奥司他韦能降低 H5N1 人禽流感的病死率，而且 WHO 认为在病程后期进行治疗也应该使用奥司他韦。除抗病毒药物外，现代免疫治疗对病毒性肺炎亦有一定的疗效，干扰素、聚肌胞（Poly I：C）、白细胞介素-2、特异性抗病毒免疫核糖核酸等均可应用于临床病毒性肺炎的治疗。

除特异性抗病毒治疗外，病毒性肺炎的治疗尚应注意对症治疗。低氧血症时吸氧，保持呼吸道通畅，积极纠正心肺功能衰竭，必要时机械通气辅助呼吸。原则上不宜应用抗生素预防继发细菌感染，但临床上病毒性肺炎与细菌性肺炎早期往往很难区别，且病毒性肺炎常合并细菌性感染，抗生素多有应用。对明确继发细菌、真菌感染者，应及时选用敏感抗菌药物。

第五节　军团菌肺炎

军团菌肺炎是军团杆菌感染引起的细菌性肺部炎症。其起病急骤，以肺炎为主要表现，常伴多系统损害。我国自 1982 年在南京发现首例以来，已有散发及小规模暴发流行病例报道。军团菌肺炎病情常发展迅速，诊断不易，常需与其他病原体所致重症肺炎包括急性传染性非典型肺炎进行鉴别诊断。

一、病原体

军团菌在分类上属军团菌科,由单一的军团菌属组成。依 DNA 同源性、抗原性、代谢的不同,军团菌可分为不同的种,而根据细菌表面标志的不同,又可分为不同的血清型和亚型。

截至目前,已发现的军团菌属有 49 个种,70 多个血清型。所有的军团菌种均可从环境中分离,但从人类感染灶中分离出的仅 21 种,常见的仅少数几种。90% 军团病暴发由嗜肺军团菌(Lp)引起。嗜肺军团菌有 15 个血清型,其中血清 1 型是最常见的临床和环境分离株。有报道,在严重的社区获得性肺炎中 Lp 为第二位病因。除 Lp 外,与人类疾病关系密切的尚有米克戴德军团菌(Lm)、波兹曼军团菌、杜莫夫军团菌(Ld)、长滩军团菌(Ll)等。

军团菌为需氧革兰阴性杆菌,宽 $0.3 \sim 0.9 \mu m$,长 $2 \sim 20 \mu m$,不形成芽胞,无荚膜,可运动。在人工培养基上生长需要半胱氨酸和某些微量元素如铁离子等,而在一般培养基上不能生长。目前公认的最佳军团菌培养基为 BCYE 琼脂,其中含有缓冲剂 ACES、酵母浸膏、可溶性焦磷酸铁、活性炭、L-半胱氨酸等。加入 α-酮戊二酸或硒军团菌生长更好。军团菌生长最适 pH 为 $6.8 \sim 7.0$,初次分离宜置于 $2.5\% \sim 5\%$ CO_2 环境中,依靠氨基酸而不是碳水化合物作为能量和碳的来源,一般在 35℃ 48 小时后才在浓密接种处见到生长菌落。

电子显微镜下军团菌有着革兰阴性杆菌的超微结构,内外两层膜,外膜由磷脂、脂多糖及一些特异性蛋白质所组成。其中某些磷脂成分可引起溶血等反应,脂多糖则可引起特异性血清学反应,具有内毒素样活性。军团菌的细胞成分中含有大量独特的支链脂肪酸,超过脂肪酸总量的 77%,支链脂肪酸图谱可作为军团菌分类的依据。

军团菌和许多其他细菌一样,已检测到质粒。流行病学调查表明,某些含质粒的嗜肺军团菌菌株比同一环境中分离的无质粒株毒力要小。亦有资料表明,大肠杆菌的抗药性质粒可能会传递给军团菌。水环境中军团菌和其他革兰阴性杆菌共存,可能发生遗传物质的交换,导致军团菌对抗生素的敏感性和其他特性发生改变。

二、流行病学

军团菌广泛存在于水和土壤等自然界环境中,可从河水、湖水、天然温泉水以及泥土中分离到。某些藻类如蓝藻等可提供嗜肺军团菌的营养及生长条件,而某些阿米巴如棘头阿米巴则可摄入军团菌,使之能在其体内繁殖,并保护军团菌不受消毒剂及其他不利条件的影响。军团菌对热有较强的抵抗力,能在 $0 \sim 63$℃ 的温度下存活。$40 \sim 45$℃ 水比冷水更适合军团菌生长。在空调冷凝水、冷却塔等环境及医院饮用水、呼吸医疗器械中都曾分离出军团菌,尤其是空调设备冷却水中检出率最高。近几年来,在北京、沈阳、上海、广州等地的星级宾馆、商场、商住楼、医院、地铁、文体场所等的空调冷却塔水中都曾检出军团菌。上海地区曾调查 371 份空调冷却塔水样,其中有 185 份检出军团菌,检出率高达 49.19%。与国外空调水军团菌检出率在 $30\% \sim 50\%$ 的结果相近。供水系统及冷却塔和空调系统已成为军团菌主要的污染源。

人类的军团菌感染主要是由于吸入了含军团菌的气溶胶或尘土。军团菌污染人工管道供水系统(如中央空调冷却塔、冷热水管道系统、淋浴器,甚至工业用冷却水、医用湿化器如呼吸机湿化装置等)是感染的常见原因。由于不经常使用或处理不当,军团菌在管道水流淤积处定植。供水系统的材料、不中共存细菌、藻类以及水中有机物可使军团菌获得足够的养料,大量繁殖,通过喷雾装置如淋浴器、冷却塔等形成含军团菌的气溶胶,其中直径小于 $5\mu m$ 的颗粒吸入后可进入肺泡沉积。当一次大量吸入或机体防御功能减弱时就会引起人的感染。但目前尚无确切证据表明军团菌经消化道、伤口传播,亦无人与人直接传播证据。

军团菌感染可终年流行,但夏秋季节更多见。在旅游者中易散发和暴发军团病,这可能与人疲劳、抵抗力减退以及旅馆环境有关。国外一些资料显示旅游者占发现病例的 $10\%\sim89\%$,故凡与旅游者及旅馆等建筑物有关联的肺炎流行应怀疑军团菌感染的可能。

各种年龄人群均可发生军团菌感染,但老年人多见。其他一些慢性基础疾病患者及免疫力低下者如糖尿病、慢性阻塞性肺疾病、终末期肾衰竭、实体器官和骨髓移植、系统性红斑狼疮、长期应用糖皮质激素、化放疗、血液透析、HIV 感染等尤易发生军团菌感染。医院内军团菌感染病死率亦高达 50%。

国外资料表明军团菌是社区获得性肺炎的几种常见细菌之一,发生率约为 $1\%\sim16\%$,平均 5%。在被暴露的高危人群中,军团菌感染暴发时的侵袭率高达 $8\%\sim30\%$。流行性肺炎 $1\%\sim3\%$ 由军团菌引起,高达 $1/4$ 的不典型流行性肺炎由本菌引起。需住院肺炎中军团菌肺炎约占 $2\%\sim15\%$。10%医院获得性肺炎的病原体为嗜肺军团菌,而当医院内肺炎流行时,其比例更可高达 30%。限于诊断技术发展水平,目前国内军团菌感染的流行情况不明。人群血清抗体水平调查结果显示正常人群军团菌抗体阳性率为 $5\%\sim30\%$。

三、发病机制和病理

军团菌是一种兼性细胞内寄生的机会致病菌,能侵入人类单核细胞、巨噬细胞,以及水生环境中的原虫中并寄生(巨噬细胞和阿米巴为两种主要的相关宿主细胞)。感染的后果与感染性气溶胶中含军团菌数量的多少、菌株毒力的大小以及机体的抵抗力有重要关系。当人吸入含大量军团菌的气溶胶后,直径小于 $5\mu m$ 的颗粒可直接进入呼吸性细支气管和肺泡。为巨噬细胞吞噬后,军团菌破坏小泡传输,产生空泡,阻止吞噬体— 溶酶体融合,减少自身蛋白与MHCⅡ类抗原的联合,逃避机体的杀灭。军团菌在胞内的大量繁殖导致宿主细胞死亡,军团菌释放,进而引起新一轮的吞噬及释放,由此导致肺泡上皮和内皮的急性损害,并伴有水肿液和纤维素的渗出。军团菌产生的有害物质可造成组织损伤:外膜蛋白 MIP 可促进吞噬细胞对细菌的摄入并破坏细胞杀菌功能;外毒素有消化卵黄囊和灭活 α-抗糜蛋白酶等作用;脂多糖(LPS)作为内毒素有利于军团菌黏附宿主细胞,保护细菌免受细胞内酶破坏,促进单核吞噬细胞对细菌的摄入,干扰吞噬体磷脂双层结构从而阻止吞噬体与溶酶体的融合;磷酸酶可抑制激活的中性粒细胞产生超氧阴离子并影响细胞内第二信使的形成;蛋白激酶能催化真核细胞磷脂酰肌醇和微管蛋白的磷酸化作用,进而影响吞噬细胞的杀菌功能;军团菌蛋白酶能灭活 IL-2 和裂解人 T 细胞表面 CD4,从而干扰 T 细胞活化及其免疫功能。此外,吞噬细胞在吞噬细菌时的胞吐作用及细胞的裂解可使其内的一些酶类和氧化代谢产物进入细胞外引起组织的广泛损伤。肺部感染后细菌合成的毒素、酶可逆行经支气管、淋巴管及血液播散到其他部位,肺外多系统损伤主要由毒血症引起,细菌直接侵犯肺外器官组织的情况少见。

多形核粒细胞对军团菌杀伤作用有限,但也不支持军团菌生长,故中性粒细胞减少对军团菌感染影响不大。而 T 淋巴细胞激活后的吞噬细胞则对军团菌有抑制杀伤作用,肿瘤坏死因子、干扰素、白细胞介素-2 可增强效应细胞活性,有助于清除军团菌。随着细胞免疫的形成,感染得到控制。

特异性抗体及补体对吞噬细胞吞噬军团菌起促进作用。但体液免疫对作为细胞内病原体的军团菌直接按杀伤作用。

军团菌肺炎主要影响肺部,特点为严重的肺炎和支气管炎,但亦可导致全身各系统的损害。光镜下,肺部的病理变化主要是多中心急性纤维素性化脓性肺泡炎及急性渗出性肺泡损害。肺泡腔内纤维蛋白、炎症细胞渗出,肺泡间质炎症细胞浸润、水肿,严重者有肺实质的破坏。免疫力低下者病变严重,可发生广泛的肺泡损害伴透明膜形成。

四、临床表现

军团菌感染包括从血清学阳转的无症状感染至具有军团病特征的急性进行性肺炎等一系列疾病。临床上最常见的类型有两种,即军团菌肺炎和庞提阿克热。

军团菌肺炎潜伏期 2～10 天,免疫抑制者较短,而抗生素治疗者偏长。可影响全身各个器官。典型病例前驱期可有疲劳、全身不适、淡漠、肌痛、头痛等。90% 以上者有骤起的发热,常达 39.5～40℃,半数以上患者持续高热。3/4 患者同时伴有寒战,3/5 以上患者有心动过缓。高热合并心动过缓有提示诊断意义。患者早期常有无痛性腹泻,水样便,无脓血及污秽气味。1/4 患者有恶心、呕吐等症状。

军团菌肺炎患者上呼吸道感染症状一般不明显,有时早期可有轻度干咳,3～4 天后出现少量非脓性痰,痰可为浆液性,亦可以是明显血性,稠厚黄脓痰很少见。1/3 患者有胸痛,症状进展很快,可出现进行性呼吸困难。

军团菌肺炎神经系统受累多见。有精神状态异常者约占 30%,次为头痛(29%)。头痛多位于前额部,程度较重,且不常与其他中枢神经系统症状同在。另外,尚可有定向力障碍、小脑功能障碍等,亦可引起周围神经、颅神经病变。

大多数患者肾脏受累较轻。25%～50% 患者有蛋白尿,30% 有血尿。另外,尚可有轻度氮质血症。病变严重时可见急性肾小管坏死、间质性肾炎、快速进行性肾小球肾炎伴新月体形成,其原因可能为免疫介导损害、细菌直接侵犯,以及低血压、肾毒药物应用等。

病变亦可侵及心血管系统,引起心内膜炎、心肌炎、心包炎,并可引起低血压、休克、弥散性血管内凝血(DIC)。皮肤改变罕见,可出现多形红斑等皮损。米克戴德军团菌可导致皮肤脓肿。

军团菌感染的肺外表现多系统损害较普通肺炎突出,临床医师在肺炎伴有明显肺外表现时,应想到军团病的可能。对医院获得性军团菌肺炎(NALP)和社区获得性军团菌肺炎(CALP)对照研究,发现两者在人口构成、临床表现、实验室检查、X 线及治疗效果上并无显著性差异,但似乎 CALP 中吸烟史、咳嗽、胸痛、肺外表现更突出,且双肺受累多见,NALP 中慢性基础性疾病及血肌酐改变较多,且多为单侧肺受累。国内学者对比分析了中青年及老年患者军团菌肺炎表现,发现老年组具有发热少、临床症状不典型、多病灶、易发生全身多脏器功能损害的特点。

庞提阿克热常由 Lp1、Lp6、Lf、Lm 引起,潜伏期 5～66 小时(平均 36 小时),侵袭率≤95%。临床多表现为发热,大部分患者伴有头痛、寒战、全身不适、腹泻、各种神经系统症状等。部分患者亦可有呼吸困难、轻度干咳等呼吸系统症状。无肺炎 X 线表现及多系统损害症状为本型特点。

体格检查时军团菌肺炎早期常可见中毒性面容、高热、相对缓脉、肺部啰音等。以后多数患者出现肺实变体征。呼吸急促与肺部受损程度成正比,但与 X 线影像范围相比,体征常较轻微。

五、实验室检查和辅助检查

(一)普通实验室检查

大部分患者外周血白细胞增多,并伴有核左移、淋巴细胞减少。严重者可有白细胞及血小板减少。半数患者有低血钠、低血磷。其他改变包括 PaO_2 降低,尿素氮、肌酐升高,轻微血尿、蛋白尿和肝功能异常。有人认为肺炎伴有脑病、血尿、肝功能异常以及低血钠时,应疑及军团菌感染。

(二)病原学检测

1.呼吸道分泌物涂片染色检查 痰革兰染色军团菌常不着色,或呈革兰阴性小而细长的杆菌。Giemsa 染色可见到细胞内或细胞外淡紫色细长细菌。Gimenez 染色时军团菌被染成红色,背景为绿色,易于观察。另外尚有 Dieterle 染色、Tseng 染色、半革兰染色,均为非特异性检查技术。米克戴德军团菌抗酸染色弱阳性,因可用 Kiny-oun 和改良姜-尼染色检出,故有误诊而行抗结核治疗的报道。通常,痰涂片革兰染色具有较多中性粒细胞而无细菌时要考虑军团菌感染存在的可能。

2.培养 军团菌在普通血平板、麦康凯平板等培养基上不生长。在最佳培养基 BCYE 琼脂上也生长缓慢,2 天后才能见到菌落,多数需要 5 天,观察 10 天无生长方可报告培养阴性。应用含军团菌抗体的琼脂培养基及免疫放射自显影技术或克隆杂交技术,可更好地检测和计数军团菌菌落。Steinmetz 等利用军团菌属特异性的单克隆抗体 MAb2125 进行克隆印迹分析,可于 2 小时内在培养基上众多菌落中筛选出军团菌菌落。

由于临床标本污染机会多,分离常需在培养基中加入万古霉素、多黏菌素等以抑制污染菌生长。在培养基中加入染料,或者对标本先期进行预加热处理或酸处理,亦可以提高军团菌培养阳性率。为获最佳分离,常要同时接种 BCYE 琼脂及含抗生素的选择性培养基。可疑菌落出现后,同时转种 BCYE、不含半胱氨酸 BCYE,以及血平板,对疑似菌落行直接免疫荧光、生物化学、DNA 杂交等鉴定。可用于临床初次分离军团菌的标本很多,痰、气管内吸出物、胸腔积液、血,以及经纤维支气管镜(简称纤支镜)采取的各种标本均可用于培养。临床标本中,气管内吸出物培养军团菌阳性率最高,其敏感性 90%,特异性 100%。而痰、血标本的敏感性分别约为 80%、20%。临床采集标本时应尽量减少影响军团菌生长的因素,如经纤支镜采样时尽量少用或不用利多卡因、等渗氯化钠液冲洗等。

3.血清学检查　军团菌感染后可出现特异性血清学反应。但一般情况下抗体需 6～9 周才能达到有诊断意义的水平,仅 25%～40% 患者病程第 1 周呈有意义升高。WHO 推荐检测军团菌抗体最常用最经典方法是间接免疫荧光检测(IFA),其他常用方法尚有试管凝集试验(TAT)、间接血凝法(PHA)、微量凝集法(MAT)、酶联免疫吸附试验(ELISA)、放射免疫法(RIA)等。IFA 敏感性可达 70%～80%,特异性 95%～99%,其他方法与之大致相仿,而敏感性大多稍低(ELISA 法可较高)。血清学检测大多存在假阳性问题,依所用军团菌抗原及检测方法不同,部分正常人及某些细菌如铜绿假单胞菌、金黄色葡萄球菌等感染时可能出现不同程度抗体滴度增加。一次军团菌感染后抗体升高可持续数月甚至数年,单次抗体滴度升高不能区别既往或是现症感染。强调检测急性期及恢复期双份血清的抗体滴度有 ≥4 倍以上的变化,并达某一阈值,才有意义。目前,血清学诊断多用于回顾性诊断及流行病学调查。

4.细菌抗原和核酸的检查

(1)直接免疫荧光检测(DFA):DFA 法检测呼吸道标本是 WHO 推荐的军团菌肺炎早期诊断方法之一,可直接看到标本中的军团菌,但阳性结果常需要标本中有大量军团菌存在,X 线上呈多叶病变时阳性机会较大。目前商业化应用的仅 Lpl 型试剂盒。其诊断的敏感性为 50%～70%,特异性为 96%-99%。单克隆抗体有助于提高特异性,而敏感性相似。临床上常用于纤支镜、开胸肺活检及尸检标本诊断。

(2)尿可溶性抗原的检测:Plouffe 等先后报道用免疫学方法可检测尿中 Lpl 抗原,此法特异性>99.5%(仅次于培养),敏感性 80%～90%。1992 年 Tang 报道利用广谱 ELISA 法可同时对嗜肺及非嗜肺军团病患者尿抗原进行检测,敏感性高,特异性好,标本检测 3 小时内可获结果。Steinmetz 等亦报道可利用一种针对军团菌属特异性抗原决定簇 60KD HSP 的单克隆抗体检测尿军团菌抗原。军团病感染 3 天后尿抗原即可阳性,可持续数周。但目前尿可溶性抗原临床应用仅限于能检测 Lpl,其他军团菌尚无理想的试剂盒。

(3)PCR 及核酸检测技术的应用:目前已有军团菌种和属的特异性基因探针应用于临床,并有放射性核素标记的 DNA 探针出售。PCR 法具有很高的灵敏度,如果实验过程操作严格、引物选择恰当,亦有着较好的特异性。PCR 和探针杂交技术相结合可在一定程度上提高检测的特异性和敏感性,对非嗜肺军团菌诊断的敏感性优于培养及 DFA,但对痰 Lp 检测的敏感性不如培养高,且操作稍过繁琐。同 PCR-探针方法相比,PCR 与 ELISA 结合以检测军团菌,操作简单,且节省时间。目前 PCR 和 DNA 序列分析多用于培养物的证实。

5.X 线检查　军团菌肺炎胸部 X 线检查与一般细菌性肺炎相似,无明显特征性。胸片上以渗出、实变为主,可呈斑片、结节样改变。极早期或免疫抑制者偶或有间质性浸润影,但症状严重时仍大多为肺泡内渗出阴影,甚至有坏死及空洞形成(常发生于大剂量糖皮质激素治疗的患者)。感染时早期呈小斑片或非段性浸润,约 10 天后实变达顶点,随感染进展成段或叶性分布。而 CT 上的改变常为多段和多叶实变,以及毛玻璃样浸润,尤其是边界清楚的沿支气管的实变影混合有毛玻璃样改变是军团菌肺炎在 CT 上的最常见的改变。肺部浸润早期是单侧的,尽管接受合适的抗菌药物治疗,仍有 2/3 人病变进展成双侧性。20%～50% 人有少量胸膜腔渗出,可先于肺内病灶而出现。罕见大量胸腔积液及积脓。军团菌肺炎肺内病灶的吸收较一般肺炎慢。依托红霉素治疗后半数患者 2 周后病变才明显吸收,1～2个月才完全消散。少数可延迟至数月,残留条索影。有时经有效治疗后,军团菌肺炎症状改善,但胸部 X 线表现早期反可有进展,但如出现新的全肺叶累及则应考虑二重感染。

六、诊断

军团菌感染的症状无特异性,但某些线索有提示军团菌感染作用:①持续高热超过 40℃;②头痛或腹泻;③痰革兰染色可见较多中性粒细胞而细菌很少;④低钠血症;⑤血清肌酶升高;⑥对 β-内酰胺类抗菌药物治疗无效。当临床肺炎患者出现上述情况时,需积极检查以了解有无军团菌感染可能。通常,当临床上出现下呼吸道感染症状伴全身中毒性表现、反应淡漠,以及与局限性肺部异常不成比例的发热、呼吸困难,对 β-内酰胺类、氨基糖苷类抗菌药物治疗效果不佳等情况,结合上述线索,应怀疑军团菌肺炎。

培养出军团菌,在组织或分泌物中检出其抗原或血清学检查阳性等均可确立军团菌肺炎诊断。因不存在带菌状态,痰培养阳性即可确定诊断。我国曾于 1992 年 4 月拟定了军团菌肺炎诊断试行标准:①临床表现:发热、寒战、咳嗽、胸痛等呼吸道症状;②胸部 X 线摄片:炎症阴影;③呼吸道分泌物、痰、血或胸腔积液:在 BCYE 或其他特殊培养基中培养有军团菌生长;④呼吸道分泌物:DFA 阳性;⑤IFA 检测:前后两次抗体滴度 4 倍增长达 1∶128 以上,或 MAT 测前后两次抗体 4 倍增长达≥1∶64,或 TAT 检测前后两次抗体滴度 4 倍增长达≥1∶1600 凡具有①②同时又具③④⑤中任意一项者可诊断为军团菌肺炎。对 IFA 或 TAT 仅一次增高(IFA≥1∶256,TAT≥1∶320),同时伴临床及 X 线表现可考虑为可疑军团菌肺炎。非嗜肺军团菌感染亦可参照此标准诊断。

军团菌肺炎的鉴别诊断需排除其他病原体所致的肺炎以及肺栓塞等非感染性病变。

七、治疗

早期应用有效抗菌药物是成功治疗军团菌肺炎尤其是重症患者和免疫受损患者的关键。军团菌肺炎抗菌药物治疗以大环内酯类和氟喹诺酮类为首选。美国 FDA 推荐使用的抗菌药物有红霉素、阿奇霉素、左氧氟沙星等。其他有效的药物尚有克拉霉素、环丙沙星、加替沙星、莫昔沙星、多西环素、吉米沙星、米诺环素、替吉环素、利福平等。对需要住院者,提倡给予静脉应用红霉素、阿奇霉素或广谱氟喹诺酮类,病情好转后再给予口服药物以完成疗程。红霉素可用 1.0g,静脉滴注,每 6 小时 1 次,如治疗反应满意,则 2 天后改为 0.5g,每 6 小时口服,一般疗程为 3 周,以防吸收延缓或感染复发。左氧氟沙星 500mg,静脉用药,每日 1 次,或加替沙星 400mg,静脉用药,每日 1 次或莫昔沙星 400mg,静脉用药,每日 1 次,疗程 2～4 周;或阿奇霉素 500mg,静脉用药 1 天,继之 250mg 静脉用药,每日 1 次,连用 4 天,口服,1 周再重复。亦可使用多西环素 200mg 静脉用药,每日 2 次,连用 3 天,继之 100mg,每日 2 次,连用 11 天。吉米沙星、克拉霉素亦可选择。严重感染(尤其是需要机械通气者)、免疫抑制患者或对单一红霉素效果不佳者可联合利福平和大环内酯类或喹诺酮类之一应用,亦可考虑氟喹诺酮类加大环内酯类,如左氧氟沙星联合阿奇霉素治疗。对免疫抑制者,如有可能,应尽量停用免疫抑制药物。对其他军团菌如米克戴德肺炎治疗类似。国内经验通常红霉素 2.0g/d 已足够,重症者合用利福平 0.45~0.6g/d。国外研究表明左氧氟沙星疗效优于大环内酯类药物。鉴于红霉素的副作用,目前临床治疗倾向于使用副作用较小的阿奇霉素或氟喹诺酮类。

军团菌肺炎的支持对症治疗同一般肺炎,积极纠正低氧血症、酸碱失调及水电解质失衡,必要时机械通气。

庞提阿克热属于自限性疾病,不需抗菌药物治疗,可予对症处理。一周内完全康复。

八、预后

影响预后的主要因素是早期抗菌药物的选择及机体状态。早期确诊和及早正确治疗在免疫正常者病死率由 25% 下降至 7%,而免疫抑制者则由 80% 降至 25%。与预后不良有关的其他因素为低钠血症、出现低血压并需用正性肌力药物、经药物治疗肺炎无吸收、白细胞总数偏低、延误特异性治疗及出现呼吸衰竭。SAPS II 评分超过 46、到达 ICU 前症状持续超过 5 天是军团菌肺炎独立的死亡危险因素。吸烟、体温 >38.5℃ 及 X 线胸片两侧肺野浸润性阴影也均是独立危险因子。正确地使用抗菌药物治疗后,肺功能可完全恢复正常,少数可遗留有肺纤维化改变。部分患者出院后尚可存在疲乏感、头痛、失眠、焦虑、注意力不集中及感觉异常等症状,可持续 1.5 年以上,但大部分患者经对症处理和休养后能达到完全恢复。

第六节　肺脓肿

肺脓肿是由一种或多种病原体所引起的肺组织化脓性病变,早期为化脓性肺炎,继而坏死、液化,脓肿形成。临床上以急骤起病的高热、畏寒、咳嗽、咳大量脓臭痰,X 线显示一个或数个含气液平的空洞为特征。

一、病原体

肺脓肿绝大多数是内源性感染,主要由吸入口咽部菌群所致。其常见病原体与上呼吸道、口腔的寄居菌一致,包括需氧菌、兼性厌氧菌和厌氧菌等。厌氧菌是肺脓肿最常见的病原体,通常包括革兰阳性球菌如消化球菌、消化链球菌以及革兰阴性杆菌如脆弱拟杆菌、产黑色素拟杆菌和坏死梭形杆菌等。需氧菌和兼性厌氧菌主要包括金黄色葡萄球菌、肺炎链球菌、溶血性链球菌和肺炎克雷伯菌、大肠埃希菌、变形杆菌、铜绿假单胞菌等。院内感染中需氧菌比例通常较高。血源性肺脓肿中病原菌以金黄色葡萄球菌最为常见,肠道术后则以大肠杆菌、变形杆菌等较多,腹腔盆腔感染可继发血源性厌氧菌肺脓肿。其他可引起肺部脓肿性改变的少见病原体尚有诺卡菌、放线菌、真菌如曲菌、分枝杆菌和寄生虫如溶组织内阿米巴等,但临床所谓的"肺脓肿"含义中不包括此类特殊病原体所致者。

二、发病机制

1.吸入性肺脓肿　口鼻咽腔寄居菌经口咽吸入,是急性肺脓肿的最主要原因。扁桃体炎、鼻窦炎、齿槽溢脓的脓性分泌物,口腔鼻咽部手术后的血块,齿垢或呕吐物等,在昏迷、醉酒、癫痫发作、全身麻醉等情况下,经气管而被吸入肺内,造成细支气管阻塞,病原菌在局部繁殖,最终导致肺脓肿的发生。另有一些患者未能发现明显诱因,国内外报告其分别为 29.3％和 23％,可能由于受寒、极度疲劳等诱因的影响,全身免疫状态与呼吸道防御功能减低,在深睡时吸入口腔的污染分泌物而发病。

本型病灶常为单发性,其发生部位与解剖结构及体位有关。由于右总支气管较陡直,且管径较粗,吸入性分泌物易进入右肺。在仰卧时,好发于上叶后段或下叶背段,在坐位时,好发于下叶后基底段。右侧位时,好发于右上叶前段后段形成的腋亚段。

2.血源性肺脓肿　皮肤创伤感染、疖痈、骨髓炎、腹腔感染、盆腔感染、右心感染性心内膜炎等所致的菌血症,病原菌脓毒栓子,经循环至肺,引起小血管栓塞,进而肺组织炎症、坏死,形成脓肿。此型病变常为多发性,叶段分布无一定规律,但常发生于两肺的边缘部,中小脓肿为多。病原菌多为金黄色葡萄球菌等原发感染的病原体。

3.继发性肺脓肿　多继发于其他肺部疾病。空洞型结核、支气管扩张、支气管囊肿和支气管肺癌等继发感染,可引起肺脓肿。肺部邻近器官化脓性病变或外伤感染、膈下脓肿、肾周围脓肿、脊柱旁脓肿、食管穿孔等,穿破至肺亦可形成肺脓肿。阿米巴肺脓肿多继发于阿米巴肝脓肿。由于阿米巴肝脓肿好发于肝右叶的顶部,易穿破膈肌至右肺下叶,形成阿米巴肺脓肿。

三、病理

早期吸入部位细支气管阻塞,进而肺组织发生炎症,小血管栓塞,肺组织化脓、坏死,终至形成脓肿。炎症病变可向周围组织扩展,甚至超越叶间裂侵犯邻接的肺段。菌栓使局部组织缺血,助长厌氧菌感染,加重组织坏死。液化的脓液积聚在脓腔内引起脓肿张力增高,最终致使脓肿破溃到支气管内,进而咳出大量脓痰。若空气进入脓腔内,则脓肿内出现气液平面。有时炎症向周围肺组织扩展,可形成一个至数个脓腔。若支气管引流不畅,坏死组织残留在脓腔内,炎症持续存在,则转为慢性肺脓肿。此时脓腔周围纤维组织增生,脓腔壁增厚,周围的细支气管受累,可致变形或扩张。

四、临床表现

急性吸入性肺脓肿起病急骤,患者畏寒、发热,体温可高达 39～40℃。伴咳嗽、咳黏痰或黏液脓性痰,炎症波及局部胸膜可引起胸痛。病变范围较大者,可出现气急。此外,还可有精神不振、多汗、乏力、纳差等。约 7～10 天后,咳嗽加剧,肺脓肿破溃于支气管,随之咳出大量脓臭痰,每日可达 300～500mL,体温旋即下降。由于病原菌多为厌氧菌,故痰常带腥臭味。1/3 患者有不同程度咯血。慢性肺脓肿患者可有慢性咳嗽、咳脓痰、反复咯血和不规则发热等,常有贫血、消瘦等消耗状态。血源性肺脓肿常先有原发灶引起的全身脓毒症状,数日后才出现咳嗽、咳痰等肺部症状,痰量通常不多,也极少咯血。

胸部检查局部常有叩诊浊音或实音,呼吸音减低,湿性啰音或胸膜摩擦音;即使有空洞形成,亦很少有典型的空洞体征。并发胸膜渗液时有胸腔积液的体征。慢性肺脓肿可有杵状指(趾)。

五、实验室检查和辅助检查

1.周围血象　外周血白细胞计数及中性粒细胞均显著增加,总数可达$(20\sim30)\times10^9/L$,中性粒细胞在$80\%\sim90\%$以上。慢性肺脓肿患者的白细胞可无明显改变,但可有轻度贫血,血沉加快。

2.病原学检查　病原学检查对肺脓肿诊断、鉴别诊断以及指导治疗均十分重要。由于口腔中存在大量厌氧菌,重症和住院患者口咽部也常有可引起肺脓肿的需氧菌或兼性厌氧菌如肺炎杆菌、铜绿假单胞菌、金葡菌等定植,咳痰培养不能确定肺脓肿的病原体。较理想的方法是避开上呼吸道直接至肺脓肿部位或引流支气管内采样。但这些方法多为侵入性,各有特点,应根据情况选用。怀疑血源性肺脓肿者血培养可发现病原菌。但由于厌氧菌引起菌血症较少,对吸入性肺脓肿血培养结果往往仅能反映其中部分病原体。伴有脓胸或胸腔积液者,胸腔积液病原菌检查是个极佳的确定病原体的方式,除一般需氧菌培养外,尚需进行厌氧菌培养,阳性结果可直接代表肺脓肿病原体,极少有污染机会,而且即使发生污染亦易于判断。对免疫低下者的肺脓肿,还应行真菌和分枝杆菌的涂片染色和培养等检查。阿米巴肺脓肿者痰检可发现滋养体和包囊从而确诊。

3.影像学检查　肺脓肿的X线表现根据类型、病期、支气管引流是否通畅以及有无胸膜并发症而有所不同。吸入性肺脓肿在早期化脓性炎症阶段,其典型的X线征象为大片浓密模糊炎症浸润阴影,边缘不清,分布在一个或数个肺段,与细菌性肺炎相似。脓肿形成后,大片浓密炎症阴影中出现圆形或不规则透亮区及液平面。在消散期,脓腔周围炎症逐渐吸收,脓腔缩小而至消失,或最后残留少许纤维条索阴影。慢性肺脓肿脓腔壁增厚,内壁不规则,周围炎症略消散,但不完全,伴纤维组织显著增生,并有程度不等的肺叶收缩,胸膜增厚。纵隔向患侧移位,对侧健肺发生代偿性肺过度通气。血源性肺脓肿在一肺或两肺边缘部见有多发的、散在的小片状炎症阴影,或呈边缘较整齐的球形病灶,其中可见脓腔及平面或液化灶。炎症吸收后可呈现局灶性纤维化或小气囊。并发脓胸者,患侧呈大片浓密阴影,若伴发气胸则可出现液平。

胸部CT扫描较普通胸部平片敏感,多有浓密球形病灶,其中有液化,或呈类圆形的厚壁脓腔,脓腔内可有液平面出现,脓腔内壁常表现为不规则状,周围有模糊炎症影。伴脓胸者尚有患侧胸腔积液改变。

4.纤维支气管镜检查　可明确有无支气管腔阻塞,及时发现病因或解除阻塞恢复引流。亦可借助纤维支气管镜防污染毛刷采样、防污染灌洗行微生物检查以及吸引脓液,必要时尚可于病变部注入抗生素。

六、诊断和鉴别诊断

(一)诊断

根据口腔手术、昏迷、呕吐、异物吸入后,出现急性发作的畏寒、高热、咳嗽和咳大量脓臭痰等病史,结合白细胞总数和中性粒细胞比例显著增高,肺野大片浓密阴影中有脓腔及液平的X线征象,可作出诊断。血、胸腹水、下呼吸道分泌物培养(包括厌氧菌培养)分离细菌,有助于作出病原诊断。有皮肤创伤感染，疖、痈化脓性病灶，发热不退，并有咳嗽、咳痰等症状，胸部 X 线检查示有两肺多发性小脓肿，血培养阳性可诊断为血源性肺脓肿。

（二）鉴别诊断

肺脓肿应与下列疾病相鉴别。

1.细菌性肺炎　早期肺脓肿与细菌性肺炎在症状及 X 线表现上很相似。细菌性肺炎中肺炎链球菌肺炎最常见。胸部 X 线片示肺叶或肺段实变，或呈片状淡薄炎症病变，极少脓腔形成。其他有化脓性倾向的葡萄球菌、肺炎杆菌肺炎等，借助下呼吸道分泌物和血液细菌分离可作出鉴别。

2.空洞型肺结核　发病缓慢，病程长。胸部-X 线片示空洞壁较厚，其周围可见结核浸润卫星病灶，或伴有斑点、结节状病变。空洞内一般无液平，有时伴有同侧或对侧的结核播散病灶。痰中可找到结核分枝杆菌。

3.支气管肺癌　肿瘤阻塞支气管引起支气管远端的肺部阻塞性炎症，呈肺叶段分布。癌灶坏死液化可形成癌性空洞。发病较慢，常无或仅有低度毒性症状。胸部 X 线片示空洞常呈偏心，壁较厚且内壁凹凸不平，一般无液平，空洞周围无炎症反应。由于癌肿经常发生转移，故常见有肺门和纵隔淋巴结肿大。通过 X 线体层摄片、胸部 CT 扫描、痰脱落细胞检查以及纤维支气管镜检查可确诊。

4.支气管肺囊肿继发感染　肺囊肿呈圆形，腔壁薄而光滑，常伴有液平面，周围无炎症反应。患者常无明显的毒性症状或咳嗽。若有感染前的 X 线片相比较，则更易鉴别。

其他如 Wegener 肉芽肿亦需临床积极排除。

七、防治

肺脓肿的预防主要是减少和防治误吸，保持良好口腔卫生，肺炎早期积极给予有效抗菌药物治疗。治疗的原则是选择敏感药物抗炎和采取适当方法进行脓液引流。

1.抗菌药物治疗　吸入性肺脓肿多有厌氧菌感染存在，治疗可选用青霉素、克林霉素和甲硝唑。青霉素 G 对急性肺脓肿的大多数感染细菌都有效，故最常用，建议剂量每天 640 万～1000 万单位静滴，分 4 次给予。脆弱拟杆菌和产黑色素拟杆菌对青霉素耐药，可予林可霉素或克林霉素治疗。体外试验示甲硝唑对几乎所有常见厌氧菌均有效，但对微需氧链球菌或需氧菌无效。早期经验性治疗应针对多种口腔菌群，可选择静脉应用青霉素、头孢菌素或第三代头孢菌素与克林霉素或甲硝唑联合，或者 β-内酰胺类/β-内酰胺酶抑制剂等。酗酒、护理院及医院获得性肺脓肿者应使用有抗假单胞菌活性的第三、四代头孢菌素如头孢他啶和头孢吡肟联合克林霉素或甲硝唑。或 β-内酰胺类/β-内酰胺酶抑制剂、碳青霉烯类、氟喹诺酮类(左氧氟沙星、环丙沙星之～联合克林霉素或甲硝唑)。有效治疗下体温 3～10 天可下降至正常。此时可将静脉给药转换为口服给药(如呼吸喹诺酮类)。抗生素总疗程 6～10 周，或直至临床症状完全消失，X 线片显示脓腔及炎症病变完全消散，或仅残留纤维条索状阴影为止。血源性肺脓肿疑似金黄色葡萄球菌感染者可选用耐酶青霉素或第一代头孢菌素治疗。对 β-内酰胺类过敏或不能耐受者可改为克林霉素或万古霉素。对 MRSA 则需用万古霉素、替考拉宁、利奈唑胺。

化脓性链球菌可以青霉素 G 为首选。需氧革兰阴性杆菌引起的感染,应尽量根据体外药敏选药,或根据本地区的革兰阴性杆菌抗菌药敏情况选药。亚胺培南对肺脓肿的常见病原体均有较强的杀灭作用,是重症患者较好的经验性治疗备选药物。

2.痰液引流 肺脓肿的治疗应强调体位引流,尤其在患者一般情况较好且发热不高时。操作时使脓肿部位处于高位,在患部轻拍,每天 2～3 次,每次 10～15min。但对脓液甚多且身体虚弱者体位引流应慎重,以免大量脓痰涌出,来不及咳出而造成窒息。有明显痰液阻塞征象者可经纤支镜冲洗吸引。而有异物者需行纤支镜摘除异物。痰液黏稠、有支气管痉挛存在时,可考虑对症使用化痰药物以及支气管扩张剂治疗,亦可采用雾化以稀释痰液。贴近胸壁的巨大脓腔,可留置导管引流和冲洗。合并脓胸时应尽早胸腔抽液、引流。

对有昏迷、糖尿病等基础疾病者,尚应积极治疗原发病。对于营养不良者,应给予支持治疗。

3.外科治疗 绝大多数不需外科手术治疗。手术指征包括慢性肺脓肿长期内科治疗效果不佳,或存在恶性肿瘤、大咯血、脓胸伴支气管胸膜瘘及不愿经胸腔引流者。

第八章　肺循环疾病

第一节　肺水肿

　　肺内正常的解剖和生理机制保持肺间质水分恒定和肺泡处于理想的湿润状态,以利于完成肺的各种功能。如果某些原因引起肺血管外液体量过度增多甚至渗入肺泡,引起生理功能紊乱,则称之为肺水肿。临床表现主要为呼吸困难、发绀、咳嗽、咳白色或血性泡沫痰,两肺散在湿啰音,影像学呈现为以肺门为中心一的蝶状或片状模糊阴影。理解肺液体和溶质转运的基本原理是合理有效治疗肺水肿的基础。

一、肺内液体交换的形态学基础

　　肺泡表面为上皮细胞,肺泡表面约有 90% 被扁平 I 型肺泡细胞覆盖,其余为 II 型肺泡细胞。细胞间连接紧密,正常情况下液体不能透过。II 型肺泡细胞含有丰富的磷脂类物质,主要成分是二软脂酰卵磷脂,其分泌物进入肺泡,在肺泡表面形成一薄层减低肺泡表面张力的肺泡表面活性物质,维持肺泡开放,并有防止肺泡周围间质液向肺泡腔渗漏的功能。II 型肺泡细胞除了分泌表面活性物质外,还参与钠运输。钠先通过肺泡腔侧的阿米洛利敏感性钠通道进入细胞内,再由位于基底膜侧的 Na-K-ATP 酶将钠泵入肺间质。肺毛细血管内衬着薄而扁平的内皮细胞,内皮细胞间的连接较为疏松,允许少量液体和某些蛋白质颗粒通过。近来的研究还发现,支气管肺泡上皮还表达 4 种特异性水转运蛋白或称为水通道蛋白(AQP)1、3、4、5,可加速水的转运,参与肺泡液体的交换。

　　电镜观察可见肺泡的上皮与血管的基底膜之间不是完全融合,与毛细血管相关的肺泡壁存在一侧较薄和一侧较厚的边。薄侧上皮与内皮的基底膜相融合,即由肺泡上皮、基底膜和毛细血管内皮三层所组成,有利于血与肺泡的气体交换。厚侧由肺毛细血管内皮层、基底膜、胶原纤维和弹力纤维交织网、肺泡上皮、极薄的液体层和表面活性物质层组成。上皮与内皮基底膜之间被间隙(肺间质)分离,该间隙与支气管血管束周围间隙、小叶间隔和脏层胸膜下的间隙相连通,以利液体交换。进入肺间质的液体主要通过淋巴系统回收。在厚侧肺泡隔中,电镜下可看到神经和点状胶原物质组成的感受器。当间质水分增加,胶原纤维肿胀刺激"J"感受器,传至中枢,反射性使呼吸加深加快,引起胸腔负压增加,淋巴管液体引流量增多。

二、发病机制

　　无肺泡液体清除时,控制水分通过生物半透膜的各种因素可用 Starling 公式概括。

这里之所以使用微血管而不是毛细血管这一术语,是因为液体滤出还可发生在小动脉和小静脉处。此外,$SA \times Lp = Kf$,是水过系数。虽然很难测定 SA 和 Lp,但其中强调了 SA 对肺内液体全面平衡的重要性。反射系数表示血管对蛋白的通透性。如果半透膜完全阻止可产生渗透压的蛋白通过,σ 值为 1.0,相反,如其对蛋白的滤过没有阻力,σ 值为 0。因此,σ 值可反映血管通透性变化影响渗透压梯度,进而涉及肺血管内外液体流动的作用。肺血管内皮的 σ 值为 0.9,肺泡上皮的 σ 值为 1.0。因此,在某种程度上内皮较肺泡上皮容易滤出液体,导致肺间质水肿发生在肺泡水肿前。

从公式可看出,如果 SA、Lp、Pmv 和 π_{pmv} 部分或全部增加,其他因素不变,EVLW 即增多。Ppmv、σ、π_{mv} 和 Flymph 的减少也产生同样效应。由于重力和肺机械特性的影响,肺内各部位的 Pmv 和 Ppmv 并不是均匀一致的。在低于右心房水平的肺区域中,虽然 Pmv 和 Ppmv 均可升高,但前者的升高程度大于后者,这有助于解释为什么肺水肿易首先发生在重力影响最明显的部位。

正常时,尽管肺微血管和间质静水压力受姿势、重力、肺容量乃至循环液体量变化的影响,但肺间质和肺泡均能保持理想的湿润状态。这是由于淋巴系统、肺间质蛋白和顺应性的特征有助于对抗液体潴留并连续不断地清除肺内多余的水分。肺血管静水压力和通透性增加时,淋巴流量可增加 10 倍以上对抗肺水肿的产生。起次要作用的是肺间质内蛋白的稀释效应,它由微血管内静水压力升高后致使液体滤过增多引起,效应是降低 π_{pmv},反过来减少净滤过量,但对血管通透性增加引起的肺水肿不起作用。预防肺水肿的另一因素是顺应性变化效应。肺间质中紧密连接的凝胶结构不易变形,顺应性差,肺间质轻度积液后压力即迅速升高,阻止进一步滤过。但同时由于间质腔扩张范围小,当移除肺间质内水分的速度赶不上微血管滤出的速度时,易发生肺泡水肿。

近来的研究又发现,肺水肿的形成还受肺泡上皮液体清除功能的影响。肺泡 II 型细胞在儿茶酚胺依赖性和非依赖性机制的调节下,可主动清除肺泡内的水分,改善肺水肿。据此,可以推论,肺水肿的发病机制除了 Starling 公式中概括的因素外,还受肺泡上皮主动液体转运功能的左右。只有液体漏出的作用强于回收的作用,并超过了肺泡液体的主动转运能力后才发生肺水肿。而且,肺泡液体转运功能完整也有利于肺水肿的消散。

三、分类

为便于指导临床诊断和治疗,可将肺水肿分为微血管压升高性(高压性肺水肿)、微血管压正常性(常压性肺水肿)和高微血管压合并高肺毛细血管膜通透性肺水肿(混合性肺水肿)3 类。

四、病理和病理生理

肺表面苍白,含水量增多,切面有大量液体渗出。显微镜下观察,可将其分为间质期、肺泡壁期和肺泡期。

间质期是肺水肿的最早表现,液体局限在肺泡外血管和传导气道周围的疏松结缔组织中,支气管、血管周围腔隙和叶间隔增宽,淋巴管扩张。液体进一步潴留时,进入肺泡壁期。液体蓄积在厚的肺泡毛细血管膜一侧,肺泡壁进行性增厚。发展到肺泡期时,充满液体的肺泡壁会丧失其环形结构,出现褶皱。无论是微血管内压力增高还是通透性增加引起的肺水肿,肺泡腔内液体中蛋白与肺间质内相同时,提示表面活性物质破坏,而且上皮丧失了滤网能力。

肺水肿可影响肺顺应性、弥散功能、通气/血流比值和呼吸类型。其程度与病理改变有关,间质期最轻,肺泡期最重。肺含水量增加和肺表面活性物质破坏,可降低肺顺应性,增加呼吸功。间质和肺泡壁液体潴留可加宽弥散距离。肺泡内部分或全部充满液体可引起弥散面积减少和通气/血流比值降低,产生肺泡动脉血氧分压差增加和低氧血症。区域性肺顺应性差异易使吸入气体进入顺应性好的肺泡,加重通气/血流比值失调。同时由于肺间质积液刺激 J 感受器,呼吸浅速,进一步增加每分钟无效腔通气量,减少呼吸效率、增加呼吸功耗。当呼吸肌疲劳不能代偿性增加通气和保证肺泡通气量后,即出现 CO_2 潴留和呼吸性酸中毒。

此外,肺水肿间质期即可表现出对血流动力学的影响。间质静水压升高可压迫附近微血管,增加肺循环阻力,升高肺动脉压力。低氧和酸中毒还可直接收缩肺血管,进一步恶化血流动力学,加重右心负荷,引起心功能不全。

五、临床表现

高压性肺水肿体检时可发现心脏病体征。临床表现依病程而变化。在肺水肿间质期,患者可主诉咳嗽、胸闷、呼吸困难,但因为增加的水肿液体大多局限在间质腔内,只表现轻度呼吸浅速,听不到啰音。因弥散功能受影响或通气/血流比值失调而出现动脉血氧分压降低。待肺水肿液体渗入到肺泡后,患者可主诉咳白色或血性泡沫痰,出现严重的呼吸困难和端坐呼吸,体检时可听到两肺满布湿啰音。血气分析指示低氧血症加重,甚至出现 CO_2 潴留和混合性酸中毒。

常压性和混合性肺水肿的临床表现可因病因而异,而且同一病因引起肺水肿的临床表现也可依不同的患者而变化。吸入有毒气体后患者可表现为咳嗽、胸闷、气急,听诊可发现肺内干啰音或哮鸣音。吸入胃内容物后主要表现为气短、咳嗽。通常为干咳,如果经抢救患者得以存活,度过急性肺水肿期,可咳出脓性黏痰,痰培养可鉴定出不同种类的需氧菌和厌氧菌。淹溺后,由于肺泡内的水分吸收需要一定时间,可表现咳嗽、肺内湿啰音,血气分析提示严重的持续性低氧血症,部分病例表现为代谢性酸中毒,呼吸性酸中毒少见。高原肺水肿的症状发生在到达高原的 12 小时至 3 天内,主要为咳嗽、呼吸困难、乏力和咯血,常合并胸骨后不适。体检可发现发绀和心动过速,吸氧或回到海平面后迅速改善。对于吸毒或注射毒品患者来讲,最严重的并发症之一即是肺水肿。过量应用海洛因后,肺水肿的发生率为 48%～75%,也有报道应用美沙酮、右丙氧芬、氯氮草和乙氯维诺可诱发肺水肿。患者送到医院时通常已昏迷,鼻腔和口腔喷出粉红色泡沫状水肿液,发生严重的低氧血症、高碳酸血症、呼吸性合并代谢性酸中毒、ARDS。

六、影像学改变

典型间质期肺水肿的 X 线表现主要为肺血管纹理模糊、增多,肺门阴影不清,肺透光度降低,肺小叶间隔增宽。两下肺肋膈角区可见 Kerley B 线,偶见 Kerley A 线。肺泡水肿主要为腺泡状致密阴影,弥漫分布或局限于一侧或一叶的不规则相互融合的模糊阴影,或呈肺门向外扩展逐渐变淡的蝴蝶状阴影。有时可伴少量胸腔积液。但肺含量增加 30% 以上才可出现上述表现。CT 和磁共振成像术可定量甚至区分肺充血和肺间质水肿,尤其是体位变化前后的对比检查更有意义。

七、诊断和鉴别诊断

根据病史、症状、体检和 X 线表现常可对肺水肿作出明确诊断,但需要肺含水量增多超过 30% 时才可出现明显的 X 线变化,必要时可应用 CT 和磁共振成像术帮助早期诊断和鉴别诊断。热传导稀释法和血浆胶体渗透压—肺毛细血管楔压梯度测定可计算肺血管外含水量及判断有无肺水肿,但均需留置肺动脉导管,为创伤性检查。用 ^{99m}Tc-人血球蛋白微囊或 ^{113}min-运铁蛋白进行肺灌注扫描时,如果通透性增加可聚集在肺间质中,通透性增加性肺水肿尤其明显。此外,高压性肺水肿与常压性肺水肿在处理上有所不同,二者应加以鉴别。

八、治疗

1.病因治疗　输液速度过快者应立即停止或减慢速度。尿毒症患者可用透析治疗。感染诱发者应立即应用恰当抗生素。毒气吸入者应立即脱离现场,给予解毒剂。麻醉剂过量摄入者应立即洗胃及给予对抗药。

2.氧疗　肺水肿患者通常需要吸入较高浓度氧气才能改善低氧血症,最好用面罩给氧。湿化器内置 75%~95% 酒精或 10% 硅酮有助于消除泡沫。

3.吗啡　每剂 5~10mg 皮下或静脉注射可减轻焦虑,并通过中枢性交感神经抑制作用降低周围血管阻力,使血液从肺循环转移到体循环,并可舒张呼吸道平滑肌,改善通气。对心源性肺水肿效果最好,但禁用于休克,呼吸抑制和慢性阻塞性肺疾病合并肺水肿者。

4.利尿　静脉注射呋塞米(速尿)40~100mg 或布美他尼(丁尿胺)1mg,可迅速利尿、减少循环血量和升高血浆胶体渗透压,减少微血管滤过液体量。此外静脉注射呋塞米还可扩张静脉,减少静脉回流,在利尿作用发挥前即可产生减轻肺水肿的作用。但不宜用于血容量不足者。

5.血管舒张剂　血管舒张剂是治疗急性高压性肺水肿的有效药物,通过扩张静脉,促进血液向外周再分配,进而降低肺内促进液体滤出的驱动压。此外,还可扩张动脉、降低系统阻力(心脏后负荷),增加心排出量,其效果可在几分钟内出现。对肺水肿有效的血管舒张剂分别是静脉舒张剂、动脉舒张剂和混合性舒张剂。静脉舒张剂代表为硝酸甘油,以 10~15μg/min 的速度静脉给药,每 3~5min 增加 5~10μg 的剂量直到平均动脉压下降(通常 >20mmHg)、肺血管压力达到一定的标准、头痛难以忍受或心绞痛减轻。混合性舒张剂代表为硝普钠,通常以 10μg/min 的速度静脉给药,每 3~5min 增加 5~10μg 的剂量直到达到理想效果。动脉舒张压不应小于 60mmHg,收缩压峰值应该高于 90mmHg,多数患者在 50~100μg/min 剂量时可以获得理想的效果。

6.强心剂　主要适用于快速心房纤颤或扑动诱发的肺水肿。2周内未用过洋地黄类药物者,可用毒毛花苷 K 0.25mg 或毛花苷 C 0.4~0.8mg 溶于葡萄糖内缓慢静注,也可选用氨力农静滴。

7.β_2 受体激动剂　已有研究表明雾化吸入长效、短效 β_2 受体激动剂,如特布他林或沙美特罗可能有助于预防肺水肿或加速肺水肿的吸收和消散,但其疗效还有待于进一步验证。

8.肾上腺糖皮质激素　对肺水肿的治疗价值存在分歧。一些研究表明,它能减轻炎症反应和微血管通透性,促进表面活性物质合成,增强心肌收缩力,降低外周血管阻力和稳定溶酶体膜。可应用于高原肺水肿、中毒性肺水肿和心肌炎合并肺水肿。通常用地塞米松 20~40mg/d 或氢化可的松 400~800mg/d 静脉注射,连续 2~3 天,但不适合长期应用。

9.减少肺循环血量　患者坐位,双腿下垂或四肢轮流扎缚静脉止血带,每 20min 轮番放松一肢体 5min,可减少静脉回心血量。适用于输液超负荷或心源性肺水肿,禁用于休克和贫血患者。

10.机械通气　出现低氧血症和(或)CO_2 潴留时,可经面罩或人工气道机械通气,辅以 3~10cmH_2O 呼气末正压。可迅速改善气体交换和通气功能。但无法用于低血压和休克患者。

第二节　肺栓塞

肺栓塞(PE)是指栓塞物经静脉嵌塞在肺动脉及其分支,阻碍组织血液供应所引起的疾患。常见的栓子是血栓,其余为少见的新生物细胞、脂肪滴、气泡、静脉输入的药物颗粒,偶见留置的导管头端引起的肺血管阻断。由于肺组织接受支气管动脉和肺动脉双重血供,而且肺组织和肺泡间也可直接进行气体交换,所以大多数 PE 不一定引起肺梗死。

一、流行病学

国外 PE 的发病率很高,仅美国每年的发病率即可达 60 万。其中约 1/10 在 1 小时内死亡,余下的仍有 1/3 死亡,占人口死因第 3 位。也有报告近年来随着成人接受抗凝治疗的增加,发病率呈减少趋势。虽然我国尚无确切的流行病学资料,但由于人口众多、下肢深静脉血栓形成等静脉血栓性疾病发病率较高,而目前的抗凝溶栓治疗不够积极,估计 PE 的绝对发病数要远远高于美国,也是严重危害人民健康,致死、致残的重要疾病。

二、病因和发病机制

1.深静脉血栓形成引起肺栓塞　深静脉血栓的发病机制包括三个因素,即血管内皮损伤、血液高凝状态及静脉血流淤滞。95%的肺栓塞来自下肢深静脉血栓,其中大约 86% 的血栓来自下肢近端的深静脉即腘静脉、股静脉和髂静脉。腓静脉血栓一般较细小,即使脱落也较少引起 PE。只有当其血栓发展到近端血管并脱落时,才易引起肺栓塞。深静脉血栓形成的高危因素有:①获得性危险因素:如高龄、肥胖、大于 4 天的长期卧床、制动、心脏疾病;如房颤合并心衰、动脉硬化等，手术，特别是膝关节和髋关节、恶性肿瘤手术，妊娠和分娩等；②遗传性危险因素：凝血因子Ⅴ莱顿突变引起的活化蛋白 C 抵抗、凝血酶原基因缺陷等造成的血液高凝状态。

2.非深静脉血栓形成引起肺栓塞　全身静脉血液都回流至肺，因此肺血管床极易暴露于各种阻塞或有害因素中，除了上述的深静脉血栓栓塞外，还有其他常见的栓子，也可引起肺栓塞。其中包括：①脂肪栓塞，如下肢长骨骨折；②羊水栓塞；③空气栓塞；④寄生虫栓塞，如血吸虫虫卵阻塞或由此产生的血管炎；⑤感染性病灶；⑥肿瘤的瘤栓；⑦毒品，毒品引起血管炎或继发性血栓形成。

三、病理

大多数急性 PE 可累及多支肺动脉。就栓塞部位而言，右肺多于左肺，下叶多于上叶，但少见栓塞于右肺或左肺动脉主干或骑跨在肺动脉分叉处。血栓栓子机化差时，在通过心脏途径中易形成碎片栓塞小血管。若纤溶机制不能完全溶解血栓，24 小时后栓子的表面即逐渐为内皮样细胞被覆，2～3 周后牢固贴于动脉壁，血管重建。早期栓子退缩、血流再通的冲刷作用、覆盖于栓子表面的纤维素、血小板凝集物及溶栓过程，都可以产生新栓子进一步栓塞小的血管分支。栓子是否引起肺梗死由受累血管大小、栓塞范围、支气管动脉供给血流的能力及阻塞区通气适当与否决定。肺梗死的组织学特征为肺泡内出血和肺泡壁坏死，很少发现炎症。原来没有肺部感染或栓子为非感染性时，极少产生空洞。梗死区肺表面活性物质减少可导致肺不张。胸膜表面常见渗出，1/3 为血性。若能存活，梗死区最后形成瘢痕。

四、病理生理

PE 对生理学的影响取决于三个因素：①栓子的性质，受累血管的大小和肺血管床阻塞的范围；②栓子嵌塞肺血管后释放的 5-羟色胺、组胺等介质引起的反应；③患者原来的心肺功能状态。

PE 对呼吸的即刻影响是无效腔/潮气比值增加，随后肺内的刺激和 J 感受器受到刺激后引起反射性呼吸浅快，进一步增加无效腔通气量。由于呼吸次数增加的代偿作用，$PaCO_2$ 正常或降低。

PE 并不直接影响动脉血氧分压，但是 PE 附近区域的水肿和肺不张，可影响弥散功能，减少通气/血流比值，降低动脉血氧分压。如果同时伴肺表面活性物质减少、肺泡萎陷和肺泡液体潴留会进一步加重低氧血症，而且很难通过吸氧来纠正。原有心肺疾病的患者这些改变会进一步加重。有神经肌肉疾患、胸膜剧烈疼痛和出现呼吸肌疲劳者，还可出现 CO_2 潴留。

PE 对血流动力学的影响比较复杂。原无心肺疾病者，只有在一半以上肺血管结构被栓子影响后，才出现肺动脉高压。但栓塞前即存在肺血管阻力明显异常的患者，较少的栓塞也足以引发肺动脉高压。PE 后释放的血管活性物质，如 5-羟色胺，会促进肺动脉高压的发生。应用5-羟色胺拮抗剂可明显削弱甚至阻断 PE 对血流动力学的不利影响及其对支气管的收缩作用。

五、临床表现

1.症状　常见的有：①呼吸困难或气短，活动后加剧；②胸痛，多数为胸膜性疼痛，少数为心绞痛样发作；③咳嗽；④晕厥；⑤咯血；⑥无症状者可占 6.9％。值得指出的是，临床有典型肺梗死三联症的患者（呼吸困难、胸痛及咯血）不足 1/3。

2.体征　一般常见的体征有发热、呼吸变快、心率增加及发绀等。部分患者伴有肺不张时可有气管向患侧移位，肺野可闻及哮鸣音和干湿啰音，也可有肺血管杂音，并随吸气增强，伴胸膜摩擦音等。心脏体征有肺动脉第二音亢进及三尖瓣区反流性杂音，后者易与二尖瓣关闭不全相混淆；也可有右心性第三及第四心音，分别为室性和房性奔马律以及心包摩擦音等。最有意义的体征是反映右心负荷增加的颈静脉充盈、搏动及下肢深静脉血栓形成所致的肿胀、压痛、僵硬、色素沉着和浅静脉曲张等。

六、实验室检查和辅助检查

1.血浆 D-二聚体（D-dimer）　D-二聚体是交联纤维蛋白在纤溶系统作用下产生的可溶性降解产物，血栓栓塞时因血栓纤维蛋白溶解使其血浓度升高。D-二聚体，尤其是酶联免疫吸附法的结果，较为可靠。对急性 PE 诊断的敏感性达 92％～100％，但特异性较低，仅为 40％～43％。手术、肿瘤、炎症、感染、组织坏死等均可使 D-二聚体升高。临床上 D-二聚体对急性 PE 有较大的排除诊断价值，若其含量低于 $500\mu g$，可基本除外急性 PE。

2.X 线胸片　可见斑片状浸润、肺不张、膈肌抬高、胸腔积液，尤其是以胸膜为基底凸面朝向肺门的圆形致密阴影（Hamptom 驼峰）以及扩张的肺动脉伴远端肺纹理稀疏（Westermark征）等对 PE 诊断具有重要价值，但缺乏特异性。

3.核素肺通气/灌注扫描　典型肺动脉栓塞的表现为肺灌注显像多发的肺段性放射性分布减低或缺损，而同期的肺通气显像和胸部 X 线检查正常，表现为不匹配。随栓子大小不同，放射性分布减低或缺损区可为亚肺段性、叶性或全肺。肺灌注显像可观察到直径 1mm 以上的栓塞血管。诊断的准确性达 95％～100％，是诊断该病和观察疗效、选择终止用药合适时间的重要方法。但其他肺实质病变也可导致局限性放射性分布减低或缺损，使其特异性降低。

4.螺旋 CT 造影　能发现段以上肺动脉内栓子，甚至发现深静脉栓子，是 PE 的确诊手段之一。其直接征象为肺动脉内低密度充盈缺损，部分或完全包围在不透光的血流之间（轨道征），或呈完全充盈缺损，远端血管不显影；间接征象包括肺野楔形密度增高影，条带状的高密度区或盘状肺不张，中心肺动脉扩张及远端血管分支减少或消失等。但对亚段 PE 的诊断价值有限。

5.磁共振成像（MRI）　对段以上肺动脉内栓子诊断的敏感性和特异性均较高。适用于碘造影剂过敏的患者，且具有潜在的识别新旧血栓的能力，有可能为确定溶栓方案提供依据。

6.心电图　大多为非特异性改变。较常见的有 V_1～V_4 导联的 T 波改变和 ST 段异常；部分病例可出现ＳⅠQⅢTⅢ征（即Ⅰ导联 S 波加深，Ⅲ导联出现 Q/q 波及 T 波倒置）；以及完全或不完全右束支传导阻滞、肺型 p 波、电轴右偏和顺钟向转位等。多在发病后即刻开始出现，其后随病程的演变呈动态变化。

7.超声心动图　严重病例可发现右心室壁局部运动幅度降低、右心室和(或)右心房扩大、室间隔左移和运动异常、近端肺动脉扩张、三尖瓣反流速度增快、下腔静脉扩张,吸气时不萎陷。提示肺动脉高压、右心室高负荷和肺源性心脏病,但尚不能作为 PE 确诊依据。若在右心房或右心室发现血栓或肺动脉近端血栓,同时患者临床表现符合 PE,可作出诊断。

8.动脉血气分析　常表现为低氧血症、低碳酸血症、肺泡-动脉血氧分压差($PA-aO_2$)增大。部分患者的结果可以正常。

9.肺动脉造影　为 PE 诊断的经典方法,敏感性和特异性分别为 98% 和 95%~98%。PE 的直接征象为肺血管内造影剂充盈缺损,伴或不伴轨道征的血流阻断。间接征象有肺动脉造影剂流动缓慢,局部低灌注,静脉回流延迟等。但为有创性检查,可发生严重并发症甚至致命,应严格掌握其适应证。

七、诊断和鉴别诊断

约 11% 的 PE 患者在发病 1 小时内死亡。其余的仅 29% 可得到明确诊断,死亡率为 8%,而得不到明确诊断的患者中死亡率高达 30%。因此,早期发现十分重要,可提高抢救成功率。这就要求门诊、急诊医生提高对急性 PE 的警惕,把握急性 PE 发病变化规律的特点,结合常规的检查方法,如心电图的动态变化、X 线胸片、动脉血气分析、D-二聚体检测等基本检查方法,筛选出 PE 的疑诊患者。

有静脉血流缓慢的患者伴难以解释的呼吸困难应考虑到 PE 的可能性。其他的加重因素为口服避孕药、长期卧床、充血性心衰、外科手术等。对 PE 诊断有参考意义的检查有 PaO_2 降低、$PA-aO_2$ 增宽、D-二聚体增高、典型的心电图和超声心动图改变。

核素肺通气/灌注扫描是诊断 PE 最敏感的无创性方法。特异性虽低,但有典型的多发性、节段性或楔形灌注缺损而通气正常或增加,结合临床诊断即可成立。螺旋 CT 和电子束 CT 造影和 MRI 为 PE 诊断的有用的无创性技术。较大栓塞时可见明显的肺动脉充塞缺损。

易与肺栓塞混淆的是肺炎、胸膜炎、气胸、慢性阻塞性肺疾病、肺部肿瘤、急性心肌梗死、充血性心衰、胆囊炎、胰腺炎等疾病,放射性核素、CT 和 MRI 有助于鉴别。诊断和鉴别诊断困难者可考虑肺动脉造影,也适用于临床和核素扫描可疑以及需要手术治疗的病例,但多发性小栓塞常易漏诊。

八、治疗

分对症治疗和特异性治疗。对症治疗包括改善低氧血症、止痛、舒张支气管、纠正休克和心力衰竭等。特异性治疗可从溶栓、抗凝、手术和预防再栓塞四个方面考虑。溶栓和抗凝均为急性肺血栓栓塞症的特异性治疗,但是也可引起严重并发症,在治疗时应予以充分注意。

1.溶栓治疗　溶栓治疗主要适用于大面积 PE 者,尤其是伴休克和或低血压的病例。血压正常,但超声心动图提示右室功能减退或临床表现为右室功能不全者,无禁忌证时也可溶栓治疗。对于血压和右室功能均正常者,则不推荐溶栓治疗。

溶栓治疗的最佳时间为 PE 后 14 天内。可选用尿激酶(UK),或重组组织型纤溶酶原激活剂(rt-PA)以及链激酶(SK)溶栓治疗,奏效后再转为抗凝治疗维持。UK:负荷量 4400IU/kg,静脉用药 10min,随后 2200IU/(kg.h),持续 12 小时;或 20000IU/kg 持续静滴 2 小时。rt-PA:50～100mg 持续静滴 2 小时。SK:30min 内静脉注射负荷量 25000IU,随后以 100000IU/h 持续静滴 24 小时。用药前需肌注苯海拉明或地塞米松以防止链激酶过敏反应。

溶栓治疗的并发症主要为出血,因此用药前应全面评价有无溶栓治疗的禁忌证。如果大面积 PE 对生命威胁极大时,绝对禁忌证也可看作相对禁忌证。但应放置外周静脉留置导管,便于在溶栓过程中取血监测凝血酶原时间(PT)或活化部分凝血激酶时间(APTT),调整剂量。并应在治疗前配血,作好输血准备,保证溶栓安全。

溶栓治疗结束后,应每 2～4 小时测定 1 次 PT 或 APTT,当其水平低于正常值的 2 倍,即应重新开始规范的肝素治疗,但使用 UK、SK 溶栓期间勿同时应用肝素。溶栓成功后,应注意预防再栓塞。包括减少或避免血栓形成的各种因素,如减少血液在静脉内淤积,纠正高凝状态和避免内皮损伤。已形成深静脉血栓者应尽早治疗,防止栓子脱落流入到腔静脉,进入肺循环。

2.抗凝治疗　抗凝治疗可有效地防止血栓复发和再形成,是血流动力学稳定肺栓塞症者的基本治疗方法。临床常用的抗凝药物主要为普通肝素(下称肝素)和华法林。应用肝素前应检查有无抗凝的禁忌证,如活动性出血、凝血功能障碍、血小板减少、未予控制的严重高血压等。但对于 PE 已确诊者,大多属相对禁忌证。

抗凝治疗时可先后给予静脉肝素及静脉肝素联合口服抗凝治疗各 4～5 天,后转为口服抗凝治疗 3～6 个月。静脉注射肝素的初始剂量为 80IU/kg,然后以 18IU/(kg·h)持续静脉滴注。刚开始治疗的 24 小时内应每 4～6 小时测定 APTT,最好使其达到并维持于正常值的 1.5～2.5 倍。随后改为每天上午测定 APTT 1 次。

但 APTT 仅为一项普通的凝血功能指标,并不总能可靠地反映血浆肝素水平或抗栓活性。有条件者应测定血浆肝素水平,使之维持在 0.2～0.4IU/mL(鱼精蛋白硫酸盐测定法)或 0.3～0.6IU/d(酰胺分解测定法),有利于更好地调整肝素剂量。应用肝素可引起血小板减少症,在使用肝素的第 3～5 天、第 7～10 天以及第 14 天应复查血小板计数。如果血小板迅速或持续降低达 30% 以上,或血小板计数<100×10^9/L,应停用肝素。通常停用肝素后 10 天内血小板会逐渐恢复。

华法林为服用方便的口服抗凝剂,可用于长期抗凝治疗。因其需数天才能发挥全部作用,所以至少需与肝素重叠应用 4～5 天。在肝素开始应用后的第 1～3 天即可口服华法林 3.0～5.0mg/d。当测定的国际标准化比率(INR)连续 2 天达到 2.5(2.0～3.0)时,或 PT 延长至 1.5～2.5 倍时,即可停用肝素,单独口服华法林维持。在达到治疗水平前,应每日测定 INR,其后 2 周每 2～3 天监测 1 次,以后根据 INR 的稳定情况 1 周左右监测 1 次。需长期治疗者,应每 4 周测定 1 次 INR 并据其调整华法林剂量。

华法林的主要并发症为出血,可用维生素 K 拮抗。此外,华法林偶可引起血管性紫癜,导致皮肤坏死,多发生于治疗的前几周。妊娠前 3 个月和后 6 周禁用华法林,可用肝素治疗。产后和哺乳期妇女可以服用华法林,但育龄期妇女服用华法林者需注意避孕。

3.手术治疗 广义的手术治疗包括介入放射学或外科治疗两种方法。介入放射学手术是根据要求利用不同功能的导管粉碎或取出栓子。此技术不适用于有卵圆孔未闭的患者,因为栓子有可能脱落流入左心,造成体循环栓塞。

外科手术取栓术适用于大的肺动脉栓塞,可迅速恢复肺动脉血供、改善血流动力学异常。但死亡率可高达30%～44%,因此常保留在溶栓治疗无效时或对溶栓治疗禁忌的患者。

溶栓治疗有效后,还应采取措施预防再栓塞,可采用结扎、置以特制的夹子或下腔静脉滤过器的方法。前两种方法由于有很多并发症而被逐渐放弃。近来应用滤过器效果明显改善,可使PE的发病率降到2.4%以下。

其他的预防措施为减少或避免血栓形成的各种因素,如减少血液在静脉内淤积、纠正高凝状态和避免内皮损伤。已形成血栓者应尽早治疗,防止栓子脱落流入腔静脉,进入肺循环。

第三节 肺动静脉瘘

肺血管之间的异常交通可见于先天或后天获得性疾病。可表现为动脉到静脉(如甲状腺转移癌)、动脉到动脉(如慢性局部缺血或感染引起的支气管动脉到肺动脉的分流)或静脉到静脉(如晚期肺气肿合并的支气管静脉到肺静脉的分流)的异常交通。肺动静脉瘘是肺动脉与肺静脉之间的直接交通,也可为先天性或后天性获得性疾病,两者临床表现和治疗原则类似。

先天性肺动静脉瘘是胚胎时期肺循环内形成的一支或多支肺动脉与肺静脉的异常交通。其中40%～65%的患者还伴有其他部位的动静脉异常交通,如皮肤、黏膜和其他器官的遗传性出血性毛细血管扩张症,称为Rendu-Osler-Weber病,为常染色体显性遗传。

肺动静脉瘘与其他部位的血管瘤相似,常呈囊状扩张。主要包括两种成分,分别为内皮细胞连接的血管腔和起支持作用结缔组织基质,也可有少量平滑肌。由于血管内压力较低,周围基质也不多,囊壁较薄,类似静脉壁。囊腔内可有血栓形成或细菌性动脉内膜炎,但不影响周围肺组织,不引起肺不张、支气管扩张或肺炎。其中1/3为多发性,常位于肺下叶近胸膜脏层,少数发生在肺实质深处。

一、临床表现

临床表现与肺动静脉瘘的大小、数量、对气体交换影响和有无并发症有关。大多数小的无并发症的肺动静脉瘘患者无症状,直到常规或因其他疾病进行胸部影像学检查时才被发现。约一半患者主诉呼吸困难,其原因可能与大量来自肺动脉的混合静脉血直接进入了肺静脉,引起动脉血氧分压大幅度降低,刺激呼吸中枢末梢化学感受器所致。其他常见症状是囊腔破裂出血引起的系列表现,可发生在既往无症状的患者中,依囊腔破裂部位和出血程度而异。囊腔破向支气管时表现为咯血,破向胸膜腔时则引起血胸。大量咯血或血胸可因血容量大量丢失或影响呼吸功能而引起休克、严重呼吸困难,甚至死亡。半数患者表现为鼻衄,常合并遗传性出血性毛细血管扩张。这些患者还可伴上消化道出血、卒中、脑脓肿或癫痫发作等。30%患者可表现有神经症状,如头痛、耳鸣、头晕、复视和感觉异常,甚至偏瘫。

体检发现主要为肺动静脉瘘本身的体征和并发症。1/3 患者有皮下黏膜毛细血管扩张，表现为面部、前胸、大腿淡红色圆形散在或集聚的蜘蛛痣性血管扩张。呼吸困难患者常有发绀和杵状指。肺动静脉瘘本身特有的体征是随呼吸变化的心脏杂音，表现为吸气时杂音增强，呼气时减弱。这是因为流经肺动静脉瘘的肺血流吸气时增加，呼气时减少所致。该体征在关闭声门用力吸气时（Muller 法）明显增强，用力呼气时（Valsalva 法）明显减弱甚至消失。但是偶尔可出现非典型杂音，表现为呼气增强或在心脏舒张期听到。

二、辅助检查

对诊断有重要意义的辅助检查是影像学，但较小的肺动静脉瘘胸部平片不易发现。典型的肺动静脉瘘常表现为圆形或椭圆形、密度均匀一致、周边光滑的单个或葡萄状阴影，少于 5% 的肺动静脉瘘可有钙化点。64 排螺旋 CT 血管成像技术或 MRI 扫描有助于发现瘘囊与肺门血管的关系，可见到流入血管和流出血管与肺门血管相连。X 线透视可证明瘘囊的波动性质，特别在行 Muller 法和 Valsalva 法时，瘘囊的波动会更加明显。对诊断困难者可进行肺血管造影，并可据其判断瘘囊的数量和大小。反复和大量咯血的患者可有红细胞减少，无咯血且有分流明显增加的患者可有低氧血症，而且不随吸入纯氧而相应升高。

三、诊断和鉴别诊断

患者气急、杵状指、红细胞增多、难以纠正的低氧血症、局部胸壁听到连续性杂音，而且随 Muller 法和 Valsalva 法明显改变时，应怀疑本病。应及时进行胸部影像学检查，但部分支气管扩张、结核、肉芽肿疾病、孤立性肺结节或转移性肺癌影像学表现可与本病类似。杂音近心脏时，还应与先天性心脏病和心脏瓣膜病鉴别。红细胞明显增多时，应与红细胞增多症鉴别，但肺动静脉瘘白细胞和血小板计数正常，无脾肿大。鉴别困难时，应进行肺动脉造影以明确诊断。

四、治疗

手术是治疗肺动静脉瘘的最有效疗法。有明显发绀、红细胞增多、咯血或病变迅速增大时应考虑手术。根据病变范围，可采取与病灶有一定距离的楔形肺段或肺叶切除手术，同时尽可能多地保留正常肺组织。然而，多达 1/3 的患者有多处病灶，术后可能复发。为提高手术根治率，术前应常规进行肺动脉造影，全面了解肺动静脉瘘的数量和波及范围，以便手术时彻底切除。较小的肺动静脉瘘，可采用介入放射学疗法。通过肺动脉导管将细钢丝圈、丝线、硅酮气囊等非吸收性物质选择性栓塞囊腔，也可取得较好疗效，但可复发。如果手术成功，肺动静脉瘘的本身症状即全部消失。

第九章 消化系统疾病

第一节 食管损伤

一、食管穿透性损伤

很多原因均可造成食管的穿透性损伤,包括食管本身的病变、较大或较突然的力量作用于食管、食管周围的病变及化学性损伤等。损伤后如出现较小的孔洞就称为穿孔,如食管出现全层的裂缝则称为破裂。

(一)病因

导致食管穿透的原因主要包括医疗过程中插管、器械操作、钝性损伤及剧烈呕吐等(表9-1)。近年来,由于食管内镜检查、食管及其周围治疗的大量开展,已使导致食管穿透的原因发生了巨大的改变,与医疗操作有关的食管穿透所占的比例已越来越大。器械食管或其周围的、组织就有可能导致食管穿透。硬式食管镜(以前主要用于狭窄的扩张)导致食管穿孔的发生率约1%,纤维内镜则不到1%。如果在内镜下进行活检、硬化治疗、气囊扩张、电灼及激光治疗等操作,食管内插管及器械强行通过狭窄部位时发生食管穿透性损伤的危险性则大为增加。向食管内注水、注气时可造成压力增高,从而导致穿透性损伤或使未穿透的损伤发生穿透。因此,对可能已穿孔或穿孔危险性很大的患者,最好选用放射学检查而不采用内镜检查。穿孔也常发生于对严重狭窄进行扩张、取出异物、失弛缓症气囊扩张、癌症姑息治疗时放置支架、食管静脉曲张气囊压迫等操作后。气管插管过程中也可造成咽部以下和颈段食管穿孔,这种情况多见于复苏过程中。鼻导管和气管插管均易造成新生儿食管穿孔。纵隔镜检查、迷走神经切断术、裂孔疝修补手术及食管周围的其他外科操作过程中也可造成食管穿透。上段脊柱手术(多见于骨折固定)除可直接造成穿透外,也可由于硬物压迫食管造成坏死,然后出现迟发性穿孔。与医疗操作无明显关系的食管穿透性损伤所占的比例虽然越来越小,但后果往往较为严重。由于诊治不及时,易于导致纵隔及胸腔脓肿、组织坏死及败血症,死亡率很高。剧烈的干呕和呕吐可导致胃底、胃体上部黏膜撕裂(Mallory Weiss综合征)及食管下端的损伤。在食管壁未完全穿透的情况下常出现壁内血肿。完全穿透时则可导致纵隔炎,死亡率很高,这主要是由于有些患者发病于酒醉时,有些患者症状、体征不典型而得不到及时诊治。报道3例Boerhaave综合征分别误诊为肺脓肿、胰腺炎和心包炎。因此,如果疑有自发性穿孔或破裂,即使无阳性体征,也应立即进行食管造影和CT检查,以及早做出诊断。咽部及颈部钝性损伤(特别是车祸所致)也应进行类似的检查。这类患者的食管穿透多见于颈段和上胸段食管。异物也是导致食管穿透的较常见原因。异物引起穿透大多在食管受压后出现,因而大多发生较晚,临床表现方面也与 Boerhaave 综合征不同。少数也可由于异物的锋利处刺穿食管而很快穿透,且异物可游离穿透部位。如果异物透 X 线且穿孔又已闭合则诊断甚为困难。导致食管穿透的异物包括鱼刺、小块骨头、铁丝、瓶盖、玩具、纽扣及小电池等。取出上消化道异物过程中(移动异物或器械操作时)也可导致食管穿孔。

表 9-1　导致食管穿透的原因

与医疗操作有关	与医疗操作无明显关系
非外科手术操作	自发性
内镜下硬化治疗	呕吐(Boerhaave 综合征)
内镜下止血治疗(电灼、热疗、激光、注射止血药等)	异物
良性或恶性狭窄的扩张	腐蚀性物质感染所致溃疡
放置导引钢丝	药物性食管损伤
气囊扩张(失弛缓症)	Barrett 溃疡
硬式食管镜诊疗	胃食管酸反流(胃泌素瘤)
纤维内镜检查	胃黏膜食管异位
鼻胃管	Web 环
气管插管	应激
放置支架(癌症姑息治疗)	创伤性
取出异物	钝性损伤(跌落、碰撞、打斗、用力不当等)
放疗或高选择性化疗	刺穿性创伤(子弹、刀、钉等)
食管周围外科手术	压力性创伤(高压气体等)
段脊柱手术	
外科缝合及食管旁手术	

(二)诊断

1.病史和体检

食管穿透患者的典型症状是疼痛、发热、皮下或纵隔气肿三联征,还有吞咽疼痛、呼吸困难、心率加快、休克等症状。下段穿透者患者可能表现有腹肌强直,伴有胸腔积液者胸部叩诊呈实音。但大多数患者是食管穿透本身的临床表现并不突出,因而很多患者在首诊时并未考虑到食管穿透。如果常规进行胸透,大多数患者可以得到正确诊断。极少数患者的食管穿透仅在尸检时才得以确诊。影响患者生存的因素为穿透的大小、部位,以及发病至确诊之间的时间长短,不论纵隔和胸腔是否受到污染都是如此。延误诊断常导致严重的污染,结果早期死亡率大为增高或出现并发症需长期治疗。数小时内即发现的穿透常可较早地自动闭合,有些病例经过非手术治疗后也可闭合。穿透后数日才发现者常需清创、胸腔引流、食管分离,并于数月后进行再手术以恢复食管的连续性。

2.放射检查

食管穿透患者 80% 以上胸部平片可发现异常,但在穿透后短时间内可能无异常发现,因为胸腔积液、纵隔增宽等常见表现要到穿透后数小时到数天才能见到。颈段食管穿透后可在颈部平片上见到软组织中有气体存在，以及椎前间隙出现，颈部尽量前伸可更好地显示食管口。后期发生的液体、气体集聚和脓肿也可通过平片观察到，但 CT 检查则更容易发现。然而仅 CT 检查阴性并不能排除穿透。全面地了解穿透的部位和大小常需要进行对比造影。颈段食管的后壁穿透常可到达咽后间隙，进而延展到纵隔。如 CT 上显示这种情况，则需对颈部和纵隔均进行手术治疗。胸段食管正位于右侧胸膜旁，此段穿透可引起气体、液体和脓液积聚于纵隔及右侧胸腔。即使穿透部位已经闭合，CT 检查也易于发现纵隔的异常。食管下段穿透常引起气体、液体积聚于左侧胸腔、纵隔及腹腔。穿到腹部还可累及腹膜后间隙，这类患者常需胸腔和腹腔联合手术治疗。在食管穿透的可能性较大的操作（如气囊扩张失弛缓症、癌症时放置支架等）之后，最稳妥的办法就是立即进行食管对比造影。首先应采用少量水溶性造影剂，并避免肺内造成肺损害。虽然钡剂显示小的穿孔较水溶性造影剂清楚，但不宜使用。因为钡剂可使纵隔、胸膜和腹腔发生炎症反应。水溶性造影剂如果未显示穿孔，则可应用钡剂行进一步检查。

3.内镜检查

内镜在食管穿透性损伤的诊断中的作用有限，尤其是对医疗器械引起的穿透性食管损伤。但在外伤性食管穿透性损伤患者中是个例外，这时内镜检查显得有用。内镜在插管过程中或者强行通过食管狭窄部位时容易引起食管穿透性损伤。内镜检查时往食管中打气可引起高压性食管穿孔，也可导致不完全性的食管穿透性损伤。因此，在检查可能有食管穿透性损伤的患者时通常选择放射性方法而不是内镜方法。

4.其他检查

出现胸腔积液时可口服亚甲蓝，此时若胸穿抽液发现亚甲蓝染色可立即确诊。实验室检查：本病合并大出血时，血中红细胞总数及血红蛋白量均降低。

（三）治疗

1.非手术治疗

食管穿透可引起致命性的并发症，需要外科进行紧急处理。非手术治疗只适于一些非常特别的情况。医疗操作导致穿透的部分患者，如果穿透很小，无胃内容物、唾液及食物污染穿透处，可采用非手术治疗。但如果了胸腔或腹腔则应紧急手术修补。至于异物、鼻导管、气管插管、钝性损伤等所致的食管穿透性损伤，能否不通过外科手术得到安全的治疗尚不清楚，因为这类患者很少能及时发现食管穿透。目前大多数学者主张，食管自发性穿透应采取外科手术治疗。荷兰学者报道了 19 例食管穿透的患者，他们均无恶性肿瘤，食管损伤均由于医疗操作所致，其中大多数发生于食管狭窄扩张过程中，穿透后 2 小时内都得到了确诊。14 例患者经过非手术治疗 1 周后即恢复。治疗包括静脉注射广谱抗生素、肠外营养或肠道营养，对穿透部位采用带侧孔的鼻导管进行保护。其余的 5 例患者，或者穿至腹腔或者怀疑有明显污染，虽然确诊较早，但均采用了外科手术疗法，对穿透采取一期缝合并进行引流，5 例患者均顺利康复。英国学者报道了 12 例食管穿透患者，同样由于食管狭窄扩张所致，均采用保守治疗，结果仅 2 例患者康复，而 10 例患者死亡。可见，要达到经济而安全的目的，应严格掌握非手术治疗的适应证。最近的一些文献也支持对合适的病例采用非手术治疗,其中甚至包括部分诊断较迟的病例。下部及颈段食管有软组织包绕,在穿孔很清洁且纵隔无受累的情况下可采用非手术疗法。但如果穿透是由不干净的异物而非清洁的医疗器械所致,那么受污染的可能性就非常大,最好进行手术引流。新生儿颈段食管穿透多由于气管插管和鼻导管所致,一般不需要手术修补。报道非手术治疗的成功率为 11 例/13 例。但气管插管引起的成食管穿透则强调尽早手术治疗,以免造成患者治疗困难或死亡。胸透食管穿透后,决定是否采用非手术疗法较困难,因为小的穿透也可引起败血症、纵隔炎及胸腔感染。对症状和体征都较轻的患者可采用非手术治疗,并将穿透处渗漏出的液体引流到食管中。这类"包裹性"的穿透多见于食管有过炎症的患者和食管癌患者。气囊扩张失弛缓症造成的穿透常局限于食管壁。这类患者中多数可不必进行外科手术治疗。但食管破裂胸腔或纵隔者则必须进行手术治疗。对保守治疗的患者还必须进行严密的观察,以及时发现脓肿形成、持续性瘘管的形成,以及化脓症所致的纵隔增宽。食管癌在内镜检查、扩张或放置支架时发生穿透则非常棘手,因为这类患者的癌肿一般已不能经手术切除。荷兰学者报道了 35 例这类患者,均未进行外科手术治疗而采用抗生素治疗、支持治疗及对穿透采取保护措施,10 例患者经放置内引流后穿透处即闭合,只有 1 例患者发生纵隔炎。其余 24 例患者先采用非手术治疗,然后于 1 周内放置内引流。无一例患者死于食管穿透。另有报道,对远离食管癌部位的咽下部食管穿透,采用鼻咽部吸引和抗生素治疗后均恢复。在食管癌已发生穿透后再切除癌肿或食管一般没有什么作用。其他恶性肿瘤患者的食管穿透,在放置 Celestin 内引流管后可较快闭合。对高危患者,为避免进行大的胸腔手术,可切开胃后放置内引流并固定好位置。

2.放射治疗

2 组共 14 例患者发生食管穿透后,在 X 线透视下成功地进行了放射治疗。采取的方法是在污染部位放置引流导管。在食管中用带大孔的吸管,尽可能减少液体渗纵隔的同时,通过穿透部位(经食管或经皮插管)对纵隔脓肿进行引流。胸腔则采用经皮引流。这些处理只有在征询了有经验的专科医生后才能实施,但对于不能耐受全身麻醉和开胸手术的患者则又开辟了一条生路。

随着抗生素及全胃肠外营养疗法的进展,可选择保守治疗的条件比以前更宽,如下述情况:

(1)新近发生的穿透或食管壁外周被包裹者。

(2)食管穿透被充分地包裹在纵隔内或在纵隔和壁层胸膜之间,没有造影剂邻近的体腔。

(3)穿透后的液体被充分地引流回食管中,仅伴有轻微的胸膜感染。

(4)在穿透发生后至就诊时未进食。

(5)穿透部位无外伤,近端无梗阻性病变。

(6)患者无明显的临床症状。

(7)无明显的败血症症状和明显的生理学改变。

3.外科手术治疗

食管穿透的患者如有以下情况之一,则必须进行外科手术治疗:①怀疑穿透部位有污染;②明显的感染或败血症;③穿透至胸腔或腹腔;④有呼吸衰竭存在;⑤非手术疗法失败。但某些外科医生认为,只要患者食管壁有缺口就应进行手术。对于颈段食管穿孔,较好的方法是一期缝合穿孔并对周围组织进行引流。小的渗漏,仅仅引流就够了。对于胸段食管穿透,只要可能就应闭合。如果孔洞不能直接闭合,应采用局部组织块支持后再闭合。最近很多文献都强调了采用局部组织块的重要意义。如果狭窄位于胸段食管穿透部位的远端,大多主张采用一期或二期切除加重建,如果大的穿透导致持续的渗漏,那么只能切除食管,从上至下游离食管或者在食管腔中放置内引流。这类手术是控制纵隔和胸腔持续感染的唯一方法,术后患者的死亡率也很高。手术治疗可分为急诊手术和择期手术两大类:对于颈段食管穿透、胸段食管穿透者,急诊手术主要是进行修补和彻底引流;择期手术有食管旷置后食管重建和食管切除后重建两种。

二、食管壁内血肿

(一)病因和发病机制

出血食管壁中集聚成片导致管壁局部隆起,称为食管壁内血肿。引起食管穿透性损伤的各种原因均可导致食管壁内血肿,不同之处在于这些因素损伤食管后未造成食管壁全层穿透。极少数情况下,食管黏膜和肌层分开后形成所谓的"双筒食管",两层间有较多的血液积聚。此外,血小板减少和凝血功能障碍者亦可出现自发性食管壁内血肿。

(二)诊断与处理

症状包括胸骨后或上腹部剧烈的疼痛、吞咽困难和上消化道出血等。在老年患者需与心肌梗死、主动脉瘤破裂、食管自发性破裂及肺梗死进行鉴别。确诊主要依靠食管对比造影,可见食管腔为一条透光带,并可见壁内较大的类似肿瘤的块影。部分患者食管可完全阻塞。CT扫描可清楚显示食管壁的改变,且对判断有无穿透性食管损伤有较大价值。食管穿透未排除时不应进行食管内镜检查,因为很多壁内血肿实际上是一种包裹性的穿透,且食管又无浆膜层,内镜检查中有可能使包裹性穿透变为开放性的。大多数血肿在1~2周内可自愈,无须特殊处理。对疑有穿透者则应进一步诊治。

三、食管贲门黏膜撕裂综合征

食管贲门黏膜撕裂综合征(MWS)是由于频繁的剧烈呕吐或腹内压骤然升高导致食管下段和/或食管胃连接处或胃黏膜撕裂而引起的以上消化道出血为主的综合征。MWS是急性上消化道出血的原因之一,一般出血为自限性,但如果波及小动脉出血可危及生命。食管贲门黏膜撕裂综合征是于1929年首次描述的,国外报道食管贲门黏膜撕裂综合征占上消化道出血原因的3%~15%。其主要患病群体为30~50岁男性,女性发病率低于男性。干呕、呕吐、呕血是患者的主要临床症状。近年来,由于胃镜检查的普及以及急诊内镜的发展,该病的诊断率逐渐提高,其在上消化道出血病因中所占的比例也逐年上升。

(一)病因与发病机制

食管贲门黏膜撕裂综合征常见诱因为各种原因引起的剧烈呕吐如饮酒后呕吐、妊娠呕吐等,许多其他疾病如溃疡病、消化道恶性肿瘤引起的肠梗阻、尿毒症、剧烈运动、偏头痛、用力排便、合并食管裂孔疝等亦与 MWS 有关。此外,剧烈咳嗽、麻醉期间的严重呃逆、癫痫发作、服用非甾体抗炎药等任何引起腹内压及胃内压升高的情况都可诱发本病。少数发生在内镜检查时剧烈的恶心、呕吐或进镜、退镜时未松开固定角度旋钮所致,重者可致穿孔,应予重视。

发生贲门黏膜撕裂的机制尚不完全清楚。在组织结构上由于贲门附近黏膜较薄弱,黏膜肌层伸展性较差,周围缺乏支持组织,因而在腹内压或胃内压骤然升高时可引起食管远端、贲门黏膜撕裂导致出血。一般认为是因为呕吐时,胃内容物痉挛的食管,加之膈肌收缩,使末端食管内压力急剧增高而引起贲门部的黏膜撕裂。有学者研究发现,当胃内压持续至150mmHg,同时阻塞食管时,可以引起食管胃连接部的撕裂,并发现正常健康成恶心时胃内压可达 200mmHg。不认为发生贲门黏膜撕裂综合征的机制与自发性食管破裂相似,可以是食管全层破裂并引起食管穿孔,也可仅为食管壁内血肿或仅有黏膜撕裂。

(二)临床表现

大部分患者临床表现为恶心、频繁剧烈呕吐,可伴有阵发性咳嗽、呕血(常为咖啡色或暗红色)、黑便,当出血严重者可出现上消化道大出血的其他临床表现;少数患者可无明显临床症状,由内镜检查等检查所发现。

1.干呕或呕吐

该病大部分患者起初表现为干呕或者频繁剧烈呕吐,呕吐胃内容物。

2.呕血或者黑便

是消化道出血的典型表现。频繁剧烈呕吐者可先呕吐胃内容物,部分呕吐物可混杂血块,常为咖啡色或暗红色,严重者出现呕血,呈鲜红色,出血多为无痛性,出血量为 200~2500mL,同时伴有黑便。

3.血便和暗红色大便

出血量较大者,可表现为暗红色大便甚至鲜红色。

4.失血性周围循环衰竭

少数急性大量失血者由于循环血容量迅速减少而导致周围循环衰竭。表现为头昏、心慌、乏力,突然起立发生晕厥、肢体冷感、心率加快、血压偏低等,严重者呈休克状态。

(三)辅助检查

1.内镜检查

确诊首选内镜,按消化道出血进行处理,对疑似 MWS 患者,在出血 24 小时内,血流动力学情况稳定情况下,无严重并发症的患者应尽快行急诊内镜检查,可确定出血的部位和范围。大多数为胃贲门部黏膜的纵行撕裂,而食管远端较少。

内镜下可分为 4 期:①出血期:撕裂口可见活动性出血或新鲜血痂;②开放期:撕裂口呈纺锤形,上尖下宽,边缘稍隆起;③线状期:撕裂口呈线状,需与线状溃疡相鉴别;④瘢痕期:撕裂口愈合呈线状瘢痕。

2.选择性腹腔动脉造影

在出血时造影所见为造影剂自食管和胃交界处外溢并沿食管向上流,显示食管黏膜的轮廓或流向胃底部,可与其他胃、十二指肠疾病所致出血相鉴别,如出血性胃炎、胃溃疡出血、食管静脉曲张破裂出血等。

3.实验室检查

急性大量失血后均有失血性贫血,但在出血早期,血红蛋白浓度、红细胞计数与血细胞比容可无明显变化,在出血后,组织液渗管内,使血液稀释,一般经 3~4 小时以上才出现贫血,出血后 24~72 小时血液稀释到最大限度。贫血程度取决于失血量外,还与出血前有无贫血基础、出血后液体平衡有关。

急性出血者为正细胞正色素性贫血,在出血后骨髓有明显代偿增生,可暂时出现大细胞性贫血。贲门黏膜撕裂多为自限性疾病,较少转为慢性失血。

(四)诊断与鉴别诊断

1.临床诊断

(1)初步诊断:通过询问病史和体格检查可初步诊断。就诊的 MWS 患者中 50% 以上有大量酗酒、消化道疾病史等;大部分患者临床表现为恶心、频繁剧烈呕吐呕血、黑便,严重出血者可出现周围循环衰竭;少数患者可无明显临床症状,由内镜检查发现。体征上可有皮肤、黏膜苍白,脉搏细数等。近年来研究表明,体形分析可提高诊断率,MWS 可分为单纯性撕裂和复合性撕裂:前者常见于矮胖型,身高低于平均身高,体重超过标准体重或肥胖,身长腿短,胸背较宽;后者常见于瘦高型,身高高于平均身高 5cm 以上,体重低于标准体重,身短腿长,肩胸较窄。

(2)明确诊断:确诊首选内镜检查,可确定出血的部位和范围。多数患者内镜下可见一条或数条纵行线性伤口,长 3~18mm,少数为横行或不规则形;呕血患者可见活动性出血,周边黏膜充血、水肿;无症状患者可见黄白色坏死组织,或有散在出血点及陈旧血痂附着。MWS 撕裂部位常位于食管下段、贲门后壁和右侧壁,原因可能是随着年龄增升高,胶原纤维抗压能力减弱,黏膜与黏膜下层活动受限,腹内压骤然升高使老化的黏膜组织发生撕裂。

(3)鉴别诊断:若呕血、黑便前有明显恶心、呕吐者应考虑本病,特别是患者在发病前有大量饮酒、过饱食及其他腹内压增高的病史者。其特点是出血较急,多为无痛性呕血或伴有黑便。若既往有食管裂孔疝、反流性食管炎、萎缩性胃炎等可增加本病诊断的依据。表现不典型者,需通过病史及胃镜检查与其他原因所致上消化道出血进行鉴别。

本病应与原发性食管破裂相鉴别,后者是指因食管腔内压力骤增所致的紧邻于横膈之上的食管左侧壁全解剖层的纵行撕裂,主要见于酗酒或其他原因致剧烈呕吐时,特别是下食管有病变者(如食管癌);临床主要表现为食管破裂三联征,即呼吸急促、腹部压痛、颈部皮下气肿;X 线检查为最重要的诊断手段,典型 X 线表现是 V 字特征,即空气沿主动脉左侧及横膈上面分布,形成 V 字形;多见于男性,50~60 岁容易发病;一旦明确诊断,尽早手术,本病预后差,病死率随手术的延迟而升高。而食管贲门黏膜撕裂症多数为黏膜撕裂,一般经保守治疗可愈。

2.危险评估

当食管贲门黏膜撕裂综合征出现消化道出血时,可按消化道出血进行处理,使用经过临床验证的预后评分体系如 GB 评分系统、Rockall 评分系统分级、AIMS65 评分系统,来评估患者出血的病情严重度,以指导后续治疗。

(五)治疗

1.内科综合治疗

对于出血量较小,GB 评分≤6 分的 MWS 患者可采取保守治疗,在一些特殊情况下,如失血性休克昏迷、已无法进行急诊内镜诊治的患者,应先保守治疗,待病情稳定后再行内镜检查或手术。MWS 患者后予禁食、胃肠减压、及时补充血容量,根据相应病情需要维持酸碱平衡、应用抑酸药及止血药,如质子泵抑制剂奥美拉唑、H_2 受体拮抗剂法莫替丁等。有研究报道,在基础治疗基础上使用奥曲肽注射液可缩短总住院时间,降低再出血率,具体操作时应注意剂量、给药途径及速率、治疗周期以保证良好的效果。

2.内镜治疗

内镜下止血是 MWS 的重要治疗手段,疗效确切。

(1)机械止血:近年来研究显示内镜下钛夹止血治疗黏膜撕裂出血的止血效果好,再出血率低,推荐首选使用。

(2)局部药物喷洒:对于活动性出血患者可应用去甲肾上腺素(8mg/100mL)、肾上腺素(1∶10000)、凝血酶喷洒治疗直至出血停止,此方法治愈率为 85%～90%,再出血率为12%～21%。

(3)局部注射:对喷洒治疗后仍有活动性出血的患者,可在出血点周围黏膜注射1∶100000肾上腺素、聚桂醇等。

(4)热凝止血:高频电凝、氩离子凝固术(APC)、热探头、微波等方法,止血效果可靠,但需要一定的设备与技术经验。

(5)套扎治疗:部分出血患者可用橡胶圈套扎治疗进行止血。

(6)对于常规止血方法难以控制出血者,近年来有使用喷剂 Hemospray 或 Overy-The-Scope-Clip(OTSC)系统进行止血。但目前尚缺乏 Hemospray 或 OTSC 与传统止血方法的高质量对照研究。

3.外科手术或治疗

MWS 患者如年龄>45 岁,诊断不明确,合并心血管疾病、肝硬化、凝血机制障碍,多出血迅猛,保守和急诊内镜治疗效果常不理想,可考虑急诊外科手术治疗。可在术中结合内镜检查,明确出血部位后进行治疗。外科手术探查对于不能控制的活动性上消化道出血患者可作为一种补救措施。对病情严重不适合外科手术者,可选择动脉栓塞治疗。

内镜治疗 MWS 已成为一种趋势,但并不适用于所有 MWS 患者。Chung 等认为对无活动性出血患者行保守治疗即可,对有活动性出血患者在内镜下用金属夹及套扎比注射高渗盐水和肾上腺素更有效,再出血率明显降低。

对于 MWS 的流行病学及预后研究,国外有相关文献报道,如有学者随访研究发现,MWS出血患者与上消化道出血患者的再出血率及 30 天病死率相近,差异无统计学意义;国内相关研究较少,有待对 MWS 患者的流行病学、预后等方面进行研究。

第二节 食管肿瘤

一、食管平滑肌瘤

(一)定义

来源于食管平滑肌的肿瘤称为食管平滑肌瘤。一般认为,食管平滑肌瘤起源于食管的黏膜肌层、固有肌层或血管壁的肌肉层及胚胎肌肉组织变异。

(二)发病情况

食管平滑肌瘤是最常见的食管良性肿瘤,占食管良性肿瘤的 70%～80%。可见于任何年龄,大多数发生于中年,以 20～60 岁多见。2/3 的食管平滑肌瘤发生于女性。病变可发生于食管各段,绝大多数发生于主动脉弓水平以下的食管中段和下段,上段少见。

(三)病理

食管平滑肌瘤多为单发,多发者仅占 2%～3%,肿瘤直径为 1～17cm,通常为 5～10cm。生长缓慢,为黏膜外壁内形,呈膨胀性生长,多在食管的一侧壁,呈圆形或椭圆形、结节状、分叶状,也有为腊肠形,环绕食管生长,不规则,呈马蹄形、螺旋形、生姜状,有完整的包膜,表面光滑,质地硬韧。息肉形罕见,个别肿瘤凸向纵隔。肿瘤切面呈灰白色,血管稀少,个别可见灶性出血、液化坏死,罕见有钙化。镜下可见分化良好的平滑肌细胞,呈长梭形,胞核也呈梭形,无间变,无核分裂象。瘤细胞呈束状交织,呈旋涡状、栅栏状排列,束间可有纤维组织和毛细血管网。

关于平滑肌瘤的来源目前尚无明确结论,大多基于理论上的假设。从发生部位看,来源应是食管固有肌层。

(四)症状

食管平滑肌瘤生长缓慢,病程长,可无症状或症状轻微,偶尔在检查时意外发现,其症状与肿瘤大小、形态和部位相关。主要临床表现有:吞咽困难或不适,轻重不一,多数是轻度,间断性发生,能正常进食。如肿瘤向腔内生长环绕食管使管腔狭窄,则进食梗阻明显。临床上患者最常见的主诉为疼痛,表现为各种各样的胸骨后、剑突下或上腹部钝性隐痛不适、饱胀感和压迫感,疼痛可牵涉到后背部和肩部,与饮食无关。1/3 的患者有消化功能紊乱,包括食欲缺乏、反胃、嗳气、恶心和呕吐等。偶尔巨大肿瘤压迫气管或支气管,可有咳嗽、呼吸不畅或哮喘等呼吸道症状。

(五)诊断

临床症状仅能提示食管存在病变,主要依据上消化道造影和纤维胃镜检查,可以明确诊断。

1.上消化道吞钡造影检查

食管平滑肌瘤由于大小、形态、生长方式不同,可有多种 X 线表现,常见的典型表现有:

（1）管腔圆形或椭圆形充盈缺损,边缘锐利,肿瘤与正常食管壁的夹角,无论在近侧或远侧均呈锐角,这是它特有的征象。正位时由于钡剂沿肿瘤两侧分流,而呈分叉状表现,如在黏膜像或双重对比造影时,钡剂可以勾画出肿瘤的上下轮廓,呈"环形征"。当肿瘤为不规则环绕食管生长时,可表现为相对两侧壁的双弧形充盈缺损。肿瘤附近及对侧管壁柔软,缩张自如,可与食管癌鉴别。

（2）黏膜改变:由于肿瘤突向腔内,黏膜皱襞被展平,管腔变扁增宽,钡剂通过病变部位较四周浅薄,形成"涂抹征"或"瀑布征",不规则的肿瘤可使黏膜呈轻度螺旋状扭曲,黏膜皱襞粗细不均,但黏膜无破坏。

（3）纵隔软组织肿块:较大的肿瘤尤其是凸向管壁外的,可见与食管腔内充盈缺损相一致的肿块阴影。

在检查中还应注意有无并存疾病,这对治疗有重要意义。

2.纤维胃镜检查

在镜下直接观察肿瘤情况,进一步确定肿瘤的部位、大小、形态和是否为多发,并可与恶性肿瘤相鉴别。典型的食管平滑肌瘤表现为食管腔内有半圆形、椭圆形或结节状不规则肿物,表面黏膜完整光滑,正常黏膜皱襞消失,黏膜内血管清晰可见。当患者吞咽和呼吸时,肿块可以上下轻度移动,用镜尖端触动肿物有滑动感。一般禁忌咬取活检,因为活检常常不能获得平滑肌瘤的病理诊断,而且活检处黏膜愈合后与黏膜下层和肌层粘连,不利于手术剥除。

应注意食管平滑肌瘤与其他食管疾患及外在压迫性疾病相鉴别,如食管癌和其他良性肿瘤、纵隔肿瘤、食管附近肿大淋巴结及迷走右锁骨下动脉压迹等。

结合免疫组化及分子生物学方法,可区分出食管平滑肌瘤和间质瘤及少见的神经源性肿瘤。区分出食管平滑肌瘤和间质瘤的意义在于间质瘤有潜在恶性,鉴别主要依靠间质瘤CD34 和 CD117 呈阳性表达而平滑肌瘤不表达,平滑肌瘤表达波形蛋白和肌动蛋白。

（六）治疗

对于食管平滑肌瘤,大多数的观点是手术切除,即使尚无明显临床症状,肿瘤生长缓慢的患者,也要进行手术切除。因为食管平滑肌瘤可以持续生长,迟早产生症状,巨大的瘤体可导致食管严重梗阻,或压迫气管、支气管产生呼吸道症状,因此,较大的食管平滑肌瘤多数需要手术切除,同时可以排除恶性肿瘤的可能。少数瘤体巨大者,还需做食管部分切除、食管胃吻合术。也认为较小的无临床症状的食管平滑肌瘤,可暂不行手术处理,临床随诊观察即可。一般认为食管平滑肌瘤的手术适应证有:①食管平滑肌瘤诊断明确,有临床症状;②较大食管平滑肌瘤,造成食管梗阻或有呼吸道症状;③不能与食管间质瘤相鉴别的平滑肌瘤。

手术方法主要取决于肿瘤所在部位、大小、黏膜是否粘连固定及是否累及贲门。临床上最常做的是肿瘤剜除术,一般仅暴露肿瘤所在部位的食管,覆盖食管肿瘤的肌纤维伸展变薄,切开肌层正确的解剖层面,钝性和锐性解剖,肿瘤很容易被剜除,一般不会损伤食管黏膜食管腔内。肿瘤切除后间断缝合疏松对合肌层并用纵隔胸膜缝合加固,术后不会发生管腔狭窄或进食困难。肿瘤摘除后,术野注水,经胃管注气,检查黏膜是否有漏隙,如有食管黏膜小裂隙,应严密缝合。位于食管下端的巨大平滑肌瘤,可能累及贲门,肿瘤表面的黏膜可发生溃疡粘连,肿瘤又多呈环状生长,单纯剜除肿瘤极为困难或不可能,对此应进行食管下端贲门切除、食管胃端侧吻合术,目前应用电视辅助胸腔镜外科(VATS)手术,在纤维内镜指引下,可以完整摘除食管平滑肌瘤。手术创伤小,术后恢复快,结果与开胸手术相似。

(七)预后

食管平滑肌瘤手术结果良好,一般没有重大手术合并症和死亡。

二、食管癌

食管癌是起源于食管的恶性肿瘤,2018 年最新的全球癌症数据显示食管癌的发病率和死亡率在所有恶性肿瘤中居第 7 位及第 6 位。根据组织来源,主要将食管癌分为食管鳞状细胞癌(ESCC,以下简称食管鳞癌)和食管腺癌(EAC)。食管鳞癌是食管癌最主要的组织学类型,主要发生在发展中国家,我国是食管鳞癌的高发区;食管腺癌好发于欧美,我国近年来有增多的趋势。

(一)流行病学

1.发病率及病死率

2018 年公布的世界癌症数据显示,全球食管癌预测新发病例 52 万例,按照全世界 74 亿计算,发病率为 7/10 万;死亡 59 万例,病死率为 9/10 万,发病率及病死率较 2008 年皆有所增长。2018 年世界卫生组织公布的数据显示,在我国食管癌的发病率为 19/10 万,居我国所有恶性肿瘤的第 6 位;病死率约为 17/10 万,居第 4 位。

2.性别与年龄

70% 食管癌发生于男性,世界范围内男性食管癌患者的发病率及病死率为女性患者的 2～3 倍。在我国,男性食管癌的发病率和病死率分别为 17/10 万和 12/10 万;女性的发病率和病死率分别为 2/10 万和 4/10 万。

3.地域差别

食管癌的发生与地域有明显的关系,全球范围内食管鳞癌好发于发展中国家和地区,比如东非、南非以及东亚、东南亚地区。近年随着生活水平的提高、饮食方式的改变等,食管腺癌的比例有所提升。在食管癌高发地的不同地域发病率也不同,我国是食管癌大国,高发地区有河南、河北、山西三省交界的太行山南侧地区,其发病率可达 100/10 万;另外如江苏北部、浙江沿海地区、广东部分地区也是我国食管癌相对高发的地域。

(二)病因

食管癌的确切病因及发病机制目前尚不清楚。食管癌的发生该地区的生活条件、饮食习惯、存在强致癌物、缺乏抗癌因素以及遗传易感性有关。食管癌的高危因素包括:①大量饮酒与吸烟;②长期亚硝酸盐及真菌霉素饮食;③长期进食槟榔以及热咖啡;④食管腺癌的发生与超重、胃食管反流病(GERD)、Barrett 食管密切相关;⑤遗传因素:食管癌有遗传倾向,有阳性家族史的食管癌发病率为群的 8 倍,同时食管癌中存在大量基因突变,比如 CCND1、MYC 以及 p53 基因;⑥感染因素:瘤病毒感染者罹患食管鳞癌的风险比普通升高近 3 倍。

（三）病理

食管癌主要发生在食管中段（50%～60%），下段次之（30%），上段最少（10%～15%）。对于临床上部分胃底贲门癌延伸至食管下段，2017 年第 8 版食管癌 TNM 分期标准规定：食管胃交界区被重新定义，肿瘤中心距离贲门≤2cm 按照食管腺癌进行分期；超过 2cm 应按照胃癌进行分期。

1.食管癌的大体分型

（1）早期食管癌：是指病灶局限于黏膜层及黏膜下层，且无淋巴结转移的食管癌，包括原位癌、黏膜内癌和黏膜下癌，相当于 TNM 分期中 $T_1N_0M_0$ 期。

（2）进展期食管癌：是指病灶突破黏膜下层侵及肌层或外膜，或者同时出现淋巴结转移与远处转移的食管癌，相当于 TNM 分期除 $T_1N_0M_0$ 之外的分期。

（3）食管癌前疾病和癌前病变：癌前疾病是指与食管癌相关并有一定癌变率的良性病变，包括慢性食管炎、Barrett 食管、反流性食管炎、食管憩室、贲门失弛缓症、食管白斑症以及各种原因导致的食管良性狭窄等；癌前病变是指已证实的与食管癌发生密切相关的病理变化，食管鳞状上皮异型增生是食管鳞癌的癌前病变，Barrett 食管相关异型增生是食管腺癌的癌前病变。

2.食管癌的病理形态分型

（1）早期食管癌：按其形态可分为隐伏型、糜烂型、斑块型和乳头型。

（2）进展期食管癌：可分为髓质型、蕈伞型、溃疡型、缩窄型、腔内型和未定型。

3.食管癌的病理组织学分型

我国常见的食管癌病理组织学类型为食管鳞状细胞癌是食管鳞状细胞分化的恶性上皮性肿瘤；食管腺癌是主要起源于食管下 1/3 的 Barrett 黏膜的腺管状分化的恶性上皮性肿瘤，偶尔起源于上段食管的异位胃黏膜或黏膜和黏膜下腺体。其中鳞癌包括基底细胞样鳞癌、疣状癌、梭形细胞鳞癌等；其他还有腺鳞癌、黏液表皮样癌、腺样囊性癌、小细胞癌、未分化癌以及非上皮性恶性肿瘤等。鳞癌和腺癌根据其分化程度分为高分化、中分化和低分化。

4.食管癌的临床病理分期

美国癌症联合会（AJCC）与国际抗癌联盟（UICC）第 8 次更新了其联合制定了恶性肿瘤的 TNM 分期系统，该系统是目前世界上应用最广泛的肿瘤分期标准，其对了解疾病所处病程、治疗方案的选择及制订，以及判断患者预后、评估疗效有重要意义。根据手术标本确定的病理分期 pTNM 是肿瘤分期的"金标准"，而根据临床分期 cTNM 是在治疗前通过有创或无创的方法获取疾病的临床信息进行的分期。

现有的 TNM 分期标准包含了 5 个关键指标：T 指原发肿瘤的大小，N 指区域淋巴结的受累情况，M 指远处转移情况，G 指癌细胞分化程度，L 指癌变位于食管的位置。第 8 版 TNM 分期分别对临床、病理及新辅助治疗后进行分期，不再使用共同的分期系统。

（1）T 分期

①Tx：肿瘤无法评估。

②T_0：无原发肿瘤的证据。

③Tis：重度不典型增生,定义为局限于基底膜的恶性细胞。

④T_1：肿瘤侵犯黏膜固有层、黏膜肌层或黏膜下层（T_{1a}：侵犯黏膜固有层或黏膜肌层；T_{1b}：侵犯黏膜下层）。

⑤T_2：肿瘤侵犯食管肌层。

⑥T_3：肿瘤侵犯食管外膜（纤维膜）。

⑦T_4：肿瘤侵犯食管周围结构（T_{4a}：侵犯胸膜、心包、奇静脉、膈肌或覆膜；T_{4b}：侵犯其他结构如主动脉、椎体、气管）。

（2）N 分期

①Nx：区域淋巴结无法评估。

②N_0：无淋巴结转移。

③N_1：1～2 枚区域淋巴结转移。

④N_2：3～6 枚区域淋巴结转移。

⑤N_3：≥7 枚区域淋巴结转移。

（3）M 分期

①M_0：无远处转移。

②M_1：远处转移。

（4）G 分期

①食管鳞癌

Gx：分化程度无法评估。

G_1：高分化癌,＞95％肿瘤为分化较好的腺体组织。

G_2：中分化癌,50％～95％肿瘤为分化较好的腺体组织。

G_3：低分化癌,肿瘤呈巢状或片状,＜50％有腺体组织。

G_3腺癌：未分化癌,癌组织进一步检测为腺体组织时。

②食管腺癌

Gx：分化程度无法评估。

G_1：高分化癌,伴角质化,及伴颗粒层形成和少量非角质化基底样细胞成分,肿瘤细胞排列成片状、有丝分裂数少。

G_2：中分化癌,组织学特征多变,从角化不全到低度角化,通常无颗粒形成。

G_3：低分化癌,通常伴有中心坏死,形成大小不等的巢样结构,巢主要由肿瘤细胞片状或铺路样分布组成,偶可见角化不全或角质化细胞。

G_3鳞癌：未分化癌,癌组织进一步检测为鳞状细胞组分或仍为未分化癌时。

（5）L 分期（以肿瘤中心为参考）

①Lx：位置无法评估。

②U：颈段食管至奇静脉弓下缘。

③M：奇静脉弓下缘到肺下静脉下缘。

④L：肺下静脉下缘到胃,包括食管胃交界处。

5.食管癌的转移方式

(1)直接浸润：早、中期的食管癌主要为壁内扩散,晚期食管上段癌可喉部、气管及颈部软组织,甚至甲状腺;中段癌可支气管,形成支气管-食管瘘,也可以胸导管、奇静脉、肺门及肺组织,部分可肺动脉,引起大出血致死;下段癌可累及心包。受累频度最高者为肺和胸膜。食管壁因缺少浆膜层,因此食管癌的直接浸润方式很重要。

(2)淋巴转移：淋巴转移是食管癌转移的最主要方式,淋巴转移是判断食管癌患者预后的重要因素,好发的淋巴结转移部位依次为纵隔、腹部、气管及气管旁、肺门及支气管等。

(3)血行转移：多见于晚期患者,常见的转移部位依次为肝、肺、骨、肾、肾上腺、胸膜、网膜、胰腺、甲状腺和脑等。

(四)临床表现

1.早期症状

食管癌早期多无明显特异性症状,可因炎症刺激表现为吞咽时胸骨后不适感、烧灼感或针刺感,尤以进食粗糙食物时为著。食物通过缓慢或有滞留感。下段食管癌可表现为剑突下不适感。

2.中晚期症状

(1)吞咽困难：进行性吞咽困难是中晚期食管癌患者的典型症状,是由于瘤体管腔导致食管管腔狭窄,或者瘤体周围组织炎症水肿导致食管腔狭窄,随着疾病的进展而逐渐加重。但也有10%的患者进食时没有吞咽困难的表现。

(2)反流或呕吐：晚期食管癌患者由于食管癌堵塞食管管腔,食管癌浸润及炎症反应进一步加重了食管腔狭窄,同时炎症诱导食管内腺体分泌增多,最终使得食管内黏液及食物团块积聚,导致食管的反流甚至呕吐。患者表现为频繁吐黏液,其内可混有食物血液等。

(3)胸骨后疼痛：食管癌患者疼痛的部位及表现形式往往能反应瘤体的位置及进展。中上段食管侵及纵隔时表现为胸骨后的疼痛并可向背部肩胛区放射;下段食管癌或食管交界处肿瘤可引起剑突下及上腹部疼痛。

(4)其他：消瘦是食管癌患者常见表现,由于食管癌本身进展导致的高消耗状态(恶病质)及食管癌进展导致进食困难,患者常常出现体重下降。另外,食管肿瘤压迫气管可引起刺激性干咳或呼吸困难;肿瘤气管形成食管-气管瘘,可引起呛咳及误吸;压迫喉返神经引起声嘶;侵及膈神经导致呃逆;肿瘤破溃或侵犯大血管可导致大出血;肿瘤远处转移引起肝大、黄疸、腹块、腹腔积液、骨骼疼痛等。

(五)辅助检查

1.实验室检查

食管癌患者无特异实验室检查改变,疾病的隐匿发展可能导致贫血和低蛋白血症。贫血和低蛋白血症多由于营养不良及出血导致。肝功能检查异常多由于癌变转移至肝脏导致。血清肿瘤标志物包括：癌胚抗原(CEA)、鳞癌相关抗原(SCC)、组织多肽抗原(TPA)、细胞角质素片段19等,可用于食管癌的辅助诊断及疗效检测,但不能用于食管癌的早期诊断。

2.影像学检查

（1）上消化道造影：早期食管癌 X 线钡剂造影的征象有：①黏膜皱襞增粗、迂曲及中断；②食管边缘毛刺状；③小充盈缺损或小龛影；④局限性管壁僵硬及钡剂滞留。晚期食管癌患者可见病变处管腔不规则狭窄、病变以上食管扩张、不规则充盈缺损、管壁蠕动消失、食管黏膜紊乱、中断和破坏，有时伴有食管-气管瘘时可见造影剂外溢。

（2）CT 扫描：有助于明确食管癌浸润程度，与周围邻近组织的关系，显示病灶大小、有无淋巴结转移及远处转移等，有助于术前评估以及手术方式、放疗靶区、放疗计划的选择。

3.内镜检查

内镜检查是食管癌诊断的首选，可直接观察病灶的形态，通过活检获取组织进行病理学检查。进展期食管癌的内镜下表现为：①髓质型；②蕈伞型；③溃疡型；④缩窄型；⑤腔内型。对于早期食管癌的诊断及筛查，内镜检查有其独有的优势。

（1）白光内镜主要表现为：①红区：即边界清楚的红色灶区，底部平坦；②糜烂灶：多为边界清楚的红色糜烂灶；③斑块：多为边界清楚的类白色稍隆起的斑块样病灶；④结节：长径在 1cm 以内结节样病灶，其隆起的表面黏膜粗糙或糜烂；⑤黏膜粗糙：指病变不规则，漫无边界；⑥局部黏膜下血管网紊乱，缺失或阻断。

（2）色素内镜：利用染料使病灶与正常黏膜在颜色上形成鲜明对比，可清晰显示病灶范围，并指导指示性活检。最常用染料为碘液，可选染料还包括甲苯胺蓝等，也可以联合使用碘液与甲苯胺蓝，碘液与醋酸等组合。碘液通常选用卢戈碘液，其染色的原理是：早期食管癌及食管的不典型增生由于其内的高消耗状态导致糖原含量减少或消失，遇碘后染色较浅或消失，从而与正常食管黏膜染色后显示的棕色明显区分开。碘染色对筛查早期食管癌的检出率可达 86%。

（3）电子染色内镜：通过特殊的光学处理实现食管黏膜的电子染色，突出病变特征，可弥补色素内镜碘液过敏及耗时长等不足，同时联合放大内镜可对食管早期病变进行细微结构的观察及评估。不同波长的光对消化道黏膜或黏膜内成分、黏膜内结构的穿透能力不同是电子染色技术的基本原理，常用的电子染色技术包括：①窄带成像技术（NBI），应用滤光器将内镜光源的宽带光谱过滤掉，留下绿光和蓝光的窄带光谱，将上皮乳头内毛细血管（IPCL）和黏膜的细微变化显现出来，NBI 下病变黏膜呈褐色；②蓝激光成像技术（BLI）可得到更大的景深并保证亮度；③联动成像技术（LCI），LCI 下病变黏膜发红；④智能电子染色内镜技术（I-Scan）在表面增强、对比度、色调处理方面有了很大提升。

（4）放大内镜（ME）：可将食管黏膜放大几十倍甚至上百倍，进而观察黏膜的微结构和微血管形态的细微变化，与电子染色内镜结合可使病变细微结构显示得更清楚，便于早期食管癌分化及浸润深度的评价及诊断。

（5）超声内镜：能精确地测定病变在食管壁内浸润的深度，可以发现壁外异常肿大的淋巴结，能区别病变位于食管壁内还是壁外。早期食管癌的超声内镜表现为管壁增厚、层次紊乱、中断及分界消失的低回声病灶。

（6）共聚焦激光显微内镜：可将组织放大 1000 倍，从微观角度显示细胞及亚细胞结构，实时提供早期食管癌的组织学成像且精确度较高，实现"光学活检"的效果。

4.病变层次分类

病变局限于上皮内,未突破基底膜,为 M_1(原位癌/重度异型增生)。黏膜内癌分为 M_2 和 M_3,M_2 指病变突破基底膜,浸润黏膜固有层;M3 指病变浸润黏膜肌层。黏膜下癌根据其浸润深度可分为 SM_1、SM_2、SM3,即病变分别浸润黏膜下层上 1/3、中 1/3 及下 1/3。对于内镜下切除的食管鳞癌标本,以 $200\mu m$ 作为区分黏膜下浅层和深层浸润的临界值。

(六)诊断与鉴别诊断

1.诊断

依据临床表现和辅助检查,典型的食管癌诊断并不困难,但早期食管癌的诊断常因缺乏明显的症状而延误。对食管癌的高危进行筛查,是发现早期食管癌、降低食管癌病死率的关键。食管癌的筛查对象应符合:①年龄超过 40 岁;②来自食管癌高发区;③有上消化道症状;④有食管癌家族史;⑤患有食管癌前疾病或癌前病变者;⑥具有食管癌的其他高危因素(吸烟、重度饮酒、头颈部或呼吸道鳞癌等)。

2.鉴别诊断

应与贲门失弛缓症、食管良性肿瘤、食管良性狭窄、胃食管反流病以及食管结核等感染性疾病导致的吞咽困难等相鉴别。一般来说,通过内镜检查、食管钡餐检查等手段可确诊。

(七)治疗

1.手术治疗

对于食管癌 TNM 分期Ⅰ、Ⅱ期的患者可行手术切除肿瘤,手术切除率为 $80\%\sim90\%$。对于可切除病变来说,外科手术是标准的处理方法,患者术前应充分评估身体状况。食管癌的手术方式有多种,主要依据食管原发肿瘤的大小、部位以及外科医师的经验。对于Ⅲ期的患者可先行放化疗,随后根据治疗效果评估能否进行手术治疗;对于颈段的食管癌患者不宜进行手术,以放化疗为主。手术治疗的禁忌证包括:①恶病质者;②若肿瘤明显外侵,有多个淋巴结转移(N_3)有邻近脏器和远处转移征象;③有严重心肺功能不全,不能耐受手术者。

2.放射治疗

鳞癌和未分化癌对放疗敏感,而腺癌对放疗不敏感。放疗主要适用于Ⅲ期及Ⅳ期的肿瘤患者;手术难度大和不符合适应证的食管癌患者。术前放疗可使肿瘤体积缩小,提高切除率以及术后存活率。对于 $T_2N_0M_0$ 以及 $T_3N_0M_0$ 食管癌患者,R0 切除肿瘤后行放射治疗可降低患者术后淋巴结转移率。对于食管鳞癌患者推荐术后放疗,对于食管腺癌患者推荐术后化疗。

3.化学治疗

食管癌化疗分为姑息性化疗、新辅助化疗(术前)、辅助化疗(术后)。常用的方案包括:对于食管鳞癌,DDP＋5-Fu(顺铂＋氟尿嘧啶)是最常用的化疗方案,其他可选择的有 DDP＋TXT(顺铂＋多西他赛)、DDP＋PTX(顺铂＋紫杉醇)、Oxaliplatin＋5-Fu(奥沙利铂＋氟尿嘧啶)。对于食管腺癌,常用的方案是 ECF 方案(表柔比星＋顺铂＋氟尿嘧啶)。

4.内镜治疗

随着内镜的发展,内镜治疗早期肿瘤病变的手段及应用越来越多。常用的早期食管癌内镜下切除技术包括:内镜下黏膜切除术(EMR)、多环套扎黏膜切除术(MBM)、内镜黏膜下剥离术(ESD)等。

早期食管癌和癌前病变内镜下切除的绝对适应证:病变局限在上皮层或黏膜固有层(M_1、M_2);食管黏膜重度异型增生。相对适应证:病变浸润黏膜肌层或黏膜下浅层($M3$、$SM1$),未发现淋巴结转移的临床证据;>3/4环周的病变可视为相对适应证,应向患者充分告知术后狭窄等风险。禁忌证:明确发生淋巴结转移的病变,病变浸润至黏膜下深层,一般情况差、无法耐受内镜手术者。相对禁忌证:抬举征阴性;伴发凝血功能障碍及服用抗凝剂的患者,在凝血功能纠正前不宜手术;术前判断病变浸润至黏膜下深层,患者拒绝。

晚期食管癌患者无法进行手术治疗时,可采用内镜下治疗手段缓解患者食管梗阻症状,改善生活质量。常用的治疗方法包括单纯扩张、食管内支架、化学药物注射以及射频治疗等。

(八)预后

食管癌总体预后较差。分期较早的肿瘤患者生存期较长,T_1 或 T_2 的患者和无淋巴结转移的患者 5 年生存率超过 40%,T_3 和 T_4 的患者 5 年生存率小于 15%。因此,术前分期有助于指导治疗以及提示预后。0 期、Ⅰ 期、Ⅱ 期的食管癌是可以治愈性切除的,其 5 年生存率可达 85%、50%、40%。Ⅲ 期及 Ⅳ 期患者即使行手术治疗,其预后也不佳。

(九)预防

预防食管癌措施:①改变不良饮食及生活习惯;②高发区进行食管癌宣传教育及筛查;③积极治疗反流性食管炎、贲门失弛缓症、Barrett 食管等与食管癌相关的疾病;④易感监测。

三、食管其他恶性肿瘤

来源于上皮组织的其他恶性肿瘤还有变异型鳞状细胞癌、小细胞癌、腺样囊性癌和恶性黑色素瘤等,非上皮来源的恶性肿瘤包括淋巴瘤、肉瘤和转移癌等。

(一)食管小细胞未分化癌

小细胞未分化癌(简称小细胞癌)除好发于肺外,尚可见于食管、气管、胰腺、及前列腺等肺外,其起源为前肠的 APUD 系细胞,即胺前体摄取与脱羧细胞。此类细胞具有共同的细胞化学和超微结构,弥散分布于全身,可合成结构类似的肽,具有激素和递质的功能,作用于邻近或远处细胞引起局部或全身激素功能改变。

1.组织学分类与病理特征

食管小细胞未分化癌分为如下类型。①纯小细胞癌:约占 80%,组织学特征与肺小细胞癌相似,细胞呈小圆或椭圆形,胞质少或裸核,核深染,分裂象多见,细胞排列密集呈片巢状、条索状或出现"玫瑰花结"。肿瘤组织常见坏死。瘤细胞常被富含血管的纤维间质所分隔。②混合型小细胞癌:约占 20%,多数为小细胞癌伴鳞癌,较少伴腺癌。综合文献报道,癌细胞嗜银染色阳性者约 57%,电镜下癌细胞内有神经分泌颗粒者约占 68%。

食管小细胞未分化癌好发于食管的中段和下段,发生率相近,这与嗜银细胞在食管的分布情况一致。发生于食管上段的小细胞癌不足 4%,有时可见分布于食管各段的多发性小细胞癌。

小细胞癌多表现为向腔内突出生长,主要表现为息肉状或蕈伞样,有些可呈髓质型或缩窄型。由于肿瘤生长较快,表面常出现深浅不等的溃疡。瘤体长径以 4～7cm 者居多,最长可达 14cm。多发性小细胞癌的瘤体较小,多数为仅数毫米的小瘤。与肺小细胞癌一样,食管小细胞癌的恶性程度高,手术切除标本中食管引流淋巴结有转移者占 55%～80%,因此死亡病例全身广泛转移者多见。

2.临床特征

文献报道食管小细胞癌的发病率多在 1%～4%,男性多发,男女之比约为 3∶2。发病年龄 29～88 岁,中位数为 64 岁,60 岁以上发病者超过 70%,其发病年龄较食管癌为高。发病症状期可从 2 周至 2 年,但国内材料多数在 3 个月以内。食管小细胞癌的临床表现与食管癌相似,症状多为进食噎感或吞咽困难,但完全梗阻者少见。可伴有呕吐、烧心、明显消瘦、胸骨后及背部疼痛。由于肿瘤进展速度快,初诊时已发生远处转移者高达 56%,故临床上常可见肿瘤转移引起的症状。

X 线钡剂造影检查及内镜检查均能明确肿瘤部位、状态和大小,内镜下活检尚能取得癌组织,其中绝大多数能明确病理诊断。食管拉网涂片检查可发现癌细胞,部分患者因此而确诊为小细胞癌。

3.治疗与预后

(1)外科治疗:在肿瘤尚未血行转移之前应行原发癌切除及其区域淋巴结清扫术。由于小细胞癌血行转移早,单纯手术治愈者不多。有资料表明,单纯手术探查者平均生存 5 个月,姑息性切除者生存 8 个月,根治性切除者生存 19 个月,生存最长者为术后 45 个月。

(2)放疗:小细胞癌对放疗不敏感,单纯放疗者中位生存期仅为 3 个月,患者半年内均死于广泛转移。

(3)化疗:对食管小细胞癌有一定疗效,其有效率为 63%[完全缓解(CR)为 25%,部分缓解(PR)为 38%],CR 的缓解期为 2～15 个月,PR 的缓解期为 3～9 个月。用于化疗的常用药物有环磷酰胺、多柔比星、长春新碱、博来霉素、顺铂等多种,所组合的化疗方案也甚多,但因化疗报告多数为个案或少数病例,难以总结出较有效的化疗方案。由于小细胞癌全身转移早,除非早期癌可立即手术切除外,应首先采用化疗,根据情况再行手术治疗,综合治疗的疗效较单纯手术为优。

(4)预后:有学者回顾总结了文献报道的 130 例食管小细胞未分化癌患者,分析预后的 85 例中 9 例未治疗者中位生存期为 14 天;45 例手术切除者中位生存 8 个月,5 例单纯化疗者中位生存 8 个月;8 例仅放疗者中位生存 1 个月。综合治疗因情况复杂而难以评价。

(二)食管腺样囊性癌

腺样囊性癌(简称腺囊癌)好发于大、小唾液腺和气管与支气管,发生于食管者甚少见。有资料表明,食管腺囊癌占手术治疗食管肿瘤的 07%,占食管非鳞癌的 3%,至今为止国内外报道的食管腺囊癌仅 60 例左右。

食管腺囊癌肉眼病理表现为隆起性肿物,表面不平,中间有凹陷,较少为溃疡性或环形缩窄。早期癌均位于食管黏膜下层,大小为 1～3cm,瘤体表面食管黏膜完全正常,瘤体表面中央部可见红色的浅凹陷。因瘤体位于黏膜下层,未侵犯肌层或食管黏膜,故多数学者主张此瘤来源于食管黏膜下的黏液腺。至今为止所报道的食管腺囊癌多数为中晚期癌,除累及黏膜层外尚侵犯肌层,甚至穿透外膜侵犯周围和组织,故所见瘤体较大,一般为 5～7cm,最长者达12cm。食管腺囊癌好发于食管中段、中下段或下段,累及食管上段者不足 5%。镜下癌细胞呈多形性,排列成筛状、腺管状或实性巢状。癌细胞可分为肌上皮细胞和腺管上皮细胞两类,可混杂于巢状细胞团中,或在腺样结构或筛状结构内形成两层排列。在瘤体旁常见血管内或神经周围癌细胞浸润或瘤栓。血管内瘤栓在表浅早期癌中亦不少见。

现有资料表明食管腺囊癌男性多发,男女之比为 2:1。发病年龄 36～83 岁,中位数 64岁。早期腺囊癌可无任何症状,因体检行 X 线钡剂造影或内镜检查而无意发现。晚期癌与食管鳞癌的症状完全相同,以进行性吞咽困难为主,有部分患者伴胸骨后或背部疼痛,完全梗阻症状者少。其症状期为 1 个月至 2 年,4 个月以内者占 70%。诊断主要依赖食管钡剂造影检查及内镜检查,术前通过内镜活检病理检查确诊为腺囊癌者其少,多数诊断为低分化鳞癌。

腺囊癌的治疗以手术切除疗效较佳,对放疗及化疗的敏感性均不高,多数仅起姑息疗效。早期癌因病变仅位于黏膜下层,手术切除后预后较佳,但中晚期癌因其浸润性强,即使完整切除其预后亦差。

(三)食管恶性黑色素瘤

原发于食管的恶性黑色素瘤罕见,其起源是食管内黑色素母细胞。迄今为止国内外报道的食管恶性黑色瘤仅 150 例左右。

食管黑色素瘤的组织学特征包括:①肿瘤细胞含有经特殊染色证实的黑色素颗粒。②肿瘤来自鳞状上皮交界痣的恶变。③镜下见黏膜与黏膜下层间瘤细胞呈放射状生长。瘤细胞主要由三种细胞组成,大上皮样细胞呈多边形,边界清楚,彼此松散,黑色素细小而均匀,胞核大,核仁大而清楚;小上皮样细胞体积小,胞质和黑色素颗粒皆较少,核较大,染色质分布不均而深染;梭形细胞含有不等量的黑色素,胞核大,染色质密集,核仁清楚。瘤细胞可排列成巢状、片块状、条索状或弥漫分布,较少浸润覆盖鳞状上皮或肌层。肉眼下肿瘤多为管腔生长的息肉状、结节分叶样肿物,有粗细不等的蒂,无蒂者亦为广基性。覆被瘤体的黏膜可正常、糜烂或溃疡。约有 23% 的手术标本食管正常黏膜有黑色素沉着,其中 1/5 为弥散性,余为灶性。

食管恶性黑色素瘤男性多发,男女之比为 2:1。发病年龄 7～86 岁,平均 65 岁。临床表现为不同程度的吞咽不适,且进行性加重。食管钡剂造影检查无特征性表现,多被诊断为食管腔内癌。内镜检查多数为息肉样腔内肿物,约 90% 以上位于食管中下段,颜色深浅不一,表面黏膜可完好或伴糜烂、溃疡。经咬取活检病理检查确诊为恶性黑色素瘤的可达 57%。资料分析表明,食管恶性黑色素瘤确诊时已有 41% 发生转移,主要为淋巴结转移。

食管恶性黑色素瘤的治疗以手术切除疗效为佳,食管黏膜伴有黑变病者应将病变黏膜区全部切除。若为全食管黏膜弥散性黑变病,则应行全食管切除术。因本病好发淋巴结转移,切除肿瘤时应行区域淋巴结清除术。资料显示行肿瘤部位局限性食管切除术者术后平均存活期为 9 个月,而行根治性切除者平均存活期为 12 月。放射治疗对患者具有姑息疗效,可使肿瘤缩小,因此放疗与手术结合在一定程度上可延长患者存活期。目前尚无对食管恶性黑色素瘤真正有效的化疗方案,文献记载单纯化疗者均于 5 个月内死亡。

免疫治疗对于皮肤恶性黑色素瘤具有一定疗效,但对食管恶性黑色素瘤治疗的经验甚少。在配合手术治疗的条件下可探索使用过继免疫治疗。

(四)食管癌肉瘤

食管癌肉瘤是肿瘤中癌与肉瘤两种组织混合存在,系上皮成分和间质成分同时或相继受刺激引起恶变,是一种较少见的食管恶性肿瘤。

食管癌肉瘤多发于食管中下段,长径为 5～17cm。按其大体病理形态可分为息肉型、浸润型和混合型。息肉型最多,约占 89％,浸润型次之,约占 5％,混合型少见。息肉型表现为向腔内生长的肿块,表面光滑或粗糙,有长短和粗细不一的蒂,蒂的直径为 6～4cm。浸润型多表现为蕈伞型,甚至成环形狭窄,瘤组织向管壁浸润,可穿透食管外膜,其外观与切面与食管癌很难区别。混合型既有向腔内生长的息肉状部分,也有向管壁浸润的部分。镜下肿瘤主体内为软组织肉瘤,其中以纤维肉瘤最多,占 62％,平滑肌肉瘤次之,占 23％。此外,少见的尚有未分化肉瘤、横纹肌肉瘤、血管肉瘤、纤维组织细胞瘤及淋巴肉瘤。在肿瘤表面黏膜和蒂部及其周围黏膜见癌组织,主要为分化较好的鳞癌和原位癌,部分为分化差的癌。癌细胞逐渐向肉瘤成分,彼此混杂,癌与肉瘤之间多数无移行过渡形态。瘤组织主要位于黏膜和黏膜下层,少数可侵犯浅肌层,仅极少数侵透食管壁。手术切除标本中淋巴结转移者不多见,因此其预后明显优于食管癌。

本病男性多见,临床主要表现为进行性吞咽困难。由于其生长特点为带蒂肿物,食管壁肌层正常,故蠕动良好,食物可沿肿物周围流过,引发的吞咽困难症状较轻,进展亦较慢。部分患者进食时伴有胸骨后胀痛或刺痛。X 线钡剂检查多为食管腔内肿物,表面黏膜平坦,仅少数破坏有浅溃疡。病变上方食管无明显扩张。肿瘤处周围食管壁柔软,舒缩正常,颇似良性肿瘤的表现。少数浸润型癌肉瘤的 X 线表现类似食管癌。内镜下可见大小不等的肿物,表面一般完整,质地韧硬,触之可上下移动。黏膜完好者为粉白有光泽,黏膜受累者呈粗糙面,糜烂甚至溃疡。咬检多报告为鳞癌,极少数为肉瘤,确诊癌肉瘤者甚少。

手术切除是食管癌肉瘤最有效的治疗方法。用放射治疗、化疗或内镜治疗的临床报道甚少。术后五年存活率为 10％～20％。国外资料显示若发生淋巴结转移以肉瘤多见,癌次之,癌与肉瘤同时转移者少。

(五)食管类癌

类癌是 APUD 瘤的一种,由食管黏膜基底部散在嗜银细胞恶变发生。本病罕见,至今文献共见 15 例报道。其大体病理表现为息肉状或结节溃疡型,大小为 7～12cm,瘤体边缘清晰,质韧灰白色。结节溃疡状常提示类癌已处中晚期。镜下瘤细胞形态较一致,界限多清晰,胞质红染者少,胞质较丰富者可见银染颗粒。核圆形或椭圆形,染色质密集,核仁少见。肿瘤细胞排列成条索状、实性片块状、部分成腺管或腺泡状,但无明显管腔。瘤细胞聚集,周围有不同量结缔组织围绕。

食管类癌男性多见,发病年龄 26～77 岁,中位数 54 岁。主要症状为吞咽时胸骨后不适或噎痛感,严重吞咽梗阻者少见。类癌综合征表现(颜面潮红、水泻、气喘、水肿)亦可见于食管类癌。X线钡剂造影检查及内镜检查常可确定肿瘤的部位、大小和侵犯深度。内镜下肿瘤境界清晰,边缘多隆起,可位于食管的上、中或下段。病理活检多报道为分化差的腺癌或小细胞癌。

食管类癌的治疗应以手术切除为主,放疗与化疗对类癌皆无效。曾有一例类癌经内镜摘除的报道,肿瘤大小约 7mm×7mm×5mm,位于黏膜下。术后胸痛症状消失,随访 2 年 9 个月无复发。提示对肿瘤小,范围局限的类癌亦可行内镜直视下摘除。通常食管类癌的预后不如鳞癌,多数患者在术后 2 年内死于肿瘤复发或转移。

(六)淋巴瘤

淋巴瘤分为 Hodgkin 病和非 Hodgkin 病(NHL)两大类。Hodgkin 病很少侵犯胃肠道,但胃肠道是结外 NHL 最常累及的部位。胃肠道 NHL 占所有 NHL 的 4%~20%,占结外 NHL 的 30%~40%。除 AIDS 患者外,原发性淋巴瘤很少侵犯食管,侵犯食管者通常表现压迫症状或因直接侵犯纵隔淋巴结而表现症状,患者常因吞咽困难和消瘦而就诊。食管瘘较常见。治疗方式取决于症状、疾病分期和患者的一般状况,放疗及化疗通常有效。

(七)食管肉瘤

食管肉瘤均起源于间叶组织,其中以起源于纤维细胞的纤维肉瘤最为多见,占食管肉瘤的50%,起源于平滑肌细胞的平滑肌肉瘤次之,起源于横纹肌细胞的横纹肌肉瘤最少见。文献报道肉瘤占食管恶性肿瘤的 1%~5%,故发病率甚低。在 AIDS 流行之后,Kaposi 肉瘤的发病率增高,也可发生在食管,并常伴发口腔和皮肤病灶,食管病灶常是偶然发现。

食管肉瘤多呈膨胀型生长,表面无包膜或呈不完整假包膜,瘤体表面可见糜烂或溃疡。少数肿瘤呈浸润性生长,可沿管壁黏膜或向外侵出食管壁,从而出现淋巴或血行转移。肉瘤的类型镜下组织学检查有时难以确定,深部组织活检可以提高诊断率。EUS 和其引导下的 FNA有助于诊断,但针吸活检细胞学检查有时也很难区分良恶性。

食管肉瘤男性多发,平均发病年龄为 57 岁。由于肿瘤生长缓慢,患者可无自觉症状,而在体检时无意发现。有症状者其症状期可持续 7 年之久,主要表现为进行性吞咽困难,可伴有消瘦,胸骨后疼痛。食管上段肉瘤可压迫气管,从而出现吸气性喘鸣。食管钡剂造影检查及内镜检查可明确肿瘤的部位及累及范围。内镜下多为息肉状肿物,表面有时可见深浅不等的糜烂或溃疡。病变部位以食管下段多见,中段次之,上段少见。

食管肉瘤的治疗以手术切除效果最佳,放射治疗有姑息性疗效,化疗效果不显著。手术切除治疗失败的原因为局部复发和血行转移,淋巴结转移者少见。影响预后的主要因素是肿瘤的生长方式,息肉状肿瘤预后好,而浸润生长的肿瘤预后较差。但总体上食管肉瘤手术切除的预后优于食管鳞癌,五年存活率亦较高,生存最久者术后 17 年仍健在。

(八)转移癌

食管转移癌不多见,以黑色素瘤和乳腺癌最多。临床上能发现病灶的很少,乳腺癌诊断后8 年,迟者 22 年才由于肿瘤浸润或压迫引起吞咽困难症状。X 线检查和内镜检查时可发现外生性病灶,黏膜并不受损,EUS 可判断肿物是外生性或内生性,还可发现肿大的淋巴结。EUS引导的 FNA 有助于确定诊断。可采用定期扩张或 SEMS 进行姑息性治疗。

第三节　急性胃炎

急性胃炎也称糜烂性胃炎、出血性胃炎、急性胃黏膜病变,在胃镜下见胃黏膜糜烂和出血。组织学上,通常可见胃黏膜急性炎症;但也有些急性胃炎仅伴很轻,甚至不伴有炎症细胞浸润,而以上皮和微血管的异常改变为主,称之为胃病。

一、急性糜烂性胃炎

急性糜烂性胃炎又称急性糜烂出血性胃炎、急性胃黏膜病变(AGML),是指由各种病因引起的,以胃黏膜糜烂、出血为特征的急性胃黏膜病变,是上消化道出血的重要病因之一,约占上消化道出血的20%。

(一)病因与发病机制

引起急性糜烂性胃炎的常见病因有:

1.药物

常见的药物有非甾体类抗炎药(NSAID)如阿司匹林、吲哚美辛、保泰松,肾上腺皮质激素,一些抗肿瘤化疗药物等。可能的机制有:非甾体类抗炎药呈弱酸性,可直接损伤胃黏膜。同时,NASID类药物还可通过抑制环氧合酶-1(COX-1)的合成,阻断花生四烯酸代谢为内源性前列腺素的产生,而前列腺素在维持胃黏膜血流和黏膜屏障完整性方面有重要作用,从而削弱胃黏膜的屏障功能。国内外动物研究发现,NASID药物能够抑制氧自由基清除,氧自由基增加使膜脂质过氧化,造成胃黏膜的应激性损害。肾上腺皮质激素可使盐酸和胃蛋白酶分泌增加,胃黏液分泌减少、胃黏膜上皮细胞的更新速度减慢而导致本病。某些抗肿瘤药如氟尿嘧啶对快速分裂的细胞如胃肠道黏膜细胞产生明显的细胞毒作用。还有一些铁剂、抗肿瘤化疗药物及某些抗生素等均有可能造成黏膜刺激性损伤。

2.乙醇

乙醇能在胃内被很快吸收,对胃黏膜的损伤作用较强,其致病机制主要有以下几个方面:①对胃黏膜上皮细胞的直接损伤:乙醇有亲脂性和溶脂性能,能够破坏胃黏膜屏障功能及上皮细胞的完整,导致上皮细胞损害脱落;②对黏膜下血管损伤:主要引起血管内皮细胞损伤、血管扩张、血浆外渗、小血管破裂、黏膜下出血等改变,造成胃黏膜屏障功能破坏,引起胃黏膜损伤;③黏膜上皮及血管内皮损伤引起局部大量炎症介质产生,中性粒细胞浸润,局部细胞损伤进一步加重;④部分患者由于黏膜下血管扩张,出现一过性胃酸分泌升高,加重局部损伤。

3.应激

引起应激的主要因素有:严重感染、严重创伤、大手术、大面积烧伤、休克、颅内病变、败血症和其他严重脏器病变或多功能衰竭等。由上述应激源引起的急性胃黏膜损害被称为应激性溃疡,其中由烧伤引起的称Curling溃疡,中枢神经系统病变引起的称Cushing溃疡。引起的机制可能有:严重应激可使交感神经兴奋性增强,外周及内脏血管收缩,胃黏膜血流减少,引起胃黏膜缺血、缺氧,对各种有害物质的敏感性增加;胃黏膜缺血时,不能清除逆向弥散的氢离子,氢离子损害胃黏膜并刺激肥大细胞释放组胺,使血管扩张,通透性增加;应激状态下可使 HCO_3^- 分泌减少,黏液分泌不足,前列腺素合成减少,削弱胃黏膜屏障功能。同时,儿茶酚胺分泌增加,胃酸分泌增加,导致胃黏膜损伤、糜烂、出血,严重者可发生急性溃疡。

4.胆汁反流

幽门关闭不全、胃切除(主要是 Billroth Ⅱ式)术后可引起十二指肠-胃反流,反流液中的胆汁和胰液等组成的碱性肠液中的胆盐、溶血卵磷脂、磷脂酶 A 和其他胰酶可破坏胃黏膜屏障,导致 H^+ 弥散,损伤胃黏膜。同时胰酶能催化卵磷脂形成溶血卵磷脂,从而加强胆盐的损害,引起急性炎症。

(二)病理

本病典型表现为广泛的糜烂、浅表性溃疡和出血,常有簇状出血病灶,病变多见于胃底及胃体部,有时也累及胃窦。组织学检查见胃黏膜上皮失去正常柱状形态而呈立方形或四方形,并有脱落,黏膜层出血伴急性炎性细胞浸润。

(三)临床表现

急性糜烂性胃炎是上消化道出血的常见病因之一,呕血和黑便是本病的主要表现。出血常为间歇性,大量出血可引起晕厥或休克。不同病因所致的临床表现不一,轻重不一,可无症状或为原发病症状掩盖。

患者发病前多有服用 NSAID、酗酒、烧伤、大手术、颅脑外伤、重要功能衰竭等应激状态病史。短期内服用 NSAID 药造成的急性糜烂性胃炎大多数症状不明显,少数出现上腹部疼痛、腹胀等消化不良的表现,上消化道出血较常见,但一般出血量较少,以黑便为主,呈间歇性,可自行停止。乙醇引起的急性糜烂性胃炎常在饮酒后 5～0 小时突发上腹部疼痛,恶心、呕吐,剧烈呕吐可导致食管贲门黏膜撕裂综合征,可出现呕血、黑便。应激性溃疡主要临床表现为上消化道出血(呕血或黑便),严重者可出现失血性休克,多发生在原发疾病的 2～5 天内,少数可延至 2 周。原发病越重应激性溃疡发生率越高,病死率越高。应激性溃疡穿孔时可出现急腹症症状及体征。胆汁反流易引起上腹饱胀,食欲减退,严重者可呕吐黄绿色胆汁,伴烧心感。

(四)辅助检查

1.血液检查

血常规一般正常。若短时间内大量出血可出现血红蛋白、红细胞计数及红细胞比容降低。

2.大便常规及隐血试验

上消化道出血量大于 5～10mL 时大便隐血试验阳性。

3.胃镜检查

尤其是 24～48 小时内行急诊胃镜检查可见胃黏膜糜烂、出血或浅表溃疡,多为弥散性,也可局限性。应激所致病变多位于胃体和胃底,而 NSAID 或酒精所致病变以胃窦为主。超过 48 小时病变可能已不复存在。

(五)诊断与鉴别诊断

有近期服药史、严重疾病、大量饮酒史等,短期内出现上腹部疼痛不适,甚至呕血黑便者需考虑本病,结合急诊胃镜检查有助于诊断。必须指出的是急诊胃镜检查须在 24～48 小时内进行。消化性溃疡可以上消化道出血为首发症状,需与本病鉴别,急诊胃镜检查有助于鉴别诊断。对于有肝炎病史,并有肝功能减退和门静脉高压表现如低蛋白血症、腹水、侧支循环建立等,结合胃镜检查可与本病鉴别。

(六)治疗

防治原则:注意高危,消除病因,积极治疗原发病,缓解症状,促进胃黏膜再生修复,防止发病及复发,避免并发症。

一般治疗:去除病因,治疗原发病。患者应卧床休息,禁食或流质饮食,保持安静,烦躁不安时给予适量的镇静剂,如地西泮。出血明显者应保持呼吸道通畅防止误吸,必要时吸氧。密切观察生命体征等。

黏膜保护剂:可应用黏膜保护剂硫糖铝,铝碳酸镁,替普瑞酮或米索前列醇等药物。

抑酸治疗:轻症者可口服 H_2RA 及 PPI,较重者建议使用 PPI,如奥美拉唑,兰索拉唑,泮托拉唑,雷贝拉唑,埃索美拉唑等。

对于大出血者积极按照上消化道大出血处理原则处理。

(七)预防

对于必须服用 NSAID 的患者,应减小剂量或减少服用次数,加服抑制胃酸或前列腺素类似物,可以有效预防急性糜烂性胃炎。对严重感染、严重创伤、大手术、大面积烧伤、休克、颅内病变、败血症和其他严重脏器病变或多功能衰竭等应激状态患者应该给予抑酸或制酸药物治疗,以维持胃内 pH 在 5～0,可以有效预防急性胃黏膜病变的发生。

二、急性腐蚀性胃炎

急性腐蚀性胃炎是由于自服或误服强酸(如硫酸、盐酸、硝酸、醋酸、来苏)或强碱(如氢氧化钠、氢氧化钾)等腐蚀剂后引起胃黏膜发生变性、糜烂、溃疡或坏死性病变。早期临床表现为口腔、咽喉、胸骨后及上腹部的剧痛、烧灼感,恶心、呕吐血性胃内容物,吞咽困难及呼吸困难,重者可因食管、胃广泛的腐蚀性坏死而导致穿孔、休克,晚期可导致食管狭窄。

(一)病因与发病机制

本病是由于误服或有意吞服腐蚀剂(强碱或强酸)而引起的急性胃壁损伤。损伤的范围和深度与腐蚀剂的性质、浓度和数量剂量,腐蚀剂与胃肠道接触的时间及胃内所含食物量有关。强酸可使与其接触的蛋白质和角质溶解、凝固,引起口腔、食管至胃所有与强酸接触部位的组织呈界限明显的灼伤或凝固性坏死伴有焦痂,坏死组织脱落可造成继发性胃穿孔、腹膜炎。强碱与组织接触后,迅速吸收组织内的水分,并与组织蛋白质结合成胶冻样的碱性蛋白质,与脂肪酸结合成皂盐,造成严重的组织坏死,常产生食管壁和胃壁全层灼伤,甚至引起出血或穿孔,强碱所致的病变范围多大于与其接触的面积。两者后期都可引起瘢痕形成和狭窄。

(二)病理

累及部位主要为食管和胃窦。主要的病理变化为黏膜充血、水肿和黏液增多。严重者可发生糜烂、溃疡、坏死,甚至穿孔,晚期病变愈合后可能出现消化道狭窄。

(三)临床表现

急性腐蚀性胃炎病变程度及临床表现与腐蚀剂种类、浓度、吞服量、胃内有无食物贮存、与黏膜接触时间长短等因素有关。吞服腐蚀剂后,最早出现的症状为口腔、咽喉、胸骨后及中上腹部剧烈疼痛,常伴有吞咽疼痛、咽下困难、频繁的恶心呕吐。严重者可呕血、呼吸困难、发热、血压下降。食管穿孔可引起食管气管瘘及纵隔炎,胃穿孔可引起腹膜炎。与腐蚀剂接触后的消化道可出现灼痂。在急性期过后,后期的主要症状为梗阻,患者可逐渐形成食管、贲门或幽门瘢痕性狭窄,也可形成萎缩性胃炎。

(四)诊断与鉴别诊断

根据病史和临床表现,诊断并不困难。由于各种腐蚀剂中毒的处理不同,因此在诊断上重要的是一定要明确腐蚀剂的种类、吞服量与吞服时间;检查唇与口腔黏膜痂的色泽(如黑色痂提示硫酸、灰棕色痂提示盐酸、深黄色痂提示硝酸、醋酸呈白色痂,而强碱可使黏膜呈透明水肿);同时要注意呕吐物的色、味及酸碱反应;必要时收集剩余的腐蚀剂作化学分析,对于鉴定其性质最为可靠。在急性期内,避免 X 线钡餐及胃镜检查,以防出现食管或胃穿孔。急性期过后,钡剂造影检查可以了解食管、胃窦狭窄或幽门梗阻情况,如患者只能吞咽流质时,可吞服碘水造影检查。晚期如患者可进流质或半流质,则可谨慎考虑胃镜检查,以了解食管、胃窦及幽门有无狭窄或梗阻。

(五)治疗

腐蚀性胃炎是一种严重的急性中毒,必须积极抢救。治疗的主要目的:①抢救生命(治疗呼吸困难、休克、纵隔炎和腹膜炎等);②控制后期的食管狭窄和幽门梗阻。

1.一般处理

(1)保持镇静,避免诱导患者呕吐,因为呕吐会引起食管、和口咽部黏膜再次接触腐蚀剂加重损伤,因而禁用催吐剂。

(2)保持呼吸道通畅,误吞腐蚀剂后几秒至 24 小时内可发生危及生命的气道损伤,此时不宜气管插管,需行气管切开。

(3)抗休克治疗,如有低血压则需积极补液等抗休克治疗。

(4)适当使用抗生素,对有继发感染者需使用抗生素。

(5)手术治疗,如证实有食管穿孔、胃穿孔、纵隔炎和腹膜炎,则需行手术治疗。

2.减轻腐蚀剂继发的损害及对症治疗

服毒后除解毒剂外不进其他食物,严禁洗胃,以避免穿孔。为减少毒物的吸收,减轻黏膜灼伤的程度,对误服强酸者可给予牛奶、蛋清或植物油 100~200mL 口服,但不宜用碳酸氢钠中和强酸,以产生二氧化碳导致腹胀,甚至胃穿孔。若服用强碱,可给食醋 300~500mL 加温水 300~500mL,一般不宜服用浓食醋,避免产生热量加重损害。剧痛者给予止痛剂如吗啡 10mg 肌内注射。呼吸困难者给予氧气,已有喉头水肿、呼吸严重阻塞者及早气管切开,同时常给予抗菌药物以防感染。抑酸药物应该静脉足量给予,维持到口服治疗,以减少胃酸对胃黏膜病灶的损伤。发生食管狭窄时可用探条扩张或内镜下球囊扩张。

三、急性化脓性胃炎

急性化脓性胃炎是由化脓性细菌感染所致的以胃黏膜下层为主的胃壁急性化脓性炎症，又称急性蜂窝织炎性胃炎，是一种少见的重症胃炎，病死率高，男性多见，发病年龄多在 30～60 岁，免疫力低下、高龄、酗酒为高危因素，行内镜下黏膜切除和胃息肉切除术为医源性高危因素。

（一）病因与发病机制

急性化脓性胃炎是由化脓性细菌感染侵犯胃壁所致，常见的致病菌为溶血性链球菌，约占 70%，其次为金黄色葡萄球菌、肺炎球菌及大肠埃希菌等。细菌主要通过血液循环或淋巴播散胃壁，常继发于其他部位的感染病灶，如败血症、感染性心内膜炎、骨髓炎等疾病；细菌也可通过受损害的胃黏膜直接胃壁，常见于胃溃疡、胃内异物创伤或手术、慢性胃炎、胃憩室、胃癌等可致胃黏膜损伤，吞下的致病菌可通过受损的黏膜侵犯胃壁。胃酸分泌低下致胃内杀菌能力减弱和胃黏膜防御再生能力下降是本病的诱因。

（二）病理

化脓性细菌胃壁后，经黏膜下层扩散，引起急性化脓性炎症，可遍及全胃，但很少超过贲门或幽门，最常见于胃远端的 1/2。病变在黏膜下层，胃黏膜表面发红，可有溃疡、坏死、糜烂及出血，胃壁由于炎症肿胀而增厚变硬。胃壁可呈弥漫脓性蜂窝织炎或形成局限的胃壁脓肿，切开胃壁可见有脓液流出。严重化脓性炎症时，可穿透固有肌层波及浆膜层，发展至穿孔。显微镜下可见黏膜下层大量中性粒细胞浸润、有出血、坏死及血栓形成。

（三）临床表现

本病常以急腹症形式发病，突然出现上腹部疼痛，可进行性加重，前倾坐位时有所缓解，卧位时加重。伴寒战、高热、恶心、呕吐、上腹部肌紧张和明显压痛。严重者早期即可出现周围循环衰竭。随着病情的发展，可见呕吐脓性物和坏死的胃黏膜组织，出现呕血、黑便、腹膜炎体征和休克，可并发胃穿孔、弥散性腹膜炎、血栓性门静脉炎及肝脓肿。

（四）辅助检查

1.实验室检查

外周血白细胞计数升高，多在 10×10^9/L 以上，以中性粒细胞为主，并出现核左移现象，白细胞内可出现中毒颗粒。胃内容物涂片或培养多可找到致病菌。呕吐物检查有坏死黏膜混合脓性呕吐物。腹水、血液细菌培养可发现致病菌。胃液分析胃酸减少或消失。

2.X 线检查

部分患者腹部 X 线片可显示胃扩张或局限性肠胀气，胃壁内有气泡存在。由于 X 线钡餐检查可导致患者胃穿孔，一般应列为禁忌。

3.胃镜检查

胃镜可明确胃黏膜病变范围及程度。胃镜下见胃黏膜糜烂，充血及溃疡性病变，由于黏膜明显肿胀，可形成肿瘤样外观，但超声胃镜检查无明显胃黏膜物影像。

4.B超检查

显示胃壁明显增厚。

(五)诊断与鉴别诊断

本病缺乏特异性的症状和体征,早期诊断较困难,重要的是提高对本病的警惕性。患者出现上腹部剧痛、发热、恶心、呕吐、存在其他部位感染灶且并发急性腹膜炎,有血白细胞升高、腹部X线片见胃腔大量积气、B超或CT检查见胃壁增厚等表现,应怀疑本病。如呕吐物有脓性物或坏死的胃黏膜组织、胃液培养见致病菌,在排除胰胆疾病后,可诊断本病,有转移性右下腹痛者需注意是否为急性阑尾炎。上腹压痛明显经腹部立位X线片排除胃肠道穿孔后,可慎重考虑进行胃镜检查,明确为胃黏膜病变者可考虑本病的存在,病理组织学上以中性粒细胞浸润为主,显微镜下可见中性粒细胞聚集并可形成小脓肿,尤其以黏膜下层及固有肌层白细胞浸润为甚,故大块深取活检组织有助于发现这些特征性病变。本病需与消化性溃疡穿孔、急性胰腺炎、急性胆囊炎等鉴别。

消化性溃疡并穿孔多有消化性溃疡病史,起病急,突发上腹部痛很快波及全腹,早期体温不高,腹肌紧张及全腹压痛,反跳痛显著,腹部立位X线片多可发现膈下游离气体。

急性胆囊炎亦有发热、上腹部痛,但腹肌紧张及压痛多局限于右上腹部,常放射到右肩部,Murphy征阳性,并且常伴有黄疸,B超及X线胆道造影可明确诊断,而与本病有别。

急性胰腺炎患者有突然发作的上腹部剧烈疼痛,放射至背部及腰部,早期呕吐物为胃内容物,以后为胆汁,血尿淀粉酶增高,结合腹部B超及CT等检查可确诊。

(六)治疗

急性化脓性胃炎治疗成功的关键在于早期诊断,及早给予积极治疗,静脉使用大剂量抗生素控制感染,纠正休克,行全胃肠外营养和维持水电解质酸碱平衡,可选用胃黏膜保护剂。如经抗生素等药物治疗无效或并发胃穿孔、腹膜炎者应及时行手术治疗。

(七)预后

本病由于诊断困难而导致治疗不及时,因而预后差,病死率高,提高对本病的重视及早期诊治是降低病死率的关键。

四、急性感染性胃炎

急性感染性胃炎是由细菌、病毒及其毒素引起的急性胃黏膜非特异性炎症。

(一)病因与发病机制

由细菌及其毒素引起的急性胃黏膜非特异性炎症。常见致病菌为沙门菌、嗜盐菌、致病性大肠埃希菌等,常见毒素为金黄色葡萄球菌或毒素杆菌毒素,尤其是前者较为常见。进食污染细菌或毒素的食物数小时后即可发生胃炎或同时合并肠炎此即急性胃肠炎。葡萄球菌及其毒素后亦可合并肠炎,且发病更快。近年因病毒感染而引起本病者渐多。急性病毒性胃肠炎大多由轮状病毒及诺沃克病毒引起。轮状病毒在外界环境中比较稳定,在室温中可存活7个月,耐酸,粪-口传播为主要传播途径,诺沃克病毒对各种理化因子有较强免疫力,感染者的吐泻物有传染性,污染食物常引起暴发流行,吐泻物污染环境则可形成气溶胶,经空气传播。

（二）病理

病变多为弥散性,也可为局限性,仅限于胃窦部黏膜。显微镜下表现为黏膜固有层炎性细胞浸润,以中性粒细胞为主,也有淋巴细胞、浆细胞浸润。黏膜水肿、充血以及局限性出血点、小糜烂坏死灶在显微镜下清晰可见。

（三）临床表现

临床上以感染或进食细菌毒素污染食物后所致的急性单纯性胃炎为多见。一般起病较急,在进食污染食物后数小时至24小时发病,症状轻重不一,表现为中上腹不适、疼痛,甚至剧烈的腹部绞痛、畏食、恶心、呕吐,因常伴有肠炎而有腹泻,大便呈水样,严重者可有发热、呕血和（或）便血、脱水、休克和酸中毒等症状。伴肠炎者可出现发热、中下腹绞痛、腹泻等症状。体检有上腹部或脐周压痛,肠鸣音亢进。实验室检查可见外周血白细胞总数增加,中性粒细胞比例增多。伴有肠炎者大便常规可见黏液及红、白细胞,部分患者大便培养可检出病原菌。内镜检查可见胃黏膜明显充血、水肿,有时见糜烂及出血点,黏膜表面覆盖黏稠的炎性渗出物和黏液。但内镜不必作为常规检查。轮状病毒引起的胃肠炎多见于5岁以下儿童,冬季为发病高峰,有水样腹泻、呕吐、腹痛、发热等症状,并常伴脱水,病程约1周。诺沃克毒性胃肠炎症状较轻,潜伏期为1～2天,病程平均2天,无季节性,症状有腹痛、恶性、呕吐、腹泻、发热、咽痛等。

（四）诊断与鉴别诊断

根据病史、临床表现,诊断并不困难。需注意与早期急性阑尾炎、急性胆囊炎、急性胰腺炎等鉴别。

（五）治疗

1.一般治疗

应去除病因,卧床休息,停止一切对胃有刺激的食物或药物,给予清淡饮食,必要时禁食,多饮水,腹泻较重时可饮糖盐水。

2.对症治疗

①腹痛者可行局部热敷,疼痛剧烈者给予解痉止痛药,如阿托品、复方颠茄片、山莨菪碱等。②剧烈呕吐时可注射甲氧氯普胺（胃复安）。③必要时给予口服PPI,如奥美拉唑、泮托拉唑、兰索拉唑等,减少胃酸分泌,以减轻黏膜炎症;也可应用铝碳酸镁或硫糖铝等抗酸药或黏膜保护药。

3.抗感染治疗

一般不需要抗感染治疗,严重或伴有腹泻时可选用小檗碱（黄连素）、呋喃唑酮（痢特灵）、磺胺类制剂、诺氟沙星（氟哌酸）等喹诺酮制剂、庆大霉素等抗菌药物,但需注意药物的不良反应。

4.维持水、电解质及酸碱平衡

因呕吐、腹泻导致水、电解质紊乱时,轻者可给予口服补液,重者应予静脉补液,可选用平衡盐液或5%葡萄糖盐水,并注意补钾;对于有酸中毒者可用5%碳酸氢钠注射液予以纠正。

（六）预后

本病为自限性疾病，病程较短，去除病因后可自愈，预后较好。

第四节 慢性胃炎

胃黏膜呈非糜烂的炎性改变，如黏膜色泽不均、颗粒状增殖及黏膜皱襞异常等；组织学以显著炎症细胞浸润、上皮增殖异常、胃腺萎缩及瘢痕形成等为特点。病变轻者不需治疗，当有上皮增殖异常、胃腺萎缩时应积极治疗。幽门螺杆菌（Hp）感染是最常见的病因。

一、病因和发病机制

（一）Hp 感染

Hp 经口胃内，部分可被胃酸杀灭，部分则附着于胃窦部黏液层，依靠其鞭毛穿过黏液层，定居于黏液层与胃窦黏膜上皮细胞表面，一般不胃腺和固有层内。一方面避免了胃酸的杀菌作用，另一方面难以被机体的免疫机能清除。Hp 产生的尿素酶可分解尿素，产生的氨可中和反黏液内的胃酸，形成有利于 Hp 定居和繁殖的局部微环境，使感染慢性化。

Hp 凭借其产生的氨及空泡毒素导致细胞损伤；促进上皮细胞释放炎症介质；菌体细胞壁 LewisX、LewisY 抗原引起自身免疫反应；多种机制使炎症反应迁延或加重。其对胃黏膜炎症发展的转归取决于 Hp 毒株及毒力、宿主个体差异和胃内微生态环境等多因素的综合结果。

（二）十二指肠-胃反流

胃肠慢性炎症、消化吸收不良及动力异常等所致。长期反流，可导致胃黏膜慢性炎症。

（三）自身免疫

胃体腺壁细胞除分泌盐酸外，还分泌一种黏蛋白，称为内因子。它能与食物中的维生素 B_{12}（外因子）结合形成复合物，使之不被酶消化，到达回肠后，维生素 B_{12} 得以吸收。

当体内出现针对壁细胞或内因子的自身抗体时，自身免疫性的炎症反应导致壁细胞总数减少、胃底腺萎缩、胃酸分泌降低；内因子减少可导致维生素 B_1 吸收不良，出现巨幼红细胞性贫血，称之为恶性贫血。本病在北欧发病率较高。

（四）年龄因素和胃黏膜营养因子缺乏

老的胃黏膜常见黏膜小血管扭曲，小动脉壁玻璃样变性，管腔狭窄。这种胃局部血管因素可使黏膜营养不良、分泌功能下降和屏障功能降低，可视为老胃黏膜退行性改变。

长期消化吸收不良、食物单一、营养缺乏均可使胃黏膜修复再生功能降低，炎症慢性化，上皮增殖异常及胃腺萎缩。

二、胃镜及组织学病理

胃镜下，慢性非萎缩性胃炎的黏膜呈红黄相间，或黏膜皱襞肿胀增粗；萎缩性胃炎的黏膜色泽变淡，皱襞变细而平坦，黏液减少，黏膜变薄，有时可透见黏膜血管纹。根据其在胃内的分布,慢性胃炎可有:①胃窦炎,多由 Hp 感染所致,部分患者炎症可波及胃体;②胃体炎,多与自身免疫有关,病变主要累及胃体和胃底;③全胃炎,可由 Hp 感染扩展而来。近年慢性胃炎 OLGA 分级诊断要求胃镜检查至少应取 5 块活检。不同病因所致胃黏膜损伤和修复过程中产生的慢性胃炎组织学变化如下。

(一)炎症

以淋巴细胞、浆细胞为主的慢性炎症细胞浸润,初在黏膜浅层,即黏膜层的上 1/3,称浅表性胃炎。病变继续发展,可波及黏膜全层。由于 Hp 感染常呈簇状分布,胃窦黏膜炎症也有多病灶分布的特点,也常有淋巴滤泡出现。

炎症的活动性是指中性粒细胞出现,它存在于固有膜、小凹上皮和腺管上皮之间,严重者可形成小凹脓肿。

(二)化生

长期慢性炎症使胃黏膜表层上皮和腺上皮被杯状细胞和幽门腺细胞所取代。其分布范围越广,发生胃癌的危险性越高。胃腺化生分为 2 种:①肠上皮化生:以杯状细胞为特征的肠腺替代了胃固有腺体;②假幽门腺化生:胃底腺的颈黏液细胞增生,形成幽门腺样腺体,它与幽门腺在组织学上一般难以区别,需根据活检部位做出判断。

(三)萎缩

病变扩展至腺体深部,腺体破坏、数量减少,固有层纤维化,黏膜变薄。根据是否伴有化生而分为非化生性萎缩及化生性萎缩等,以胃角为中心,波及胃窦及胃体的多灶萎缩发展为胃癌的风险增加。

(四)异型增生

又称不典型增生,是细胞在再生过程中过度增生和分化缺失,增生的上皮细胞拥挤、有分层现象,核增大失去极性,有丝分裂象增多,腺体结构紊乱。世界卫生组织(WHO)国际癌症研究协会推荐使用的术语是上皮内瘤变。异型增生是胃癌的癌前病变,根据异型程度分为轻、中、重三度,轻度者常可逆转为正常;重度者有时与高分化腺癌不易区别,应密切观察。

在慢性炎症向胃癌的进程中,化生、萎缩及异型增生被视为胃癌前状态。

三、临床表现

大多数患者无明显症状。可表现为中上腹不适、饱胀、钝痛、烧灼痛等,也可呈食欲缺乏、嗳气、反酸、恶心等消化不良症状。体征多不明显,有时上腹轻压痛。恶性贫血者常有全身衰弱、疲软,可出现明显的厌食、体重减轻、贫血,一般消化道症状较少。

四、实验室检查

(一)胃酸的测定

浅表性胃炎胃酸分泌可正常或轻度降低,而萎缩性胃炎胃酸明显降低,其泌酸功能随胃腺体的萎缩、肠腺化生程度的加重而降低。

1.五肽促胃液素胃酸分泌试验

皮下或肌内注射五肽促胃液素(6μg/kg 体重)可引起胃的最大泌酸反应,从而对胃黏膜内的壁细胞数做出大致估计。五肽促胃液素刺激后连续 1 小时的酸量为最大酸量(MAO),2 个连续 15min 最高酸量之和乘 2 为高峰酸量(PAO)。据国内文献报道我国 MAO、PAO 值为 16～21mmol/h,推算壁细胞数为 7 亿～8 亿,较西略少。慢性胃炎时 MAO 与 PAO 值均可降低,尤以萎缩性胃炎明显。五肽促胃液素刺激后,如胃液 pH>0 称无胃酸,pH>5 者称低胃酸。前者提示胃萎缩的诊断。

2.24 小时胃内 pH 连续监测

通过胃腔内微电极连续测定胃内 pH,可了解胃内 24 小时的 pH 变化。24 小时胃内 pH 很少>0,餐后 pH 升高,夜间 pH 最低,而在清晨又开始升高。慢性胃炎患者 pH>0 时间较长,尤以夜间为甚,部分患者进餐后 pH 升高持续时间长,提示慢性胃炎患者胃酸分泌功能减低。由于 pH 代表 H^+ 的活性而非浓度,故 pH 测定不能反映酸量,不能代替 MAO 与 PAO 的测定。

(二)胃蛋白酶原测定

胃蛋白酶原系一种由胃底腺分泌的消化酶前体,据其电泳迁移率不同可分为胃蛋白酶原 I 及胃蛋白酶原 II,前者由主细胞和颈黏液细胞分泌,后者除由前述细胞分泌外还来源于胃窦及十二指肠的 Brunner 腺。胃蛋白酶原在胃液、血液及尿中均可测出,且其活性高低基本与胃酸平行,抑制胃酸的药物亦能抑制胃蛋白酶原活性。萎缩性胃炎血清胃蛋白酶原 I 及 I/II 比值明显降低,且降低程度与胃底腺萎缩范围及程度呈正相关,与活组织病理检查结果常常吻合。因此,胃蛋白酶原活性检测对萎缩性胃炎的诊断及随访有一定意义。

(三)促胃液素测定

促胃液素由胃窦 G 细胞及胰腺 D 细胞分泌,是一种重要的旁分泌激素,能最大限度刺激壁细胞分泌盐酸,改善胃黏膜血液循环,营养胃黏膜,并能保持贲门张力,防止胃内容物向食管反流,具有多种生理功能。空腹血清促胃液素含量为 30～120pg/mL。萎缩性胃炎患者的血清促胃液素水平可在一定程度上反映胃窦部炎症程度。胃窦部黏膜炎症严重者促胃液素常降低,而胃窦部黏膜基本正常者,其空腹血清促胃液素水平常增高。胃萎缩伴恶性贫血者,空腹血清促胃泌素可高达 500～1000pg/mL。

(四)内因子的测定

内因子由壁细胞分泌,壁细胞数的减少亦导致内因子分泌减少,由于壁细胞分泌的内因子量大大超过了促进维生素 B_{12} 吸收所需含量,因此,慢性胃炎患者胃黏膜受损导致胃酸分泌减少时,内因子的分泌量一般仍能维持机体需要。由于胃萎缩伴恶性贫血患者血清中出现抗内因子抗体,它与内因子或内因子维生素 B_{12} 复合物结合导致维生素 B_{12} 的吸收障碍,因此内因子的测定有助于恶性贫血的诊断。内因子的检测可采用维生素 B_{12} 吸收双放射性核素试验,其方法为在肌内注射维生素 B_{12} 的同时口服 ^{57} 钴,维生素 B_{12} 内因子和 ^{58} 钴维生素 B_{12},然后分别测定 24 小时尿中 ^{57} 钴及 ^{58} 钴的放射活性,如果 ^{58} 钴放射活性低而 ^{57} 钴放射活性正常,表明存在内因子缺乏。

（五）自身抗体检测

胃体萎缩性胃炎患者血清 PCA 及 IFA 可呈阳性，对诊断有一定帮助。血清 IFA 阳性率较 PCA 为低。两者的检测对慢性胃炎的分型与治疗有一定帮助。此外，胃窦萎缩性胃炎患者血清中 GCA 可出现阳性，而恶性贫血患者常为阴性。

（六）Hp 检测

目前已有多种 Hp 检测方法，包括胃黏膜直接涂片染色、胃黏膜组织切片染色、胃黏膜培养、尿素酶检测、血清 Hp 抗体检测及尿素呼吸试验，其中以尿素酶法简便快速，而尿素呼吸试验为一结果准确的非性诊断方法。慢性胃炎患者胃黏膜中 Hp 阳性率的高低与胃炎活动与否有关，且不同部位的胃黏膜其 Hp 的检出率亦不相同。Hp 的检测对慢性胃炎患者的临床治疗有指导意义。

（七）胃运动功能检测

慢性胃炎患者常出现餐后上腹不适、饱胀、嗳气等胃肠运动功能障碍的表现，其机制可能系胃容受性舒张功能障碍、胃窦运动功能失调、胃与十二指肠运动缺乏协调性或胃远端对食物的研磨能力降低。胃运动功能检测能反映胃容纳食物的能力、胃对不同类型食物排空的速度、胃窦在消化期与消化间期的运动状况及是否存在逆向运动。目前常以胃排空率检查测定反映胃运动功能，排空率检查可通过进食标记食物，在餐后不同时间测定胃内标志物量从而进行推算。具体方法可用放射性核素标记液体或固体食物，用 γ 照相机在连续扫描中确定胃的轮廓，对胃内放射性核素进行计数，画出胃排空曲线；亦可用不透 X 线的标记食物进餐，然后定时观察胃内存留的标志物量，测算出胃排空率。目前认为，核素法测定胃排空方法较简便、受射线量甚小，结果较其他胃排空检测方法更可靠。

五、X 线钡剂造影检查

上消化道 X 线钡剂造影检查对慢性浅表性胃炎的诊断帮助不大。对临床上怀疑有慢性胃炎的患者不应将 X 线检查作为主要的筛选方法。对经内镜检查诊断为慢性胃炎的患者，X 线钡剂造影检查可用于定期随访以了解治疗的结果。X 线钡剂造影检查有以下几种方法：

（一）双重对比法

利用钡剂和胃内空气造成双重对比，能较精细地观察胃黏膜和胃的细微变化。钡剂量为 70~100mL，同时服用发泡剂或经导管注气以产生气体。因双重对比较其他钡剂检查更为准确，故对怀疑慢性胃炎者应尽量采用双重对比法进行检查。

（二）充盈法

充盈法即口服 250~300mL 硫酸钡，使全胃充盈后进行观察。

（三）黏膜法

口服 70~100mL 的少量钡剂，使其充盈涂抹黏膜并进行观察。

气钡双重对比法检查时，慢性萎缩性胃炎主要表现为窦部黏膜异常皱褶、锯齿状边缘或切迹，以及胃小区异常等改变。约 70% 的胃底部萎缩性胃炎患者可见直径 1~5mm 不规则的胃小区，或可见呈粗糙不规则，直径为 3mm 或以上的胃小区。若用充盈法检查，萎缩性胃炎主要表现为黏膜纹变细，尤其是胃体部大弯侧的锯齿状黏膜纹变细或消失，胃底部光滑而无黏膜纹。对于慢性胃炎合并黏膜糜烂者，钡剂检查可见病灶中心有扁平、线状的钡斑，呈"靶"样或"公牛眼"样改变，周围有透亮圈。钡斑代表糜烂，透亮圈是水肿的堤。

六、内镜检查

（一）浅表性胃炎的内镜表现

1.充血

黏膜色泽较红，常为局限的斑片状或线状，有时呈弥散性，充血的边缘模糊，渐与邻近黏膜融合。

2.水肿

黏膜水肿，反光强，有肿胀感。潮红的充血区与苍白的水肿区相互交叉存在，显示出红白相间，以充血的红相为主，或呈花斑状。

3.黏液斑

因黏液分泌增多，附着在黏膜上呈白色或灰白色黏液斑，且不易剥脱。黏液斑一旦脱落可见黏膜表面充血发红，或伴有糜烂改变。

4.出血点

黏膜易出血，可有出血点或出血斑存在。

5.糜烂

可见黏膜浅小缺损的糜烂区，边缘轻度充血，底部覆盖灰黄色薄苔。糜烂区域可大可小，形态常不规则。

（二）萎缩性胃炎的内镜表现

萎缩性胃炎可由浅表性炎症长期迁延不愈转变而来，因而在内镜检查中可见两者同时并存。萎缩性胃炎的镜下表现为：

1.黏膜色泽改变

多呈灰色、灰黄色或灰绿色，严重者呈灰白色。可呈弥散性或局限性斑块分布，如果黏膜颜色改变不均匀，残留有一些橘红色黏膜，则表现出红白相间，但以灰白色为主。

2.血管显露

黏膜皱襞变细变薄，黏膜下可见有红色或蓝色血管显露，轻者见血管网，重者可见树枝状血管分支。当胃内充气时黏膜变薄及血管显露更加明显。

3.增生颗粒

在萎缩的黏膜上有时可见上皮细胞增生或严重肠上皮化生形成的细小增生颗粒，偶尔可形成较大的结节。

4.出血及糜烂

内镜触碰萎缩性黏膜也易出血，亦可出现黏膜糜烂。

(三)新型内镜对慢性胃炎的诊断价值

1.放大染色内镜

放大内镜可以观察胃窦黏膜小凹开口形态变化,分辨胃体黏膜毛细血管网及集合小静脉的改变,更敏感地发现早期及微小病变。尤其是胃小凹形态改变与病理组织学存在明显相关性,在放大内镜结合黏膜染色下识别胃小凹的形态将有助于对胃黏膜病变性质的判断。

2.内镜电子染色系统的诊断价值

具有电子染色系统的内镜其外形和常规操作与普通内镜基本一致,在操作中可随时切换至电子染色系统模式观察病灶。常见的染色系统有以下两种:

(1)富士能智能色素增强(FICE)系统:又称最佳谱带成像系统,是胃肠疾病诊断领域中的一项新技术。它可根据特殊波长,组合不同颜色、不同波长范围的内镜图像,从浅到深设定组织反射程度,并根据想要的波长进行图像重建,从而在胃肠疾病诊断领域中发挥独特的作用。该系统有两个优势:①与常规影像相比,FICE 系统在不采用放大功能的情况下,有高强度的光源,故可很容易地获得整个胃黏膜的清晰影像。②可以根据病变的不同,从 FICE 系统的 10 种设置中选择 3 种波长,从而获得最佳成像。

(2)奥林巴斯的窄带成像内镜(NBI):胃黏膜微形态特征与组织学检查结果有较好的具 NBI 功能,对于附带 NBI 功能的变焦放大内镜而言,在对病灶近距离放大观察后再开启 NBI 模式,能更清晰地了解病灶表面的黏膜凹窝形态及血管等,方便对病灶进行定性与靶向活检。目前,NBI 在临床工作中的应用包括:①微小病灶的早期发现与诊断。②联合放大内镜观察其细微结构,进一步评价其特性并预测组织病理学结果。③作为病灶靶向活检及内镜下治疗的定位手段。

3.共聚焦激光显微内镜(CLE)

该内镜由共聚焦激光显微镜安装于传统电子内镜远端头端与之组合而成,除做标准电子内镜检查外,还能进行共聚焦显微镜检查。最大的优点是在进行内镜检查的同时进行虚拟活检和实时组织学观察,实现 1000 倍的放大倍数和自黏膜表面至黏膜下层深达 $250\mu m$ 的扫描深度,获得病体的胃肠道黏膜、黏膜下层细胞和亚细胞结构的高清晰的荧光图像,图像具有的高分辨率可以与活检病理媲美,为体内组织学研究提供了快速而可靠的诊断工具。

在内镜下对黏膜层进行体内模拟组织学诊断,直接观察细胞结构,慢性胃炎的诊断中,需要与消化道早期肿瘤及癌前期病变鉴别,部分病例需要定期监测。相对于传统的活检组织学检查,CLE 有以下优势:快速、非性、多点活检,检查所需时间远少于传统活检,没有传统活检切片的繁琐过程;指导靶向活检,提高临床诊断率;在进行内镜检查时对新生物做出最快速、优化和诊断,判断是否需要内镜下切除,避免重复内镜检查;没有活检相关的出血、组织损伤并发症。

最近活检显示 CLE 及其靶向活检病理诊断对慢性胃炎及肠化均有较高的敏感性及特异性,临床上有望部分替代活检诊断。

(四)胃黏膜活检

诊断慢性萎缩性胃炎的最可靠方法是在内镜检查中做病变部位黏膜的活组织检查。由于萎缩性病变常呈局灶性,故应在不同部位或同一区域做多块活检,以提高内镜诊断与病理检查结果的符合率,但内镜所见与病理结果尚难完全一致。因内镜操作上的一些技术因素,如胃内充气量、胃腔压力、物镜与黏膜的距离等亦可引起诊断上的差别,故多点黏膜活检对诊断甚为重要。萎缩性胃炎根据黏膜萎缩的程度可分为轻、中及重三级,其诊断应从胃黏膜受累的广泛程度、功能腺影响的多少及血管的显露程度等加以综合分析,不应单纯依靠局部活组织检查结果做出分级诊断。放大内镜、电子染色和共聚焦内镜等新型内镜靶向活检有助于提高活检的准确性。

七、治疗

慢性胃炎目前尚无特效疗法,通常认为无症状者无须进行治疗,有症状慢性胃炎患者的治疗一般包括饮食治疗、去除病因及药物治疗三方面。

(一)饮食治疗

应避免过硬、过酸、过辣、过热、过分粗糙或刺激性的食物和饮料,包括烈性白酒、浓茶与咖啡。饮食应节制,少量多餐,食物应营养丰富、易消化。但亦应考虑患者的饮食习惯及爱好,制订出一套合情合理的食谱。

(二)去除病因

避免服用能损伤胃黏膜的药物,如阿司匹林、保泰松、吲哚美辛及吡罗昔康(炎痛喜康)等。应治疗慢性牙龈炎、扁桃体炎、鼻窦炎等慢性感染灶。对有慢性肝胆疾病、糖尿病或尿毒症等全身性疾病患者,应针对原发病进行治疗。

(三)药物治疗

目前治疗慢性胃炎的药物甚多,应根据患者具体情况,选择以下1~2类药物。

1.清除 Hp 感染

由于 Hp 感染与慢性胃炎的活动性密切相关,因此对有 Hp 感染的慢性胃炎患者应采用清除 Hp 治疗。枸橼酸铋钾在酸性环境中能形成铋盐和黏液组成的凝结物涂布于黏膜表面,除保护胃黏膜外还能直接杀灭 Hp;此外,Hp 对多种抗生素敏感,其中包括甲硝唑(灭滴灵)、阿莫西林、四环素、链霉素、庆大霉素、呋喃唑酮及头孢菌素等。单一药物治疗 Hp 感染的清除率低,且易引起 Hp 耐药。目前国际上推崇三联疗法:①以 PPI 为基础的三联疗法,即以一种 PPI 加甲硝唑、克拉霉素、阿莫西林三种抗生素中的两种组成。疗程为 1 周,其 HP 清除率为95%~100%。②以铋剂为基础的三联疗法,即枸橼酸铋钾、阿莫西林和甲硝唑三联治疗,其 Hp 清除率可高达 90%,治疗以 2 周为一个疗程。Hp 治疗中两突出的问题是耐药与复发,有些治疗方案停药后 Hp 很快复发,因此目前以治疗一疗程后复查 Hp 阴性的百分率为清除率,停药 4 周后再复查,仍无 Hp 感染的为根除。由于我国无症状者 Hp 的感染率亦较高,但通常认为此时无须进行清除 Hp 的治疗。

2.胃动力药物

胃动力药物通过促进胃排空及增加胃近端张力而提高胃肠运动功能,可减少胆汁反流,缓解恶心、嗳气、腹胀等症状。这类药物包括甲氧氯普胺、多潘立酮、西沙比利及依托比利。由于甲氧氯普胺可引起锥体外系症状,现临床已少用。多潘立酮为外周多巴胺受体拮抗剂,极少有中枢作用,系目前广泛应用的胃动力药,约 50% 患者的胃排空迟缓症状能得到缓解。西沙比利为 5-HT$_4$ 受体激动剂,主要功能是促进肠肌间神经丛中乙酰胆碱的生理学释放,协调并加强胃排空。临床应用显示西沙比利能明显提高慢性胃炎患者的胃肠运动功能,且停药后症状缓解能维持较长时间。依托比利是阻断多巴胺 D$_2$ 受体活性和抑制乙酰胆碱酯酶活性的促胃动力药,在中枢神经系统的分布少,无严重药物不良反应,是治疗胃动力障碍的有效药物之一。

3.黏膜保护剂

可增强胃黏膜屏障,促进上皮生长。此类药物包括硫糖铝、前列腺素 E、麦滋林-S、甘珀酸钠(生胃酮)、双八面体蒙脱石及胃膜素等,对缓解上腹不适症状有一定作用,但单用效果欠佳。

4.抑酸剂

慢性胃炎患者多数胃酸偏低,因此,传统上有学者应用稀盐酸和消化酶类对萎缩性胃炎患者进行补偿治疗。但实际上我国的萎缩性胃炎多数是胃窦受累,幽门腺数量减少而胃底腺受影响较少,低酸主要原因是胃黏膜功能减退而引起 H$^+$ 向胃壁弥散,因此部分患者服稀盐酸后反觉上腹不适症状加剧。目前认为对于上腹疼痛症状明显,或伴有黏膜糜烂或出血的患者,应采用抑酸剂进行治疗,通常能使腹痛症状明显缓解。目前常用的抑酸剂包括 H$_2$RA(包括西咪替丁、雷尼替丁及法莫替丁)及 PPI(包括奥美拉唑与兰索拉唑),兰索拉唑除能迅速缓解上腹疼痛不适外,对 Hp 亦有一定的杀灭作用。抑酸剂在减轻 H$^+$ 反弥散的同时,亦促进促胃液素的释放,对胃黏膜的炎症修复起一定作用。

5.手术治疗

胆汁反流性胃炎症状重内科治疗无效的患者可采用手术治疗,常用的术式有胆总管空肠鲁氏 Y 形吻合术或胆道分流术。慢性萎缩性胃炎伴有重度不典型增生或重度肠化时,应考虑手术治疗,但如果为轻度不典型增生属于可逆性,可不手术。

6.其他

目前,国内应用中医中药方剂制成的治疗慢性胃炎的药物繁多,对缓解症状具有一定效果。此外,对合并缺铁性贫血者应补充铁剂,对合并大细胞贫血者应根据维生素 B$_{12}$ 或叶酸的缺乏而分别给予补充。目前认为,慢性浅表性胃炎经治疗症状可完全消失,部分患者的胃黏膜慢性炎症病理改变亦可完全恢复。但对于慢性萎缩性胃炎,目前的治疗方法主要是对症治疗,通常难以使萎缩性病变逆转。

第五节 消化性溃疡

消化性溃疡(PU)指胃肠道黏膜被自身消化而形成的溃疡,可发生于食管、胃、十二指肠、胃-空肠吻合口附近以及含有胃黏膜的 Meckel 憩室。胃、十二指肠球部溃疡最为常见。

一、流行病学

消化性溃疡是一种全球性常见病,估计约有 10% 在其一生中患过本病。本病可发生于任何年龄段。十二指肠溃疡(DU)多见于青壮年,而胃溃疡(GU)则多见于中老年;前者的发病高峰一般比后者早 10 年。临床上十二指肠球部溃疡多于胃溃疡,十二指肠球部溃疡与胃溃疡发生率的比值大约为 3∶1。不论是胃溃疡还是十二指肠球部溃疡均好发于男性。

二、病因和发病机制

在导致各类胃炎的病因持续作用下,黏膜糜烂可进展为溃疡。消化性溃疡发病的机制是胃酸、胃蛋白酶的侵袭作用与黏膜的防御能力间失去平衡,胃酸和胃蛋白酶对黏膜产生自我消化。如果将黏膜屏障比喻为"屋顶",胃酸、胃蛋白酶比喻为"酸雨",漏"屋顶"遇上虽然不大的"酸雨"或过强的"酸雨"腐蚀了正常的"屋顶"都可能导致消化性溃疡发生。部分导致消化性溃疡发病的病因既可以损坏"屋顶",又可增加"酸雨"。消化性溃疡与其常见病因的临床关联如下。

1.Hp 感染

Hp 感染是消化性溃疡的主要病因。十二指肠球部溃疡患者的 Hp 感染率高达 90%～100%,胃溃疡为 80%～90%。同样,在 Hp 感染高的,消化性溃疡的患病率也较高。根除 Hp 可加速溃疡的愈合,显著降低消化性溃疡的复发。

2.药物

长期服用 NSAIDs、糖皮质激素、氯吡格雷、化疗药物、双磷酸盐、西罗莫司等药物的患者可以发生溃疡。NSAIDs 是导致胃黏膜损伤最常用的药物,有 10%～25% 的患者可发生溃疡。

3.遗传易感性

部分消化性溃疡患者有该病的家族史,提示可能的遗传易感性。的胃黏膜内,大约有 10 亿壁细胞,平均每小时分泌盐酸 22mmol,而十二指肠球部溃疡患者的壁细胞总数平均为 19 亿,每小时分泌盐酸约 42mmol,比高出 1 倍左右。但是,个体之间的壁细胞数量也有很大的差异,在十二指肠球部溃疡和正,之间存在显著的重叠现象。

4.胃排空障碍

十二指肠-胃反流可导致胃黏膜损伤;胃排空延迟及食糜停留过久可持续刺激胃窦 G 细胞,使之不断分泌促胃液素。

应激、吸烟、长期精神紧张、进食无规律等是消化性溃疡发生的常见诱因。尽管胃溃疡和十二指肠球部溃疡同属于消化性溃疡,但胃溃疡在发病机制上以黏膜屏障功能降低为主要机制,十二指肠球部溃疡则以高胃酸分泌起主导作用。

三、临床表现

(一)腹痛

腹痛是患者就医的主要症状,疼痛的部位多位于中上腹部,可偏左或偏右,也可位于胸骨或剑突后。胃和十二指肠后壁溃疡,尤其是穿透性溃疡疼痛可放射至背部。疼痛一般较轻,偶有较重者。疼痛多为烧灼样或饥饿样痛。约 2/3 的十二指肠溃疡和 1/3 的胃溃疡患者疼痛具有节律性,十二指肠溃疡的疼痛常于空腹和夜间凌晨发作,进食或服抗酸药缓解。胃溃疡的疼痛多于餐后 1 小时出现,至下餐前缓解。胃溃疡的夜间痛常不典型。多数溃疡病患者呈慢性、周期性病程,以秋末和初春多发。尽管溃疡病腹痛具有一定的临床特征,但这些症状与胃十二指肠炎、功能性消化不良等其他疾病有较大重叠,据此并不能有效地鉴别这些疾病。另一方面,一些溃疡病患者并无上述典型症状。而且,当病情进展时,溃疡病的疼痛节律性可消失。

(二)其他症状

除上腹疼痛外,溃疡病还有泛酸、嗳气、上腹胀、恶心、呕吐、纳差等消化不良症状。这些症状无特异性,可由溃疡病或胃十二指肠炎症引起。患者体重一般无改变,进食障碍者出现体重减轻。

(三)体征

溃疡病患者一般缺乏特征性体征,活动性溃疡上腹部有局限性触痛。少数患者出现贫血、消瘦。

四、辅助检查

(一)胃液分析

部分十二指肠溃疡患者胃酸增多,而胃溃疡胃酸正常或低于正常。胃酸分泌在溃疡病与其他疾病之间,以及与相比均有明显重叠,对溃疡病的诊断和鉴别诊断意义不大。佐林格-埃利森综合征的患者胃酸特别是基础胃酸分泌量显著增加,是该病的特征之一。

(二)血清促胃液素测定

血清促胃液素测定不作为溃疡病的常规检查,但适于以下情形:溃疡病与内分泌肿瘤并存时,测定促胃液素有助于诊断多发性 I 型内分泌肿瘤;怀疑溃疡病由佐林格—埃利森综合征引起时,促胃液素检测有诊断价值;部分难治性溃疡,或溃疡难以愈合需要手术,或根除 Hp 后溃疡仍然复发的患者。

(三)X 线钡剂造影检查

目前,多采用钡剂和空气双重对比造影技术检查。溃疡病的 X 线征象有直接和间接两种,前者系由钡剂充填溃疡凹陷而显示的龛影,是诊断溃疡病的可靠依据。溃疡病的间接征象包括由溃疡周围组织炎症和水肿形成的透光带;向溃疡集中的黏膜皱襞;还可见溃疡局部痉挛、激惹和十二指肠球部变形等。气钡双重造影诊断溃疡病准确性较高,缺点是不能取活组织行病理学检查。

(四)内镜检查

内镜下消化性溃疡分为三个病期,每一病期又细分为两个阶段。①活动期(A1,A2):溃疡基底部覆白色或黄白色厚苔。溃疡周边黏膜充血、水肿(A1),或周边黏膜充血、水肿开始消减,周围上皮再生形成的红晕(A2)。②愈合期(H1,H2):溃疡浅、少,苔变薄。周边再生上皮形成的红晕逐渐包绕溃疡,黏膜皱襞向溃疡集中(H1),或溃疡面几乎被再生上皮覆盖,黏膜皱襞向溃疡集中更明显(H2)。③瘢痕期(S1,S2):溃疡基底部白苔消失,而代之红色瘢痕(S1),最后转变为白色瘢痕(S2)。内镜检查是目前诊断消化性溃疡最有效的方法,并能借活检病理学检查与恶性溃疡鉴别。对于少数恶性溃疡需多次活组织检查方能确诊。

五、诊断与鉴别诊断

典型的节律性和周期性疼痛有助于本病的诊断,但有溃疡样疼痛者并非患消化性溃疡,而部分溃疡病患者上腹疼痛并不典型,有的甚至无疼痛症状,因而单凭症状难以建立可靠的诊断。消化性溃疡的确诊有赖于内镜检查和(或)X线钡剂造影检查。良、恶性溃疡的鉴别需要病理组织检查,血清促胃液素测定和胃酸分析有助于内分泌肿瘤如佐林格-埃利森综合征的诊断。本病需要与慢性上腹疼痛的其他疾病鉴别,包括:

(一)功能性消化不良

功能性消化不良患者常有上腹疼痛、烧心、上腹胀、泛酸、恶心、呕吐、食欲减退等症状,溃疡型患者可有典型的溃疡病样疼痛,易与消化性溃疡混淆。由于本病无胃黏膜糜烂和溃疡,鉴别诊断的方法主要依靠内镜检查。

(二)慢性胆囊炎和胆石症

患者有腹痛、腹胀等消化不良症状,但疼痛可由进油腻食物诱发,疼痛部位多见于右上腹,可向背部放射。有发热、黄疸症状者容易与消化性溃疡鉴别,症状不典型者需做 B 型超声等影像学检查。

(三)胃癌

胃癌患者在出现腹部包块、腹水等晚期症状之前,根据临床表现难以与消化性溃疡鉴别,胃镜结合病理组织学检查是区分两者的最有效方法。诊断胃癌时需注意以下几点:①对于内镜下所见的胃溃疡应常规进行活组织病理检查,且应多点取活检,以免遗漏看似良性溃疡的胃癌。②对于临床和内镜检查怀疑胃癌的患者,一次活检阴性并不能排除诊断,必要时应复查胃镜,再次取材行病理组织学检查。③强抑酸药可能使癌性溃疡缩小或"愈合",对这部分患者应加强随访,必要时,定期内镜复查。

六、并发症

消化性溃疡的并发症包括出血、穿孔和幽门梗阻。近年由于有效抗溃疡药物的不断问世,溃疡病的治愈率明显提高。另一方面,抗 Hp 和维持治疗降低了溃疡病的复发率。

(一)上消化道出血

上消化道出血是消化性溃疡最常见的并发症,15%的溃疡病患者并发上消化道出血。约1/3 经传统抗溃疡治疗(如 H_2RA)的患者有复发性出血。在各种上消化道出血的原因中,溃疡病出血约占 50%。溃疡病出血可见于任何年龄组的患者,60 岁及以上的患者更常见,较高的出血并发症与 NSAIDs 使用有关。十二指肠溃疡合并上消化道出血的发生率高于胃溃疡。部分患者出血前有腹痛加重的表现,但 10%～20%的胃十二指肠溃疡患者出血前无任何前驱症状。溃疡病并发出血的临床表现与出血的速度和出血量有关,轻者仅表现为黑粪,重症患者出现呕血及全身循环衰竭,危及患者的生命。根据病史和黑粪、呕血等临床表现本症不难诊断,急诊内镜检查(出血后 24～48 小时)对确诊出血原因有重要价值。止血措施包括内科用药、内镜下止血和外科手术治疗。研究表明根除 Hp 能防止溃疡病复发性出血。

(二)穿孔

约 7% 的溃疡病患者并发穿孔,发生率高于梗阻,低于出血。国外资料显示十二指肠溃疡穿孔的发生率高于胃溃疡,但国内报道两者相近。由于 NSAIDs 应用增加,溃疡病穿孔的发生率上升,尤以 60 岁以上的女性患者多见。十二指肠溃疡易于出现前壁穿孔,而胃溃疡穿孔多见于小弯侧近前壁。溃疡病急性穿孔出现急性腹膜炎的表现,结合腹部 X 线透视和腹部拍片,不难诊断。穿透性溃疡指穿透到邻近,而非穿透到腹腔。胃溃疡常穿透到肝脏左叶,而十二指肠后壁溃疡则穿透至邻近的胰腺,常引起胰腺炎。胃溃疡还可穿透到结肠,形成胃结肠瘘,但这种情况罕见。

(三)幽门梗阻

幽门梗阻也称之为胃输出道梗阻或胃潴留,约 2% 的溃疡患者并发此症,80% 由十二指肠溃疡引起,其余因幽门管溃疡或幽门前区溃疡所致。幽门梗阻既可以是器质性也可为功能性,前者由胃十二指肠交界处瘢痕引起,后者源于急性炎症的充血、水肿或炎症引起的幽门反射性痉挛。幽门梗阻的主要症状包括早饱、体重减轻、上腹痛、呕吐,呕吐物内含有宿食。器质性梗阻常需手术或球囊扩张治疗,而功能性梗阻经药物治疗有效。

七、治疗

(一)内科治疗

治疗的目的是消除病因、缓解症状、愈合溃疡、防止复发和防治并发症发生。消化性溃疡在不同患者的病因不尽相同,发病机制亦各异,所以对每一病例应分析其可能涉及的致病因素及病理生理,给予恰当的处理。针对病因的治疗如根除幽门螺杆菌,有可能彻底治愈溃疡病,是近年消化性溃疡治疗的一大进展。治疗包括:①抑制胃酸治疗;②根除 pylori;③减少 NSAIDs 溃疡的策略;④抗血小板药物消化道损伤的防治;⑤复发及预防。

1.一般治疗

生活要有规律,工作宜劳逸结合,避免过度劳累和精神紧张,如有焦虑不安,应予开导,必要时可给予镇静剂。原则上需强调进餐要定时,注意饮食规律,避免辛辣、过咸食物及浓茶、咖啡等饮料,如有烟酒嗜好而确认与溃疡的发病有关者应戒烟、酒。牛乳和豆浆能稀释胃酸,但其所含钙和蛋白质能刺激胃酸分泌,故不宜多饮。服用 NSAIDs 者尽可能停用,即使未用亦要告诫患者今后慎用。

2.抑制胃酸分泌的药物及其应用

溃疡的愈合特别是 DU 的愈合与抑酸治疗的强度和时间成正比,药物治疗中 24 小时胃内 pH>3 总时间可预测溃疡愈合率。碱性抗酸药物(如氢氧化铝、氢氧化镁和其他复方制剂)具有中和胃酸作用,可迅速缓解疼痛症状,但一般剂量难以促进溃疡愈合,目前已很少单一应用碱性抗酸剂来治疗溃疡,仅作为加强止痛的辅助治疗。常用的抗酸分泌药有 H_2 受体拮抗剂

（H₂-RAs）和 PPI 两大类。随着 PPI 的开发与广泛临床应用，H₂-RAs 已逐步摒弃。

质子泵抑制剂（PPI）作用于壁细胞胃酸分泌终末步骤中的关键酶 H^+-K^+-ATP 酶，使其不可逆失活，因此抑酸作用比 H₂-RAs 更强且作用持久。与 H₂RAs-相比，PPI 促进溃疡愈合的速度较快、溃疡愈合率较高，因此特别适用于难治性溃疡或 NSAIDs 溃疡患者不能停用 NSAIDs 时的治疗。对根除幽门螺杆菌治疗，PPI 与抗生素的协同作用较 H₂-RAs 好，因此是根除幽门螺杆菌治疗方案中最常用的基础药物。使用推荐剂量的各种 PPI，对消化性溃疡的疗效相仿，不良反应较少，不良反应率为 1%～8%。主要有头痛、头晕、口干、恶心、腹胀、失眠。偶有皮疹、外周神经炎、血清氨基转移酶或胆红素增高等。长期持续抑制胃酸分泌，可致胃内细菌滋长。早期研究曾发现长期应用奥美拉唑可使大鼠产生高胃泌素血症，并引起胃肠嗜铬样细胞增生或类癌。现认为这是种属特异现象，也可见于 H₂ 受体阻断剂等基础胃酸抑制后。在临床应用 6 年以上患者，血清胃泌素升高 5 倍，但未见壁细胞密度增加。

研究表明，PPI 常规剂量（奥美拉唑 20mg，2 次/d、兰索拉唑 30mg，2 次/d、泮托拉唑 40mg，2 次/d、雷贝拉唑 20mg，2 次/d）治疗十二指肠溃疡（DU）和胃溃疡（GU）均能取得满意的效果，明显优于 H₂ 受体拮抗剂，且 5 种 PPI 的疗效相当。对于 DU，疗程一般为 2～4 周，2 周愈合率平均为 70% 左右，4 周愈合率平均为 90% 左右或高达 95% 以上；对于 GU，疗程一般为 4～8 周，4 周溃疡愈合率平均为 70% 左右，8 周愈合率平均为 90% 左右。其中雷贝拉唑在减轻消化性溃疡疼痛方面优于奥美拉唑且耐受性好。雷贝拉唑在第 4 周对 DU 和第 8 周对 GU 的治愈率与奥美拉唑相同，但雷贝拉唑对 24 小时胃内 pH＞3 的时间明显长于奥美拉唑 20mg/d 治疗的患者，能够更快、更明显地改善症状，6 周时疼痛频率和夜间疼痛完全缓解更持久且有很好的耐受性。埃索美拉唑是奥美拉唑的 S-异构体，相对于奥美拉唑，具有更高的生物利用度，给药后吸收迅速，1～2 小时即可达血药峰值，5 天胃内 pH＞4 的平均时间为 14 小时，较奥美拉唑、兰索拉唑、泮托拉唑、雷贝拉唑四种 PPI 明显增加。且持续抑酸作用时间更长，因此能够快速、持久缓解症状。研究表明，与奥美拉唑相比，埃索美拉唑治疗 DU4 周的愈合率相当，但在缓解胃肠道症状方面（如上腹痛、反酸、胃灼热感）明显优于奥美拉唑。最新上市艾普拉唑与其他 5 种 PPI 相比在结构上新添了一个吡咯环，吸电子能力强，与酶结合容易。相对于前 5 种 PPI，艾普拉唑经 CYP3A4 代谢而不是经 CYP2C19 代谢，因此完全避免了 CYP2C19 基因多态性对其疗效的影响。PPI 可抑制胃酸分泌，提高胃内 pH，有助于上消化道出血的预防和治疗。奥美拉唑可广泛用于胃、十二指肠病变所致的上消化道出血，泮托拉唑静脉滴注也常用于急性上消化道出血。消化性溃疡合并出血时，迅速有效地提高胃内 pH 值是治疗成功的关键。血小板在低 pH 时不能聚集，血凝块可被胃蛋白酶溶解，其他凝血机制在低 pH 时也受损，而 pH 为 0 时胃蛋白酶不能溶解血凝块，故胃内 pH 0 时最佳。另外，静脉内使用 PPI 可使胃内 pH 达到 0 以上，能有效改善上消化道出血的预后，并使再出血率、输血需要量和紧急手术率下降，PPI 可以降低消化性溃疡再出血的风险，并可减少接受手术治疗的概率，但对于总死亡率的降低并无多少意义。消化性溃疡合并出血时静脉注射 PPI 的选择：推荐大剂量 PPI 治疗，如埃索美拉唑 80mg 静脉推注后，以 8mg/h 速度持续输注 72 小时，适用于大量出血患者；常规剂量 PPI 治疗，如埃索美拉唑 40mg 静脉输注，每 12 小时 1 次，实用性强，适于在基层医院开展。

目前国内上市的 PPI 有奥美拉唑、兰索拉唑、泮托拉唑、雷贝拉唑、埃索美拉唑以及最近上市的艾普拉唑。第一代 PPI(奥美拉唑、泮托拉唑和兰索拉唑)依赖肝细胞色素 P450 同工酶进行代谢和清除,因此,与其他经该同工酶进行代谢和清除的药物有明显的相互作用。由于 CYP2C19 的基因多态性,导致该同工酶的活性及第一代 PPI 的代谢表型发生了变异,使不同个体间的 CYP2C19 表现型存在着强代谢型(EM)和弱代谢型(PM)之分。另外,抑酸的不稳定性、发挥作用需要浓聚和酶的活性、半衰期短等局限性影响了临床的应用;影响疗效因素多(如易受进餐和给药时间、给药途径的影响);起效慢、治愈率和缓解率不稳定,甚至一些患者出现奥美拉唑耐药或失败;不能克服夜间酸突破等,由此可见,第一代 PPI 的药效发挥受代谢影响极大,使疗效存在显著的个体差异。第二代 PPI(雷贝拉唑、埃索美拉唑、艾普拉唑)则有共同的优点,起效更快,抑酸效果更好,能 24 小时持续抑酸,个体差异少,与其他药物相互作用少。新一代 PPI 的进步首先是药效更强,这和化学结构改变有关,如埃索美拉唑是奥美拉唑中作用强的 S-异构体,把药效差的 L-异构体剔除后,其抑酸作用大大增强。而艾普拉唑结构上新添的吡咯环吸电子能力强,与酶结合容易,艾普拉唑对质子泵的抑制活性是奥美拉唑的 16 倍,雷贝拉唑的 2 倍;其次新一代 PPI 有药代动力学方面优势,如雷贝拉唑的解离常数(pKa)值较高,因此在壁细胞中能更快聚积,更快和更好地发挥作用。再次新一代 PPI 较少依赖肝 P450 酶系列中的 CYP2C19 酶代谢。另外,第二代 PPI 半衰期相对较长,因此保持有效血药浓度时间较长,抑酸作用更持久,尤其是新上市的艾普拉唑,半衰期为 3～4 小时,为所有 PPI 中最长的,因而作用也最持久。

结果 PPI 的疗效,治疗 2、4、8 周于溃疡的愈合率分别为 75%、95% 及 100%,治疗 4 周及 8 周胃溃疡的愈合率分别为 85% 及 98%,服药后患者症状迅速缓解。可见 PPI 对 PU 疗效极高,根除 pylori 后溃疡的复发率也很低。因此,药物治疗即可达到治愈。

3.保护胃黏膜药物

替普瑞酮、铝碳酸镁、硫糖铝、胶体枸橼酸铋、马来酸伊索拉定(盖世龙)、蒙托石、麦滋林、谷氨酰胺胶囊等均有不同程度制酸、促进溃疡愈合作用。

4.根除幽门螺杆菌治疗

对幽门螺杆菌感染引起的消化性溃疡,根除幽门螺杆菌不但可促进溃疡愈合,而且可预防溃疡复发,从而彻底治愈溃疡。因此,凡有幽门螺杆菌感染的消化性溃疡,无论初发或复发、活动或静止、有无并发症,均应予以根除幽门螺杆菌治疗。因此,根除幽门螺杆是溃疡愈合及预防复发的有效措施。根除组 DU 愈合优于非根除组,但 GU 溃疡愈合两组无差异。可预防 DU 和 GU 复发,根除组优于对照组。

(1)治疗方案:目前幽门螺杆菌根除方案有序贯疗法、PPI 四联疗法(PPI＋阿莫西林＋克拉霉素＋甲硝唑)、铋剂＋两种抗生素三联疗法、含喹诺酮类疗法、含呋喃唑酮疗法、含有辅助药物(如益生菌、胃蛋白酶)的疗法以及中医中药治疗等。评价根除幽门螺杆菌疗效的方法用试验治疗分析(PP,符合方案集)和意向性治疗分析(ITT)。根据 ITT 对治疗方案的疗效分为 5 级,即 A 级＞95%,B 级 90%～94%,C 级 85%～90%,D 级 81%～84%,E 级＜80%,理想的根除率应是 D 级以上。

随着抗生素的广泛应用,幽门螺杆菌耐药菌株在不断增加,这是造成根除率下降的主要原因。我国 Hp 耐药情况甲硝唑耐药率 6%、克拉霉素为 6%、左氧氟沙星 30%～38%,而阿莫西林、呋喃唑酮和四环素的耐药率较低为 1%～5%。美国北得克萨斯州大学公共卫生学院一项荟萃分析研究显示,在成年患者中,抗生素耐药是衡量三联或四联疗法根除幽门螺杆菌疗效的有力预测指标。在四联疗法中含有克拉霉素和甲硝唑时,可减少克拉霉素和甲硝唑耐药,但如发生两者同时用药,则疗效更差。值得注意的是,欧美国家的甲硝唑耐药株为 30%～40%,而在发展中国家甲硝唑耐药株达到了 80%～100%,这是一个严重的问题,在发展中国家治疗幽门螺杆菌的甲硝唑有被淘汰的趋势。在三联疗法中克拉霉素耐药比硝基咪唑类药物耐药对疗效的影响更大。克拉霉素耐药使克拉霉素＋PPI＋甲硝唑和克拉霉素＋PPI＋阿莫西林方案的有效率下降了 35% 和 66%。出现耐药时目前提倡选用第三代或第四代喹诺酮类、四环素类抗生素或呋喃唑酮作为补救治疗。新近又提出 10 天序贯治疗来提高幽门螺杆菌根除率。

2012《第四次全国 Hp 感染处理共识报告》主推铋剂四联疗法,可提高疗效,ITT 87%,PP 98%。疗程 7 天和 14 天,以后者疗效好,TTT 和 PP 7 天和 14 天分别为 80%、97% 和 82%、94%。

(2)治疗方案的选择:应选择疗效高,不良现象反应少,用药短时间,费用低廉,依从性好,不易产生耐药性的治疗方案。开始均选用一线药物治疗。

①按病情选择:幽门螺杆菌阳性的活动性溃疡疼痛明显时,选用抗酸分泌剂为基础的方案;反之,幽门螺杆菌阳性的慢性萎缩性胃炎则选用铋剂和抗生素为主的治疗方案。

②以高效选择:所用三联或四联疗法中,就包括克拉霉素,因克拉霉素可使根除率提高 10%～20%。如 PPI＋丽珠胃三联或四联疗法,疗程 2 周,幽门螺杆菌根除率高达 97%。

③从经济角度考虑选择:尽可能用国产、疗效好、价格适中的药物,如克拉霉素、阿莫西林、甲硝唑、替硝唑氟喹诺酮类等均可应用。

④对出现耐药菌株的治疗选择:对甲硝唑、替硝唑耐药者可用呋喃唑酮或氟喹诺酮类代替;对克拉玛依霉素耐药者或选用左氧氟沙星或洛美沙星代替;PPI 可用雷贝拉唑、泮托拉唑或埃索美拉唑。此外,可适当考虑增加用药剂量。有条件下者,应培养或耐药基因工程检测,针对结果选用敏感抗生素。

⑤疗程问题:疗程长短并不是决定疗效的因素,主要看药物联合是否合理、理想。最初用药 3 天,后又延长至 1 周。目前许多报告提出用药 2 周疗效最佳。

(3)推荐的幽门螺杆菌治疗方案

①标准初始治疗(可从下列 3 种中选择其中 1 种)

三联疗法 7～14 天

PPI,治愈剂量,2 次/d

阿莫西林,1g,2 次/d

克拉霉素,500mg,2 次/d

四联疗法 10～14 天

PI,治愈剂量,2 次/d

三钾二枸橼酸铋(德诺),240mg,2 次/d

四环素,500mg,4 次/d

甲硝唑,400mg,2 次/d

序贯疗法 10 天

第 1～5 天:

PPI,治愈剂量,2 次/d

阿莫西林,1g,2 次/d

第 6～10 天:

PPI,治愈剂量,2 次/d

克拉霉素,500mg,2 次/d

替硝唑,500mg,2 次/d

②二线治疗(如果最初使用了含克拉霉素的三联疗法可用下述方案中的 1 种)

三联疗法 7～14 天

PPI,治愈剂量,1 次/d

阿莫西林,1g,2 次/d

甲硝唑,400mg,2 次/d

四联疗法,与初始治疗的建议相同

③几点说明和注意点

PPI 的剂量:奥美拉 20mg、埃索美拉唑 20mg、雷贝拉唑 10mg、泮托拉唑 40mg、兰索拉唑 30mg,均为 2 次/d。

如果患者对阿莫西林过敏,则用甲硝唑替代,而在初始三联疗法中的克拉霉素剂量减半。

在克拉霉素或甲硝唑耐药率高(>20%)的地区,或者在最近暴露于或反复暴露于克拉霉素或甲硝唑的患者中,四联疗法适合作为一线治疗。

用甲硝唑或替硝唑治疗期间应避免饮酒,因为有可能出现类似于饮酒后对双硫仑的反应。

强调个体化治疗。治疗方案、疗程、药物选择须考虑既往抗菌药物应用史、吸烟、药物过敏-潜在不良反应、根除适应证、伴随疾病和年龄等。

根除治疗前,停服 PPI 不少于 2 周,停服抗菌药物、铋剂等不少于 4 周,若为补救,治疗建议间隔 2～3 个月。

在根除幽门螺杆菌疗程结束后,继续给予一个常规疗程的抗溃疡治疗(如 DU 患者予 PPI 常规剂量,每日 1 次,总疗程 2～4 周;或 H_2-RA 常规剂量,疗程 4～6 周;GU 患者 PPI 常规剂量,每日 1 次,总疗程 4～6 周;或 H_2-RA 常规剂量,疗程 6～8 周)是最理想的。这在有并发症或溃疡面积大的患者尤为必要,但对无并发症且根除治疗结束时症状已得到完全缓解者,也可考虑停药。

5.NSAID 溃疡的治疗、复发预防及初始预防

对服用 NSAIDs 后出现的溃疡,如情况允许应立即停用 NSAIDs,如病情不允许可换用对黏膜损伤少的 NSAIDs 如特异性 COX-2 抑制剂(如塞来昔布)。对停用 NSAIDs 者,可予常规剂量常规疗程的 PPI 治疗;对不能停用 NSAIDs 者,应选用 PPI 治疗。因幽门螺杆菌和 NSAIDs 是引起溃疡的两个独立因素,因此应同时检测幽门螺杆菌,如有幽门螺杆菌感染应同时根除幽门螺杆菌。溃疡愈合后,如不能停用 NSAIDs,无论幽门螺杆菌阳性还是阴性都必须继续 PPI 或米索前列醇(喜克馈)长程维持治疗以预防溃疡复发。对初始使用 NSAIDs 的患

者是否应常规给药预防溃疡的发生仍有争论。已明确的是,对于发生 NSAIDs 溃疡并发症的高危患者,如既往有溃疡病史、高龄、同时应用抗凝血药(包括低剂量的阿司匹林)或糖皮质激素者,应常规予抗溃疡药物预防,目前认为 PPI 或米索前列醇预防效果较好。

减少 NSAIDs 相关溃疡的策略:用非 NSAID 止痛药;尽可能小剂量;用选择性 COX-2 抑制剂时;联合抗溃疡药:PPI、米索前列醇;根除幽门螺杆菌。上述方案,以 PPI 效果最佳。PPI 对 NSAID 胃病高危有预防作用:显著降低用 NSAIDs 6 个月后再出血率(4% vs 19%);显著降低用阿司匹林 1 年后再出血率(2% vs 19%)。

6.长期抗血小板药物治疗患者消化道损伤的筛查、处理与预防

(1)抗血小板治疗现状:抗血小板治疗的获益远大于风险。阿司匹林直接刺激消化道黏膜,减少 PG 生成;氯吡格雷阻碍新血管生成,影响溃疡愈合;其他药物有糖皮质激素、抗肿瘤药物、抗凝药物、利尿剂等,均有一定致溃疡作用,在用药过程中应密切观察。

(2)减少抗血小板治疗患者消化道损伤的处理流程:PPI 减少接受双抗(阿司匹林与氯吡格雷)治疗患者胃肠道事件。接受阿司匹林与氯吡格雷治疗患者用 PPI,可显著降胃溃疡和胃出血风险,1% vs 9%,P<001。奥美拉唑/埃索美拉唑会显著降低氯吡格雷抗血小板功效,因此不宜联用,是否增加心血管事件发生危险,目前存在争议。但泮托拉唑对 CYP2C19 的抑制作用小,药物相互作用少,不影响氯吡格雷疗效,因此可联用。

(3)抗血小板药物治疗引起消化道损伤的处理:①发生消化道损伤后是否停用抗血小板药物需权衡患者的血栓和出血风险。②对于阿司匹林导致的消化性溃疡、出血患者,不建议氯吡格雷替代 ASA,建议 ASA 联合 PPI。③发生溃疡、出血的患者,应积极给予抑酸药和胃黏膜保护剂,首选 PPI,并根除 pylori,必要时输血。

(4)抗血小板药物治疗消化道损伤的筛查与预防:①规范使用抗血栓药物,并按流程对高危患者进行评估和筛查;②严格掌握长期联合抗血栓药物的适应证并调整至最低有效剂量;③长期服用抗血小板药物的患者筛查并根除 pylori;④对高危患者同时给予有效抑酸药物,首选 PPI,不能耐受 PPI 患者,可给予 H_2RA。

(5)胃肠道损伤后 ASA 的使用:①在发生出血后立即停止 ASA 的使用;②目前尚无停用多长时间的共识意见,有研究发现停用时间过长会增加心、脑血管不良事件发生;③通常认为,内镜下止血成功后数天,即血流动力学稳定 3~5 天,即应尽快使用 ASA。

7.难治性溃疡的治疗

首先须作临床和内镜评估,证实溃疡未愈,明确是否 pylori 感染、服用 NSAIDs 和胃泌素瘤的可能性,排除类似消化性溃疡的恶性溃疡及其他病因(如克罗恩病)等所致的良性溃疡。明确原因者应作相应处理,如根除 pylori、停用 NSAIDs。加倍剂量的 PPI 可使多数非 pylori、非 NSAIDs 相关的难治性溃疡愈合。对少数疗效差者,可作胃内 24 小时 pH 值检测,如 24 小时中半数以上时间的 pH 值小于 2,则需调整抗酸药分泌治疗药物的剂量。

8.溃疡复发的预防

有效根除幽门螺杆菌及彻底停服 NSAIDs,可消除消化性溃疡的两大常见病因,因而能大大减少溃疡复发。对溃疡复发同时伴有幽门螺杆菌感染复发(再感染或复燃)者,可予根除幽门螺杆菌再治疗。下列情况则需用长程维持治疗来预防溃疡复发:①不能停用 NSAIDs 的溃

疡患者,无论幽门螺杆菌阳性还是阴性;②幽门螺杆菌相关溃疡,幽门螺杆菌感染未能被根除;③幽门螺杆菌阴性的溃疡(非幽门螺杆菌、非 NSAIDs 溃疡);④幽门螺杆菌相关溃疡,幽门螺杆菌虽已被根除,但曾有严重并发症的高龄或有严重伴随病患者。长程维持治疗一般以 H_2-RAs或PPI 常规剂量的半量维持,而 NSAIDs 溃疡复发的预防多用 PPI 或米索前列醇。半量维持疗效差者或有多项危险因素共存者,也可采用全量分两次口服维持。也可用奥美拉唑 10mg/d 或 20mg 每周 2~3 次口服维持。对维持治疗中复发的溃疡应积极寻找可除去的病因,H_2-RA 半量维持者应改为全量,全量维持者则需改换成 PPI 治疗。维持治疗的时间长短,需根据具体病情决定,短者 3~6 个月,长者 1~2 年,甚至更长时间。无并发症且溃疡复发率低的患者也可用间歇维持疗法,有间歇全量治疗和症状性自我疗法(SSC)两种服法,前者指出现典型溃疡症状时给予 4~8 周全量 H_2-RA 治疗,后者指出现典型溃疡症状时立即自我服药,症状消失后停药。

(二)外科治疗

如前所述,内科治疗已成为溃疡病治疗的主要方法,但仍有部分患者需要接受外科治疗。溃疡病外科治疗的主要目的:治疗内科治疗无效的病例;治疗溃疡引起的并发症。因此,结合患者具体情况,正确选择手术适应证,是外科医生必须重视的问题。

1.外科治疗溃疡病的理论根据和地位

(1)外科切除溃疡病灶后,根本上解决了慢性穿透性或胼胝性溃疡不易愈合问题,有助于消除症状,防止复发。

(2)切除溃疡病好发部位,绝大多数好发于十二指肠球部、胃小弯附近幽门窦部等,这些部位在胃大部切除时均被切除,溃疡再发的机会自然就很小。

(3)减少胃酸的分泌,由于胃体部在手术时大部被切除,分泌胃酸及胃蛋白酶的腺体大为减少,手术后的胃液分泌中仅有低度游离酸,这也可减少溃疡再发的可能。

(4)增加了胃酸被中和的程度,手术后碱性十二指肠内含物胃内的机会增多,可使胃液的酸度进一步中和而降低。

(5)缩短食物在胃内停留时间,胃黏膜被刺激机会减少,也可以减少溃疡发生的可能。

(6)胃迷走神经切断后,胃液分泌量和酸度明显降低,基础胃酸分泌量可减少 80%~90%,消除了神经性胃酸分泌,消除了导致溃疡发生的主要原因。

(7)迷走神经切断后,消除了迷走神经引起的胃泌素分泌,从而减少体液性胃酸分泌,达到治愈溃疡病的目的。

胃大部切除术虽不是针对溃疡病发病机制的理想疗法,但当溃疡病已具有外科治疗的适应证时,胃大部切除术至少在目前是较好的治疗方法。近年来手术死亡率已降至 1%~2%。远期疗效据国内文献报道,症状完全消失又无明显的术后并发症者可达 85%~90%,可称满意;但有小部分患者在术后不免发生各种并发症,使胃大部切除术尚存在着某些缺点而有待进一步得到改进。

国外广泛采用,胃迷走神经切断术治疗溃疡病,认为本法是一种安全有效的手术方法,可以代替胃大部切除术治疗十二指肠溃疡。国内开展该术式较晚,临床病例较少,确切疗效尚无定论。

2.溃疡病外科治疗的适应证

（1）手术绝对适应证

①溃疡病急性穿孔，形成弥散性腹膜炎。

②溃疡病急性大出血，或反复呕血，经内科治疗（包括内镜下止血）效果不佳，有生命危险者。

③并发幽门梗阻，严重影响进食及营养者。

④溃疡病有恶变的可疑者。

（2）手术相对适应证

①多年的溃疡病患者反复发作，病情逐渐加重，症状剧烈者。

②虽经严格的内科治疗而症状不能减轻，溃疡不能愈合，或暂时愈合而短期内又复发者。

（3）手术禁忌证

①单纯性溃疡无严重的并发症。

②年龄在 30 岁以下或 60 岁以上又无绝对适应证者。

③患者有严重的内科疾病，致手术有严重的危险者。

④精神神经病患者而溃疡又无严重的并发症者。

3.胃溃疡的外科治疗

（1）手术方式的选择：胃溃疡按其病因和治疗临床上一般分为 3 型。Ⅰ型：为最多见，溃疡位于远侧 1/2 胃体胃窦交界附近，更多见于胃小弯。Ⅱ型：胃溃疡、十二指肠溃疡同时存在的复合性溃疡。溃疡常靠紧幽门，其胃酸分泌与十二指肠溃疡一致。这些患者的手术治疗首先要考虑到十二指肠溃疡。Ⅲ型：幽门前溃疡，发病率更接近十二指肠溃疡。根据这种分型以便于术式的选择。

①Billroth Ⅰ式胃大部切除术：目前仍被认为是治疗胃溃疡的首选式式，尤其是对Ⅰ型胃溃疡更为合适。理论上这种术式既切除了溃疡病灶及其好发部位，又因切除了胃窦部除去了胃泌素的产生部位。同时 Billroth Ⅰ式比较合乎解剖生理。胃溃疡的胃切除范围可小于十二指肠溃疡所要求的切除范围。一般切除胃的 $50\%\sim60\%$，即所谓的半胃切除术，只要能完整切除胃窦及溃疡灶区域就可。认为对Ⅰ型胃溃疡可行胃部分切除附加选择性迷走神经切断术，可以减少复发率。

②Billroth Ⅱ式胃大部切除术：在Ⅱ型或Ⅲ型胃溃疡行 Billroth Ⅰ式难于处理时，则可改行 Billroth Ⅱ式。但术后因胃空肠吻合可造成十二指肠液反流。为了防止这种情况发生，有学者主张用 Roux-en-Y 型胃空肠吻合术代替常规的胃空肠吻合。但因操作较复杂，目前尚无较多的病例报告。

③迷走神经切断术：采用迷走神经切断术主要是消除神经相胃酸分泌，国外普遍应用于十二指肠溃疡，对胃溃疡较少采用。但可用于Ⅰ型和Ⅱ型的胃溃疡。应该注意的是首先要排除溃疡是否恶性，以免延误治疗。

（2）特殊类型的胃溃疡的处理

①高位胃溃疡：位于贲门附近，一般不宜于为了切除溃疡而施行过于广泛的胃大部切除

术。没有并发症时,可以保留溃疡,只行半胃切除术,附加选择性迷走神经切断术;或半胃切除后再加做溃疡局部楔形或袖状切除。如高位溃疡并发大出血,则应行胃大部切除术,以清除出血病灶。

②后壁穿透性溃疡:溃疡常经后壁穿胰腺,溃疡面巨大,易出血,内科治疗一般无效。手术切除溃疡有一定困难,可行胃大部切除术,沿溃疡边缘切开胃壁,将溃疡旷置于胃肠道之外。任何强行剥离胰腺上的溃疡面均可起大出血或术后胰瘘的并发症。有的高位溃疡位于后壁可穿透脾门的血管,发生危及生命的大出血。此时为了抢救患者,甚至须行全胃切除和脾脏切除。总之,应根据具体情况来决定合适的处理方法。

③多发性溃疡:系指胃内同时存在 1 个以上的慢性溃疡。如果两个溃疡位置不能同时在同一个半胃区内切除,可考虑切除一个溃疡,另一个溃疡保留。但务必附加迷走神经切断术。同样应注意的是,所保留的溃疡应排除恶性的可能性。

4.十二指肠溃疡的外科治疗

(1)手术方式的选择

①胃大部切除术:胃大部切除术治疗十二指肠溃疡已有 50 余年的历史,并已在我国城乡各地医院广泛地采用,并在临床实践中证明这种手术对十二指肠溃疡的疗效是肯定的,其复发率在 4% 以下。胃大部切除术需要切除的范围应包括胃远侧 2/3～3/4,即胃体部的大部分,整个胃窦部、幽门和十二指肠第 1 部。但临床上胃大部切除术治疗十二指肠溃疡在理论和操作上仍还存在着一些明显的问题。对于高胃酸状态的十二指肠溃疡患者来说,胃大部切除术必须切除胃远侧 2/3 以上才能达到满意的胃酸降低效果。若切除的范围越小,胃酸降低幅度越小,术后仍存在一定的复发率。反之,增大切除范围,胃酸降低效果明显,但保留的残胃容积过小,术后进食和营养方面的问题较大。此外,幽门管被切除或胃肠改道,破坏了胃、十二指肠的生理功能。术后出现一系列的近期与远期并发症、后遗症,尤其是远期并发症如倾倒综合征、胆汁反流性胃炎、贫血、营养不良、残胃癌等。胃切除的范围越大,这些后遗症的发生率愈高。故认为胃大部切除术实属一种解剖生理残废性手术。并提出不应再采用胃大部切除术来治疗十二指肠溃疡。总之,传统的胃大部切除术治疗十二指肠溃疡虽然有肯定的疗效,但后遗症较多,所以这并不是一种理想的手术治疗方法。为此,长期以来国内外学者均在不断寻求一种更符合解剖生理,同时又能治好十二指肠溃疡的手术方法。如减少胆汁反流性胃炎采用幽门再造式胃大部切除术,胃和十二指肠间间置空肠术及胃大部切除 Roux-Y 式胃空肠吻合术等。这些手术对预防胆汁反流性胃炎有一定效果,但手术操作较复杂,并可增加新的并发症,临床病例亦尚少,仍有待观察。

②迷走神经切断术:迷走神经中枢的过度兴奋引起胃酸分泌功能亢进是产生十二指肠溃疡的重要因素。迷走神经切断术治疗十二指肠溃疡的基本原理是阻断迷走神经中枢兴奋对泌酸细胞的刺激作用,使神经相的胃酸分泌降低。同时,迷走神经切断后胃壁细胞对胃泌素刺激的敏感性降低,从而迷走神经切断后胃酸分泌减少,达到溃疡愈合的目的。

自采用迷走神经切断术治疗溃疡病以来,发展演变至今,已定型的迷走神经切断术分为三类:迷走神经干切断术(TV)。于膈下切断迷走神经前后干,除去了整个腹腔的迷走神经。选择性迷走神经切断术(SV),只切断支配胃的迷走神经支,保留了胃以外的肝支和腹腔支。高选择性迷走神经切断术(HSV),或称壁细胞迷走神经切断术(PCV),只切断支配胃体部的迷走神经支,保留了胃窦部的神经及全部胃以外的神经支配。胃的运动及食物排空的功能主要是依靠受迷走神经支配的胃窦部产生的强有力的节律性蠕动来完成。上述 TV 及 SV 都除去了胃窦部的迷走神经支配,故手术后均发生胃的排空障碍,导致胃潴留。为解决这一问题,在行 TV 及 SV 手术的同时必须附加引流术,包括胃空肠吻合术、幽门成形术、胃窦切除术或半胃切除术。

迷走神经干切断术(TV):由于除去了整个腹腔的迷走神经支配,胃酸降低明显,却带来整个消化系统的功能紊乱,尤其是腹泻的发生率较高,可达 22%。迷走神经干切断术加引流术,除有上述的问题外,文献报告 5 年的溃疡复发率高达 10%~20%。这种手术现已基本放弃。只有 TV 附加胃窦切除术的效果较好,目前还在应用。此外,在高位胃溃疡不能切除溃疡灶时,也可行 TV 加半胃切除术,而保留溃疡。

选择性迷走神经切断术(SV):手术要点是只切断支配胃的迷走神经支,保留迷走神经前干的肝支和后干的腹腔支,游离及剥光食管下端,切断沿食管下行至胃底部的神经支。与 TV 相比,SV 的优点是既达到了降酸的效果,又维持了其他脏器的功能,减少了不良反应。但 SV 支配胃窦的神经亦被切断,胃窦的运动功能丧失。所以同 TV 一样,手术同时也应附加引流术,以解决胃潴留的问题。比较好的术式是 SV 附加胃窦切除术,因为切断了支配胃的迷走神经,又切除了富含 G 细胞的胃窦部,既除去神经相的胃酸分泌刺激因素,又减少了激素相的胃酸分泌因素,胃酸降低效果明显持久。术后 BAO 及 MAO 平均分别降低 70%~80%,溃疡复发率为 0~3%。而胃窦切除的范围一般占整个胃的 20%~30%,保留了胃的大部分,胃容量较大,术后并发症发生率较低,程度也较轻,无贫血和营养障碍,明显优于胃大部切除术。此术式可适用于择期手术,也可用于十二指肠溃疡并发穿孔、大出血等急诊手术,适应证较广。术后虽可能发生某些远期并发症,但仍是可供选择的较好的治疗十二指肠溃疡的手术方法。

高选择性迷走神经切断术(HSV):根据手术的要求,手术仅限在沿胃小弯切断支配胃体的迷走神经支,游离贲门、食管下端,切断沿食管下行的支配胃底的神经纤维。保留支配胃窦的 Latarjet 神经及"鸦爪支",不作胃引流术。迷走神经切断的范围仅只除了胃体壁细胞区域的神经支配,以达到胃酸分泌功能降低的效果。保留了胃窦部、胃以外的迷走神经和胃、幽门、十二指肠的解剖生理的完整性,从而保持胃窦部正常功能。据文献 10 年以上的随访报告表明,术后 BAO 下降 70%~80%,MAO 下降 60%~70%,溃疡持久愈合,几乎无手术死亡。近期并发症相当少见,无贫血,营养状况较好。HCV 治疗十二指肠溃疡存在的主要问题是溃疡复发率较高,长期随访复发率一般为 6%~8%。复发的因素主要与迷走神经切断不完全有关。具体分析:迷走神经的解剖变异容易造成迷走神经切断不完全,而遗留某些神经支,使降酸的效果不满意。支配胃底近端的迷走神经小分支常在较高部位即已从迷走神经干分出,沿食管末端下行胃壁,手术时这些小分支容易被遗漏,特别是从迷走神经后干分出的至胃底的小分支最易被忽略,以致 Grassi 称之为"罪恶支"。还指出迷走神经可伴随胃网膜血管支配胃窦体交界区的大弯侧,手术时亦应将该区的血管及神经切断。因此,迷走神经切断术不论采用何种手术方式,基本的要求是迷走神经切断的范围应确已达到消除神经性胃酸分泌的目的。手术技巧熟练程度与手术的成功有很大的关系。迷走神经切断术并非看了手术图谱便能做好的工作,该手术是有一定的难度、又较复杂的手术。有报告表明由迷走神经切断术经验丰富的专门医生行 HSV,5 年溃疡复发率为 1%～5%;由非专门医生手术者,复发率达 20%～30%。影响 HSV 术后溃疡复发的另一因素是血清胃泌素增高。由于保留了胃窦部的迷走神经支配,刺激胃窦部 C 细胞分泌,使 HSV 手术的降酸作用受到一定的限制。所以,HSV 术后 BAO 及 MAO 下降程度不如 SV 附加胃窦切除术或 TV 附加胃窦切除术。

另外,十二指肠溃疡患者的胃酸分泌功能的亢进有不同的类型,即有以神经相胃酸分泌占优势者;或以激素相(窦相)胃酸分泌占优势者。基础胃酸的差别也很大。根据术前的胃酸、血清胃泌素的测定,可有助选择治疗的手术方式。以神经相胃酸分泌占优势、基础胃酸中度增高、血清胃泌素正常者,适宜行 HSV 术。其他则应行 SV 附加胃窦切除术,可以降低溃疡复发率。

在上述迷走神经切断术式的基础上,有些外科医生从不同方面对手术方式略加改动,以期获得更好的疗效。如 HSV 附加胃窦黏膜切除术(HSV 加 MA)、HSV 附加胃小弯及胃底浆肌层切开术、HSV 附加胃体节段切除术,以及改良 HSV 即右迷走神经干切断加胃小弯前壁浆肌层切开术(Taylor 术)。

③迷走神经切断术治疗十二指肠溃疡的并发症:十二指肠溃疡并发急性穿孔、大出血及幽门狭窄应用迷走神经切断术治疗,已获得较好的疗效,并且日益增多。包括:十二指肠溃疡急性穿孔时,可急诊手术行穿孔修补同时作 HSV。这种方法可一次解决穿孔问题的同时又使十二指肠溃疡得到了治疗,远期疗效也较满意。存在的主要问题是在穿孔后的腹膜炎条件下行胃贲门、食管下端较广泛地分离,切断有关的神经支,又可能导致炎症扩散,增加膈下感染的机会。有学者报告 22 例十二指肠溃疡急性穿孔采用穿孔修补加做 HSV,并与同期的择期 HSV 治疗慢性十二指肠溃疡病 20 例对比。术后的降酸结果和近期疗效统计学分析均无显著性差异。术后出现消化道症状发生率 32%,如餐后腹胀、进食时有阻噎感、腹泻等,一般无须处理,2 周后消失。所以,如果患者一般情况良好,术前又无严重心肺疾患并存,或不伴有休克,腹腔污染不严重,穿孔时间在 12 小时内者,均可选用这种术式作为治疗。十二指肠溃疡并发大出血时,亦可在急诊手术行溃疡出血灶缝扎止血,加做 HSV。但缝扎止血术后可有并发十二指肠狭窄之虑,所以最适宜的术式是 SV 附加胃窦切除术,并争取切除溃疡出血灶。至于十二指肠溃疡瘢痕性幽门梗阻,目前仍以胃大部切除术为主。国内外有报告采用幽门扩张加做 HSV,即在手术中先切开胃窦前壁,扩张器扩张幽门狭窄部,然后缝合胃壁切开口,再作 HSV。因疗效不甚满意,失败率达 14%～40%。大多数外科医生对此术式持否定态度。同样,对此如果采用 SV 附加胃窦切除术,其疗效是肯定的。它既解除了梗阻,又可治愈溃疡,还保留了较大的胃容积,明显优于胃大部切除术。

第六节　胃癌

胃癌是最常见的恶性肿瘤之一,居消化道肿瘤的首位。男性胃癌的发病率和死亡率均高于女性,男女之比约为 2∶1。发病年龄以中老年居多,高发年龄为 55～70 岁,在 40～60 岁者中占 2/3,40 岁以下占 1/4,余者在 60 岁以上。一般而言,有色比白易患本病。我国发病率以西北地区最高,中南和西南地区则较低。全国平均年死亡率约为 16/10 万。

一、病因与发病机制

胃癌的发生是一个多因素参与,多步骤进行性发展的过程,一般认为其发生是下列因素共同参与所致。

(一)环境与饮食因素

流行病学调查资料显示,从胃癌高发区国家向低发区国家的移民,第一代仍保持胃癌高发病率,但第二代显著下降,而第三代发生胃癌的危险性已接近当地居民。由此提示本病与环境相关。长期食用霉变食品,可增加胃癌发生的危险性。长期食用含高浓度硝酸盐的食物(如烟熏、腌制鱼肉、咸菜等)可增加胃癌发生的危险性。硝酸盐被后能很快被吸收,经唾液分泌,再回到胃内。高盐饮食致胃癌危险性增加的机制尚不清楚,可能与高浓度盐造成胃黏膜损伤,使黏膜易感性增加而协同致癌有关。流行病学研究提示,多吃新鲜水果和蔬菜、使用冰箱及正确储藏食物,可降低胃癌的发生。

(二)幽门螺杆菌感染

已证实幽门螺杆菌是胃腺癌与胃淋巴瘤的诱发因素之一,1994 年国际癌症研究中心(IARC)将幽门螺杆菌列为 I 类致癌因子。

(三)遗传因素

遗传素质对胃癌的发病亦很重要。胃癌的家族聚集现象和可发生于同卵同胞则支持这种看法,致癌物质对有遗传易感性者或更易致癌。

(四)生活习惯

国内外已对吸烟在胃癌发生中的作用进行了大量流行病学研究,大多数研究表明吸烟与胃癌呈正相关。烟草及烟草烟雾中含有多种致癌物质和促癌物质,如苯并芘、二甲基亚硝胺、酚类化合物、放射性元素等,其他严重有害物质包括尼古丁、一氧化碳和烟焦油。研究发现,不同类型的酒与胃癌的相关程度不尽相同,一般认为饮烈性酒的危险性高于饮啤酒等低度酒的危险性,也有学者认为乙醇本身可能不致癌,但可以增强其他致癌物的作用。

根据长期临床观察,有五种病易演变成胃癌,称为癌前情况:①慢性萎缩性胃炎伴肠化生与不典型增生;②胃息肉,增生型者不发生癌,但广基腺瘤型息肉>2cm 者易癌变;③残胃炎,特别是行 Billroth Ⅱ式胃切除者,癌变常在术后 15 年以上才发生;④恶性贫血,胃体有显著萎缩者;⑤少数胃溃疡患者。

二、病理

(一)Lauren 分类

一项根据 1344 例外科手术标本的组织结构和组织化学的研究,提出把胃癌分为"肠型"和"弥漫型"两大类。肠型胃癌多见于老,男性更多,手术预后佳,常伴有广泛萎缩性胃炎,组织结构上表现为有纹状缘的柱状细胞,杯状细胞。弥漫型胃癌则多见于青壮年、女性,预后较差,多数无萎缩性胃炎,组织学上表现为黏附力差的小圆形细胞单个分散在胃壁内,如果含有黏液则呈印戒细胞样。胃癌高发区肠型胃癌高于弥漫型胃癌,而低发区两者则比例类似。近年来胃癌发病率下降的国家,主要是肠型胃癌发生率下降。

(二)WHO分类

将胃癌的组织学分为腺癌、肠型、弥漫型、乳头状腺癌、管状腺癌、黏液腺癌、印戒细胞癌、腺鳞癌、鳞状细胞癌、小细胞癌、未分化癌。临床最常见的病理类型为腺癌,胃的腺癌可分为两种不同的类型,即肠型(分化良好)与弥漫型(未分化),两者在形态学表现、流行病学、发病机制及遗传学特征等方面均不同。形态学差异主要在于细胞间黏附分子,在肠型胃癌中保留完好,而在弥漫型胃癌中存在缺陷。在肠型胃腺癌中,肿瘤细胞彼此黏附,往往排列成管状或腺体状,与发生于肠道其他部位的腺癌类似(因此被命名为“肠型”)。相反,在弥漫型胃癌中缺乏黏附分子,因此相互分离的肿瘤细胞生长并侵犯邻近结构,而不形成小管或腺体。流行病学上,肠型胃癌主要与 pylori 感染有关,近年来随着 pylori 感染率的下降,尤其是在胃癌高发地区,肠型胃癌的发生率逐年下降,但在低危地区,肠型胃腺癌与弥漫型胃腺癌的发病率趋于一致。E-钙黏着蛋白是一种在建立细胞间连接及维持上皮组织细胞排列中的关键性细胞表面蛋白,其表达缺失是弥漫型胃癌中的主要致癌事件。编码 E-钙黏着蛋白的基因 CDH1 可因生殖系或体细胞突变、等位基因失衡事件或通过 CDH1 启动子甲基化异常导致在表观遗传学上基因转录沉默而发生双等位基因失活。基因表达研究已经确定了两种分子学表现不同的胃癌类型:肠型(G-INT)和弥漫型(G-DIF)。这两种亚型与根据 Lauren 组织病理学分型所划分的经典肠型和弥漫型之间存在部分相关性。然而,基因组分型与组织病理学分型之间的一致性只有 64%。基因组学变异型对治疗也有一定的指导意义。G-INT 型肿瘤细胞可能对氟尿嘧啶(5-FU)和奥沙利铂更敏感,而 G-DIF 型细胞似乎对顺铂更敏感。肠型胃癌的发病机制尚未很好明确。然而,肠型胃癌似乎遵循多步骤进展的模式,通常始于 pylori 感染。某些肿瘤同时存在肠型和弥漫型两种表型的区域。在这些病例中,CDH1 突变与 E-钙黏着蛋白表达缺失仅见于肿瘤的弥漫型成分,这提示 E-钙黏着蛋白缺失可能是使弥漫型克隆从肠型胃癌中分离出来的遗传学基础。

三、临床表现

(一)症状及体征

早期胃癌的主诉症状多数是非特异性的。患者可能没有症状或表现为消化不良、轻微的上腹痛、恶心或畏食。患者一旦出现贫血、体重减轻等报警症状,则提示更可能为进展期胃癌,因此早期胃癌仅仅从临床症状上难以发现。日本开展早期胃癌筛查后,使得很多早期胃癌在无症状阶段即可被发现。我国近年来内镜技术的广泛普及和开展,以及放大内镜、色素内镜等高端内镜检查手段的开展,使得早期胃癌的发现有所增加,但由于我国基数庞大,对于 EGC 的发现仍任重而道远。目前早期胃癌的发现仍有赖于内镜的开展和对早期胃癌内镜表现认识的提高。早期胃癌患者常常无症状,或仅有轻微上腹不适,腹胀等非特异性症状。有些患者表现为持续性上腹痛、畏食、恶心、早饱,若肿瘤发生于贲门和幽门部,则可能会出现吞咽困难以及幽门梗阻的表现。腹痛的程度自轻微隐匿至明显疼痛不等,而异。"皮革胃"则由于胃壁僵硬,胃腔扩张性变差,患者可出现恶心或早饱,进食量明显下降。也有患者无临床症状,仅表现为便隐血阳性伴或不伴有缺铁性贫血。明显的消化道出血(即黑便或呕血)见于不到20%的患者。

体格检查可发现贫血貌,上腹部轻压痛,晚期胃癌患者可触及腹部肿块。由于癌肿局部进展或者胃食管交界处附近的恶性梗阻累及局部神经丛则可出现假性贲门失弛缓(即临床症状和上消化道造影的表现类似于贲门失弛缓)。因此,对于出现贲门失弛缓表现的老年患者,首先应除外胃癌。上腹部肿块、脐部肿块、锁骨上淋巴结肿大等均是胃癌晚期出现转移灶的体征。

(二)胃癌的转移和扩散

胃癌发生时癌细胞仅局限于上皮层,未突破基底膜。当癌细胞突破基底膜后就可发生转移扩散。胃癌的扩散已直接浸润蔓延及淋巴转移为主,晚期也可发生血行和种植转移。

1.直接蔓延

癌细胞突破固有膜后,即可沿胃壁向纵深蔓延,待穿透黏膜肌层后,癌组织可在黏膜下层广泛浸润,当浸润胃壁全层并穿透浆膜后即可与邻近组织粘连,而直接蔓延至横结肠肠系膜、胰腺、腹膜、大网膜及肝,也可经圆韧带蔓延至肝。

2.淋巴转移

当癌组织黏膜下层时,就可在黏膜下沿淋巴网扩散,浸润越深,发生淋巴转移的概率越大。淋巴结转移一般是先转移到肿瘤邻近的局部淋巴结,之后发生深组淋巴结转移。胃的淋巴结大致分为三组,第一组为邻近肿瘤的胃壁旁浅组淋巴结,如贲门旁、胃大小弯及幽门上下等;第二组是引流浅组淋巴结的深组淋巴结,如脾门、脾动脉、肝总动脉、胃左动脉及胰十二指肠后淋巴结;第三组包括腹腔动脉旁、腹主动脉、肠系膜根部和结肠中动脉周围的淋巴结。少数情况下也有跳跃式淋巴转移,如沿胸导管转移至左锁骨上淋巴结;通过肝圆韧带淋巴管转移至脐周。

3.血行转移

胃癌的晚期可发生血行转移,可转移至肝、肺、骨、肾及中枢神经系统。

4.种植转移

当肿瘤侵及浆膜面后,可脱落发生腹膜种植转移,形成多个转移的肿瘤结节。另一具有意义的转移部位是直肠前陷窝的腹膜,可经直肠指诊触及。另当胃癌转移至卵巢时,临床上可以卵巢肿瘤为首发表现,甚至在临床上出现胃壁肿瘤尚小,无明显症状而出现盆腔转移癌的症状。

5.其他

对于早期胃癌淋巴结转移风险的判断,有助于界定是否可以进行内镜下治疗。与淋巴结转移相关的因素包括肿瘤大小、有无溃疡形成、组织学表现呈弥漫型(未分化型)或混合型(肠型/未分化型)、浸润深度,以及黏膜下层或淋巴血管浸润。一项意大利的研究评估了652例切除EGC的病例,淋巴结转移的总体发生率是14%,并且黏膜下层癌的淋巴结转移发生率高于黏膜层癌(24%5%)。较小的癌发生淋巴结转移的可能性明显更小(肿瘤长径＜2cm、2～4cm、＞4cm 时,发生率分别为 9%、20% 和 30%)。日本一项 5265 例组织学上呈未分化型 EGC 患者的回顾性研究显示,在高分化的黏膜层肿瘤患者中,肿瘤长径＜3cm(不管有无溃疡形成)的患者和非溃疡型肿瘤(不考虑肿瘤大小)患者均没有发生淋巴结转移。在黏膜下层肿瘤患者中,长径＜3cm 且没有淋巴血管浸润的高分化肿瘤(前提是肿瘤浸润黏膜下层的深度不足 5mm)患者没有发生淋巴结转移。韩国的一项回顾性病例系列研究观察了 1308 例临床 EGC 患者,他们接受了胃切除术且至少进行了 D_2 淋巴结清扫术(切除沿肝动脉、胃左动脉、腹腔动脉和脾动脉的淋巴结及脾门的淋巴结)。126 例(10%)患者检出淋巴结转移。多变量分析显示,肿瘤较大、淋巴浸润、神经周围浸润和肿瘤浸润深度均与淋巴结转移有关。以上研究说明,最适合进行内镜切除的 EGC 患者是肿瘤小(长径＜2cm)、非溃疡型、黏膜层癌患者,也可能包括肿瘤小(长径＜2～3cm)、高分化型且无淋巴血管浸润的黏膜下层肿瘤患者。

四、辅助检查

(一)生化、免疫检查

目前胃癌的诊断尚无特异性的血清学标志物,胃癌患者血清癌胚抗原(CEA)、糖蛋白肿瘤相关抗原 12-5(CA12-5)、CA19-9(糖蛋白肿瘤相关抗原 19-9,也称为肿瘤抗原 19-9)以及肿瘤抗原 72-4(CA72-4)水平可能会升高。然而这些血清标志物的敏感性和特异性都较低,均不能作为胃癌的诊断性检查。对于少数患者,较高的 CEA 和(或)CA12-5 水平降低可能与术前治疗反应对应,但临床决策几乎从来不会仅基于肿瘤标志物水平。NCCN 针对胃癌的术前评估和分期推荐中不包括任何肿瘤标志物检测。胃蛋白酶原Ⅰ(PGⅠ)仅由胃底和胃体的胃底腺分泌,而胃蛋白酶原Ⅱ(PGⅡ)可由所有胃腺(胃底腺、贲门腺和幽门腺)及十二指肠腺分泌。因此,在与胃底胃炎相关的疾病(如恶性贫血)中,PGⅠ浓度相对于 PGⅡ减少。血清 PGⅡ升高或 PGⅠ与 PGⅡ之比降低已被用于筛检项目,以发现那些胃癌风险增高的患者,但对个体患者确立诊断方面敏感性和特异性不足。在无症状或胃癌患者的一级亲属中,血清 PG 的测量值及其比值并不能准确地区分非萎缩性胃炎与限于胃窦/以胃窦为主的萎缩性胃炎。

(二)上消化道造影气钡双重对比造影检查

可以发现恶性胃溃疡及浸润性病变,有时亦可发现早期胃癌。然而,上消化道造影假阴性可高达 50%,且与技术的经验有很大关系。对于早期胃癌的敏感性仅为 14%。因此在大多数情况下对于怀疑胃癌的患者,上消化道内镜是首选的初始诊断性检查。对于皮革胃,上消造影有其特异的影像表现,胃腔明显缩小,胃壁僵硬,蠕动消失,外形似"革囊烧瓶"。

(三)内镜

对于有上消化道症状的患者,或者有报警症状、胃癌家族史的患者及时进行胃镜检查,有助于发现早期和进展期胃癌。在内镜检查过程中,应做到充分的消泡和去除黏液,进行规范化的胃镜操作,要尽可能地看到全部的胃黏膜区域,不留有视野上的"盲区",方有可能发现可疑病灶,从而进一步对可疑病灶进行放大内镜、染色内镜的精查,并对可疑病灶进行针对性的活检。早期胃癌的内镜表现将在早期胃癌部分进行详述。

1.进展期胃癌的内镜形态

常采用 Borrmann 分型,根据肿瘤在黏膜面的形态和胃壁内浸润方式进行分型。

(1)Borrmann Ⅰ型(结节蕈伞型):肿瘤呈结节、息肉状,表面可有溃疡,溃疡较浅,主要向腔内生长,切面界限较清楚。

(2)Borrmann Ⅱ型(局部溃疡型):溃疡较深,边缘隆起,肿瘤较局限,周围浸润不明显,切面界限较清楚。

(3)Borrmann Ⅲ型(浸润溃疡型):溃疡底盘较大,边缘不清楚,周围及深部浸润明显,切面界限不清。

(4)Borrmann Ⅳ型(弥漫浸润型):癌组织在胃壁内弥漫浸润性生长,浸润部胃壁增厚变硬,皱襞消失,黏膜变平,有时伴浅溃疡,若累及全胃,则形成所谓革袋样胃。

2.早期胃癌的分类

对于早期胃癌宏观分型多采用 2002 年的 Paris 分类。

内镜检查以及靶向活检仍是早期胃癌的主要检出手段。其敏感性和特异性均远远高于上消化道气钡双重对比造影。EGC 内镜下可能表现为轻微的息肉样隆起、浅表斑块、黏膜颜色改变、凹陷或小溃疡。对于微小病变的检出较为困难,即使是有经验的内镜医师也有可能漏诊。因此,仔细观察全部胃黏膜并对任何可疑病变进行活检。日本的经验强调进行仔细的上消化道内镜检查,检查时,需要充分吸引和消除黏液,并在充分注气的状态下仔细、系统性地观察胃黏膜,有些病变需要注气和吸气交替观察方可显示清楚。对于容易漏诊的部位如胃体部后壁侧、贲门后壁和小弯侧更应反复仔细观察。对于可疑萎缩性胃炎或复查的患者,建议多部位活检,最少包括窦小弯、窦大弯、角切迹、体小弯的活检。针对可疑病变处需进行靶向活检。近年来高清晰放大内镜、电子色素内镜的开展大大提高了早期胃癌的诊断率。

白光内镜下,早期胃癌仅表现为黏膜色泽的改变和形态的轻微改变,病灶表面黏膜色调的变化常比形态的改变更为显著,早期胃癌多数发红,少数呈发白或红白混杂。普通白光内镜下,早期胃癌最显著的特征是具有清晰的边界和不规则的表面。肿瘤与周围的非肿瘤组织之间界限清晰;表面不规则,表现为形态上的凹凸不平、结构不对称,以及黏膜色调的不均一。因此,胃镜检查时,见到具有这 2 种表现的病灶,特别是周边伴有萎缩和/或肠上皮化生的背景时,要高度怀疑早期胃癌。随着内镜技术的不断进步,已由原先的色素喷洒内镜发展为电子染色内镜,同时加以放大观察,更有利于发现病变。染色内镜检查是一种能提高胃黏膜病变检出率的方法。根据不同染色剂的作用机制,可以分为吸收性染色剂(如亚甲基蓝)、对比性染色剂(如靛胭脂)和反应性染色剂(如醋酸)。亚甲基蓝可以被肠上皮细胞吸收,因此喷洒后的着色黏膜区域提示肠化生。靛胭脂染色常用来突出显示病灶的形态和边界,即当病灶的边界和表面结构在普通白光内镜下难以判断的时候,以靛胭脂染色来观察病灶是否具有清晰的边界和不规则的表面,如果染色后观察到这 2 种改变,则高度怀疑为早期胃癌。

窄带光成像(NBI)是最常使用的图像增强电子染色内镜技术。第一代的 NBI 内镜由于光线较暗,难以用于直接观察胃腔发现病灶,但是可以用于白光内镜发现可疑区域后的精细检查,特别是与放大内镜联合使用时。新一代的 NBI 内镜显著提高了亮度,因此,有可能用于直接观察胃腔。电子分光色彩增强技术(FICE)和蓝激光成像(BLI)是新近出现的一种图像增强内镜技术,前者通过后期电子处理来获取不同光谱下的内镜图像,后者则采用特殊波段的激光光源,对于黏膜浅层的微血管和微结构则显示更为清晰,达到了和新一代 NBI 相同的观察效果。相比于发现病灶,图像增强内镜技术在早期胃癌诊断领域研究更多的是在对病灶的鉴别诊断上,即通过内镜图像辨析,准确地分辨病灶性质是肿瘤、炎性反应还是正常黏膜。其中使用最广泛的是放大 NBI 内镜的"VS 分类系统",即根据放大 NBI 内镜下所见微小血管结构和表面微细结构进行诊断,如可见到不规则微小血管结构和(或)不规则表面微细结构并伴有明显界线,则可以诊断早期胃癌。蓝激光由于应用时间较短,对早期胃癌检出率尚待进一步的总结和研究。

(四)超声内镜(EUS)检查

目前是用于评估胃癌原发灶(特别是早期胃癌)侵犯深度的最可靠的非手术方法。超声内镜区分 T_1 期和 T_2 期胃癌的总体敏感性和特异性分别为 85% 和 90%。超声内镜区分 T_1、T_2 期和 T_3、T_4 期肿瘤的敏感性和特异性分别为 86% 和 90%。对于淋巴结转移的诊断,其总的敏感性和特异性分别为 83% 和 67%。此外,阳性和阴性似然比分析发现,超声内镜对排除或确定淋巴结阳性的诊断性能均没有优势。因此,超声内镜并非区分淋巴结阳性和阴性状态的最佳方法。对于术前分期,超声内镜对 T 分期的预测普遍比 CT 更准确,但目前新的 CT 技术(例如三维多排 CT)以及 MRI 对于 T 分期可以达到与超声内镜相似的准确性。对淋巴结分期判断的准确性略好于 CT。对可疑淋巴结或局部区域进行超声内镜引导下细针抽吸活检,可增加淋巴结分期的准确性。常规应用超声内镜分期有时能发现未诊断出的远处转移灶(例如肝左叶转移、腹水),从而改变治疗方案。然而,由于超声内镜视野有限以及术者经验的不同,使用超声内镜作为肿瘤转移的筛查手段目前尚存争议。准确评估肿瘤的 T 和 N 分期对于选择治疗方案至关重要,对于术前分级评估发现原发肿瘤侵犯固有肌层(T_2 期或更高)或是高度怀疑淋巴结转移的患者,推荐采用新辅助化疗或放化疗。对于早期胃癌,则选择在内镜下黏膜切除术前准确评估黏膜下层侵犯情况。

(五)腹盆腔增强 CT

CT 对于评估肿瘤广泛转移病变,特别是肝脏或者附件转移、腹水或远处淋巴结转移,具有优势。但对于较小的转移灶。如<5mm 的腹膜及血行性转移病灶。在 CT 结果为阴性的患者中,20%~30%其腹膜内播散将会在分期腹腔镜检查或开腹探查时被发现。CT 检查的另一个局限性在于无法精确评估原发肿瘤的侵犯深度(特别是体积较小的肿瘤)以及淋巴结受累情况。CT 判断原发肿瘤 T 分期准确性仅为 50%~70%。

(六)PET-CT 检查

氟-18-脱氧葡萄糖(^{18}F-FDG)正电子发射计算机断层扫描(PET)是近年来广泛开展的影像技术。全身 PET/CT 成像有助于确定 CT 发现的淋巴结肿大是否为恶性转移。但印戒细胞癌和肿瘤细胞代谢活跃性相对低时,则可出现假阴性。PET 的主要优点在于检测肿瘤远处转移时比 CT 更敏感。约有 10%的局灶晚期胃癌患者(>T_3 或>N_1 期)经全身 PET/CT 检查,发现了其他放射学检查没有识别出的远处转移病灶。但 PET 扫描对胃癌腹膜转移的敏感性仅约 50%。

五、治疗

（一）胃癌外科治疗

1.手术类型及适应证

（1）根治性切除术：是指将胃癌的原发病灶连同部分胃组织及其相应的区域淋巴结一并切除，无任何肿瘤组织残留的手术。实施该手术的主要条件有：无肝脏及腹膜转移；无其他远处转移；原发肿瘤未广泛侵及邻近脏器；无 12～16 组淋巴结转移。

①根治性手术：恰当的胃切除范围和邻近脏器切除，确保切断端没有肿瘤组织残留；合理清除胃周淋巴结，杜绝转移癌灶残留；满足胃肠道重建的需要。

②胃切除范围：切除范围应根据肿瘤浸润的范围、深度和肿瘤的部位而定。关键问题是防止断端癌细胞残留。根据胃癌发生部位、大小，侵犯胃壁深度，肿瘤组织学分型和生物学行为等决定对病变的切除范围，施行规范化的手术，有助于减少断端癌残留。

研究证实，幽门环的完整性具有一定的防癌屏障作用。近幽门部癌多数是在浆膜受累后沿浆膜下越过幽门环，通过淋巴管向十二指肠生长蔓延。故胃下部癌如有浆膜浸润，十二指肠切断缘距肿瘤边缘应＞4cm，或切除十二指肠第一段。如无浆膜浸润，其切缘也不应＜3cm，以杜绝十二指肠断端癌残留。而贲门部缺少类似屏障结构，因此，胃上部癌一般是沿黏膜或黏膜下直接向食管下端浸润扩散，且食管与胃交界处淋巴结组织丰富，黏膜肥厚，故更易向上浸润。所以胃上部癌累及食管的机会较多，发生也早，断端残留概率较大。食管切断缘距肿瘤边缘应在 5cm 以上。不同类型的胃癌，病期早晚不同，切除距离也不尽一致，但应以吻合时无牵张为宜。造成断端癌残留常与麻醉、切口选择、手术野暴露、手术操作、手术方式等多种因素有关，其中切断缘与肿瘤边缘的距离不足最为关键。术中自然光线下仔细观察切除标本，或用 10％甲醛溶液浸泡，必要时采用冷冻切片等对保证上下断端"干净"，防止和及时发现断端癌残留可起到重要作用，一旦发现癌残留，应及时扩大切除范围。

③淋巴结清扫范围：胃癌多数有胃周围淋巴结受累，特别是进展期胃癌，胃周围淋巴结受累不可避免。在根治性手术中，彻底清除受累淋巴结是防止胃癌复发，提高治愈率的一个十分重要的环节。

对胃癌根治术中淋巴结清除范围以 Dn 表示。一般分为 D0、D1、D2、D3、D4 五类，D0 不做胃周围淋巴结清扫；D1 是将第 1 站淋巴结（N1）及所属各组淋巴结全部清除的；同样，D2、D3、D4 是清除了全部第 2 站（N2）、第 3 站（N3）、第 4 站（N4）所属各组淋巴结。

目前进展期胃癌淋巴结清扫主要有三种：以美国为代表的北美主张 D0 手术，即胃大部切除，表现在美国的 INT0116 研究中，D0 切除占 54％，D1 切除占 36％，D2 切除占 10％。在欧洲，D1 手术在很长的时期都是胃癌的主要术式，表现在欧洲的 MAGIC 研究中，59％的患者接受了 D1 或 D0 手术，41％的患者接受了 D2。以中日韩为代表的 D2 手术，目前被公认为标准的胃癌根治术。而在日本，D2＋腹主动脉旁淋巴结清扫（D2＋PAND）被广泛应用，也被称作 D4 根治术。长期以来，胃癌的合理淋巴结清扫范围，东西方一直存在严重争议。以日本为代表的亚洲国家的外科医生认为，手术清扫的淋巴结范围越大，患者预后越好。而西方国家的外科医生认为,淋巴结转移仅是胃癌发生转移的一个标志,预示着肿瘤系统性的广泛播散以及有着较差的预后,没有证据表明 D2 淋巴结清扫可以明显提高患者远期生存时间。国内有研究数据显示,对于胃周围淋巴结阴性的患者,D2 与 D1 比较无生存优势;但对于胃周围淋巴结有转移的患者,D2 手术可以显著提高患者的远期生存时间。但从最新的 2015 版《胃癌 NCCN 指南》和《日本胃癌规约》来看,D2 已被公认为是进展期胃癌的标准根治术。而日本的 JCOG9501 研究,比较了 D2 根治术与 D2+PAND 根治术,研究包括 523 例患者,D2 根治组 263 例,D2+PAND 根治组 260 例,结果显示术后并发症发生率 D2 根治组为 29%,D2+PAND 根治组为 21%,无统计学差异;术后 5 年生存率 D2 根治组为 62%,D2+PAND 根治组为 73%,同样没有统计学差异,因此结论认为尽管 D2+PAND 根治术与 D2 根治术在手术安全性上无差异,但是其并不能提高进展期胃癌患者的生存率。

胃部不同部位的肿瘤,淋巴结清扫的范围也不同。第 14 版《日本胃癌规约》就标准胃癌淋巴结清扫(D2)范围进行了界定:远端胃癌 D2 根治术淋巴结清扫范围包括 No1、No3、No4sb、No4d、No5、No6、No7、No8a、No9、No11p、No12a 等 11 组淋巴结;全胃切除淋巴结清扫范围包括 No1、No2、No3、No4sa、No4sb、No4d、No5、No6、No7、No8a、No9、No10、No11p、No11d、No12a 等 15 组淋巴结;近端胃次全切除淋巴结清扫范围只限定了 D1 和 D1+,D1 淋巴结清扫范围包括 No1、No2、No3、No4sa、No4sb、No4d、No7 等 7 组淋巴结;D1+淋巴结清扫范围包括 No1、No2、No3、No4sa、No4sb、No4d、No7、No8a、No9、No11p 等 10 组淋巴结。

有研究显示,我国 D2 手术平均淋巴结检出只有 25 枚,虽然多于《胃癌 NCCN 指南》要求的 15 枚,但明显低于韩国的 45 枚。为了提高胃周围淋巴结的检出率,准确识别淋巴结十分重要,多年来国内外学者做了大量工作。日本学者获原、高桥等研制了具有吸附抗癌药物功能的微粒子活性炭(CH-40),在术中用细针胃局部所属淋巴结,该药用炭能迅速沿淋巴管向附近淋巴结及腹主动脉周围等远隔淋巴结移行,染黑的淋巴结是进行清除的良好标志。对远端胃癌行根治术时,可从胃大弯淋巴结右群(4 天)CH-40,必要时可从肝总动脉干前上部淋巴结(8a)。量不要过多,以免染黑手术野。

国内有学者采用纳米碳浆膜下注射,作为示踪剂。与对照组比较,可明显提高淋巴结的检出率(32% 25%,P<05);通过纳米碳标记后,检出淋巴结的碳染率达到 76%。

④腹腔镜下胃癌根治术:随着医疗电子信息技术的进步和医疗设备、器械的革新,内镜技术从最初的硬质光学内镜发展到现在的电子内镜,高度清晰和色彩逼真的图像使电子内镜技术广泛用于临床,内镜技术已广泛用于胃癌治疗中,其具有代表性的是腹腔镜胃癌根治术。腹腔镜手术具有定位准确、创伤小、视野好、能最大限度地保护正常组织功能,已成为肿瘤综合治疗中不可缺少的重要内容。自 1994 年日本学者实施了首例腹腔镜远端胃大部切除术治疗早期胃癌,自此开启了腹腔镜治疗胃癌的新篇章。特别是近二十年,腹腔镜胃癌根治术(包括腹腔镜辅助远端胃癌根治术和全腹腔镜胃癌根治术)发展迅速,已广泛应用于早期胃癌,随着腹腔镜根治术的不断成熟以及腹腔镜仪器的不断革新,腹腔镜根治术逐渐在进展期胃癌患者中得以应用,但未来腹腔镜根治术能否成为胃癌治疗的标准术式,还需要规范手术操作,观察有效性、安全性以及远期疗效的多中心随机对照研究验证。

⑤机手术系统(达芬奇手术系统)在胃癌根治术中的应用:自首次报道机辅助胃切除术以

来,达芬奇手术系统凭借清晰三维成像系统和精细、灵活、稳定的仿真器械,克服了传统腹腔镜手术二维图像、反向操作及辅助小切口下暴露不佳等缺点,逐渐被应用于胃癌手术治疗中。机技术与传统腹腔镜技术相比,机手术系统为外科医生提供了一个放大10～15倍的高清晰三维成像系统,使外科医生更容易识别细小的解剖结构,极大地降低了胃周淋巴结清扫难度。另一个优点是视图系统的稳定性,因为它是由机械臂控制,可滤过震颤。此外,它还具备7个方向自由度的仿真手腕来模仿在腹腔内动作,极大地改善了外科医生操作的灵活性,适于在狭窄空间内行广泛的D2淋巴结清扫。同时机医师操作台能够减少工程学的不适,为外科医生提供一个舒适的位置。一些临床试验证明,机系统能够提高外科医生在复杂解剖和缝合技术上的临床技能。同时,机手术学习曲线更短,有经验的外科医生能够直接由开腹转移到机手术,而无须中间腹腔镜手术学习过程,尤其是在根治性全胃和淋巴结清扫上,这可能是由于机手术系统的更易操作性和适应性。报道目前病例数最大宗的机手术系统辅助胃癌根治术,236例早期胃癌患者接受胃癌手术,与591例接受传统腹腔镜手术比较,机手术术中出血少(96mL 149mL,P=002),但手术时间较长(215min 1707min,P＜01),获取淋巴结数目及术后住院天数均无明显差异。总之,机系统辅助胃癌根治术的技术优势在于D2淋巴结清扫彻底性和体内消化道重建简便性,尤其是在全胃切除术。但由于其整套设备价格昂贵、手术费用较高,目前仍未得到广泛开展。

(2)姑息性手术:胃癌在确诊时如已为时过晚,有广泛的脏器浸润,或有广泛转移不能行根治性手术时,应争取行姑息性手术,以提高综合疗法的疗效,减轻患者痛苦,延长生命。姑息性手术大致可分为姑息性胃切除术和转流改道手术。

①姑息性胃切除术:是指肿瘤浸润广泛和/或转移病灶扩散,虽行原发癌灶及转移灶切除,但肯定有残留或可能残留者。姑息性手术胃切除的范围可以较根治性手术小些(3/4),少数也可切除全胃的4/5甚至全胃,胃周淋巴结的清扫不求彻底。消化道重建方式力求简便。

②转流改道术:晚期胃癌有梗阻症状时,为解除梗阻或解决营养问题可行改道术。如幽门梗阻可行梗阻近端胃与空肠吻合术,解除梗阻症状,保证胃肠内营养供给。

③姑息性手术的临床意义:胃癌姑息性手术是在不能行根治术时实施,可延长生存期,2年生存率达15％,有报道,如仅有断端癌残留者5年生存率可达15％～30％。改道术能改善症状,提高生存期生活质量。此外,姑息性手术可减轻癌负荷,改变机体与癌的比势等,将在不断发展和改善的胃癌综合疗法中发挥重要作用。

2.手术疗法的临床应用

(1)早期胃癌(EGC)

①手术治疗:应根据癌灶的部位、大小、数目及分布情况来确定。胃下部癌可行定型的远端胃大部切除术,癌灶侵及胃体中上部时,尚应扩大切除范围,可行胃次全切除术。胃上部癌可行近端胃大部切除术或全胃切除术。少数病变广泛或不同部位生长的多发性癌宜行全胃切除术。

一般早期胃癌切端距肿瘤边缘应＞3cm,如肿瘤边缘不清,切端距边缘距离应更远些,以5cm为宜。浅表扩散型占早期胃癌21％～25％,其病变广泛,黏膜受累范围大,几乎无界限,术中探查难以估计,一般行全胃切除。多灶型占早期胃癌的10％～30％,是指各癌灶间有正常黏膜,副癌灶不是由主癌灶蔓延而来,主副癌灶可相隔很近也可相隔很远,多数病例为 2 个病灶,少数可有 3～4 个,甚至更多癌灶。可同时伴发反应性淋巴增生或异型上皮增生、萎缩性胃炎、溃疡、糜烂及息肉等。并且早期胃癌多数病灶小或微小,形态不明显,有时与正常黏膜和胃良性病变不易区别,从而导致诊断困难,易漏诊漏切。所以早期胃癌的术中常规探查要认真细致,不能满足于一个病灶的诊断,细心地观察整个胃腔内黏膜层的变化,必要时作冷冻切片检查,以防止漏切或胃切除范围过小。

②内镜下治疗:早期发现是治疗的关键,EGC 可在内镜下得到根治,文献报道其 5 年生存率可达 90％以上。

③经腹腔镜手术治疗:腹腔镜胃癌根治术在治疗 EGC 方面具有手术侵袭性小、术中出血少、术后住院时间短、术后康复快等优点,在疗效方面,文献报道 I A、I B、II 期 EGC,腹腔镜与开腹手术具有相同的肿瘤根治效果,其 5 年无瘤生存率均无统计学差异。因此,日本胃癌协会于 2004 年首次将腹腔镜早期胃癌手术作为胃癌根治术的标准术式之一,我国也于 2007 年在中华医学会《腹腔镜胃癌手术操作指南》中首次将腹腔镜手术作为治疗 EGC 的主要方法,目前腹腔镜手术治疗 EGC 已得到广泛应用。日本学者大上正裕等提出经腹腔镜早期胃癌切除术的适应证:术前确诊为黏膜癌;25mm 以下的隆起型病变(II a);15mm 以下的凹陷性病变(II c);位于胃体上部或贲门管 10mm 以上病变,经 EMR 完全切除有困难者。腹腔镜胃癌根治术有三种手术方式:腹腔镜辅助远端胃切除术、腹腔镜辅助近端胃切除术和腹腔镜辅助全胃切除术。根据病灶的部位选择合理的手术方式,但是不论采取何种术式,对于 EGC 均要求切缘距离肿瘤 2cm 以上。至于腹腔镜下淋巴结清扫范围,不同的学者对于早期胃癌是否需要行淋巴结清扫这个问题还有争议,有学者认为直径<3cm、浸润深度<3mm 的黏膜下癌没有淋巴结转移,不需做清扫。也有学者指出只有直径>5cm 的高分化黏膜下癌和直径>5cm 的未分化黏膜下胃癌才需行 D2 淋巴结清扫。

腹腔镜局部胃切除术:包括腹腔镜下胃楔形切除术(LWR)和腹腔镜下胃内黏膜切除术(IGMR)。1990 年日本学者报道了首例 IGMR,1992 年日本学者报道了首例 LWR 之后,这两种术式选择主要取决于病变部位,LWR 适合胃前壁、胃大弯和小弯侧病变,IGMR 适合后壁和邻近贲门、幽门病变。这两种术式仅仅是局部切除,因此其适应证相对较严格:癌肿仅浸润黏膜层、无淋巴结转移、非溃疡浸润性、估计 EMR 有困难者、隆起病变直径<25mm 或凹陷型病变直径<15mm。由于 ESD 的发展,LWR 和 LGMR 的病例数正在逐年减少。

(2)进展期胃癌

①可根治性进展期胃癌手术治疗:肿瘤累及肌层和浆膜但无邻近脏器浸润(T_3～T_4),虽有局部淋巴结转移(N_1～N_2)但无远处转移(M_0),或虽有邻近脏器浸润(T_4)但无局部淋巴结和远处转移(N_0M_0),进展期胃癌可以考虑行根治性手术。目前认为胃癌 D_2 根治术是治疗进展期胃癌的标准术式。近年来,国内外关于腹腔镜手术治疗进展期胃癌的研究越来越多,腹腔镜下良好的视野和解剖层次感是淋巴结清扫的关键,腹腔镜有效的放大作用能够显示更为精细的血管、神经及筋膜等结构,有利于术者寻找特定的筋膜间隙、进行血管鞘内的淋巴结清扫。另外,超声刀具有良好的切割、止血作用,且具有对周围组织损伤轻的特点,可以完全裸露血管。因此,腹腔镜手术在血管根部进行结扎和淋巴结清扫方面具有一定优势。有研究表明,腹

腔镜胃癌根治术和传统开腹手术在治疗进展期胃癌的疗效比较,腹腔镜具有术中出血量少、术后恢复速度快、术后并发症发生率低。因次,在清扫淋巴结数目和各 TNM 分期生存率方面无差别。

②不可根治性胃癌的手术治疗:对于胃癌已有邻近脏器浸润(T_4)和/或远处转移(M_1),已无法手术治愈的病例,可行姑息性手术治疗。其目的是延长患者带瘤生存时间,改善生活质量。如全身情况允许,应尽量多地切除原发病灶、转移淋巴结和部分切除受累的脏器,这样可以减少肿瘤体积,减轻肿瘤负荷,减少肿瘤浸润,提高术后放疗、化疗等综合治疗的疗效。对于有梗阻症状又无切除可能则行改道分流手术,改善患者生活质量。

（3）远处转移灶的手术治疗

①胃癌腹膜转移的手术治疗:在初诊胃癌患者中,大约 14% 伴有腹膜转移,而在晚期胃癌患者中腹膜转移比例高达 39%～43%,胃癌术后复发的患者中更高达 45%。胃癌伴腹膜转移的患者预后极差,中位生存时间为 4～6 个月。而胃癌腹膜转移可导致肠梗阻,大量恶性腹水等并发症,是胃癌患者死亡的主要原因。治疗上以全身化疗、腹腔灌注化疗和靶向治疗等非手术治疗为主;对于胃癌伴腹膜转移且无肝脏等其他脏器及远处淋巴结转移的患者,身体条件允许的情况下,可以行肿瘤细胞减灭术联合腹腔热灌注化疗。

②胃癌肝转移的手术治疗:肝脏是胃癌血行转移的第一靶,胃癌肝转移的总体发生率可达 4%～14%。胃癌肝转移预后差,中位生存期不足 6 个月,5 年生存率低于 10%。不同于结直肠肝转移,胃癌肝转移存在手术切除率低,术后复发率高的特点,有 2/3 的患者 2 年内在肝内复发或远处转移。由于年龄,胃癌原发灶的部位,浸润深度,分化程度,淋巴结转移,脉管癌栓,肝转移灶数目、分布、大小情况等原因,在治疗上,目前对于胃癌肝转移还没有标准的治疗方案。依据病情可行胃癌肝转移的根治性手术、胃癌肝转移的姑息性切除手术或胃癌姑息性切除联合肝动脉化疗栓塞。

（二）胃癌内科治疗

1.胃癌化学治疗

在胃癌整体综合治疗中,化学药物治疗(化疗)是最重要的辅助疗法之一。对无法施行根治手术的患者则是主要手段。20 世纪 60 年代,应用氟尿嘧啶(5-FU)治疗胃癌被认为是现代胃癌化疗的开端,随后第一代多个以蒽环类、5-FU 和/或顺铂(DDP)为基础的化疗方案逐渐应用于临床,其中以 FAM(氟尿嘧啶,多柔比星,丝裂霉素)与 FUP(氟尿嘧啶,顺铂)方案影响广泛。胃癌化疗从单药到多药联合应用、从术后给药到术前给药,用药方案和用药时机也在不断更新。

（1）新辅助化疗

①概念的提出:新辅助化疗(NCT)指手术治疗前给予的全身性化疗。NCT 是指在恶性肿瘤局部治疗、手术或放疗前给予局部或全身 2 个疗程的正规化疗,以降低肿瘤分期,达到 R0 切除。NCT 最初主要用于治疗晚期乳腺癌,后有发现该方案有助于控制胃癌病变、减少淋巴结受累、实现进展期胃癌 R0 切除的效果。

②适应证:局部进展期Ⅱ、Ⅲ期以及部分Ⅳ期胃癌且术前相关检查均证实无远处转移、无

手术及化疗禁忌证者。

③优势:患者术前有更好的一般健康状况,可以予以全化疗剂量;尚未因手术破坏的血液供应和淋巴血管结构能够在化疗破坏肿瘤细胞的过程中起重要作用;对于不能根治的胃癌,可以通过术前化疗使原发肿瘤缩小能够达到更高的 R0 切除率;微小转移灶可能在早期得到治疗;肿瘤灭活能减少腹腔肿瘤播散转移可能;术前化疗提供了体内测试治疗方案敏感性的机会;最终的术后治疗方案可根据术前治疗的个体反应进行调整。

一项旨在研究新辅助化疗的 EORTC40954 研究,仅有局部进展期胃癌或食管胃连接部腺癌患者被,共 144 例,每组 72 例,新辅助化疗组术前化疗方案使用顺铂、亚叶酸和5-FU(PLT方案),手术遵循严格 D2 淋巴结清扫。结果显示新辅助化疗组的 R0 切除率更高,淋巴结阳性率较低;新辅助化疗组的 OS 和 DFS 延长,但未能达到统计学差异;新辅助化疗组的术后并发症和病死率更高,但并无统计学差异。也有报道术前经选择性腹腔动脉插管注射化疗药物,疗效较好。一般认为新辅助化疗不超过 3 个疗程。

(2)新辅助放化疗

①概念:新辅助化疗同步放疗。一般认为放射总剂量为 40Gy,2Gy/次,共 20 次,5 次/周,治疗结束 6 周内行手术治疗。

②理论依据:手术切除原发肿瘤可能会刺激剩余肿瘤细胞的生长;肿瘤周围组织在术后血供改变影响化疗药浓度及放疗效果;对于新辅助化疗、放疗的组织病理学反应与预后正相关;可以达到降期的目的以提高手术切除率;减少术中播散可能性,降低肿瘤细胞活性;消除潜在的微转移灶,降低术后转移复发的可能;术前通过可测量病灶及术后标本准确判定临床缓解率和病理学有效率;新辅助治疗可剔除不宜手术治疗的患者,部分生物学行为差的胃癌,肿瘤进展迅速,辅助治疗期间即可出现局部广泛浸润和远处转移,这类患者即便行手术切除也很快复发;通过术前辅助治疗了解肿瘤对治疗的反应如何。

(3)腹腔热灌注化疗(CHPP)

①概念:是将化疗灌注液加温到 42~44℃ 直接腹腔。它综合了区域性化疗、热疗的抗癌作用,并充分利用了热疗与化疗的协同作用,无论在预防或治疗进展期胃肠道癌瘤术后腹膜的转移或复发中,均具有显著疗效,且毒副反应小,操作简便,近年来已成为治疗晚期胃肠道肿瘤的重要方法之一。

②治疗机制:利用热效应杀灭肿瘤细胞,温热作用干扰了肿瘤细胞 DNA 和 RNA 的合成,激活磷脂酶,破坏胞质和胞核,直接导致肿瘤细胞的死亡;温热还使得肿瘤细胞对化疗药物更敏感,同时由于存在着腹膜-血浆屏障作用,经腹腔内使用化疗药物可在局部达到较高浓度,从而大大增强了杀伤癌细胞的效果;利用腹膜对抗癌药物的弥散屏障作用,腹腔内积聚了高浓度的抗癌药,药物浓度比全身给药高出5~8 倍,有的药物达静脉血中的 10~20 倍,延长了药物对癌细胞的作用时间,同时也提高了门静脉和肝脏中的药物浓度,有利于预防和治疗门静脉内癌细胞和肝内微小转移灶。

③适应证:腹腔内游离癌细胞(FCC)检测阳性;癌瘤浸润至浆膜或浆膜外,或伴有腹膜种植转移者;术后腹膜散在性复发或伴有少-中量癌性腹水,可施行较彻底的减瘤手术的患者,即术中尽可能地切除肉眼所见的转移灶,尤其是种植于腹膜面的癌性结节。文献报道指出,热灌

注化疗仅对 3~5 毫米的肿瘤结节具有疗效。所以,应尽量减少腹腔内肿瘤负荷,再施行 IPCH 治疗。

(4)常用化疗方案:目前胃癌化疗方案繁多,又可分为新辅助化疗、围术期化疗、术后辅助化疗、姑息性切除术后化疗、不能切除的胃癌化疗等。术后辅助化疗应于术后的 2~4 周开始,最迟不超过术后 8 周。

①S-1 方案:S-1,80mg/(m²·d),po,d1~14,休息 1 周,21 天为 1 个周期,治疗 6 个月。

②FOLFOX 方案:目前进展期胃癌的 FOLFOX 方案有 FOLFOX 2~10 方案,主要 FOL-FOX4 和 FOLFOX6 两种方案应用最多。

FOLFOX4 方案:奥沙利铂 85mg/m² iv gtt,d1;亚叶酸钙 200mg/m² ivg tt,d1;氟尿嘧啶 400mg/m² iv,d1、d2;氟尿嘧啶 600mg/m² iv gtt(连续 22 小时),d1、d2;每 2 周重复 1 次,治疗 6 个月。

FOLFOX6 方案:奥沙利铂 100mg/m² iv gtt(2 小时),d1;亚叶酸钙 400mg/m² iv gtt (2 小时),d1;氟尿嘧啶 400mg/m² iv,d1;氟尿嘧啶 2400~3000mg/m² ivg tt(连续 46 小时),d1;每 2 周重复 1 次,治疗 6 个月。FOLFOX 方案治疗进展期胃癌效果好,其有效率可达 45%~52%。

③XELOX 方案:奥沙利铂 130mg/m²,ivg tt,d1;卡培他滨(希罗达)850~1000mg/m², bid,po,d1~14,休息 1 周,21 天为 1 个周期,治疗 6 个月。多项研究已证实,XELOX 方案在治疗消化道肿瘤方面疗效多优于 FOLFOX4、6 方案。

2.胃癌的放射治疗

将 CT 模拟定位和三维适形技术(3D-CRT)应用于放疗,使放疗更好地覆盖靶区,均匀靶区内剂量并降低周围重要的受照射剂量。放射剂量方面,NCCN 建议剂量为 40~54Gy,8Gy/次;国内多采用 40Gy,2Gy/次,国外多为 45Gy,8Gy/次。照射时机主要有术前、术中或术后辅助治疗,可降低胃癌复发率,延长生存期。

3.胃癌的靶向治疗

(1)表皮生长因子受体(EGFR)抑制剂:EGFR 是一种跨膜的酪氨酸激酶受体,由原癌基因 C-erbB-1 编码,主要作用是影响细胞增殖及信号转导。EGFR 在胃肠道恶性肿瘤中普遍高表达,其中 EGFR 在胃癌中表达率为 50%~63%,且与恶性生物学行为及不良预后密切相关,提示 EGFR 可能成为抗肿瘤治疗的靶点。

①抗 HER-2 单克隆抗体:HER-2 的主要作用就是促进细胞增殖和抑制凋亡,HER-2 在胃癌组织中高表达,为 7%~34%。在正常情况下 HER-2 处于非激活状态,当被激活后具有肿瘤转化活性,最终导致肿瘤的复发和转移。曲妥珠单抗(赫赛汀)是一种重组 DNA 衍生源化单克隆抗体,通过与 HER-2 受体特异性结合而使生长信号的传递受到影响,从而抑制胃癌的生长。ToGA 研究证实了曲妥珠单抗联合化疗可以改善 HER-2 阳性晚期胃癌患者的生存,延长了患者的生存时间。NCCN 指南已明确推荐曲妥珠单抗应用于 HER-2 阳性晚期胃癌患者。

②西妥昔单抗:是以 EGFR 作为靶点细胞外结构域鼠嵌合型 IgGI 单克隆抗体,可有效作用于 Ras/MAPK 和 PI3K/Akt/mTOR 信号转导途径,在晚期胃癌的应用方面,多项临床研究

证实西妥昔单抗的有效性。

③EGFR 酪氨酸激酶抑制剂（TKIs）：吉非替尼是第一个被批准的 TKIs，可选择性抑制酪氨酸激酶活化，从而使 EGFR 激活受到抑制，细胞周期进程的失控也受到抑制，从而加速细胞凋亡。吉非替尼还能增加放疗的敏感性；同时 TKI 在治疗 EGFR 基因突变的肿瘤患者，治疗效果更明显。拉帕替尼是一种口服的小分子 TKIs，可同时将 EGFR 和 HER-2 两个靶点阻断于细胞内部，通过蛋白激酶和丝裂原活化蛋白激酶旁路途径诱导胃癌细胞停滞于 G1 期，从而抑制肿瘤细胞生长。

（2）血管内皮生长因子（VEGF）抑制剂（一种重组源化单克隆抗体）

①抗 VEGF 单克隆抗体：贝伐珠单抗，可以选择性地 VEGF 结合并阻断其生物活性。

②抗 VEGFR 单克隆抗体：雷莫芦单抗是一种特异性结合并阻断 VEGFR2 及下游血管生成相关通路源化单克隆抗体，从而达到抗肿瘤作用。

③VEGF 酪氨酸激酶抑制剂：索拉非尼，与阿帕替尼、舒尼替尼类似，是一种多激酶抑制，属于多靶点药物，小分子 VEGF 酪氨酸激酶抑制剂，能够抑制 Raf 酪氨酸激酶、VEGFR-2、VEGFR-3、PDGFR-β 受体酪氨酸激酶的活性。

（3）其他靶向治疗

①热休克蛋白 90（HSP90）抑制剂：HSP90 广泛存在于机体细胞中，参与细胞增殖、细胞周期和凋亡的控制、血管生成等。格尔德霉素（Gdm）是第一个 HSP90 抑制剂，能够致瘤性蛋白激酶在蛋白酶体中降解，使其产生抗肿瘤能力。还可促进肿瘤细胞受体酪氨酸激酶不定，导致抗增殖和细胞过早凋亡。

②胰岛素样生长因子-I（IGF-I）及其受体（IGF-IR）抑制剂：IGF 系统是由 IGF、IGF-IR、胰岛素样生长因子结合蛋白及其水解酶构成，该系统可以诱导细胞增殖、抑制细胞凋亡、促进新生血管形成等。Figitumumab（CP-751871）是 IGF-IR 源化单克隆抗体，该药在胃癌治疗中尚处于早期研究阶段。

③PI3K-AKT-mTOR 信号通路抑制剂：雷帕霉素靶蛋白（mTOR）位于 PI3K-Akt 通路的下游，是一种丝/苏氨酸蛋白激酶，属于磷脂酰肌醇 3-激酶相关激酶家族，是调节细胞生长、增殖和血管生成的关键蛋白激酶。依维莫司是 mTOR 抑制剂，可阻止 mTOR 磷酸化，导致细胞周期停滞于 G0/G1 期，从而抑制肿瘤细胞的细胞周期进程。但在转移性胃癌患者中的临床疗效及安全性仍需进一步的研究。

④HGF/MET 信号激活通路抑制剂：肝细胞生长因子（HGF）是 Met 原癌基因跨膜酪氨酸激酶受体的配体，可通过多种方式促进肿瘤细胞增殖、存活、转移。Met 在胃癌组织中高表达，其阳性表达率为18%～82%。Rilotumumab 是 HGF 源化单克隆抗体，能够阻断 HGF 与 Met 结合；而 Onartuzumab 是一种可阻断 MET 激活的新药。

⑤靶向 AE1 治疗：细胞阴离子交换蛋白 1（AEl），在胃癌细胞质中具有 83% 的高表达率，主要通过几个相关联的信号通路参与肿瘤的发生、发展进程，包括：①与肿瘤抑制蛋白 p16 直接作用，；②妨碍另一家族成员 AE2 正常上膜，加速 AE2 降解，进一步促进细胞碱化和 Wnt/β-catenin 通路活化。一项小鼠的试验表明，异性 siRNA 通过抑制 AE1 表达对裸鼠胃癌种植瘤的生长发挥抑制作用。

4.胃癌的生物免疫治疗

晚期胃癌患者常合并营养状态差,免疫力低下,放化疗等治疗对免疫力的伤害更大,可应用生物免疫疗法(DC-CIK)治疗。DC-CIK也被称为生物DC-CIK细胞治疗,近几年,该治疗方法在胃癌晚期治疗领域中越来越受到重视。生物DC-CIK细胞治疗就是在体外培养造血干细胞,诱导其分化为树突状细胞(DC),再用经抗原刺激的树突状细胞(DC)诱导CIK细胞产生特异性肿瘤杀伤作用,即将树突状细胞(DC)与CIK细胞进行共同培养而成的杀伤性细胞群体(DC-CIK),再输回肿瘤患者体内,达到杀灭肿瘤细胞的治疗作用。其实体内本身就拥有一些具有杀伤肿瘤细胞功能的免疫细胞,但肿瘤患者体内本身的免疫细胞数量少、活性差,无法有效地免疫肿瘤细胞的疯狂增长。因此,生物DC-CIK细胞治疗技术正是通过从患者体内抽取部分免疫细胞,然后在其体外进行培养、诱导、激活等一系列操作,使其抗肿瘤的活性大大提高后,再把这些本来就来源于患者自身并在体外激活了的抗肿瘤细胞回输到患者体内,让这支经过特殊训练的"特种部队"去杀灭肿瘤细胞。回输后,部分患者会出现流感样症状,寒战、发热、恶心、呕吐或全身不适,经对症治疗后可缓解。生物免疫治疗可起到延缓或阻止肿瘤转移或复发,提高患者的免疫力,改善生存质量,无明显不良反应。

第十章　呼吸衰竭

呼吸衰竭(RF)是由于肺内外各种原因引起的肺通气和(或)换气功能严重障碍,以致不能进行有效的气体交换,在呼吸空气(海平面大气压、静息状态下)时,产生严重缺氧(或)伴高碳酸血症,从而引起一系列生理功能和代谢紊乱的临床综合征。

一、病因

损害呼吸功能的各种因素都会导致 RF。常见的有以下两方面。

(1)神经中枢及传导系统和呼吸肌疾患、呼吸道病变和胸廓及胸膜疾患引起呼吸动力损害、气道阻力增加和限制肺扩张所致的通气不足和通气/血流比例失调,发生缺氧伴高碳酸血症。

(2)肺炎、肺不张、急性肺损伤及肺血管疾患、心或肾功能不全所致的肺水肿和肺广泛纤维化,主要引起通气/血流比例失调、肺内静脉血分流和弥散功能损害的换气功能障碍,发生缺氧和 $PaCO_2$ 降低,严重者因呼吸肌疲劳伴高碳酸血症。

二、分类

呼吸衰竭可按病理生理和动脉血气改变、发病急缓分别分类,而综合这些依据并结合肺部病变分类更具临床价值。

三、病理生理

(一)肺泡通气不足

根据肺泡通气量与肺泡氧分压和肺泡二氧化碳分压关系曲线,若患者发生通气不足($<$4L/min),引起 P_ACO_2 下降和 P_ACO_2 升高,尤在低肺泡通气量时,反映更为突出,呈陡直线性关系。缺氧和高碳酸血症的程度是相对应的。符合肺泡气方程式,称为 II 型呼吸衰竭。

(二)换气功能障碍

1.通气/血流比例失调$\dot{V}_A/\dot{Q}_A$)　肺泡的通气与其灌注周围的毛细血管血流的比例必须协调,才能保证有效的气体交换。正常每分钟肺泡通气量($\dot{V}_A$)4L,肺毛细血管血流量($\dot{Q}_A$)5L,两者之比为 0.8。如肺泡通气量在比率上大于血流量($>$0.8),则形成生理无效腔增加,即无效腔效应;肺泡通气量在比率上小于血流量($<$0.8),使肺动脉的混合静脉血未经充分氧合进入

肺静脉,则形成肺内静脉血分流。通气/血流比例失调,产生缺氧,而无高碳酸血症。此因混合静脉血与动脉血的氧分压差(60mmHg)要比二氧化碳分压差(6mmHg)大10倍。故可借健全的肺泡通气,排出较多的二氧化碳,发生呼吸性碱中毒。由于血红蛋白氧离解曲线的特性,正常肺泡毛细血管血氧饱和度已处于平坦段,即使增加肺泡通气量,吸空气时,肺泡氧分压虽有所增加,但血氧饱和度上升甚少,因此借健全的通气过度的肺泡不能代偿通气不足的肺泡所致的摄氧不足,因而只有缺氧(Ⅰ型RF)。在COPD中除$\dot{V}_A/\dot{Q}_A$和DL_{CO}降低所致低氧血症外,还常常合并通气不足(高碳酸血症),此即混合型(Ⅲ型)RF。

2.右到左的肺内分流 由于肺部病变如肺炎实变、肺水肿、肺不张和肺泡萎陷等因肺泡无气所致肺毛细血管混合静脉血未经气体交换,流入肺静脉引起右至左的分流增加,引起严重低氧血症。氧疗不能提高分流的静脉血的氧分压。

3.弥散功能障碍 当呼吸面积减少,弥散距离增加,肺间质纤维化,均可影响弥散功能。因氧的弥散能力仅为二氧化碳的1/20,故弥散功能障碍只产生单纯缺氧。吸氧可使P_AO_2升高,提高肺泡膜两侧的氧分压差,弥散量随之增加,以改善低氧血症。

(三)氧耗量增加

氧耗量增加是加重缺氧的原因之一,发热、寒战、呼吸困难和抽搐均将增加氧耗量。寒战氧耗量可达500mL/min,健康者氧耗量为250mL/min,在严重哮喘,随着呼吸功的增加,氧耗量增加数倍。氧耗量增加,肺泡氧分压下降健康者借助增加通气量代偿缺氧。随着氧耗量的增加,要维持正常肺泡氧分压所需的肺泡通气量亦相应明显增加,如每分钟氧耗量分别为200mL、400mL和800mL时,肺泡通气量分别达3L、6L和12L。此时肺泡氧分压不提高,缺氧难以缓解。缺氧和高碳酸血症对机体各器官产生一系列不利影响,可引起致命性的临床后果。

四、临床表现

1.呼吸困难 患者呼吸感空气不足,呼吸费力,随着RF的加重变得更加明显,表现在呼吸频率、节律和幅度的改变,且与原发病有关。如急性肺损伤患者的呼吸频率快(30~40次/min),深大呼吸($V_T>700mL$),伴鼻翼扇动。COPD则由慢而较深的呼吸转为浅快呼吸,辅助呼吸肌参与点头或提肩呼吸,发生二氧化碳麻醉时,出现浅慢呼吸。中枢性RF呈潮式、间隙或抽泣样呼吸,喉部或气道病变所致的吸气性呼吸困难,出现三凹征。当伴有呼吸肌疲劳时,可表现胸腹部矛盾呼吸。

2.发绀 是缺氧的典型体征。当动脉血还原血红蛋白为1.5g%,血氧饱和度低于85%时,可在血流量较大的口唇、指甲出现发绀;另应注意红细胞增多者发绀更明显,而贫血者则发绀不明显或不出现。严重休克末梢循环差的患者,即使动脉血氧分压正常,也可出现发绀。发绀还受皮肤色素及心功能的影响。

3.精神神经症状 急性RF的精神症状较慢性明显,急性缺氧可出现精神错乱、躁狂、昏迷、抽搐等症状。慢性缺氧多有智力或定向功能障碍。

高碳酸血症出现中枢抑制之前的兴奋状态,如失眠、烦躁、躁动,但此时切忌用镇静或安眠药,以免加重高碳酸血症,发生"肺性脑病",表现为意识淡漠、肌肉震颤、间隙抽搐、昏睡,甚至昏迷等。pH 对精神症状有重要影响,若患者吸氧时,其 $PaCO_2$ 为 100mmHg,pH 代偿,尚能进行日常个人生活;急性高碳酸血症,pH<7.3 时,会出现精神症状。严重高碳酸血症可出现腱反射减弱或消失,锥体束征阳性等。

4.血液循环系统症状 严重缺氧和高碳酸血症可加快心率,增加心排出量,升高血压。肺循环血管收缩引起肺动脉高压,可因右心衰竭伴有体循环淤血体征。高碳酸血症使外周体表静脉充盈、皮肤红润、温暖多汗、血氧升高、心搏量增多而致脉搏洪大;脑血管扩张,产生搏动性头痛。由于严重缺氧、酸中毒引起心肌损伤,出现周围循环衰竭、血压下降、心律失常、心脏停搏。

5.消化和泌尿系统症状 严重 RF 可明显影响肝肾功能,表现为血清谷丙转氨酶升高,肾功能受损、小便少,血非蛋白氮和肌酐升高,尿中出现蛋白尿、红细胞和管型。重度缺氧和高碳酸血症常因胃肠道黏膜充血、水肿、糜烂渗血,或应激性溃疡,导致上消化道出血。以上这些症状均可随缺氧和高碳酸血症的纠正而消失。

五、诊断和鉴别诊断

1.诊断 根据患者急慢性 RF 基础病的病史,加上缺氧或伴有高碳酸血症的上述临床表现,结合有关体征,诊断并不难。动脉血气分析能客观反映 RF 的性质及其程度,并在指导氧疗、呼吸兴奋剂应用和机械通气各种参数的调节,以及纠正酸碱失衡和电解质紊乱中均有重要价值,动脉血气分析为必备检测项目。

急性 RF 患者,只要动脉血气分析证实 PaO_2<60mmHg,常伴 $PaCO_2$ 正常或偏低(<35mmHg),则诊断为 Ⅰ 型呼吸衰竭,若伴 $PaCO_2$>50mmHg 即可诊断为 Ⅱ 型 RF。若缺氧程度超过肺泡通气不足所预期的高碳酸血症(按肺泡气方程式计算),则为混合型或Ⅲ型(Ⅰ型+Ⅱ型)RF,但需排除解剖性右至左的静脉血性缺氧和因代谢性碱中毒致低通气引起的高碳酸血症。

要重视对原因不明气急患者行动脉血气分析,如 PaO_2<60mmHg、PaO_2<35mmHg、pH>7.45,则要重复动脉血气分析,若仍为严重低氧血症和过度通气,即使平片无明显异常,应进一步行 CT 检查,需住院治疗。

慢性 RF 患者由于机体的多种代偿和适应,使组织无明显缺氧,在呼吸空气时,仍能从事日常生活,而不出现酸血症,称为代偿性慢性 RF。如一旦发生呼吸道感染或气胸等原因,出现严重缺氧和高碳酸血症的酸血症,称为失代偿性慢性 RF,其诊断的指标稍放宽些,可以 PaO_2<55mmHg,$PaCO_2$>55mmHg 为诊断界定。

2.鉴别诊断 RF 的鉴别诊断,主要是对产生缺氧和高碳酸血症的病理生理机制及病因的鉴别。应根据基础疾病、临床表现、体征、X 胸片(平片加 CT),以及呼吸功能监测和疗效,进行综合的评价和判断。

六、治疗原则

RF 的处理原则包括保持呼吸道通畅,纠正缺氧和(或)高碳酸血症所致酸碱失衡和代谢功能紊乱,从而为急慢性 RF 的基础疾病和诱发因素的治疗争取时间和创造条件,但具体措施应结合患者的 RF 病理生理的特点而定。

（一）建立通畅气道

必须采取多种措施，使呼吸道保持通畅。如用多孔导管吸出口腔、咽喉部分泌物或胃内反流物，必要时插胃管行胃肠减压排气，免呕吐物误吸，或鼻饲营养。痰黏稠不易咳出，用溴己新或氨溴索类黏痰溶解药雾化或静脉滴注。支气管痉挛者应用 β_2 受体激动剂和抗胆碱药喷雾或雾化吸入扩张支气管，半小时后再吸入糖皮质激素消炎抗过敏。还可用纤维支气管镜吸出分泌物。若效果差，必要时行（经口、鼻）气管插管或气管切开，建立人工气道。

（二）氧疗

通过鼻导管或面罩吸氧，能提高肺泡氧分压（P_AO_2），增加肺泡膜两侧氧分压差，增加氧弥散能力，以提高动脉血氧分压和血氧饱和度，改善组织缺氧。吸入氧浓度以动脉血氧饱和度＞90％为标准。鼻导管或鼻塞（闭嘴）的吸氧浓度（FiO_2）（％）＝$[21\% + (V_{O_2} \times T_i/T_{tot} \times 79\%)/MV]$。而常用公式$[FiO_2(\%) = 21\% + 4\% \times$吸氧流量$(L/min)]$未考虑吸气与呼气时间比和每分钟通气量的因素，故在长 T_i 和低 MV 时，其实际 FiO_2 比公式计算值要高，相反实际 FiO_2 低于计算值。

通气不足缺氧患者，经鼻导管或面罩氧疗，根据肺泡通气和 P_AO_2 的关系曲线，在低肺泡通气量时，只需吸入低浓度氧（＜30％），即可大大提高 P_AO_2，纠正缺氧。气流受限的阻塞性通气功能障碍患者，由于吸入气分布不匀，导致通气/血流比例失调性缺氧，通过一定时间（30min）吸氧后，通气不匀的肺泡氧分压 P_AO_2 亦随之上升。所以说通气/血流比例失调的患者吸低浓度氧能纠正缺氧。

弥散功能障碍的患者，如肺间质纤维化因氧的弥散能力比二氧化碳差 20 多倍，要提高较多的肺泡膜两侧氧分压差，方能增强氧的弥散能力，应吸入较高浓度氧（＞35％～45％）才能改善缺氧。

由于肺炎实变、肺水肿和肺不张所致的肺内静脉血分流增加性缺氧，因肺泡充满炎症和液体，肺泡萎陷不张，尤在肺炎症血流增多的患者，肺内分流更多。若分流量＞30％以上，吸纯氧亦难以纠正缺氧。所以需增加外源性呼气末正压（PEEP），使肺泡扩张。根据患者的压力-容积曲线低拐点的压力加 $2cmH_2O$，以增加功能残气量，改善气体交换面积，提高 PaO_2 和 SaO_2，改善缺氧。

（三）增加有效肺泡通气量，改善高碳酸血症

高碳酸血症是由于肺泡通气不足引起的，只有增加通气量，才能有效排出二氧化碳。现常采用呼吸兴奋剂和机械通气支持，以改善通气功能。

1.呼吸兴奋剂的合理应用　呼吸兴奋剂刺激呼吸中枢或周围化学感受器，增强呼吸驱动，增加呼吸频率和潮气量，改善通气，与此同时，患者的氧消耗量和二氧化碳产生量亦相应增加，并与通气量呈正相关。故在临床使用呼吸兴奋剂时，应掌握其适应证。如服用安眠药等抑制呼吸、睡眠呼吸暂停综合征、特发性肺泡低通气综合征等，系中枢呼吸抑制为主，呼吸兴奋剂疗效较好。但慢性阻塞性肺疾病 RF 时，因支气管-肺病变、中枢反应性低下，或呼吸肌疲劳致低通气，应用呼吸兴奋剂的利弊得失取决于其病理生理基础。而神经传导系统和呼吸肌病变，以

及肺炎、肺水肿、ARDS 和肺广泛间质纤维化等以换气障碍为特点的 RF,呼吸兴奋剂有弊无益,应列为禁忌。在使用呼吸兴奋剂的同时,应重视减轻胸肺和气道的机械负荷,如分泌物的引流、支气管解痉剂的应用、消除肺间质水肿等因素,否则通气驱动增加反而会加重气急和增加呼吸功。使用呼吸兴奋剂通常应同时增加吸氧浓度。

2.机械通气 机械通气应根据各种疾病 RF 患者的病理、病理生理和各种通气方式的不同生理效应,合理地调节机械通气各种参数和吸入氧浓度,以达到既能改善通气和换气功能,又能减少或避免机械通气的不良反应(呼吸机相关肺损伤、对血流动力学的影响和氧中毒等)的目的。

机械通气改善通气功能的调节必须遵循患者的 P-V 曲线和肺泡通气量($\dot{V}_A$)写肺泡 CO_2 分压($P_A CO_2 \approx PaCO_2$)关系曲线(图 2-2),以及反映气道阻力大小的峰压与平坦压之差值。从肺的顺应性而言,COPD 肺气肿最大,哮喘与健康者接近,而肺水肿、肺纤维化和 ARDS 的顺应性随着病情进展越来越差。机械通气时,要从它们的 P-V 曲线所处的位置来选择适宜的潮气量(V_T)。

COPD 和危重哮喘Ⅲ型 RF 患者,主要为气道病变和支气管痉挛引起阻塞性肺气肿和严重肺过度充气,使 P-V 曲线趋向平坦段,且吸气峰压与平坦压均明显增加。此时,只能采用简易呼吸器或呼吸机随患者浅快呼吸行小 V_T 人工和机械通气氧疗。在吸气管路串入储雾器或射流喷雾器,吸入 β_2 受体激动剂、胆碱能阻止剂和表面作用糖皮质激素。严重酸中毒者,补适当碳酸氢盐。待支气管舒张,气道阻力降低,肺过度充气改善后,P-V 曲线移向陡直段,COPD 者更为明显,允许较大 V_T,支持压力增加,低吸气流量(有利气体分布),延长呼气时间,避免肺动态过度充气。这样有利降低 V_D/V_T 比值,增加肺泡通气量($\dot{V}_A$),尤在 $PaCO_2 > 80mmHg$ 时,与 V_A 处于反抛物线陡直段,当 V_A 轻微增加,即可致 $PaCO_2$ 明显下降,pH 上升。需要注意 COPD 慢性 RF 碳酸氢盐高的患者,$PaCO_2$ 不要下降过多,以免导致碱中毒。

COPD 和危重哮喘 RF 缺氧主要与通气/血流比例失调和通气不足有关。通过机械通气增加 $\dot{V}_A$ 后,$P_A O_2$ 明显上升;PEEP 3~5cmH_2O 能扩张陷闭气道,改善气体分布和通气/血流比例,减少肺内分流,提高 PaO_2,另 PEEP 可降低内源性呼气末正压(PEEPi),减少吸气肌做功。一般只需吸低浓度氧便可纠正缺氧,除非伴广泛肺炎、肺水肿、肺不张所致的肺内分流增加,才需吸较高浓度氧。在 COPD 伴睡眠呼吸暂停患者,应采用压力支持通气(PSV)+PEEP+呼吸兴奋剂、PSV+同步间歇正压通气(SIMV)+PEEP,或辅助/控制通气(A/CV)+PEEP。

心源性肺水肿、肺栓塞急性 RF,以往列为机械通气禁忌证,现为良好的适应证。合理正压机械通气能改善肺水肿和换气功能,降低心脏前后负荷,增加心排出量,舒张期心室充盈量下降,改善冠状动脉血供。一般患者意识清,尚能较好配合面罩机械通气氧疗(PSV 15~20cmH_2O、PEEP 5~10cmH_2O、FiO_2 50%),在强心利尿积极治疗下,数小时后可取得较好疗效。高原性肺水肿机械通气氧疗尤为快速有效。

肺间质纤维化引起急性 RF,其缺氧原因是肺 P-V 曲线低顺应性和弥散障碍,并发肺部感染时加重,可给予低 V_T 较快呼吸频率,吸较高氧浓度的机械辅助通气能改善症状,延长生命,但因原发病难治,预后不良。近 10 多年来由于呼吸机通气模式、同步和漏气补偿,以及口鼻面罩密闭性能等不断完善,无创机械通气(NIPPV)氧疗治疗轻中度和一些重度急性呼吸衰竭取得肯定疗效,并为重度呼吸衰竭患者人工气道(气管插管、气管切开)机械通气的序贯治疗创造条件。NIPPV 的应用,以利减少或避免多器官功能障碍、呼吸机相关性肺炎和肺损伤,从而缩短机械通气和住院时间。NIPPV 在慢性呼吸衰竭患者长期家庭治疗亦取得了进展,对限制性通气功能障碍(如胸壁、神经肌肉疾病)、COPD 及夜间低通气(或伴心脑血管疾病)的慢性高碳酸血症患者长期 NIPPV 治疗,可延长患者生命和改善生活质量,并未出现严重不良事件报道。

(四)抗感染治疗

呼吸道感染是呼吸衰竭最常见的诱因,建立人工气道机械通气和免疫功能低下的患者易反复发生感染,且不易控制。应在呼吸道分泌物引流通畅的条件下,参考痰细菌培养和药物敏感试验结果,选择有效的抗生素。

(五)合并症的防治

RF 可合并消化道出血、心功能不全、休克、肝肾功能障碍,应积极防治。

(六)休克

引起休克的原因很多,如酸碱平衡失调和电解质紊乱、血容量不足、严重感染、消化道出血、循环衰竭以及机械通气使用压力过高等,应针对病因采取相应措施和合理应用血管活性药物。

(七)营养支持

RF 患者因摄入热量不足、呼吸功增加、发热等因素,机体处于负代谢,出现低蛋白血症,会降低机体免疫功能,感染不易控制,呼吸肌易疲劳不易恢复,以致抢救病程延长。抢救时,应常规给患者鼻饲高蛋白、高脂肪和低碳水化合物,以及多种维生素和微量元素的饮食,必要时给予静脉高营养治疗和免疫增强剂。

参 考 文 献

1.范贤明,曾晓荣,徐勇.内科疾病及相关诊疗技术进展.北京:北京大学医学出版社,2014.

2.苏彦超,许鹏,王丁.心血管内科疾病临床诊疗技术.北京:中国医药科技出版社,2016.

3.李为民,刘伦旭.呼吸系统疾病基础与临床.北京:人民卫生出版社,2017.

4.俞森洋,孙宝君.呼吸内科临床诊治精要.北京:中国协和医科大学出版社,2011.

5.潘频华,胡成平.呼吸内科医师查房手册.北京:化学工业出版社,2014.

6.博一明,闫立安.内科疾病防治.北京:人民卫生出版社,2015.

7.董吁钢.心血管内科疾病临床诊断与治疗方案.北京:科学技术文献出版社,2010.

8.邵廻龙.内科疾病临床诊疗.河北:河北科学技术出版社,2013.

9.刘婷,梁堃.呼吸内科疾病临床治疗与合理用药.北京:科学技术文献出版社,2010.

10.曾和松,汪道文.心血管内科疾病诊疗指南.北京:科学出版社,2019.

11.尹凤云.内科疾病学.吉林:吉林科学技术出版社,2016.

12.高建荣.内科疾病诊断流程与治疗策略.吉林:吉林科学技术出版社,2017.

13.彭文,白宇.内科疾病临床诊断思路实训指导.北京:科学出版社,2018.

14.许维涛.现代内科疾病诊疗新进展.吉林:吉林科学技术出版社,2016.

15.李文龙.内科疾病防治.北京:人民卫生出版社,2015.

16.杨海涛.呼吸系统疾病用药策略.北京:人民军医出版社,2014.

17.谢惠民,胡大一.新编心血管临床合理用药.北京:中国协和医科大学出版社,2008.

18.刘世明,陈敏生,罗健东.心血管颈药物治疗与合理用药.北京:科学技术文献出版社,2013.

19.肖志坚.血液病合理用药.北京:人民卫生出版社,2009.

20.王伟,卜碧涛,朱遂强.神经内科疾病诊疗指南.北京:科学出版社,2016.

21.迟家敏.实用糖尿病学.北京:人民卫生出版社,2015.

22.王振杰,石建华,方先业.实用急诊医学.北京:人民军医出版社,2012.

23.申文龙,张年萍.急诊医学.北京:人民卫生出版社,2014.

24.樊代明.临床常见疾病合理用药指南.北京:人民卫生出版社,2013.